顺北地区奥陶系断控缝洞型油气藏勘探实践

漆立新　云　露　李宗杰　著

科学出版社

北　京

内容简介

塔里木盆地油气资源丰富，勘探领域众多。顺北油气田的发现，是中国石化在塔里木盆地新地区、新领域、新类型获得的重大油气突破，扩大了中国石化在塔里木盆地的勘探领域。本书以顺北地区中下奥陶统碳酸盐岩为研究对象，采用地质、地球化学、物探技术相结合的研究方法，按照构造演化→沉积演化→源储演化→成藏演化的研究思路，系统深入地开展了顺北地区走滑断裂特征、沉积相特征、烃源岩条件、断控缝洞型储集体特征等研究，首次建立了顺北地区断控缝洞型油气藏成藏模式，并创新性地形成了深层断控缝洞型油气藏三维地震勘探的系列关键技术。

本书可供广大基础地质工作者、油气地质工作者、矿产地质工作者及相关人员阅读。

图书在版编目(CIP)数据

顺北地区奥陶系断控缝洞型油气藏勘探实践 / 漆立新, 云露, 李宗杰著. —北京: 科学出版社, 2023.2

ISBN 978-7-03-074760-0

Ⅰ.①顺… Ⅱ.①漆… ②云… ③李… Ⅲ.①塔里木盆地-奥陶纪-碳酸盐岩油气藏-油气勘探 Ⅳ.①P618.130.8

中国国家版本馆 CIP 数据核字（2023）第 018276 号

责任编辑：刘 琳 / 责任校对：彭 映

责任印制：罗 科 / 封面设计：墨创文化

科学出版社 出版

北京东黄城根北街16号

邮政编码：100717

http://www.sciencep.com

成都锦瑞印刷有限责任公司印刷

科学出版社发行 各地新华书店经销

*

2023年2月第 一 版 开本：889×1194 1/16

2023年2月第一次印刷 印张：14

字数：460 000

定价：338.00 元

前　　言

塔里木盆地油气资源丰富，勘探领域众多。盆地的油气勘探自1952年中苏石油公司开始至今经历了突破山前，初闯地台(1952～1963年)、回师塔西南，发现柯克亚油气田(1964～1982年)、着眼全盆地，突破塔北(1983～1988年)、全盆地展开(1989年至今)4个阶段、60多年的历史，在这个过程中伴随着油气勘探理论的不断完善、勘探技术的不断提高，油气勘探领域不断扩大，从戈壁进入沙漠，从盆地腹部到山前，从陆相中新生界到海相古生界，从前陆盆地到克拉通，遍及整个盆地。目前，塔里木盆地已经成为我国油气增储上产最为重要的含油气盆地之一。

近年来，中国石油化工股份有限公司西北油田分公司(简称中石化西北油田分公司)在前期众多油气勘探重大成果的基础上，进一步深化总结、不断加大勘探力度，油气勘探取得了一系列新的重大突破。特别是“十二五”以来，在盆地整体评价的基础上，不断向塔河深层、顺北、顺托—顺南展开，落实了顺北、顺南—顺托、塔河深层3个亿吨级增储上产区带。其中，2012年，针对顺北地区中下奥陶统碳酸盐岩有利目标，优化勘探程序，实现了新区、新领域油气新发现。2015年9月实施滚动评价井顺北1-1H井，顺北1-1H井中途测试获得高产、稳产工业油气流，实现了顺北地区的重大油气突破。2016年1号断裂带部署6口油藏评价井和产建井，6口井均在中下奥陶统发生放空、漏失，测试均获高产、稳产工业油气流，平均单井日产80t以上，建立SHB1-1H试采区。至此顺北大油气田被发现，提交石油探明储量1.3864×10^8t，溶解气$738\times10^8m^3$。石油控制储量5.0858×10^8t，溶解气$2706\times10^8m^3$。石油预测储量为6.6×10^8t，溶解气为$3511\times10^8m^3$。2017年加快推进一体化勘探开发节奏，顺北5号断裂带北段和SHP3H获得重要进展，日产60～100t，落实商业储量2.2×10^8t，新建立两个试采区，为后续区块开发提供了大量的实践经验。2018年1月通过了顺北1区百万吨产能建设方案审查，标志着顺北油气田全面开发进入实质性阶段。

顺北地区的超深层古老碳酸盐岩层系中获得重大勘探突破，是继雅克拉风化壳海相油气勘探突破、塔河油田岩溶缝洞勘探转折之后，塔里木盆地海相碳酸盐岩油气勘探的又一重要里程碑。顺北油气田深大断裂带“控储、控藏、控富”油气富集模式，丰富了海相碳酸盐岩储层成因类型，且将碳酸盐岩有效储层埋深延深至8500m以下，拓展了海相碳酸盐岩超深层的勘探潜力，完善了海相碳酸盐岩储层形成理论，刷新了石油地质传统认识。顺北油气田的发现和建产成为深层-超深层海相碳酸盐岩勘探开发的标志性实践成果。

顺北油气田的发现和突破证明：强基础、抓创新是勘探取得重大突破的前提和关键，多学科联合、多技术攻关是实现勘探突破的重要技术保障，创新形成的钻完井工程工艺技术系列是实现油气发现的重要技术支撑，创新管理体系实现了高效勘探与效益开发，产学研用强强联合是勘探突破的动力。因此，在众多前人研究成果的基础上，系统总结中石化西北油田分公司“十一五”、“十二五”和“十三五”以来的最新油气勘探所取得的重大成果，特别是顺北大油气田海相碳酸盐岩油气勘探实践成果具有重要的理论意义和重大的实践价值。

《顺北地区奥陶系断控缝洞型油气藏勘探实践》专著成果体现了理论创新和技术进步，具体表现为以下两大方面。

(1)拓展了油气勘探领域、丰富了油气成藏理论：①开拓了塔里木盆地下古生界碳酸盐岩勘探领域，实现了由古隆起、古斜坡向构造低部位的拓展。②提出了新的储集体与油气藏类型，丰富了海相碳酸盐岩成储成藏理论。顺北油气田发现，突破了碳酸盐岩传统四大类型储层(生物礁、颗粒滩、白云岩、风化壳)与断裂带难以形成规模储集体的固有认识，创新性地提出走滑断裂带构造破裂增容、叠加埋藏流体改造作用，可形成受走滑断裂构造控制的规模储集体的创新认识。③拓展了油藏保存下限深度，深化了超深层海相碳酸盐岩油气藏形成演化认识。突破了盆地海相碳酸盐岩侧源成藏传统模式，首次构建了顺北“寒武多期供烃、深埋断溶成储、原地垂向输导、晚期成藏为主、走滑断裂控富”的断控缝洞型油气藏成藏模式。

(2)推动了技术进步、实现了技术创新：①建立了“三分六定”超深走滑断裂带及缝洞型储集体分类识别预测技术；②形成了断控缝洞体定量雕刻技术；③形成了深井超深井钻完井技术。

总之，本专著是在众多前人综合研究成果和油气勘探重大突破的基础上，进一步结合中石化西北油田分公司“十一五”、“十二五”和“十三五”以来油气勘探所取得的重大研究和油气勘探成果，以顺北大油气田为总结重点，按照新的学术思想、采用新的基础资料通过全面总结、系统编图、综合升华形成的，全面反映了顺北地区奥陶系油气田地质特征、油气形成过程、油气勘探技术的最新研究成果。

在本专著完成过程中，得到了中国石化集团公司领导的大力支持，得到了中石化西北油田分公司相关领导、专家的关心、支持和帮助，得到了成都理工大学等单位相关专家的支持和协助，在此表示衷心的感谢。

同时，在本专著完成过程中，参考和引用了大量相关学者、专家的研究成果，对所引用参考文献的作者表示诚挚的感谢。

作　者

2020年8月12日于乌鲁木齐

目　　录

第一章 绪 论

位于我国西部、新疆维吾尔自治区南部的塔里木盆地，地理坐标为东经 74°00′～91°00′，北纬 36°00′～42°00′，面积为 $56×10^4km^2$。盆地介于南天山和西昆仑山两大山系之间，周边被库鲁克塔格、柯坪、铁克里克、阿尔金次一级山系所环绕。

塔里木盆地作为我国最大的陆上含油气盆地，经历了加里东、海西、印支、燕山、喜马拉雅 5 个构造旋回，以及(寒武纪—中奥陶世克拉通盆地、晚奥陶世—中泥盆世周缘前陆盆地-陆内拗陷盆地、晚泥盆世—早二叠世克拉通内拗陷盆地、中-晚二叠世大陆裂谷盆地、三叠纪周缘前陆盆地-陆内拗陷盆地、侏罗纪—白垩纪陆内断陷-拗陷盆地、新生代陆内前陆盆地)7 个构造演化阶段的演化，最终形成由前震旦纪基底、古生代克拉通原型盆地与中、新生代前陆盆地叠置的多旋回沉积盆地。塔里木盆地内油气资源丰富，勘探领域众多，是我国油气勘探最为重要的盆地之一。

塔里木盆地油气勘探始于 1952 年的中苏石油股份公司，至今已有近 70 年的历史，已先后在两大领域(碳酸盐岩、碎屑岩)、三套层系(中新生界、上古生界、下古生界)发现油气田 41 个，成为我国最大的天然气产区和中国海相油气资源的主产区。其中，针对下古生界海相碳酸盐岩的油气勘探自 1984 年沙参 2 井喜获高产工业油气流，日产油 $1000m^3$、日产气 $200×10^4m^3$，发现了雅克拉凝析气田，实现了我国海相碳酸盐岩的首次重大突破之后，针对塔里木盆地下古生界海相碳酸盐岩油气勘探不断取得突破，1987 年到 1989 年 2 月轮南 1 井、轮南 2 井、英买 1 井先后获得高产工业油气流，特别是 1997 年 7 月，沙 46 井、沙 48 井先后获高产工业油气流，发现了塔河亿吨级海相整装大油田，标志着塔里木盆地油气勘探进入了新的阶段。

进入 21 世纪，伴随着理论认识的不断提高和勘探技术的不断进步，针对塔里木盆地海相碳酸盐岩的油气勘探不断取得进展和突破。中石化西北油田分公司在系统总结前人已有勘探成果的基础上，重视基础研究、强化技术攻关、加大勘探力度，于 2016 年 8 月 29 日宣布在塔里木盆地顺北地区奥陶系海相碳酸盐岩油气勘探取得重大商业发现，发现了奥陶系大油气田，资源量达到 $17×10^8t$(油当量)，其中石油为 $12×10^8t$，天然气为 $5000×10^8m^3$。这一重要发现，是中石化西北油田分公司针对塔里木盆地 40 年勘探积累基础上的重大突破，实现了从沙参 2 井潜山类型到塔河喀斯特岩溶缝洞型再到顺北特深断控缝洞型新类型的重大转变，也是在困境中坚持勘探、在勘探中大胆探索、在探索中转变思路、在思路转变中技术创新的结果。同时，也再次证明了塔里木盆地深层、超深层海相碳酸盐岩巨大的勘探潜力和良好的勘探前景。

第一节 顺北油气田概况

顺北油气田位于塔里木盆地中北部，构造位置上位于塔里木盆地顺托果勒低隆一级构造单元，覆盖顺北缓坡、顺托低凸、顺东缓坡 3 个二级构造单元。东西紧邻满加尔拗陷、阿瓦提拗陷两个一级构造单元(图 1-1)。构造面貌东西方向上为一个鞍部隆起，南北方向为中间低南北高的鞍部拗陷。为一个典型的“马鞍状”构造形态。

顺北油气田自下而上发育基底、南华系(Nh)、震旦系(Z)、寒武系(Є)、奥陶系(O)、志留系(S)、泥盆系(D)、石炭系(C)、二叠系(P)、三叠系(T)、白垩系(K)、古近系(E)、新近系(N)、第四系(Q)，其中志留系中上统、泥盆系中下统、石炭系上统、二叠系下统和上统、侏罗系、白垩系上统、古近系库姆格列木群存在不同程度的缺失，其余地层发育齐全。

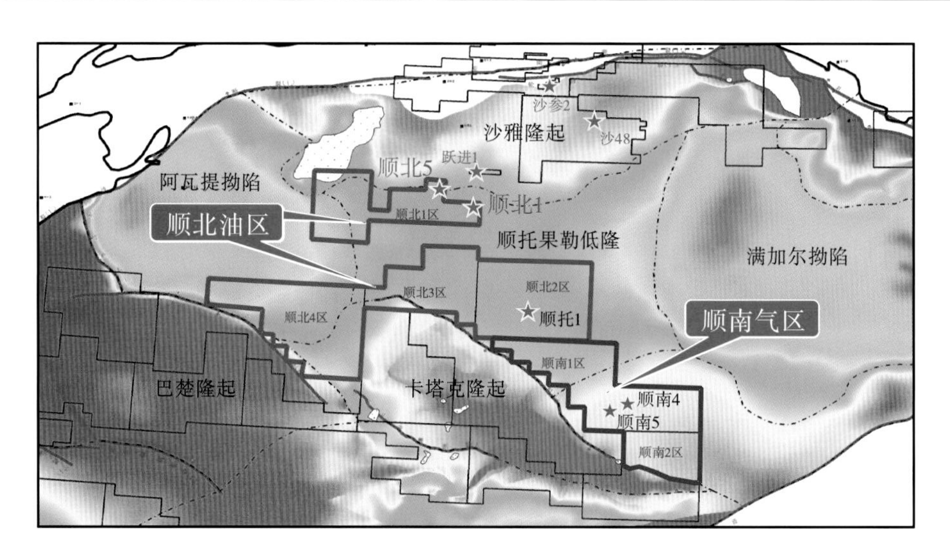

图 1-1　顺北油气田区域位置(底图为奥陶系中下统顶面构造图)

顺北油气田面积为 28×10⁴km²，顺北油区勘探面积为 19.9×10⁴km²，顺南气区勘探面积为 8000km²(图 1-2)。该油气田包含 6 个区块，其中含油的为北部 4 个区块，顺北 1、3、4 区主要资源为轻质油，顺北 2 区为凝析气藏，南部顺南 1、2 区主要为干气藏。

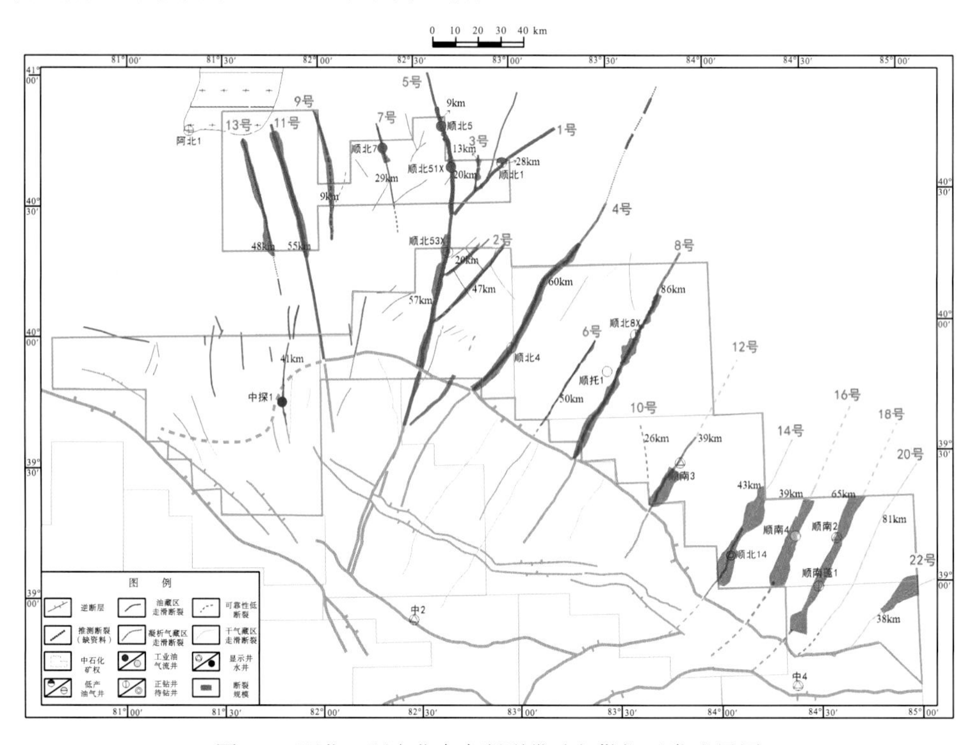

图 1-2　顺北—顺南北东向断裂带油气勘探开发成果图

通过勘探证实，顺北油气田是塔里木盆地一种新的油气藏类型，它主要受超深走滑断裂带控制，其储集体主要是走滑断裂活动形成的断裂带空腔和缝洞复合体，主要封挡条件为断裂两侧的奥陶系致密碳酸盐岩和顶部的桑塔木组泥岩，断裂带的主要活动期为海西早期之后至喜马拉雅晚期。鉴于油气藏的特殊性，结合断裂控制储层发育、控制油气藏分布、控制油气藏富集的“三控”特征，将这类新的油气藏命名为“超深断控缝洞型油气藏”。

2017 年以后，顺北油气田由 1 号断裂带向外围甩开部署，截至 2019 年底，顺北油气田已经评价了顺北 1、顺北 5、顺北 7 三个一级主干断裂带和顺北 2、顺北 3 两个次级断裂带，均全部获得工业油气。截至 2019 年底，顺北油气田累计提交探明石油储量 9.903×10^8t，天然气 3430×10^8m^3，合计油气当量 12.842×10^8t。累计产油 1580×10^4t，形成年产油 820×10^4t 的生产能力，成为中石化西北油田分公司走出塔河之后发现的又一个规模油气富集区(图 1-2)。

第二节 顺北油气田的勘探过程

顺北油气田发现之前，塔里木盆地下古生界海相碳酸盐岩已经有了大规模的油气发现。一是 1984 年 9 月 22 日沙参 2 井在塔北沙雅隆起上的奥陶系白云岩中钻遇高产工业油气，揭开了塔里木盆地油气勘探新的篇章，掀起了围绕古潜山圈闭的勘探热潮经过近十年的勘探，围绕古生界潜山，发现了潜山奥陶系、石炭系，以及三叠系、侏罗系、白垩系、古近系等多个含油气层系，发现一批中小型油气藏(田)。二是针对位于阿克库勒凸起的古生界潜山，1996 年部署了沙 46 井，于 1997 年 2 月钻获高产油气，同年部署了沙 47、沙 48 两口井，分别钻获高产稳产油气，宣告塔河奥陶系油气田的发现。不同于沙参 2 井揭示的古潜山油气藏，塔河油田的奥陶系以海西早期岩溶为主，叠加加里东中期岩溶控制的岩溶缝洞型油气藏。这种油气藏储层发育分布极其不规则，钻进过程中常常钻遇放空、漏失，油气藏具有蜂窝状分布，整体连片，沿奥陶系地层展布，呈现为表生岩溶带、垂直渗流带、水平潜流带和深部缓流带 4 层岩溶模式，油气水分布在相互独立的缝洞单元中，不同构造部位均有油、水产出，没有统一的油水界面。通过 10 年的勘探评价，基本探明了塔河油田，发现油气藏性质具有从南东向北西，具有凝析油气—轻质油气、正常中质油—黑油、稠油—高黏稠油逐渐过渡分布的规律性。

塔河油田奥陶系岩溶缝洞型油气田的快速探明，在勘探地质认识上取得了长足的进展，形成了海相碳酸盐岩油气成藏理论和勘探理论：

(1)来自满加尔拗陷的寒武系—奥陶系优质烃源岩长期生烃、多期排烃为塔河奥陶系碳酸盐岩油气成藏提供了雄厚的物质基础。

(2)海西早期运动形成的古隆起(古凸起)、古斜坡长期发育，是油气运移、聚集成藏的有利部位。

(3)加里东期、海西期多期大气淡水岩溶(喀斯特)是奥陶系岩溶储层的主要形成期，后期经历了多期岩溶改造。

(4)印支期以来多期构造运动调整改造，形成了塔河复式油气田。多期岩溶及构造破裂作用是控制奥陶系碳酸盐岩储集体发育和油气富集最为重要的因素。

“十二五”以来，中石化西北油田分公司在塔里木盆地整体评价的基础上，不断创新勘探思路、加大勘探力度，持续向塔河深层、顺北、顺托—顺南展开，相继落实了顺北、顺南—顺托、塔河深层 3 个亿吨级增储上产区带。总结顺北油气田的勘探历程，大约可以分为 4 个阶段，分别是跃参区块勘探的重要启示，顺南 4 井、顺南 5 井在断裂带上的预先突破，顺托 1 井勘探成功的重要启示，以及顺托 1 号带油气的发现与评价。

一、跃参区块勘探的重要启示

面对勘探遇到的困境，中石化西北油田分公司加大了对全盆地基础石油地质的深入研究和精细解剖认识，通过系统编制各层系构造演化图、沉积相平面分布图，首次明确了塔里木盆地寒武系主力烃源岩玉尔吐斯组，在西部台地区也有较好的分布(图 1-3)。经过对烃源岩的再认识，认为塔里木盆地北部地区仍然是全盆地最有利的油气聚集区，已经发现的油气田，包括塔河油田在内，均位于有利的寒武系玉尔吐斯组烃源岩发育区内。根据这一成果，再一次认识到塔里木盆地北部地区具有雄厚的烃源岩条件，原来认为的塔河地区的原油来自满加尔拗陷的认识得到修正，即本地烃源岩为油气成藏做出了重大贡献。

为了验证这一认识，中石化西北油田分公司于 2011 年对跃参 1 号勘探区块进行了三维全覆盖部署，当年采集当年处理，当年完成解释，并于 2012 年部署了 YJ1X、YJ2X、YJ3X 三口预探井。

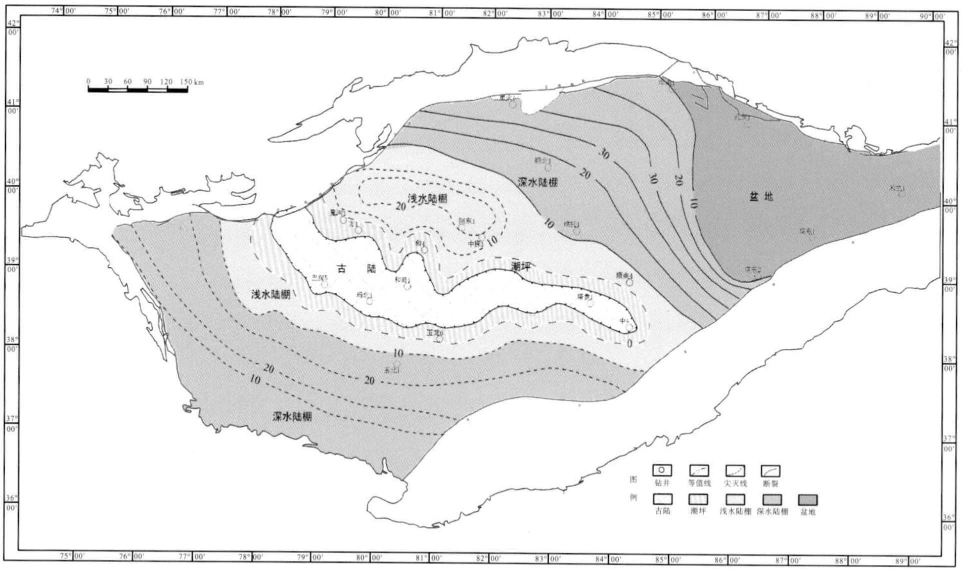

图 1-3　塔里木盆地寒武系玉尔吐斯组烃源岩厚度分布图

YJ1X 井于 2012 年 12 月 6 日 3mm 油嘴自喷生产，获日产原油 58.99m^3，不含水，日产天然气 9205m^3，气油比为 156∶1。YJ2X 井于 2012 年 12 月 18 日 2mm 油嘴自喷生产，获日产原油 24.36m^3，不含水，日产天然气 6251m^3，气油比为 257∶1。随后针对跃参 1 号区块中部断块区断裂附近部署的 YJ3X 井，2013 年 6 月 30 日进行裸眼常规完井试油，获日产原油 67.49m^3，折日产气 2.146×10^4m^3(图 1-4)。

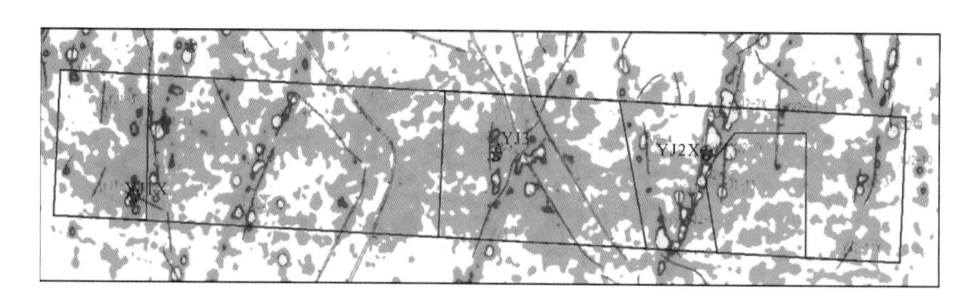

图 1-4　跃参区块奥陶系碳酸盐岩储层预测成果图

在跃参区块油气勘探取得突破后进行系统总结认为，一是巨厚上奥陶统覆盖区的中下奥陶统碳酸盐岩仍然发育裂缝-洞穴型储集体，二是油气来自下寒武统烃源岩，以晚期成藏为主。

这两点认识对塔河之外的勘探思路有重要启发，众所周知，塔河岩溶缝洞型油藏的储集体是岩溶缝洞，油气是海西晚期成藏并以侧向运移为主，进一步对跃进井区油藏进行评价时，发现两个现象：一是沿主干断裂油质较轻，离主干断裂越远，油质越重；二是油气柱厚度大，不受南北构造高低的影响，油气以纵向运移为主。这一认识进一步明确了断裂活动在油气成藏中的重要作用。

通过大量的盆地基础研究工作，对顺托果勒低隆地区的油气地质认识越来越清晰，归纳起来主要有 3 点：一是油气来源于原地寒武系玉尔吐斯组；二是油气主要沿断裂垂向运移；三是中上奥陶统巨厚覆盖区，中下奥陶统碳酸盐岩仍有规模储层。形成了“立足原地烃源岩、沿深大断裂带寻找晚期形成的原生油气藏”的明确勘探方向和思路，对后续转向断裂带部署评价起到了重要的理论指导作用。

所以，在上述创新认识的基础上，对顺托果勒低隆区进行了重新评价，在 2012 年大胆甩开从顺托果勒低隆南北两端同时部署了顺北三维、顺南 1 井三维，并论证部署了顺北 1 井、顺南 4 井、顺南 5 井，主要目的为验证串珠状异常的地质属性，评价北东向断裂带的含油气性，探索顺北—顺南地区油气勘探潜力，由此拉开了顺北—顺南大型油气富集区勘探发现的序幕。

二、顺南 4 井、顺南 5 井在断裂带上的预先突破

顺南地区前期已经完钻顺南 1 井、顺南 2 井、顺南 3 井。其中，2012 年 12 月对顺南 1 井一间房组—鹰山组顶部裸眼段进行携砂酸压获低产油气，折算最高气产量为 $3.8714\times10^4m^3/d$，日产油 $4m^3$。2013 年 2 月顺南 2 井、2013 年 4 月顺南 3 井分别钻遇低级别油气显示，未能实现面上展开突破。

2012 年针对断裂带同时部署的顺北 1 井、顺南 4 井、顺南 5 井于 2013 年 7 月、8 月先后完钻并进行了测试。

2013 年 7 月 1 日对顺南 4 井鹰山组进行油管测试获高产气流。油嘴为 7mm，孔板为 95.25mm，油压为 60MPa，折日产气 $38\times10^4m^3$，无液，不含水。顺南 5 井 2013 年 1 月 14 日开钻，2013 年 8 月 9 日完钻，该井钻至井深 7209.8m，立压 16.7～23.8MPa，槽面见大量气泡，用 $2.05g/cm^3$～$1.95g/cm^3$～$2.10g/cm^3$ 的钻井液压井，地层漏失，累计漏失泥浆 $1152.5m^3$，其间点火火焰高 10～15m，持续时间为 3h5min，估算无阻流量为 121.1×10^4～$165.8\times10^4\ m^3$。

顺北 1 井于 2013 年 7 月 24 日完钻，中途钻进至鹰山组发生井漏，累计漏失泥浆 $1374.42m^3$。完井酸压累计获原油 $2.57m^3$，含油 1%(原油为墨绿色，密度为 $0.847g/cm^3$)。

针对北东向断裂带部署的 3 口井，均获得不同程度的油气突破。顺南 4 井在鹰山组、顺南 5 井在蓬莱坝组获得高产天然气流，进一步揭示出北东向断裂带对晚期油气成藏具有明显的控制作用，实现了塔中北坡新地区、新类型油气勘探的重大导向性突破，是中石化在塔中地区十余年坚持海相油气勘探的重大转折。在勘探认识上，通过进一步的地震资料解释，发现和落实了 18 条北东向断裂带，这些断裂带具有良好的勘探潜力。

顺北 1 井在鹰山组钻遇井漏，中途测试见少量天然气，上返一间房组酸压见原油，这一重要油气发现证实顺北地区北东向断裂带奥陶系发育缝洞型储集体，存在晚期油气充注过程，具备形成缝洞型油气藏的条件。而且顺北 1 井油气性质与顺南 4 井、顺南 5 井差异很大，顺北 1 井为轻质油藏，顺南 4 井、顺南 5 井为干气藏，这一现象进一步预示从顺北到顺南，存在北油南气的分布趋势。

三、顺托 1 井勘探成功的重要启示

顺北 1 井与顺南 4、顺南 5 井均位于北东向断裂带上，但顺北 1 井的油气成果明显与顺南 4 井、顺南 5 井油气成果不可匹配，为进一步评价顺北地区和顺南地区北东向断裂带的油气勘探潜力，勘探上对顺南和顺北地区油气热演化过程进行了研究，发现造成油藏性质差异的原因主要是顺南—顺北地温梯度不一样，顺南 4 井实测地温梯度为 2.8℃，而顺北地温梯度为 1.9℃，顺北地区以原油藏为主，因此勘探的主攻方向是向北部地温梯度较低的顺北地区转移。

2014 年 4 月在顺托果勒低隆起顺北 2 区甩开部署了重点探井——顺托 1 井。

2015 年 2 月 2 日，顺托 1 井钻至 7874.01m 发生漏失、放空，钻进过程中发生溢流，在成功压井后采取四通两翼放喷点火，泄压试采放喷初期估算最高为 $3580\times10^4m^3/d$，采气树放喷初期为 $410\times10^4\ m^3/d$，最终因井筒条件封井。顺托 1 井累产气 $2.42522\times10^8m^3$，累产油 $413.37m^3$。顺托 1 井的主力产层为鹰山组上段，气测图版显示一间房组和鹰山组含油气层段流体性质存在差异，一间房组(7690.0～7704.2m)含凝析油、鹰山组上段(7860m 以下)下部为干气。“上油下气”的油藏特征及取心缝洞中见沥青质，表明本区存在多期成藏过程，现今油气藏为高气油比的凝析气藏。

四、顺北 1 号带油气的发现与评价

顺托 1 井的油气发现具有重大意义：一是进一步证明了顺北—顺南的广大地区内 18 条北东向断裂带对油气聚集具有明显的控制作用；二是在这一广大地区存在丰富的晚期油气充注聚集，资源勘探潜力巨大；三是顺托 1 井区出现凝析油，不同于顺南 4 井、顺南 5 井区以干气为主，顺托 1 井进一步验证了北油南气的油气分布格局，这一成果进一步增加了在顺北地区勘探原生油气藏的信心。

为此，进一步评价顺北 1 号断裂油气潜力，于 2015 年 2 月在顺北 1 井南西沿断裂带部署油藏滚动评价井顺北 1-1H 井，对顺托果勒低隆区北部和中部进行探索评价。

顺北 1-1H 井于 2015 年 2 月 3 日开钻，2015 年 8 月 23 日钻进至一间房组发生井漏，至完井累计漏失泥浆 1810m^3。之后对顺北 1-1H 井一间房组进行常规完井试油，10 月 1 日 4mm 油嘴试采，获日产原油 107.4m^3，日产气 $3.9542\times10^4m^3$，不含水，油气性质为弱挥发性轻质原油油藏(图 1-5、图 1-6)。

顺北 1-1H 井的油气重大发现，揭示出顺北 1 号断裂带为含油气断裂带，部署时的认识得到了证实。随后 2015 年末沿该断裂带连续部署 6 口评价井均获得成功。此外，部署在顺北 1 号断裂带旁侧的分支断裂带上的顺北 2 井也在 2016 年 10 月获折算日产油 15～20m^3。

2016 年 8 月 29 日，中石化西北油田分公司宣布在塔里木盆地顺北地区取得重大商业发现，发现了顺北油气田，资源量达到 17×10^8t，其中石油为 12×10^8t，天然气为 $5000\times10^8m^3$，顺北油气田包含 6 个区块，矿权内含油气面积为 $2.8\times10^4km^2$。其中，北部 4 个区块含油。顺北一、三、四区主要资源为轻质油，顺北二区为凝析气藏。南顺南一、二区主要为干气藏。

顺北油气田的发现，是中石化西北油田分公司对塔里木盆地 40 年不断深化勘探的又一里程碑型的重大成果。实现了从沙参 2 井潜山类型突破，到塔河喀斯特岩溶缝洞型获得大发现，再到顺北特深断控缝洞型新类型的突破，这是在困境中坚持勘探、在勘探中大胆探索、在探索中转变思路、在思路转变中技术创新的结果。

2016 年之后，对顺北油气田各主干断裂带进行预探和评价，实施勘探开发一体化部署，2017 年顺北 5 井、顺北 5CX 井在顺北 5 号断裂带获日产油 160m^3，日产气 8757m^3，顺北 3 井在顺北 3 号断裂带获日均产油 38t 的良好油气成果。2018 年顺北 7 井在顺北 7 号断裂带获工业油气，顺北 51X、顺北 501 等井均获工业油气，沿断裂带展开评价全部获得成功。

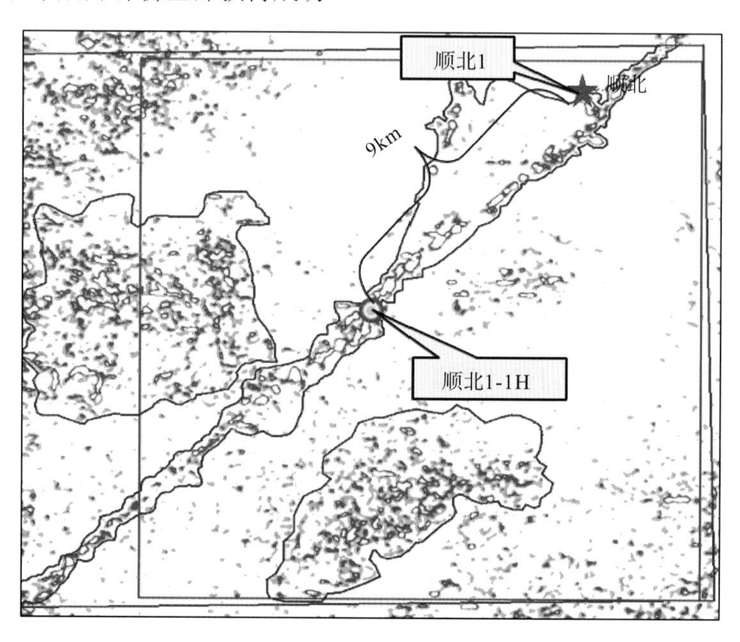

图 1-5　顺北 1 号断裂带地震属性异常图

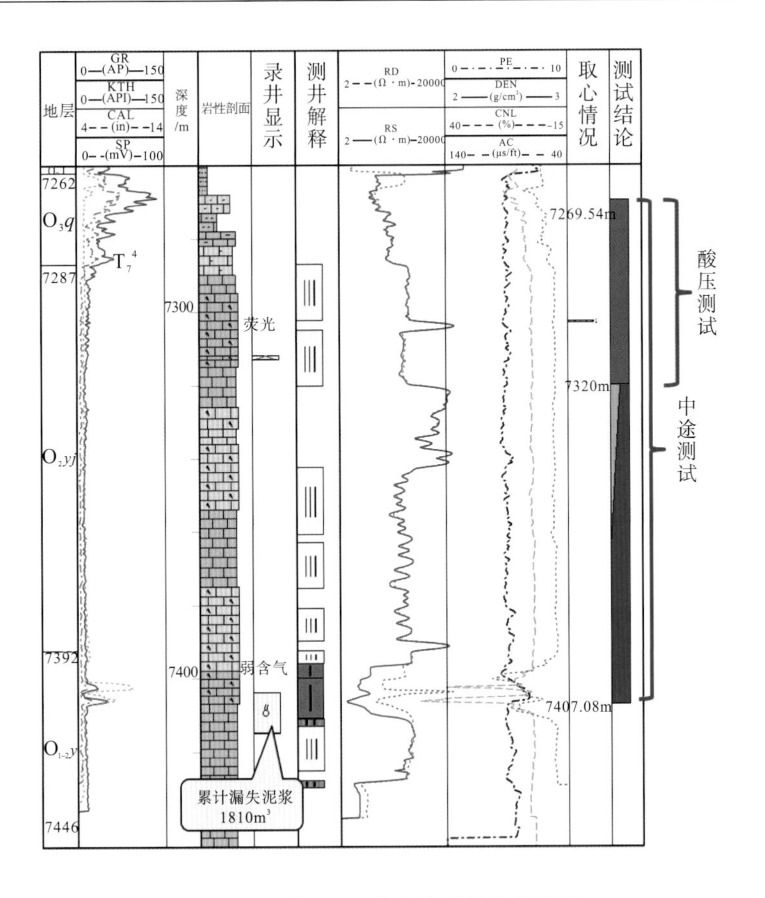

图 1-6 顺北 1-1H 井奥陶系综合柱状图

顺北地区奥陶系断控缝洞型油气藏的发现：①证实了油气成藏的新类型和模式，即顺北地区目的层断裂在油气成藏中发挥了关键作用，形成了新类型的油气藏，该类油气藏在顺北地区广泛发育，为塔里木盆地广大上奥陶统覆盖区的勘探开发提供了理论支撑；②实现了“塔河之外找塔河”的重大战略意义，顺北 1-1H 井为顺北 1 号走滑断裂带的重大油气发现井，顺托 1 井为凝析气藏的重大突破井，两口井的油气突破充分展现了顺北油气田奥陶系整体含油气的资源前景，基于顺北地区断裂缝洞型油气藏认识，落实了 18 条规模相当的主干断裂，资源量达到 17×10^8t。

总之，通过 4 年持续的勘探评价，对顺北油气田的油气地质特征有了深刻、全面的认识，在前期潜山型、岩溶缝洞型油气藏类型的基础上，发现了国内乃至国际上又一种新的油气藏类型，即断控缝洞型油气藏(图 1-7)。顺北油气田发现的重大意义在于塔里木盆地新地区、新领域、新类型油气勘探获得重大突破，实现了“塔河之外找塔河”的战略构想；是近 10 年来塔里木盆地石油勘探的新亮点，也是中石化超深层海相碳酸盐岩油气勘探的亮点之一。这一发现为实现中石化“石油可持续、天然气快上产、成本不上升、效益稳增长”的发展战略提供了重要的资源基础，具有重要的油气成藏理论意义和重大的油气勘探实际价值，也为中石化西北油田分公司实现“两个一”发展目标(即年产原油 1000×10^4t、天然气 100×10^8m^3)提供了可靠的资源保障。

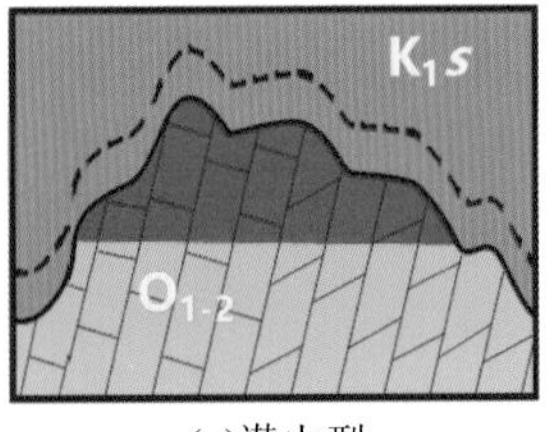

(a)潜山型

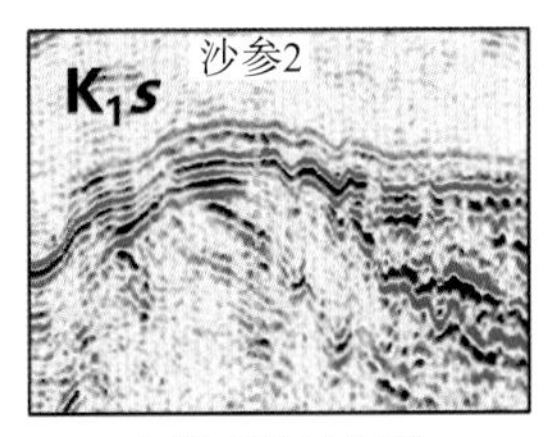

(b)雅克拉油气藏

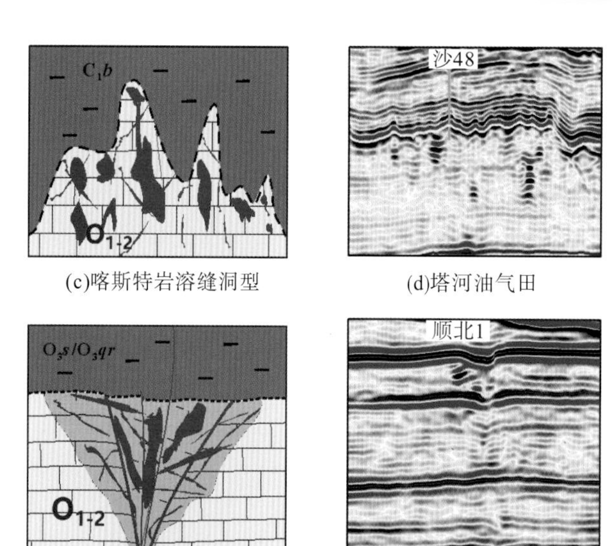

(c)喀斯特岩溶缝洞型　(d)塔河油气田

(e)断控缝洞型　(f)顺北油气田

图 1-7　塔里木盆地海相碳酸盐岩油气藏类型示意图

第二章　顺北地区油田走滑断裂特征

塔里木盆地是具有太古宙古陆核，经元古宙拼接与固结，于前南华系陆壳基底之上发育起来的大型叠合盆地(贾承造，2004)，由古生界海相克拉通盆地和中-新生界陆相前陆盆地组成，受控于周缘造山带的影响而经历多期构造运动变革，发育九大区域不整合面，形成下古生界、上古生界、中-新生界三大构造层，台盆区下古生界主要发育逆冲断裂、走滑断裂两大构造类型。

顺北油田主体位于塔里木盆地顺托果勒低隆构造单元，其东南延伸至古城墟隆起。顺托果勒低隆起北连沙雅隆起，南接卡塔克隆起，东邻满加尔拗陷，西接阿瓦提拗陷，现今位于“马鞍状”的特殊构造部位。顺北油田主要发育走滑断裂，经历了加里东—喜马拉雅期多期断裂活动与改造过程，形成直线状、花状、雁列状、羽状等多种构造样式，控制着盆内断控型勘探目标的形成。

第一节　区域构造背景及格架

塔里木盆地是塔里木板块的主体，发育前南华系结晶基底和南华系—显生宙沉积盖层。在长期的地质演化历史中，受控于周缘洋盆与造山带活动的影响，塔里木盆地经历了加里东期、海西期、印支期、燕山期与喜马拉雅期五大构造旋回，发育陆内裂谷、克拉通、被动大陆边缘、陆内拗陷和前陆盆地等多种原型盆地类型，形成了不同时期、不同性质的原型盆地的纵向叠加改造。

一、周缘大地构造背景

在全球大地构造格局中，塔里木板块北靠古亚洲构造域，南邻特提斯构造域，东接华北板块，西隔帕米尔突刺与卡拉库姆板块相望(图 2-1)。塔里木板块经历了长期复杂的漂移演化，在早古生代为独立漂移的古陆块，在晚古生代拼贴在欧亚大陆南缘成为大陆边缘增生活动带的一部分，在晚古生代末期到中生代塔里木板块主要受特提斯构造域控制，新生代则主要受喜马拉雅构造域控制，现今为欧亚大陆板块南缘蒙古弧与帕米尔弧之间的广阔增生边缘的中间地块。塔里木盆地漫长的地质演化过程与上述板块或

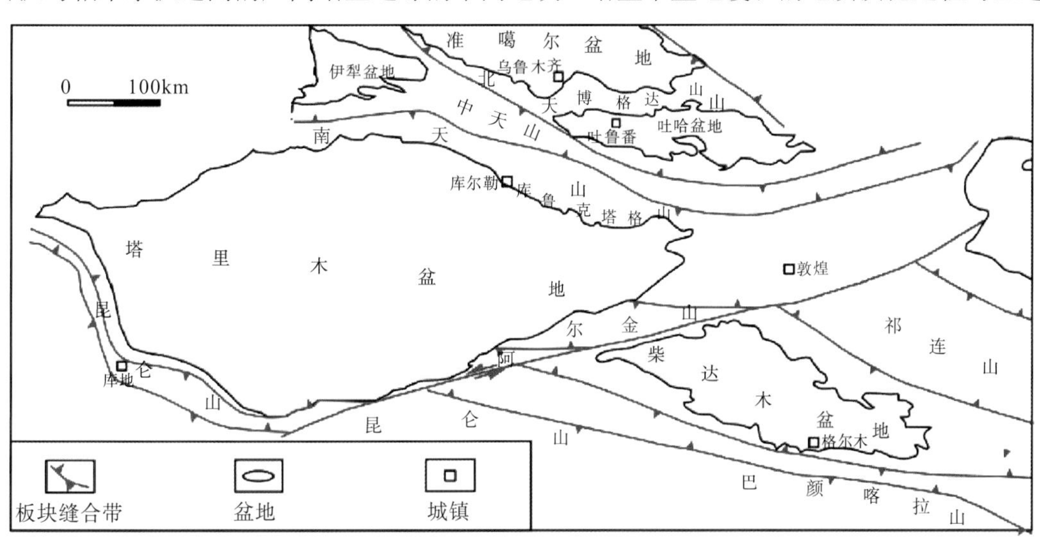

图 2-1　塔里木盆地及邻区构造格架简图

地块间复杂的拉张裂解、俯冲消减和碰撞闭合作用密切相关(许志琴等，2011)。

现今的塔里木板块为南天山、昆仑山和阿尔金山三大造山带所包围(图 2-1)，在地貌上显示出一个大型山间盆地的特点。盆地与造山带的北部边界为南天山北界断裂带(尼古拉耶夫线)，西南部边界为康西瓦断裂带，东南部边界为阿尔金断裂带。其中南天山造山带位于塔里木板块北侧，是中亚构造域的南缘，它限定了塔里木盆地的北界，是一条晚古生代增生-碰撞造山带，在新生代复活发生陆内造山；昆仑造山带位于塔里木板块的西南侧，是青藏高原的北部边缘，它限定了塔里木盆地的西南边界，是一条早古生代增生-碰撞造山带，属于古特提斯造山带的组成部分，在新生代与青藏高原一起大规模隆升发生陆内造山；阿尔金造山带位于塔里木板块的东南缘，它限定了塔里木盆地的东南边界，是在早古生代增生-碰撞造山带的基础上发育起来的一条新生代巨型走滑断裂带。

二、盆地构造演化过程

塔里木盆地历经多期构造运动和成盆改造，发育 9 个区域不整合面，代表着盆地构造运动转变的重要演化阶段，分隔着不同的构造旋回(贾承造等，1992)。

1. 区域不整合特征

依据露头、钻井、地震反射特征等资料分析，塔里木盆地自下而上发育 9 个区域不整合面(图 2-2)。

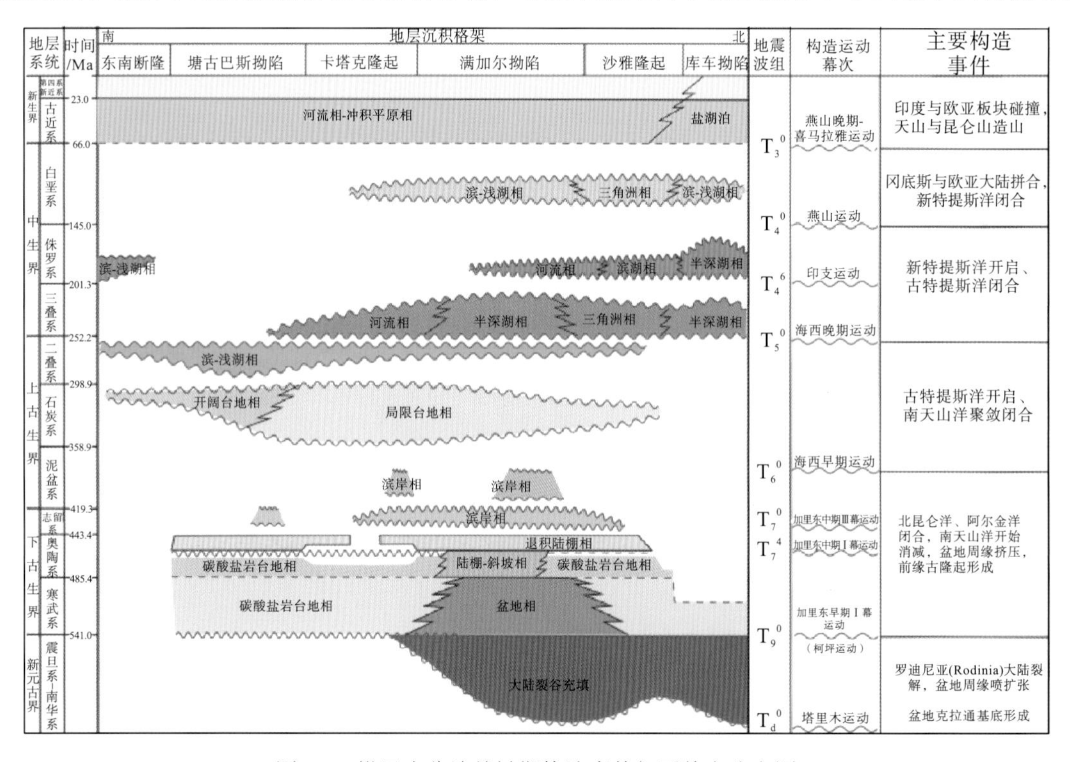

图 2-2　塔里木盆地关键期构造事件与不整合分布图

(1)前南华系顶面不整合(地震反射波组 T_d^0)：代表新元古代中期 850Ma 左右发生的塔里木运动，塔里木南、北块体拼贴，标志着塔里木盆地统一的大陆克拉通基底形成。盆缘露头区可见明显的不整合侵蚀面，如库鲁克塔格断隆南华系贝义西组/青白口系帕尔岗塔格群不整合、柯坪断隆南华系巧恩布拉克组/阿克苏群片岩不整合、铁克力克地区南华系恰克马克力克组/青白口系苏库罗克群不整合等。

(2)前寒武系顶面不整合(地震反射波组 T_9^0)：代表震旦纪末 550Ma 左右发生的柯坪运动(也称加里东早期Ⅰ幕运动)，可能受全球性泛非造山事件影响，塔里木板块南缘发生洋盆俯冲汇聚，盆内基底古隆起形成，T_9^0 界面由坳陷向隆起区具明显削截特征。

(3) 中-下奥陶统顶面不整合(地震反射波组 T_7^4)：代表中奥陶世末发生的昆仑-阿尔金碰撞造山作用(也称加里东中期Ⅰ幕运动)，表现为由伸展转为挤压构造背景，造成统一碳酸盐岩台地消亡，基底隆起复活大幅度抬升剥蚀，地震剖面上较清楚地显示 T_7^4 反射层削截下伏地层的现象。

(4) 前志留系顶面不整合(地震反射波组 T_7^0)：代表奥陶纪末昆仑-阿尔金碰撞造山作用的持续(也称加里东中期Ⅲ幕运动)，为顶削上超型角度不整合面，地震剖面明显显示上奥陶统顶部被志留系削截，且志留系由拗陷向隆起区具上超尖灭的反射特征。

(5) 前上泥盆统顶面不整合(地震反射波组 T_6^0)：代表昆仑-阿尔金碰撞造山作用强烈活动直至结束(也称海西早期运动)，盆地南北缘处于双向强烈挤压构造背景，造成盆内古隆起范围扩大，发生大规模的褶皱与断裂活动。盆内古隆起区不整合界面下伏地层遭受明显剥蚀，而上覆上泥盆统—石炭系超覆在古隆起不同时代地层之上。

(6) 前三叠系顶面不整合(地震反射波组 T_5^0)：代表晚二叠世发生的南天山碰撞造山运动(也称海西晚期运动)，盆内由区域性伸展拉张又转变为挤压构造背景，造成塔北前缘隆起(沙雅古隆起)范围扩大。在南天山山前，下三叠统俄霍布拉克群平行或微角度不整合在上二叠统比尤勒包谷孜群之上。盆地中部南北向地震剖面上可清晰见到三叠系超覆不整合于古生界不同时代地层之上。

(7) 前侏罗系顶面不整合(地震反射波组 T_4^6)：代表古特提斯洋闭合、南天山碰撞造山作用的结束(也称印支运动)，在满加尔拗陷东部和沙雅隆起东部，地震剖面显示侏罗系反射波组削截下伏不同时代地层、侏罗系自东向西和自北而南的上超反射特征。

(8) 前白垩系顶面不整合(地震反射波组 T_4^0)：代表羌塘微陆块与欧亚板块拼贴造山作用(也称燕山中期运动)，库车拗陷下白垩统与侏罗系之间为平行不整合或微角度不整合接触，塔西南地区下白垩统克孜勒苏群平行或微角度不整合于侏罗系之上。

(9) 前古近系顶面不整合(地震反射波组 T_3^0)：代表了新特提斯洋闭合、拉萨地块与欧亚大陆拼合造山作用(也称燕山晚期—喜马拉雅期构造运动)，导致巴麦与塔东南等地区大面积隆升，下白垩统受到强烈剥蚀。

2. 构造旋回与盆地演化

塔里木盆地不同时期所处的板块构造位置、古构造应力场不同，导致盆地沉降机制、结构类型、构造变形样式均不同。根据盆地区域不整合面发育及沉积充填特征，将塔里木原型盆地显生宙地质演化史划分为四大构造旋回(图 2-3)。

1) 加里东构造旋回(Є—D_2)

加里东构造旋回在地质年代上大致相当于早古生代，也有学者认为南华纪—震旦纪也属于加里东构造旋回。塔里木盆地经历了从早期的大陆裂解、伸展背景到克拉通拗陷、周缘前陆盆地的演化过程，可划分为两个演化阶段：①寒武纪—中奥陶世克拉通盆地演化阶段，寒武纪塔里木板块游离于原始特提斯洋中，长期处于区域伸展构造背景，接受了大套碳酸盐岩占主导的稳定克拉通盆地沉积，周缘为被动大陆边缘盆地沉积；②晚奥陶世—中泥盆世周缘前陆-陆内拗陷盆地演化阶段，塔里木板块与南缘昆仑-阿尔金碰撞造山作用，使区域伸展转为挤压构造背景，盆地性质也从克拉通盆地转变为周缘前陆盆地为主，盆地沉积建造从碳酸盐岩占主导转变为以碎屑岩为主的构造沉积格局。

2) 海西构造旋回(D_3—P)

海西构造旋回在地质年代上大致相当于晚古生代，塔里木盆地经历了从弱伸展背景下的克拉通内拗陷到大陆裂谷的演化过程，可划分为两个演化阶段：①晚泥盆世—石炭纪克拉通内拗陷演化阶段，昆仑-阿尔金碰撞造山作用结束后进入造山后应力松弛阶段，盆地处于区域弱伸展背景，主体为克拉通内拗陷盆地，北缘被动大陆边缘盆地持续演化；②二叠纪大陆裂谷演化阶段，在区域伸展构造背景下，巨厚的火山岩-火山碎屑岩建造代表着二叠纪大陆裂谷盆地沉积。

3) 印支-燕山构造旋回(T—K)

印支-燕山构造旋回在地质年代上大致相当于中生代，塔里木盆地经历了前陆盆地到陆内断陷盆地的演化过程，可划分为两个演化阶段：①三叠纪前陆盆地-陆内拗陷盆地演化阶段，受古特提斯洋关闭与南天山碰撞造山作用影响，转为挤压、挠曲拗陷背景，南天山山前形成库车周缘前陆盆地，沙雅隆起以南为陆内拗陷盆地；②侏罗纪—白垩纪陆内断陷、拗陷盆地演化阶段，在新特提斯洋拉张、南天山造山后进入应力松弛阶段，区域应力场也由挤压转为伸展构造背景，盆地发育一系列断陷、拗陷盆地。

4) 喜马拉雅构造旋回(E—Q)

喜马拉雅构造旋回在地质年代上大致相当于新生代，塔里木板块受印度板块与欧亚板块沿雅鲁藏布江碰撞远程效应影响，整体处于区域挤压构造背景，经历了古近纪挤压挠曲陆内拗陷、前陆拗陷，到新近纪—第四系区域挤压隆升与前陆拗陷的演化过程。

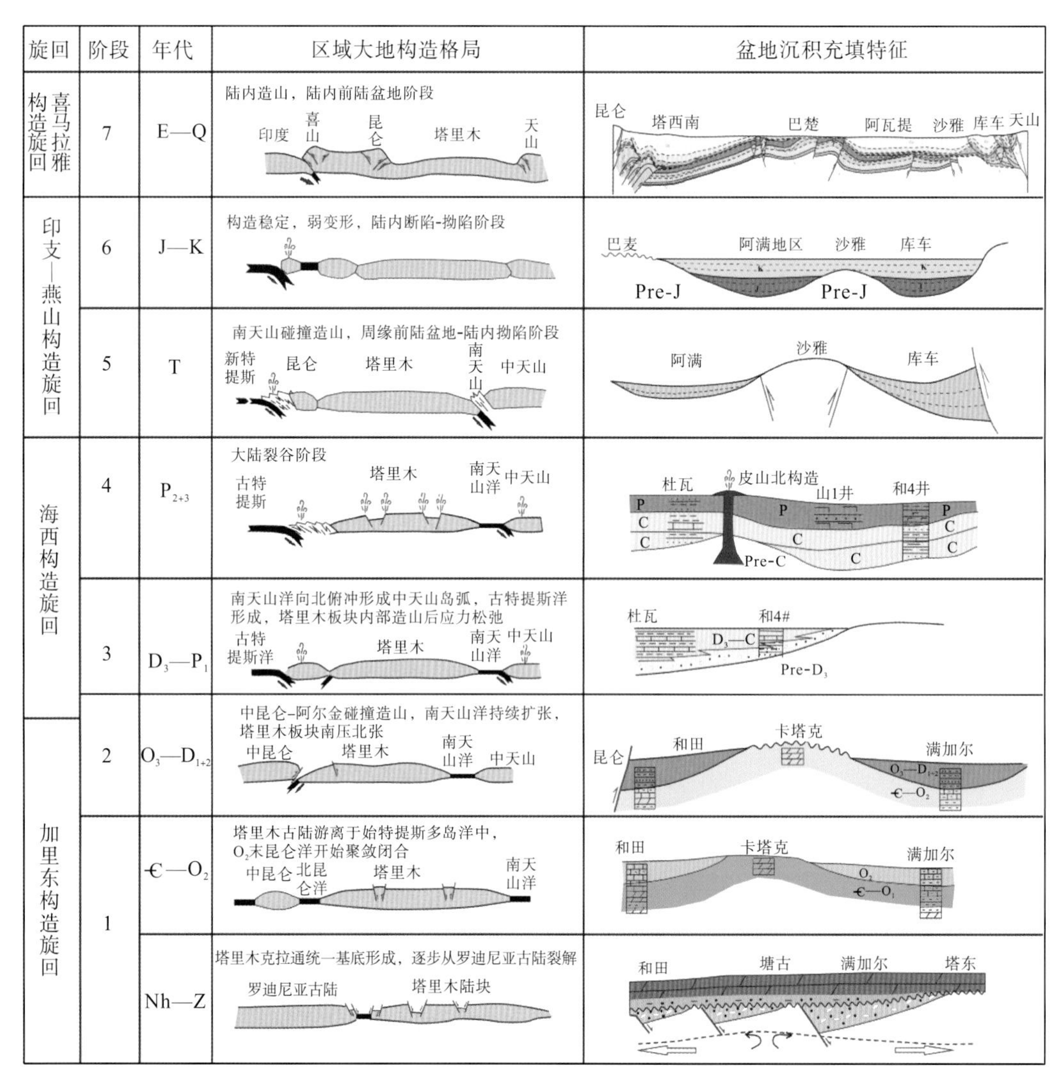

图 2-3　塔里木盆地构造旋回与演化阶段图

三、盆地构造单元划分

塔里木叠合盆地的差异构造演化形成了多个隆起、拗陷等构造单元，它们的形成演化控制着盆地的基本石油地质条件及油气成藏过程。构造单元划分是进行盆地沉积构造特征与演化分析、油气成藏规律研究及油气勘探部署等工作的基础和前提。

随着“十二五”期间油气勘探逐步由古隆起区向古斜坡、拗陷区进军，早期的构造单元划分方案已不满足勘探需要。本着“尊重历史，体现进步，服务选区”的思路，在综合考虑地层展布、构造形态及前人划分经验的基础上，以下古生界中下奥陶统顶面构造形态为主要参考面，针对台盆区提出了塔里木盆地构造单元新的划分方案(马庆佑等，2015)。通过对构造单元的重新划分厘定，深化了对顺北油田区域构造特征的认识。

1. 划分原则及方案

关于构造单元边界的划分依据，本次除借鉴前期常用的大断裂及走向趋势线、主要目的层构造等深线外，还考虑到塔里木盆地台盆区的构造沉积特征，提出了中下奥陶统台缘坡折带转折端线、主要目的层中奥陶统一间房组尖灭线、构造体系的外包络线等参考依据，力争使划分依据更真实可信，更能指导下古生界碳酸盐岩的勘探选区评价。在此基础上将塔里木盆地划分为 13 个一级构造单元(图 2-4)，具体为 6 个隆起(沙雅隆起、巴楚隆起、卡塔克隆起、古城墟隆起、东南断隆、顺托果勒低隆)、5 个拗陷(满加尔拗陷、阿瓦提拗陷、塘古巴斯拗陷、库车拗陷、西南拗陷)、2 个斜坡(孔雀河斜坡和麦盖提斜坡)，并细化为 31 个二级构造单元。

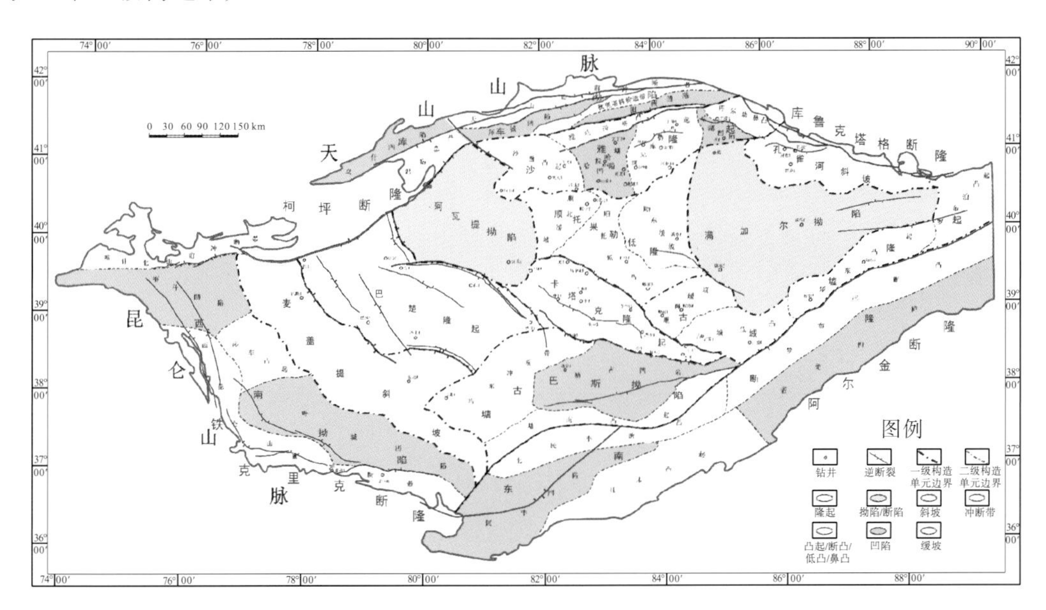

图 2-4　塔里木盆地构造单元划分图

2. 顺托果勒低隆划分依据

顺托果勒低隆北部以中奥陶统顶面-6500m 构造等深线与沙雅隆起分界；西北部以基底构造形态、中奥陶统顶面-7500m 构造等深线与阿瓦提拗陷分界；东北部以中下奥陶统台缘坡折带转折端线与满加尔拗陷分界；西南部以塔中Ⅰ号断裂与卡塔克隆起分界；东南部以基底构造形态、构造体系外包络线、中奥陶统顶面-6200m 构造等深线与古城墟隆起分界。

顺托果勒低隆内部划分为顺东缓坡、顺托低凸、顺北缓坡 3 个二级构造单元(图 2-4)。从基底和中下奥陶统顶面构造形态来看，顺托果勒低隆东西两端分别有两个缓坡延伸入满加尔拗陷和阿瓦提拗陷，与中间的平台区形成对比。顺托果勒低隆东西两端分别毗邻满加尔和阿瓦提两大生烃拗陷区，成藏背景有一定差异。将顺托果勒低隆划分出 3 个二级构造单元，更好地刻画出内部构造特征的差异性，为后期勘探选区提供依据。

四、顺托果勒低隆构造特征

1. 顺托果勒低隆现今构造特征

由中下奥陶统顶面构造图（图 2-5）可以看出，顺托果勒低隆在 EW 方向上表现为阿瓦提拗陷与满加尔拗陷之间的宽缓低隆起，在 SN 方向上表现为卡塔克隆起与沙雅隆起之间的低拗平台。它的基底形态相对于古城墟隆起明显隆升幅度高，且志留系—泥盆系剥蚀尖灭线就位于两个构造单元分界线附近，构造样式上古城墟隆起以基底逆冲为主，而顺托果勒低隆以高角度走滑为主，因此可与古城墟隆起区分开来。

顺托果勒低隆发育 3 个构造层，下构造层由震旦系—泥盆系构成，构造形态为一特殊的低隆起；上构造层由白垩系—第四系构成，构造形态为一 NW 倾的斜坡；由石炭系—三叠系构成的中构造层，是上、下构造层构造形态的过渡，总体仍呈 NW 倾的斜坡。顺托果勒低隆主要发育在下构造层，为一介于 SN 隆起、EW 拗陷之间的“马鞍状”特殊构造部位，在 EW 方向上呈宽缓的隆起形态，而在 SN 方向上呈斜坡-拗陷面貌。

对顺托果勒及邻区中下奥陶统顶面（T_7^4 界面）的地层倾角（图 2-5）计算表明，整个顺托果勒低隆起中下奥陶统顶面地形非常平坦，中部的顺托低凸起地层倾角很小，分布在 0.13°～0.47°，往东、西两侧缓坡区倾角逐渐增大到 1.17° 左右，往北部沙雅隆起区地层倾角增大到 1.39°左右，往南部卡塔克隆起倾角增加最大，达到 3.41° 左右。可见顺托果勒低隆“马鞍状”的构造特征，导致中部形成了宽缓的大平台区，加上中下奥陶统顶面储集体横向非均质性强，为后期油气以垂向运移为主提供了基础。

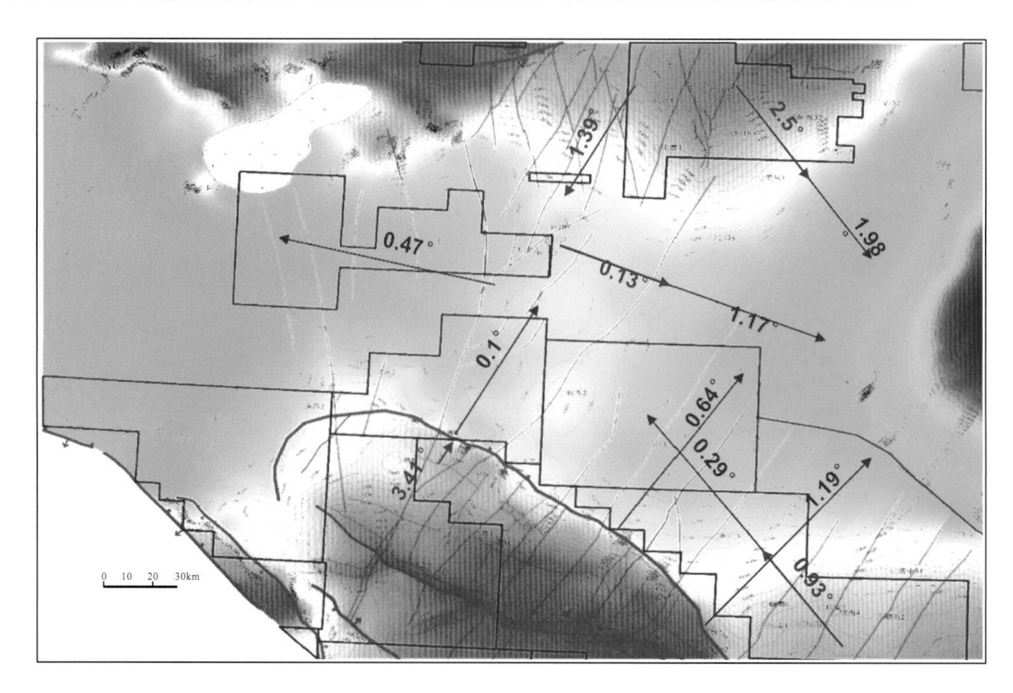

图 2-5　顺托果勒地区中下奥陶统顶面（T_7^4 界面）构造图及地层倾角示意图

2. 顺托果勒低隆形成与演化

通过构造演化史（图 2-6）分析表明，顺托果勒低隆主要经历了以下 4 个演化阶段。

（1）加里东期—海西早期低隆形成期：震旦纪末柯坪运动后，南、北卡塔克、沙雅基底古隆起出现雏形，东部形成库-满拗拉槽，在顺托果勒地区逐渐形成了大型宽缓的低隆起。顺托果勒地区寒武系—中下奥陶统厚度大于相邻的阿瓦提和满加尔拗陷，分析其碳酸盐岩台地在加里东早期就已经形成。晚奥陶世—志留纪满加尔拗拉槽快速充填，顺托果勒地区仍主要为克拉通内拗陷沉积，顺托果勒低隆依然存在，其上奥陶统—志留系沉积厚度在东西方向上仍小于相邻拗陷，但在南北方向上则大于相邻的两大古隆起。受海西早期南天山东段开始闭合造山影响，早古生代宽缓的顺托果勒低隆因受到东西向强烈挤压明显收缩变窄，志留系—泥盆系由东西两侧向顺托果勒低隆轴部逐渐削截减薄。

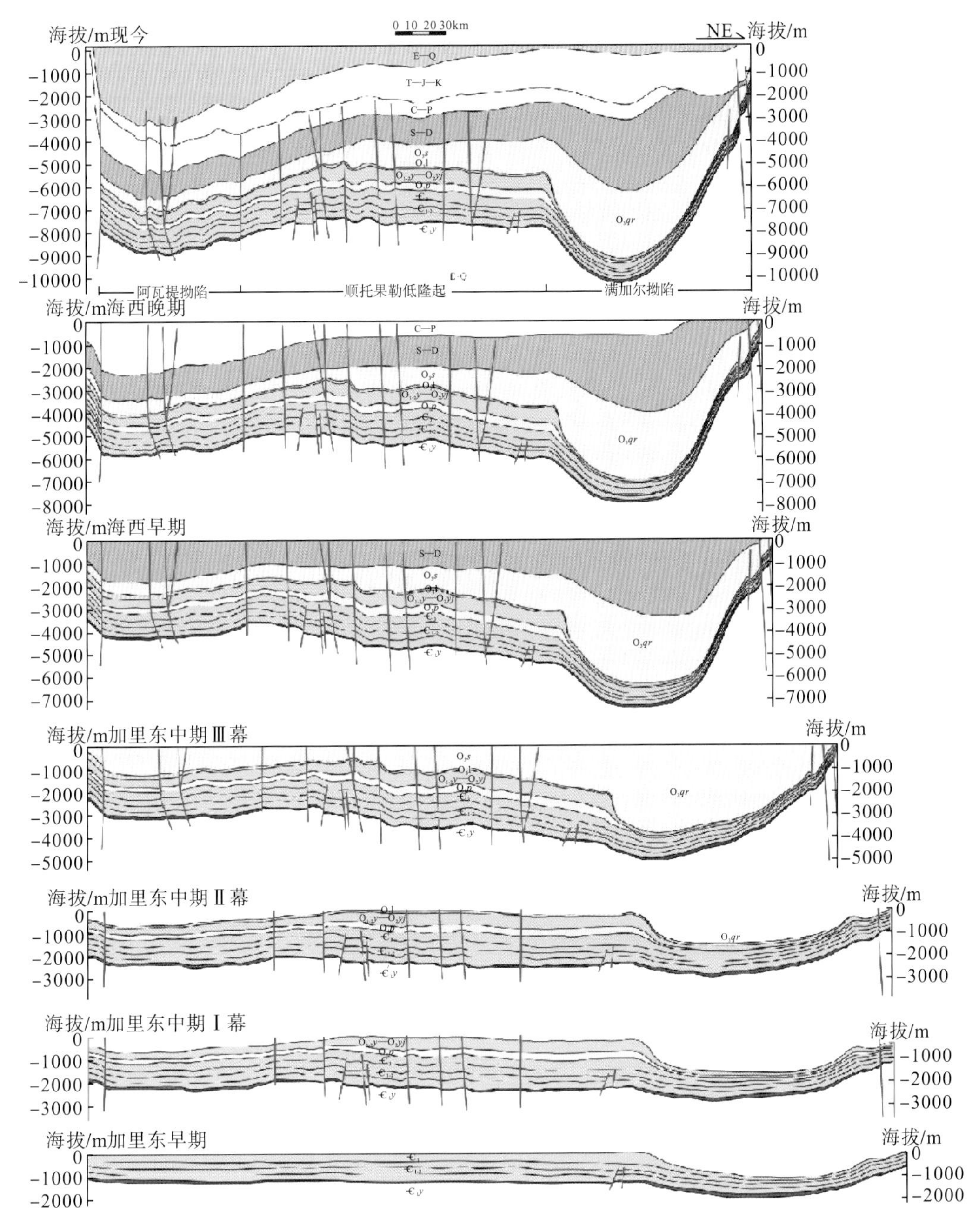

图 2-6 顺托果勒低隆及邻区东西向构造演化剖面

(2)海西晚期—印支期低隆改造期：顺托果勒地区石炭系—二叠系沉积厚度明显小于东西两侧拗陷，而南北方向上呈现出由北向南增厚趋势，表明顺托果勒低隆依然存在，但已成为沙雅古隆起向南倾伏延伸部分，古地貌格局已开始受到改造。三叠纪受印支运动影响盆地西部普遍抬升遭受剥蚀，顺托果勒地区与巴楚—塔中连成一个巨型古隆起，顺托果勒低隆面貌逐渐消失。

(3)燕山期北东倾斜坡发育期：侏罗系地层由塔东北向顺托果勒地区超覆尖灭，推测该时期顺托果勒低隆基本转为北东倾的斜坡构造。白垩系沉积厚度呈现出由塔东北向顺托果勒地区减薄趋势，说明此时顺托果勒地区仍为北东倾的斜坡。

(4) 喜马拉雅期现今构造形成期：受印-欧板块碰撞导致天山造山带复活隆升，山前形成库车前陆拗陷，且其沉积中心不断向东南迁移。受其影响，顺托果勒地区与沙雅隆起连成一片，形成了北西倾的大斜坡，顺托果勒地区新近系—第四系沉积明显向北西方向增厚。

第二节　顺北地区走滑断裂体系划分及特征

塔里木盆地长期处于挤压兼扭动的构造应力场中，除发育较丰富的各类逆冲断裂组合的构造样式外，还发育较丰富的走滑断裂组合的构造样式。中石化西北油田分公司利用新三维地震资料及走滑断裂解释模型，在顺北、顺南等古斜坡、拗陷地区新识别与发现了一系列走滑断裂带，深化了对全盆断裂体系格局的认识，为受走滑断裂带控制的顺北油气田的发现奠定了基础。顺北油田发育的走滑断裂带属于克拉通板内中小尺度的走滑断裂带，滑移距较小(数百米到2km)，空间结构样式具有“纵向分层、平面分段、多期叠加”的特征。勘探开发实践表明，顺北地区走滑断裂带具有“控储、控藏、控富”作用，是中石化西北油田分公司由古隆起区向古斜坡、拗陷区进军新发现的勘探目标类型，为分公司“十三五”期间增储上产提供了新阵地。

一、走滑断裂体系识别与划分

1. 走滑断裂带的识别

早期中石油、中石化两大石油公司主要聚焦对塔里木盆地古隆起区逆冲断裂带的解释与研究，对沙雅、卡塔克、巴楚等古隆起区逆冲断裂带的展布、构造样式、活动性强弱及控储控藏作用等方面取得了较多的研究成果与认识。但当时受二维地震资料品质及勘探认识的限制，对盆地顺北、顺南等古斜坡、拗陷区的断裂识别与研究较弱，通常认为这些地区断裂不发育。随着“十二五”后期勘探对象逐步由古隆起区向古斜坡、拗陷区进军，中石化西北油田分公司加大了对古斜坡、拗陷区的三维地震资料部署。

2011年利用顺1井三维区地震资料开展断裂精细解释，识别与落实了塔中北斜坡顺托果勒区块下古生界层系，发育一条NE向的左行走滑断裂带(当时命名为顺托1号走滑断裂带)，而上古生界层系伴生次级NNW向雁列式张性正断层组，后沿该断裂带附近部署的顺9井在下志留统柯坪塔格组下亚段获得油气突破；同年，利用二维地震资料在顺托果勒南区块沿断裂带附近部署了顺南1井，该井在中下奥陶统新层系获得重要油气突破后，中石化西北油田分公司随即在顺托果勒南区块部署了约2000km^{2}三维地震。2013年利用该新三维资料及顺托1号走滑断裂的解释模型，识别出顺南地区发育多排近NE向为主的走滑断裂带，并展开了对整个塔中北斜坡走滑断裂带的二、三维连片攻关解释与变形特征研究。

“十一五”期间塔河油田高产、稳产井的分布规律，已经初步证明了走滑断裂带具有较好的控藏作用，提升了在上奥陶统覆盖区沿走滑断裂带部署的信心。中石化西北油田分公司首先加大了对沙雅隆起南斜坡跃参地区的勘探开发进程，随着跃参地区走滑断裂带的突破与快速建产，更增加了由沙雅古隆起区向南部古斜坡、拗陷区进军勘探的信心。2012年在顺托果勒北区块部署顺北三维地震约300km^2，并识别出顺北1号走滑断裂带，2015年随着顺北1、顺北1-1等井实现油气商业突破，逐步发现了沿走滑断裂带的断溶体油藏的新类型。

随着“十二五”“十三五”期间对顺北、顺托等古斜坡、拗陷区三维地震部署的加大与走滑断裂模型的认识提升，中石化西北油田分公司相继在顺北、顺托、塔北等地区识别与发现了一系列走滑断裂带，开始勾勒出大顺北地区的走滑断裂体系，同时对全盆断裂体系格局也带来认识的重要转变。顺北地区沿走滑断裂带快速展开评价与部署，相继获得重大油气突破，发现了顺北亿吨级大油田。

2. 走滑断裂体系划分

中石化西北油田分公司近些年根据大量二、三维连片地震资料，对全盆走滑断裂进行了连片解释，同时结合对走滑断裂构造样式、演化过程及形成机制的差异性分析，将塔里木盆地的走滑断裂体系初步划分为塔北 X 形共轭纯剪走滑断裂体系和顺北近 NE、NW 向多排单剪走滑断裂体系两大类(图 2-7)。

(1)塔北 X 形共轭纯剪走滑断裂体系：主要分布沙雅隆起的阿克库勒凸起、哈拉哈塘凹陷两大二级构造单元，平面呈 NNE 与 NNW 走向共轭、相互切割，组成了棋盘格状的 X 形共轭走滑断裂体系，向北延伸到轮台边界断裂终止，向南延伸到顺托果勒低隆逐渐减弱，初步划分出 17 条主干走滑断裂，内部还发育次级的 X 形共轭走滑断裂。该走滑断裂体系主要发育在古生界层系中，而中新生界层系则演变成多排 NNE 向排列、右旋左阶的雁列式张扭性正断裂组，与下伏古生界 X 形共轭的 NNE 向走滑断裂具有继承性，上下层系构造样式的差异，主要是上下层系所受的构造应力场背景不同，导致断裂的变形机制不同造成的。

(2)顺北近 NE、NW 向多排单剪走滑断裂体系：主要分布在顺托果勒低隆、卡塔克隆起，向西南横切塔中 NW 向逆冲断裂带，向东北、西北分别延伸到满加尔拗陷、阿瓦提拗陷并逐渐消亡。目前初步划分出 18 条近 NE、NW 向走滑断裂，基本以顺北 5 号走滑断裂带为界，以东以近 NE 向为主，以西以近 NW 向为主，围绕主干断裂带还发育一些 NEE、NWW 向的次级或分支断裂。该走滑断裂体系主要发育在下古生界层系中，而上古生界层系呈 NE 向左旋右阶的雁列式张扭性正断裂组，中新生界发育程度较弱，不太容易识别其特征。

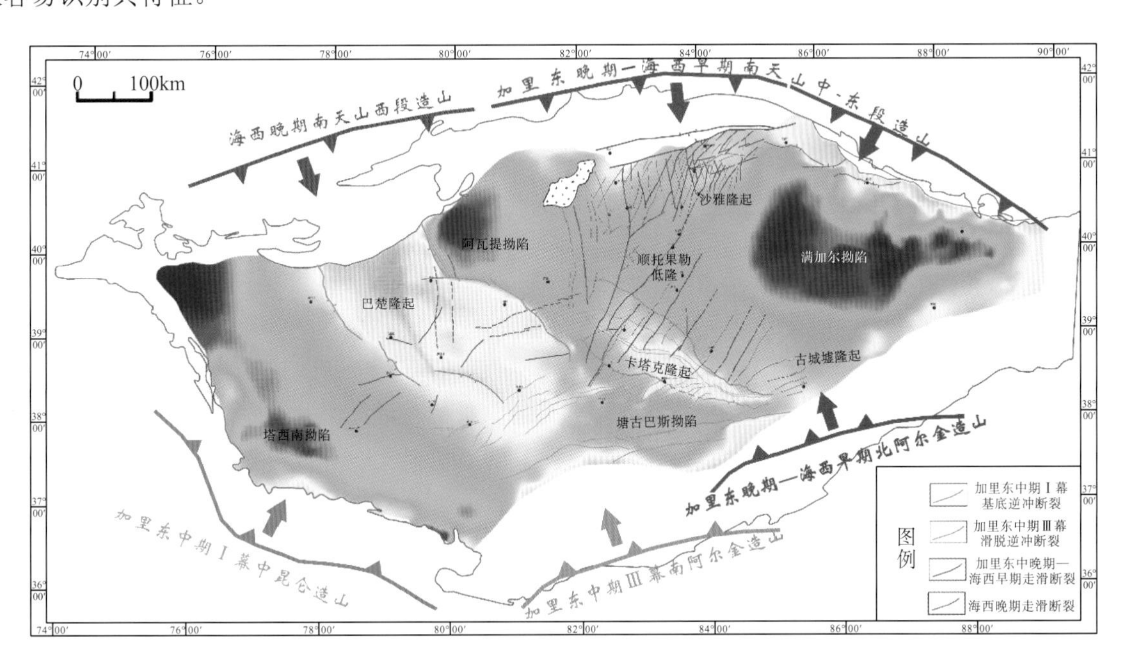

图 2-7　塔里木盆地中下奥陶统顶面走滑断裂体系分布图

二、走滑断裂体系特征

1. 断裂体系平面展布特征

顺北地区发育克拉通板内中小尺度走滑断裂体系，受塔北近南北向挤压应力场与塔中隆起派生的斜向挤压和旋扭应力场控制，大致以顺北 5 号走滑断裂带为界，发育两大断裂体系：西部以发育 NW 向走滑断裂体系为主，东部以发育 NE 向走滑断裂体系为主，其中顺北 5 号和顺北 1 号断裂带处于两大走滑体系的过渡部位，属于相同断裂级别的主干断裂带，共同组成“入”字形构造样式。主干断裂周围常派生次级的分支断裂，其走向具有不确定性。利用各层系相干属性精细刻画出的断裂带立体结构模式，表明其具有平面小滑移距(数百米至 2km)、分段延伸特征，剖面由直立走滑→正花状→负花状→雁列式的构造样式转换，反映了多期构造应变叠加改造的复杂性。

在顺北地区目前识别的 18 条走滑断裂带中，初步划分出主干走滑断裂带 15 条(图 2-8)，其中主干一级断裂有 8 条，分别命名为顺北 1、4、5、8、11、12、16、18 号走滑断裂带，基本均断穿基底，变形强度与破碎带宽度大[图 2-9(a)]，宽度为 400～1500m，断距为 40～100m；主干二级断裂有 7 条，分别命名为顺北 6、7、9、13、14、20、22 号走滑断裂带，大部分能断穿基底，断裂面清晰，但延伸长度、垂向断距、变形强度、破碎带宽度均比主干一级断裂要小[图 2-9(b)]，宽度为 200～600m，断距为 20～60m；次级走滑断裂有 3 条，分别命名为顺北 2、3、10 号断裂，其变形强度小或断至奥陶系内幕消失，基底变形弱[图 2-9(c)]。

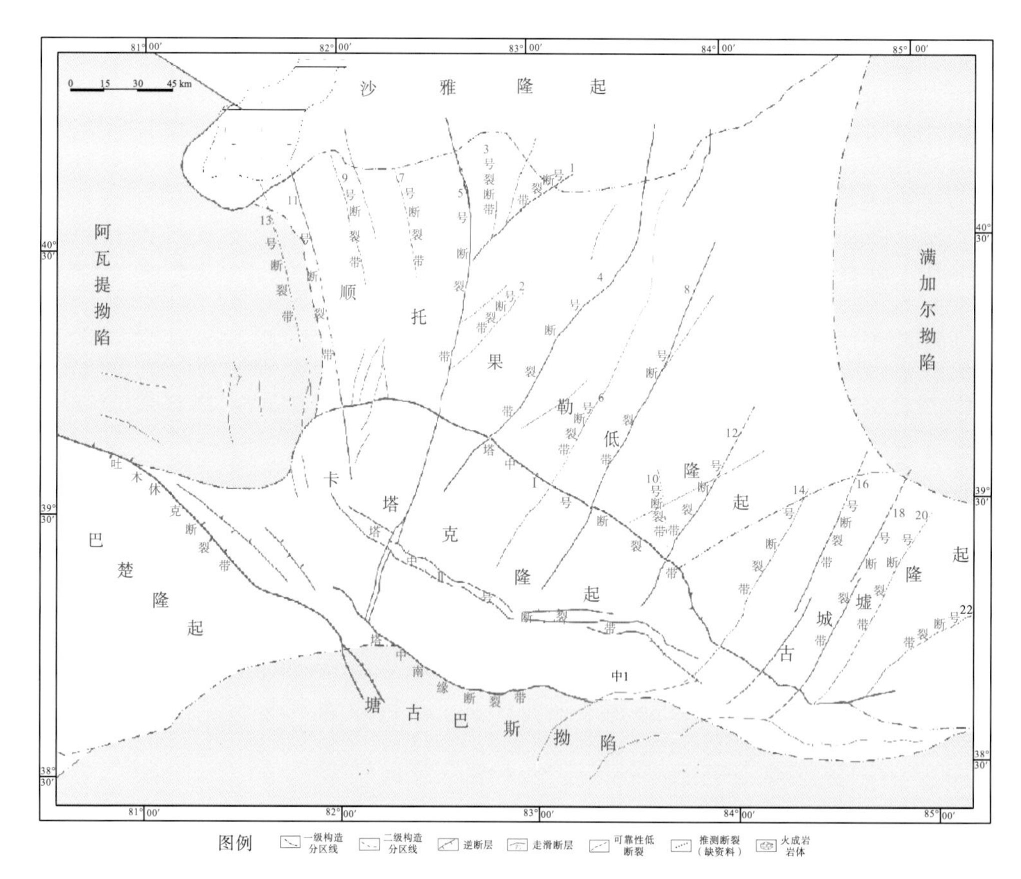

图 2-8　顺北地区走滑断裂分布平面图

顺北地区走滑断裂主要为近 NE、NW 两个走向(图 2-8)，其中近 NE 走向主要有 NE45°一组，以顺北 1 号走滑断裂带为代表，但其走向与塔河托甫台地区 X 形共轭断裂中 NNE 向一支有明显差异。另外，还有 NNE 走向的一组，如顺北 3 号断裂，它们与顺北 1 号走滑断裂带相交，并止于顺北 1 号走滑断裂带，与托甫台地区 X 形共轭断裂中 NNE 向一支在区域上是一组；其中近 NW 向的断裂带其走向相同于区域上的 NW340°，以顺北 5 号走滑断裂带为代表，同时它还具有特殊性，其走向自北往南逐渐变化，整体由 NNW 向转为近 SN 向、再转为近 NE 向展布。

顺北地区走滑断裂主要发育层系为寒武系—二叠系。在寒武系—中下奥陶统碳酸盐岩刚性地层中，延伸长度除顺北 5 号走滑断裂带外，通常为 25～120km，整体表现为直线状断裂或断裂带，局部可见断裂带由多条断裂左阶或右阶叠接而成，同时走滑断裂活动中通常发育分支断裂，在断裂叠置部位或拐弯部位分支断裂更加发育，如顺北 5 号走滑断裂带发育多条 NE、NW 向分支小断裂；在上奥陶统—二叠系以碎屑岩为主的相对韧性地层中，走滑断裂断面倾角相对小一些，平面上为较宽的断裂带，表现为多条雁列式断层排列展布。在不同层位雁列式断层排列方式可以不同，如上奥陶统顶面小断层呈左阶排列，志留系顶面小断层呈右阶排列。

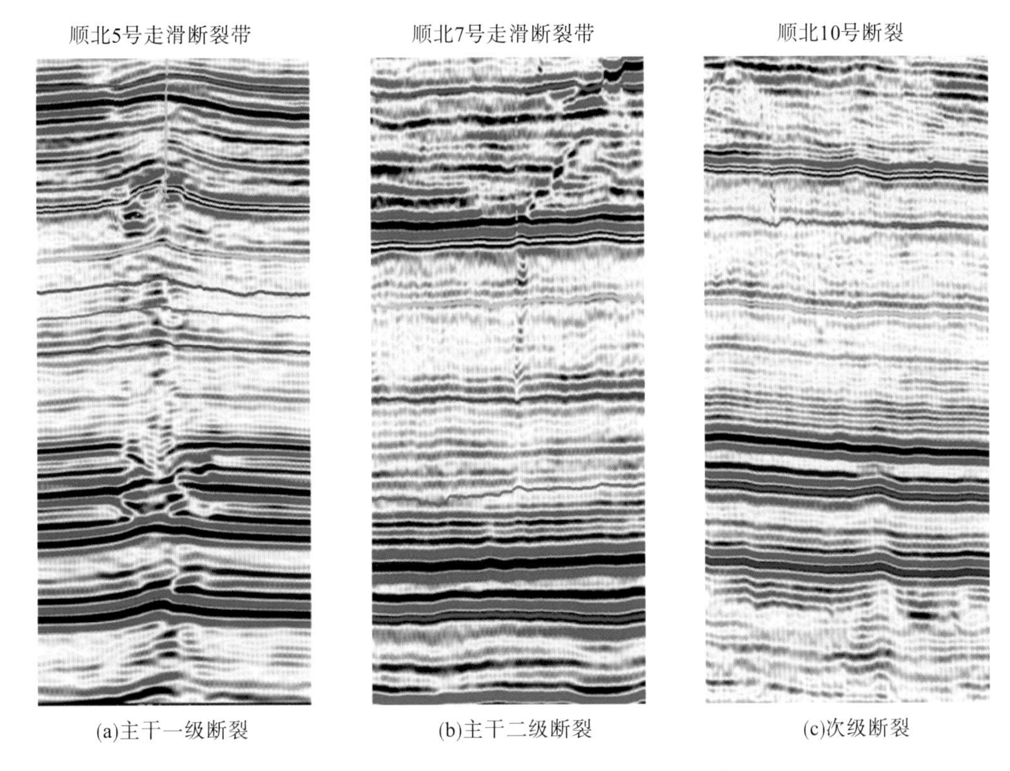

图 2-9　顺北地区不同断裂级别的地震剖面特征

2. 断裂体系构造类型及样式

根据中下奥陶统(T_7^4界面)之下断裂带变形特征，将顺北三维区断裂带划分为三大类9种类型。从地震剖面上看，顺北三维工区内发育的断裂构造有多种类型，包括走滑断裂带、小型垂直断层、火成岩相关断裂带和可能与火成岩相关的圆形构造(图2-10)。以顺北5构造为代表的NW向走滑断裂带，断入基底，向上断穿二叠系，局部在中生界见小微断层。平面属性图上显示其变形具有明显分段性，剖面上呈花状。小型垂直断层平面与纵向上延展不一，有的断入基底，有的仅发育于T_7^4界面以下。它们平面上延伸并不远，呈垂直线状，部分有根，部分断至T_5^0界面，垂向断距小，往上更小。

后两种类型断裂可能与二叠系厚度不均的火成岩成像速度异常有关，其地震剖面特征与通常的走滑断裂不同。其中火成岩相关断裂带在顺北1、顺北8三维区均有，它们宽度大，整体下凹，下凹幅度向下逐渐减小、内部反射不连续、多数影响到基底；顶部对应二叠系杂乱不连续强反射体，在T_8^2界面属性图上呈“双轨”现象，C-P内呈现多个“褶皱”，T-K内有弱变形。在顺北1三维区还发育一批面积不大但呈圆形状的小幅隆起构造，以T_7^4界面最为显著。T_7^4界面以下显示断层主要位于奥陶系，向上消失于上奥陶统中，分布无规律，估计可能与火成岩速度异常有关，但目前仍没有定论。

总体顺北地区断裂具有如下特征：①在剖面上，顺北断裂断面陡直，直插基底的特征极为普遍，几乎所有断裂带均具有这种特征；②断裂多与其侧部的伴生次级断裂构成花状构造，主要在剖面上表现为正花状构造，其中花状断裂包括半花状、正花状、负花状、复合型4个亚类；③在地震剖面上，断裂两侧不协调，波组明显不协调，地层厚度相差极大，具有明显平移错断的特征；④在局部地区，如顺北1-1井断裂带，还发育典型呈菱形的拉分地堑，为侧列左旋左阶断裂拉分形成；⑤在平面上，断裂普遍表现为线性延伸或带状展布，窄变形带，这种与挤压断裂带宽广变形具有明显差别；⑥多数伴生断裂构成了雁列状构造和帚状构造。

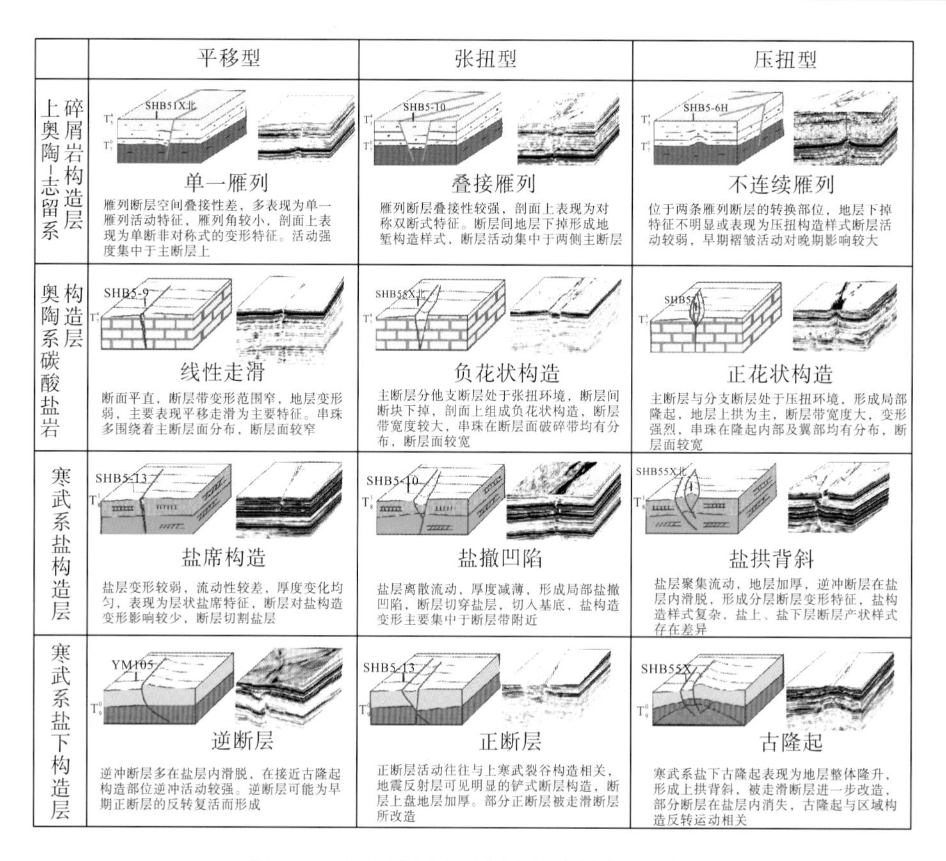

图 2-10　顺北地区走滑断裂构造样式类型图

三、走滑断裂体系活动期次

根据断裂断穿层位、界面上下变形差异、浅层正断层生长指数计算等分析，初步认为顺北地区走滑断裂活动期共有 5 期，分别是加里东中期Ⅰ幕、加里东中期Ⅲ幕、加里东晚期—海西早期、海西晚期和燕山期—喜马拉雅期，其中加里东晚期—海西早期是最主要的形成期。

1. 活动期次识别方法

相对于盆内逆冲断层及相关褶皱构造的活动期次判别而言，顺北地区走滑断裂带因其平面滑移距小、垂向断距小的特点，对其活动期次的准确识别较困难。通过对顺北地区走滑断裂纵、横向变形特征解析、结合区域构造特征综合研究，初步总结出了适合顺北地区走滑断裂带的活动期次识别方法，下面以顺北 5 号走滑断裂带为例来阐述。

1) 根据断裂断穿层位、界面上下变形差异判别

顺北 5 号走滑断裂带具有深、浅构造层不同的构造样式：深部表现为单条高陡走滑段、多条逆或正断层限制的挤压隆升段（正花状构造）和拉分下凹段（负花状构造）3 种类型，主要发育在 T_7^4 界面及以下，同时造成了 T_7^4 界面及以下寒武系—中下奥陶统碳酸盐岩地层的挤压隆升或拉分下降。浅层表现为雁列式正断层，主要在 T_6^0 界面及以上碎屑岩地层中，底部多断穿 T_7^0 界面，但终止于碳酸盐岩顶面 T_7^4 界面。顺北 5 号走滑断裂带在 T_7^0 界面上的雁列式正断层指示该时期右旋走滑，而 T_6^0 界面上的断裂则指示其左旋走滑，且 T_6^0 界面上、下雁列式正断层不一定连接，说明在晚奥陶世—早泥盆世期间，可能受区域构造应力场转换影响，顺北 5 号走滑断裂带滑动方向发生反转。

2) 根据浅层正断层生长指数判别

断层生长指数=下降盘厚度÷上升盘厚度，据此可判断断层在不同时期的活动强度，并推测其活动时期。通常来说断层生长指数为 1，表明断层未活动或停止活动；生长指数大于 1，表明发生同沉积正断层

作用，生长指数越大，断裂活动越剧烈；生长指数小于 1，可能为逆断层或反转断层活动。顺北地区走滑断裂带在浅层多发育雁列式正断层，通过计算顺北 5 号走滑断裂带浅层正断层生长指数(图 2-11)，可大致确定正断层的活动期次。

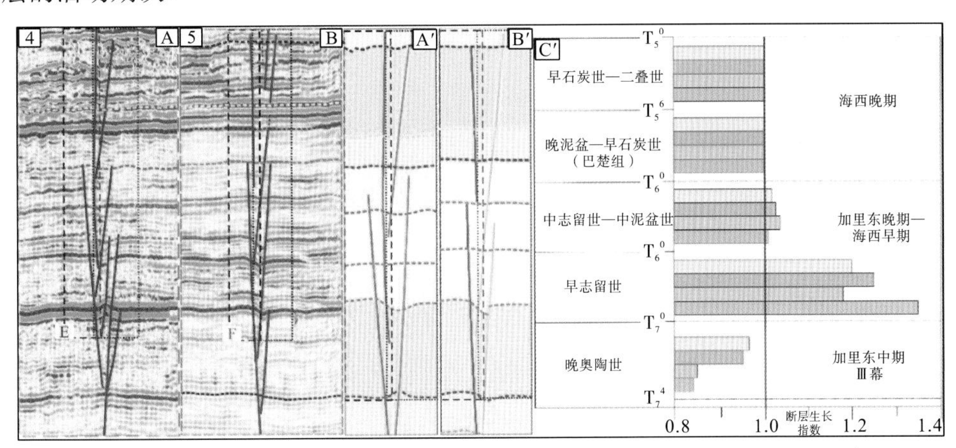

图 2-11　顺北 5 号走滑断裂带浅层正断层生长指数计算

顺北 5 号走滑断裂带在 T_7^4～T_7^0 界面主要表现为深部基底走滑在中下奥陶统碳酸盐岩中变形形成的花状构造，其断层两盘的厚度与走滑活动密切相关，该时期(加里东中期)雁列式正断层尚未形成，因此其生长指数小于 1.0；在 T_7^0～T_6^3 界面，正断层生长指数达到最大值，约为 1.2，表明该时期雁列式正断层形成且活动最为剧烈；再往上至 T_6^0 界面，生长指数减小，但仍大于 1.0，说明该时期形成的正断层仍继续活动，但强度较下部明显减弱，因此该正断层为加里东晚期—海西早期的产物。而在 T_6^0～T_5^0 界面，正断层生长指数值约为 1.0，代表其为另一期次断裂活动(海西晚期)的产物。

2. *主要活动期次分析*

(1)加里东中期初始形成期：顺北 5 号走滑断裂带在 T_9^0～T_7^4 界面可清楚观察到挤压隆升部位，因此可使用地震反射界面的垂直上升量来判断断层的活动性(图 2-12)。需要注意的是，由于顺托果勒地区的多期构造运动对断裂的改造，断裂带的局部区域 T_7^4 界面具有明显拉分下掉的特征[图 2-12(a)]。通过将地层上提，使 T_7^4 界面恢复至下掉前的状态[图 2-12(b)]，有助于计算该地震反射界面的垂直上升量，使用该方法对于图 2-12(b)中不同反射界面的垂直上升量进行了测量，结果显示在图 2-12(c)中。数据表明 T_7^4 界面的垂直上升量明显大于 T_9^0～T_8^1 界面，由于断裂的多期次活动性改造，T_7^4 界面上覆地层的垂直上升量无法准确计算，但是根据断裂活动引起 T_7^4～T_7^0 界面的地层局部隆起特征，并且地层内无明显角度不整合发育，基于上述分析，推测顺北 5 号走滑断裂带第Ⅰ期断裂活动发生在加里东中期。

(2)加里东晚期—海西早期主要形成期：顺北 5 号走滑断裂带可能受深层断裂活动影响，在浅层发育较多的雁列式正断层，可以通过浅层正断层的生长指数来判断该期断裂的活动时间。生长指数是指下降侧地层单元厚度与上升侧地层单元厚度之比，可用于确定正断层的发育时间。生长指数大于 1.0，表明正断层上盘发育的地层单元厚度大于下盘发育的地层单元厚度，断层上盘某些地层单元厚度的增加表明在相应的地层单元沉积过程中断层是活跃的。本书分别选择 Section20、Section39、Section42 3 个剖面上发育的 F1、F2、F3 正断层进行地层单元厚度生长指数计算(图 2-13)。3 个剖面的正断层两侧，T_7^0～T_6^3 界面的地层厚度相似，断层生长指数为 1.0，表明晚奥陶世—早志留世期间尚未形成这些正断层；T_6^3～T_6^0 界面 3 个雁列正断层的生长指数为 1.09～1.35，表明其在中志留世—早中泥盆世之间活动较强；T_6^0～T_5^6 界面 3 个雁列正断层生长指数为 1.0，说明雁列正断层的活动在晚泥盆世—早石炭世停止。综上所述，第二期断裂活动主要发生在加里东晚期—海西早期。

(3)海西晚期继承性活动期：顺北地区受二叠纪强烈火山活动影响，导致该套地层的地震成像严重变形，影响了对其断层活动时间的确定。但从顺北 5 号走滑断裂带与侵入体岩脉的交切关系分析(图 2-14)，断层

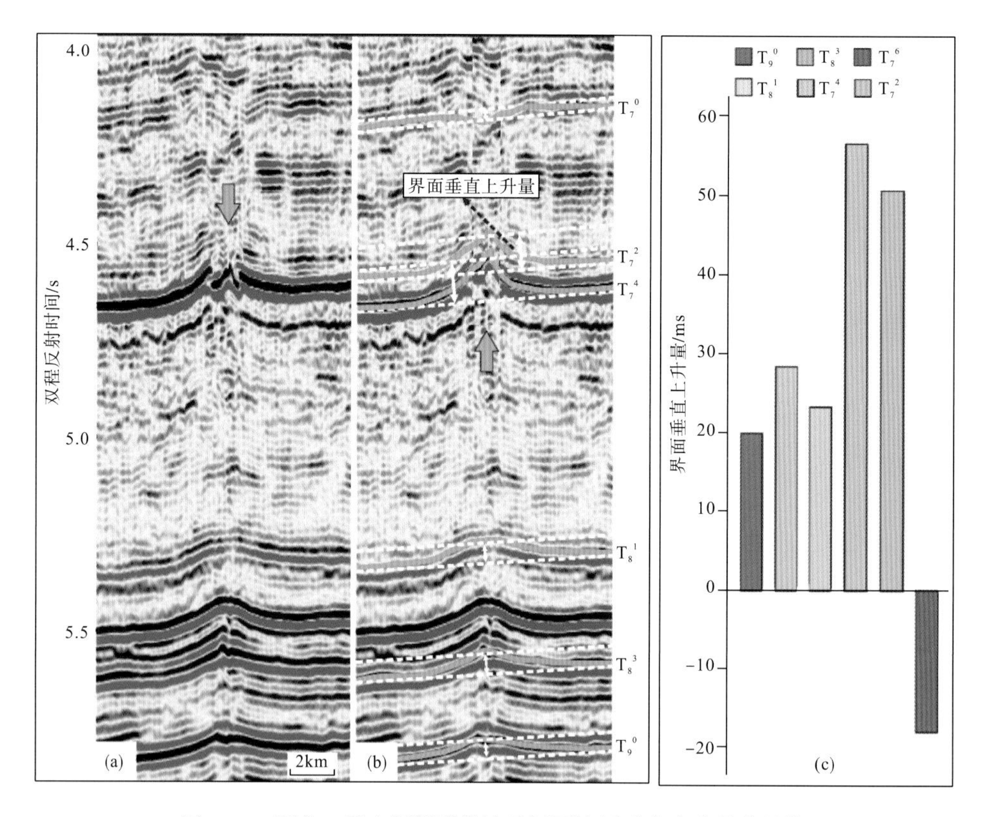

图 2-12　顺北 5 号走滑断裂带地震剖面地层垂直上升量的计算

(a)顺北 5 号走滑断裂带某原始的地震剖面；(b)顺北 5 号走滑断裂带 T_7^4 界面下掉恢复后的地震剖面；(c)顺北 5 号走滑断裂带 T_9^0、T_8^3、T_8^1、T_7^4、T_7^2、T_7^0 界面垂直上升量计算结果

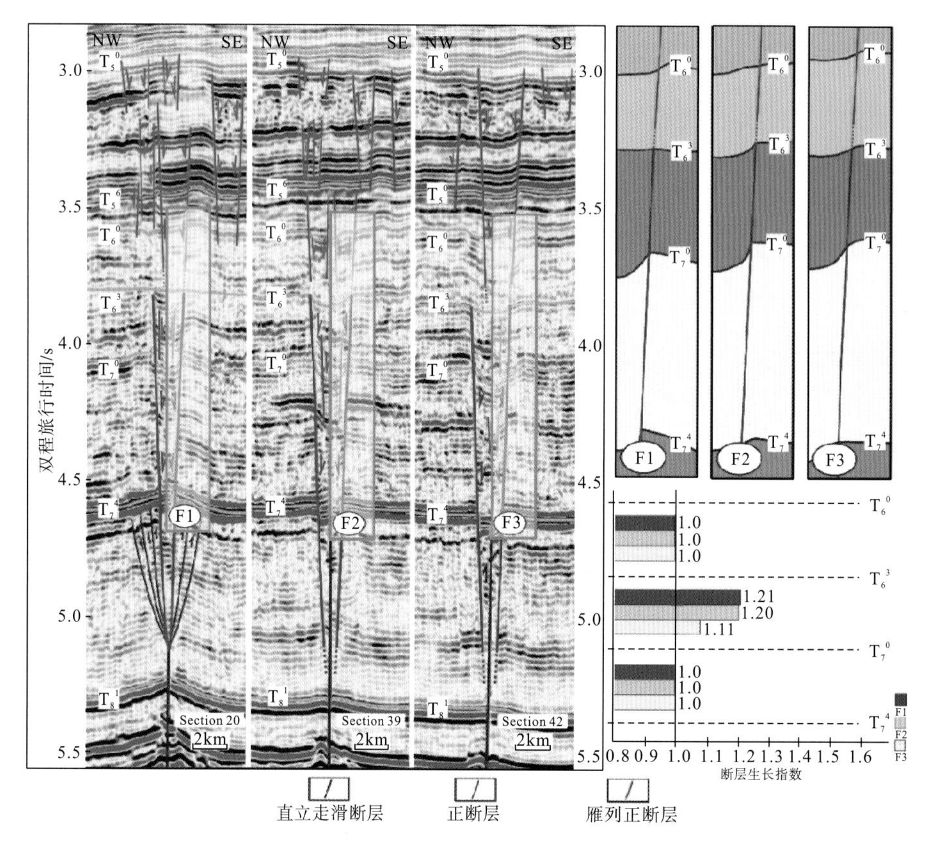

图 2-13　顺北 5 号走滑断裂带断层解释及生长指数计算

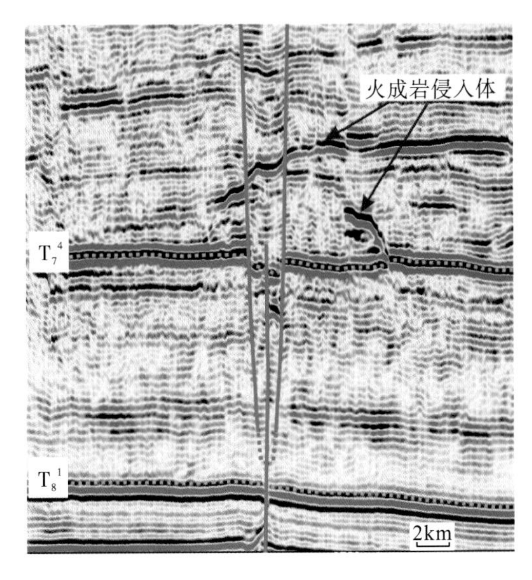

图 2-14　顺北 5 号走滑断裂带与辉绿岩侵入体的交切关系

活动错开了 T_7^4 界面之上二叠纪辉绿岩侵入脉，表明第三期断裂活动晚于二叠纪的辉绿岩侵入体形成时间。断层错开了二叠纪火成岩地层，且延伸至 T_5^0 界面之下并且引起了上覆地层变形，说明断层活动不早于二叠纪，推测第三期断裂活动可能发生在海西晚期。

(4)燕山期—喜马拉雅期部分复活期：柯坪及巴楚隆起大幅度隆升，阿瓦提拗陷形成，顺北 5 号走滑断裂受 SW 向应力，NE 向走滑断裂部分段复活，向上断至 T_2^0 界面之上的层位。

第三节　典型走滑断裂带变形特征解析

顺北地区走滑断裂带横、纵向均具有分段变形特征(图 2-15)，平面上中下奥陶统碳酸盐岩顶面(T_7^4 界面)断裂在叠接区由于不同的阶列组合方式，形成直线状、羽状、马尾状、辫状等平面分段特征。纵向上寒武系盐下层系断裂以高陡、直立特征为主，上寒武统—中下奥陶统碳酸盐岩层系断裂以花状构造样

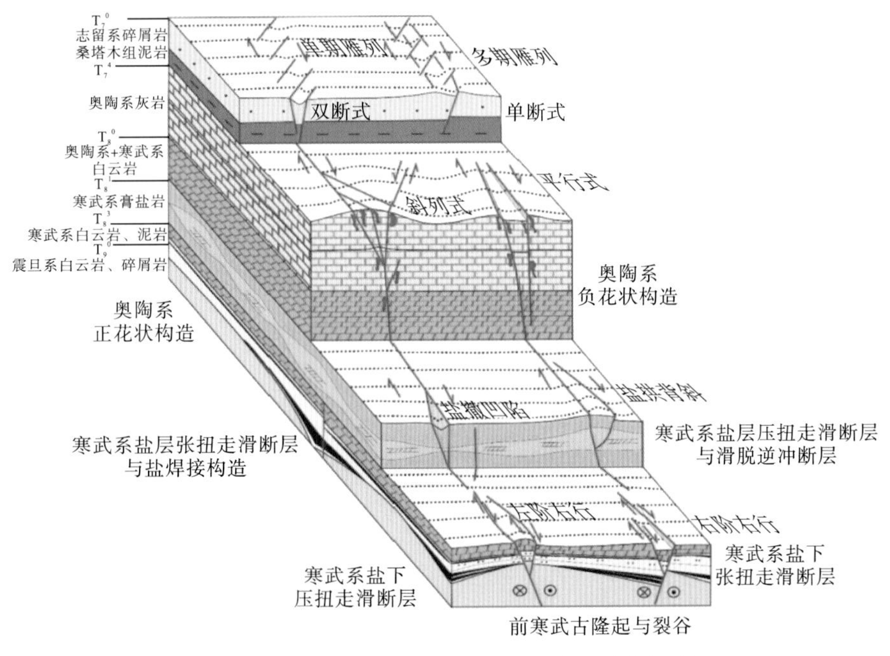

图 2-15　顺北地区走滑断裂带立体变形结构模型

式为主，碳酸盐岩之上层系主要形成雁列式正断层组成的小型堑垒构造。上奥陶统—中新生界不同构造层的雁列正断层走向或偏转角度略有不同，这与不同构造期的周缘应力场变化有关，但不同构造层的雁列式正断层展布方向与深部走滑断裂的走向基本一致，具有良好的继承性与耦合性关系。雁列正断层在剖面上表现为向下收敛、合并，终止于下伏砂泥岩层，绝大多数正断层无法与深部碳酸盐岩走滑断裂带焊接形成统一滑动面，寒武系—中下奥陶统碳酸盐岩层系的断层整体具有纵向压扭隆升、张扭拉分下凹的变形特征。

一、顺北 5 号走滑断裂带

顺北 5 号走滑断裂带平面长约 280km，北接沙雅隆起轮台断裂，南穿卡塔克隆起塔中 I 号断裂带，规模级别较大。顺北 5 号走滑断裂带呈向东部凸出的弧形展布，走向自北向南发生明显的变化，按走向大致可分为北、中、南 3 段，其中北段断裂走向为 340°左右，中段断裂走向为 13°左右，南段断裂走向为 17°左右。顺北 5 号走滑断裂带发育大量分支断裂，部分分支断裂活动性较强且与顺北 5 号走滑断裂带相交，代表主干断裂带活动引起局部构造应力场变化，产生了一系列次级分支断裂。顺北 5 号走滑断裂带具有较强的分段特征，各构造段内变形样式差别较大。

1. 断裂带分层变形特征

受多期构造沉积演化影响，盆地内形成了多套不同性质的地层，大致可分为下古生界碳酸盐岩、上古生界海-陆过渡相碎屑岩、中新生界陆相碎屑岩三大构造层，其地层的能干性差异可能控制了顺北 5 号走滑断裂带的构造分层变形。

顺北 5 号走滑断裂带的断裂组合样式在不同地区、不同层系上特征不同，具有明显的分层差异变形特征。通过三维区寒武系阿瓦塔格组顶（T_8^1 界面）、奥陶系一间房组顶（T_7^4 界面）、桑塔木组顶（T_7^0 界面）、中泥盆统克孜尔塔格组顶（T_6^0 界面）及二叠系沙井子组顶（T_5^0 界面）进行相干体振幅属性提取分析（图 2-16），顺北 5 号走滑断裂带深部平面上多以 NNW 向或近 SN 向（南段）线性延伸为主，局部发生多条断裂叠置侧接，叠接段的次生断裂组合样式不同，而浅部平面上多发育 NNE 或 NE 向雁列式断层。从 T_7^4 界面相干平面图可知，该层位多发育左阶断层段组合，且左阶排列的断裂叠置段多发育挤压正花状构造，而右阶排列处则为拉分负花状构造，由此可判断该时期走滑断裂为右行走滑，与此同期在主干断裂带周围形成一系列伴生构造，如一系列 NNE 向次级张节理。从 T_7^0 界面相干平面图可知，该层位发育一系列雁列式张扭性质的走滑断层（T 剪切），在碎屑岩地层中向下错断形成负花状构造，在深部断裂带的基础上继承性发育，其 NNE、NE 向左阶 T 剪切的发育指示该期断裂仍为右行走滑。从 T_5^0 界面相干平面图可知，该层位发育一系列 NNW 向右阶排列的张性正断裂，指示该期断裂旋向发生反转，由早期右行走滑转变为左行走滑。

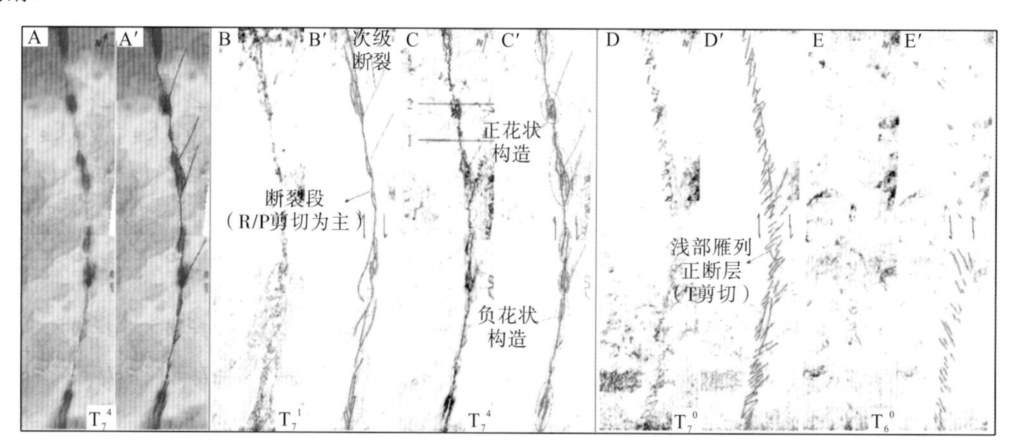

图 2-16　顺北 5 号走滑断裂带各层系相干平面图

根据纵向地震剖面分析，以桑塔木组发育的厚层泥岩层为界，顺北 5 号走滑断裂带在深、浅部地层中具有不同的变形特征。深部走滑主断面多陡立且断穿寒武系基底，在中上奥陶统—寒武系碳酸盐岩地层中，发育明显的压扭正花状或张扭负花状构造样式，而在上奥陶统—白垩系碎屑岩地层中多形成小型地堑构造，断面整体向下收敛、合并，但与深部基底走滑断裂不一定完全连接。例如，在地震剖面 1 中(图 2-17)，其深部断裂为高角度张扭断裂组合负花状构造，变形带主要发育在 T_7^4 界面，其浅部发育的正断层与深部直立走滑断裂构成一完整的负花状叠置负花状构造样式。而地震剖面 2 与地震剖面 1 明显不同的是(图 2-17)，其深部走滑断裂在上奥陶统桑塔木组厚层泥岩中应力释放，形成多条分支断裂，表现为高角度压扭断裂组成的不对称正花状构造，寒武系中紧邻主滑移带也可见分支逆断层，浅部雁列正断层在早期压扭断裂的基础上继承性生长，最终形成正花状叠置负花状构造样式。深、浅部断裂具有明显的分层差异活动特征，深部以花状构造与直立走滑基底断裂为主，浅部以走滑拉分环境下形成的雁列式正断层为主。深部基底走滑断裂与浅部正断层在地震剖面上不一定完全连接，但其整体平面展布方向与下伏走滑断裂相一致，具有良好的继承性与耦合性发育特征。

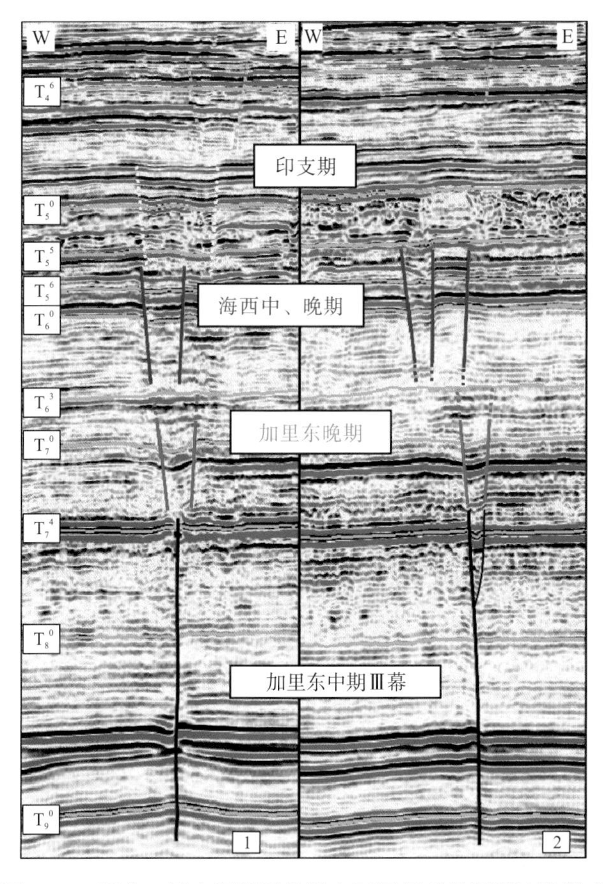

图 2-17 顺北 5 号走滑断裂带纵向不同层系的断裂构造样式

2. 断裂带分段变形特征

走滑断裂带沿走向不同部位的局部应力场不同，表现出来的构造样式有差异，这称为走滑断裂的分段性。本书根据走滑断层平、剖面构造样式与变形特征的差异、不同部位局部应力状态的差异进行走滑断层的分段划分与研究。

根据垂向活动的类型(隆升或下凹)、垂向活动幅度以及平面几何学特征，可将顺北 5 号走滑断裂带分为走滑平移、叠接拉分、叠接挤压 3 种变形类型，其中将顺北 5 号走滑断裂带北段细分为 16 段，包括 7 个挤压段(叠接挤压、弱挤压)、3 个拉分段、6 个平移走滑段(图 2-18)，下面分别选取各段代表性剖面进行变形特征分析。

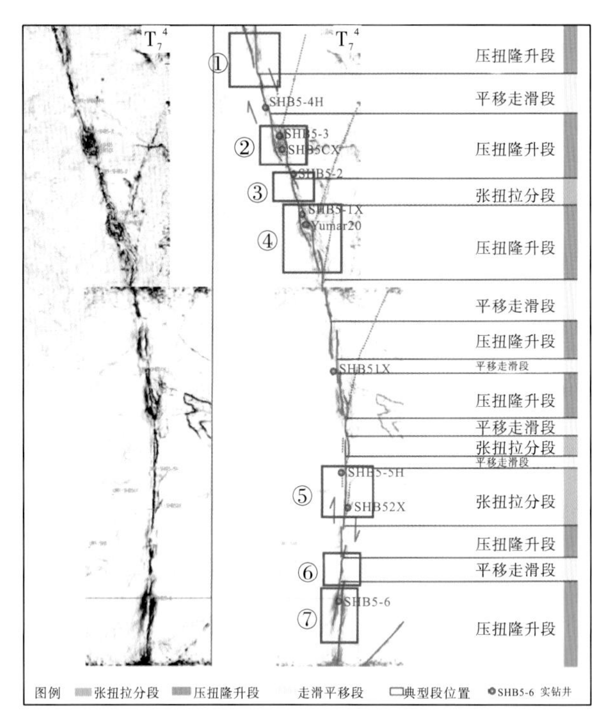

图 2-18　顺北 5 号走滑断裂带北段中下奥陶统顶面相干属性及分段性图

1）叠接挤压段——以顺北 5-1X 井区为例

顺北 5-1X 井区各碳酸盐岩层系相干平面图（图 2-19）显示，不同层系断裂平面展布特征不同，总体上表现为自下而上（T_8^0—T_7^6—T_7^4）挤压变形逐渐加强，断裂在继承性发育的基础上，自下而上规模逐渐增大，

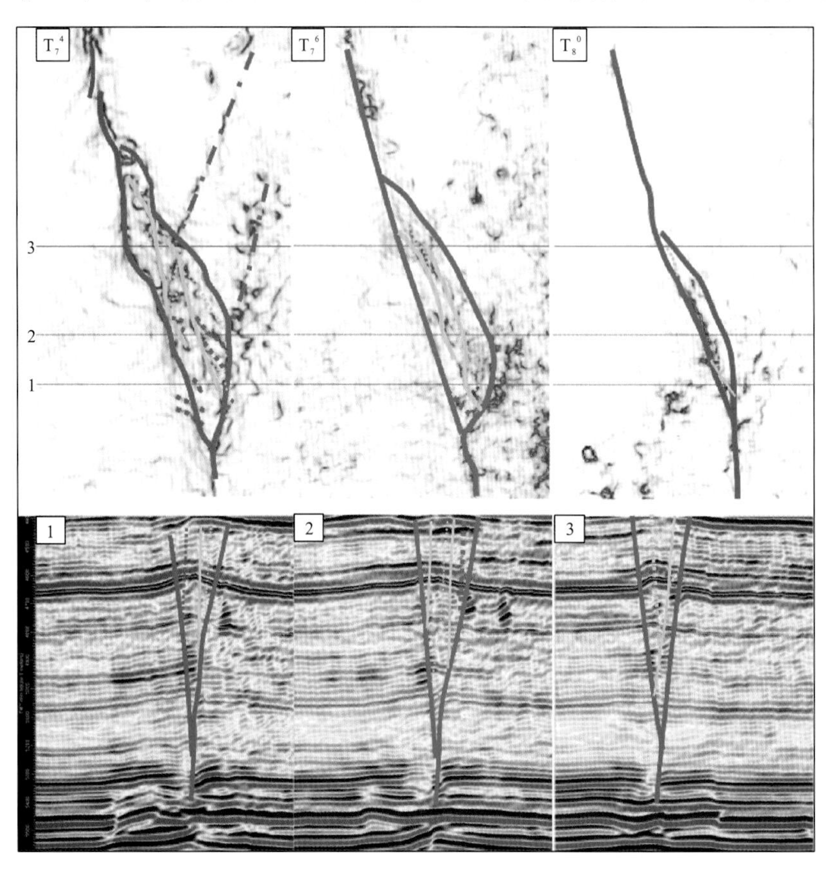

图 2-19　顺北 5-1X 井区挤压段断裂内部结构刻画（位置如图 2-18 中④所示）

数量逐渐增多。从中下奥陶统顶面(T_7^4界面)相干属性图中可以明确看出，断裂带内部发育多组不同级别的断裂，包括主断裂、次级断裂、内部次生断裂及构造裂缝等，它们共同组成了叠接挤压段内部断裂-破碎系统。顺北5-1X井区各碳酸盐岩层系剖面上，断裂组合表现为正花状构造样式，花状结构完整，各层面可见明显地层凸起。断裂带向上散开，向下收敛于T_8^0界面之下，两侧边界主断裂控制整体形态，内部发育1～2组次级断裂，向底部收敛于主断裂。内部次生断裂在不同位置的剖面上表现略有差异，总体受控于主干断裂。断裂带左右两侧的小断裂发育规模不对称，右侧明显多于左侧，右侧在主断裂的基础上发育两组NE—SW向分支断裂，左侧断裂基本不发育，表明右侧可能为主断裂面，因此右侧地层构造破碎程度更强烈。

2)拉分段——以顺北52X井区为例

在顺北52X井区选取垂直主干断裂走向的典型剖面进行精细解释，该叠接拉分段发育断裂及串珠状强反射，是在张扭背景下发育的一组右行右阶走滑断裂，与主干断裂带整体走向一致，呈NE—SW向。从各碳酸盐岩层系相干平面图(图2-20)可以看出，T_8^0界面及以下发育单根线状延伸的断裂，而T_7^6界面与T_7^4界面可见一组主断裂和两组次级断裂，左侧主断裂控制了该拉分段的整体形态特征，总体上断裂组合关系简单，内部次生断裂及构造破裂欠发育。

顺北52X井区各碳酸盐岩层系地震剖面(图2-20)上显示，该拉分段地层下凹，呈负花状构造样式，同相轴在转折端发生错断，断距较大。断裂带向上分散撒开，向下收敛于T_8^0界面，下部表现为单根高陡直立断裂，内部次生断裂向下断穿T_7^6界面，收敛于左侧主断裂。沿断裂带发育串珠状强反射，主要表现为被两侧断裂夹持的地堑形态。串珠的发育位置同样受层面约束，大多数发育在鹰山组内幕T_7^6界面附近。

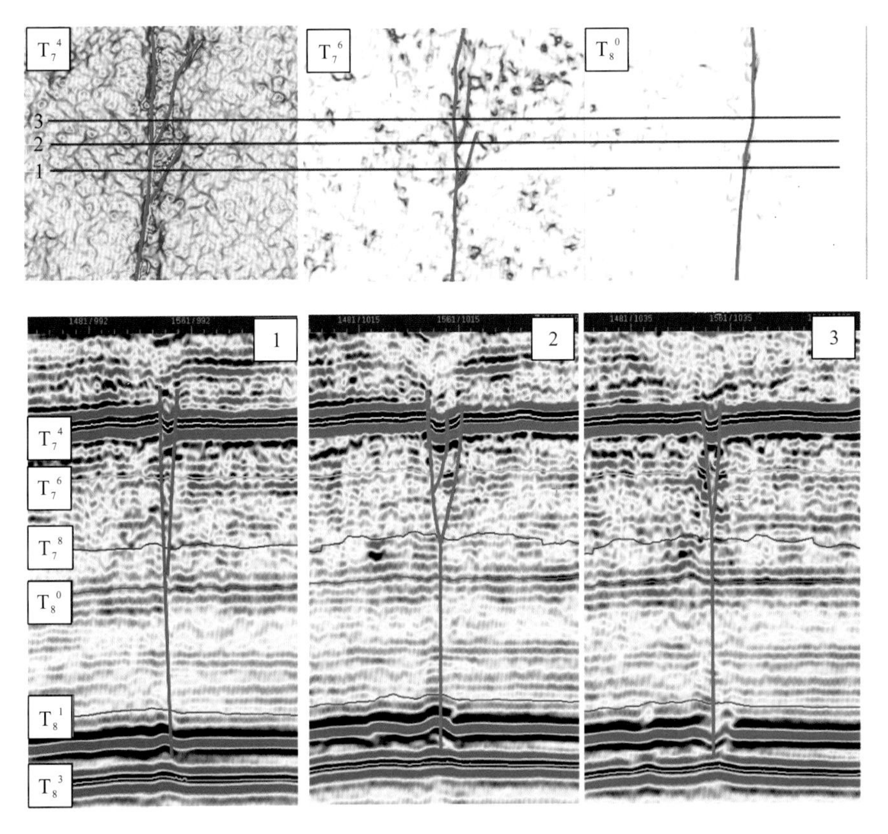

图2-20　顺北52X井区拉分段断裂内部结构刻画(位置如图2-18中⑤所示)

3)平移走滑段——以顺北5-6井区为例

在顺北5-6井区选取垂直主干断裂走向的典型剖面(图2-21)进行精细解释，发现平移走滑段通常位于挤压到拉分的过渡区域，结构样式更加简单，基本呈右行走滑。平面上，平移走滑段表现为沿走向发育单根直线状延伸断裂，内部次级断裂通常不发育，串珠状反射通常紧邻断裂带右侧分布。地震剖面上平移段同相轴可见明显错开，断面呈高陡直立状，界面处发生弯折现象。串珠状强反射在主干断裂左右两侧或沿断裂面均可能发育，受层序界面控制作用明显，主要发育在上下两组层序界面之间。

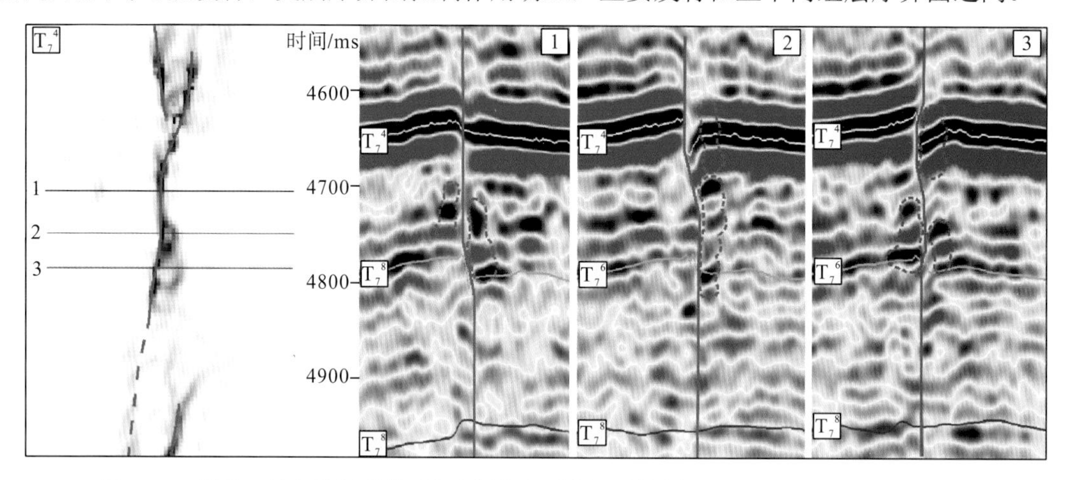

图 2-21　顺北 5 号走滑断裂带平移走滑段断裂内部结构刻画(位置如图 2-18 中⑥所示)

二、顺北 1 号走滑断裂带

顺北 1 号走滑断裂带在中石化工区内长度约为 30km，整体走向为 40°～45°近 NE 走向，向西南延伸相交于顺北 5 号走滑断裂带，向东北延伸与塔河托普台 X 形断裂体系相交，规模级别中等。该走滑断裂带断开层位主要为基底至二叠系，最大垂直距离为 15～50m，同样具有叠接挤压、平移走滑、叠接拉分 3 种变形类型，可细分为不同变形段。

1. 断裂带分层变形特征

通过对顺北 1 号走滑断裂带三维区不同层系相干体属性的提取分析表明，该断裂带不同层系展布特征具有明显差异(图 2-22)。顺北 1 号走滑断裂带的主位移带在深部(T_8^1 界面及以下)为一条 NE 向稳定走向、线性延伸的走滑主干断裂，其右侧发育一条深部隐伏走滑断裂，主要发育在 T_8^1 层位及以下。在中下奥陶统顶面(T_7^4 界面)上以 NE 向分段叠接式线性延伸为主，不同类型叠接段断裂内部构造样式有所差异，断裂尾端大量发育马尾状构造。中下奥陶统顶面(T_7^4 界面)上发育的左阶斜列展布的叠接区域主要发育拉分构造，而右阶斜列展布的叠接区域则以隆起为主，指示该时期顺北 1 号走滑断裂带以左行走滑为主。由于张扭应力由深部向上发散传递，在浅部上古生界碎屑岩(T_7^0、T_6^0 界面)上多发育单支近 SN 走向，与下伏基底断裂 NE 向延伸一致的雁列式张性正断层组。上古生界碎屑岩(T_7^0、T_6^0 界面)上的雁列式正断层以右阶排列为主，指示其同为左行走滑。

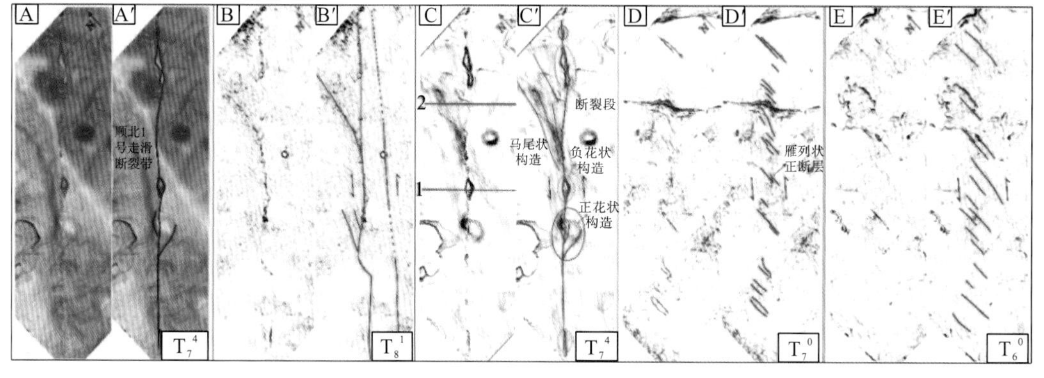

图 2-22　顺北 1 号走滑断裂带各层系相干平面图

顺北 1 号走滑断裂带纵向上不同层位也具有明显的差异断裂特征，地震剖面上主要表现出高陡直立走滑与花状构造样式。如图 2-23 所示，在地震剖面 1 中，深部(中下奥陶统及以下)地层中发育明显的负花状构造，其边界由两条正断层所限制，浅部正断裂发育；在地震剖面 2 中，深部走滑断裂以单只近直立断层为主，上部继承性发育多条正断裂，不同层位中断裂上、下连接不明显。在主干断裂带左侧，发育两条次级走滑构造，在平面上对应于走滑断裂的马尾状构造，它们共同构成一条完整的走滑断裂带。

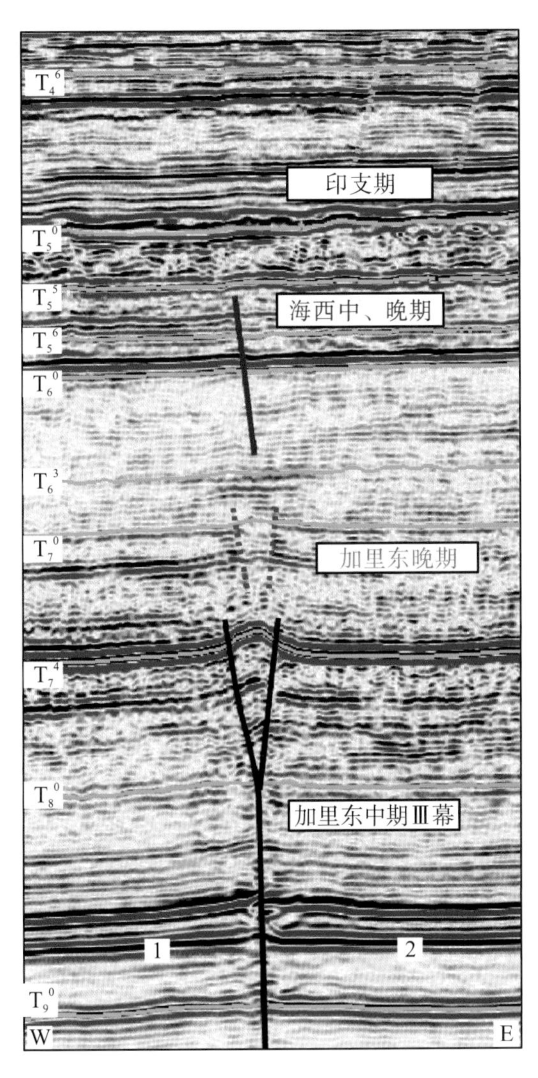

图 2-23　顺北 1 号走滑断裂带纵向不同层系的断裂构造样式

2. 断裂带分段变形特征

受沿断裂走向局部应力的差异与多期断裂叠加影响，顺北 1 号走滑断裂带沿走向分段性较强，通过三维地震解释并结合相干属性综合分析，将顺北 1 号走滑断裂带细分为 7 段(图 2-24)，包括 1 个挤压段(叠接挤压)、2 个拉分段、4 个平移走滑段，下面分别选取各段代表性剖面进行变形特征分析。

1) 叠接挤压段——以顺北 1-2H 井区为例

顺北 1-2H 井区各碳酸盐岩层系平面相干图(图 2-25)显示，平面上该叠接挤压段呈纺锤形，内部次生断裂发育受边界主干断裂控制，内部结构稳定，在不同界面上断点趋势一致，总体变形不大，表现为明显的继承发育特征。剖面上该断裂组合样式为完整的正花状结构，断裂发育处有明显地层凸起，该现象在最大负值曲率平面可见，但并不是主干断裂断点处，仅由于地层弯曲影响造成干扰，断裂带本身宽度稳定。由叠合属性图可见断裂带内部发育串珠，断裂带内部较连续，外部裂缝较多。

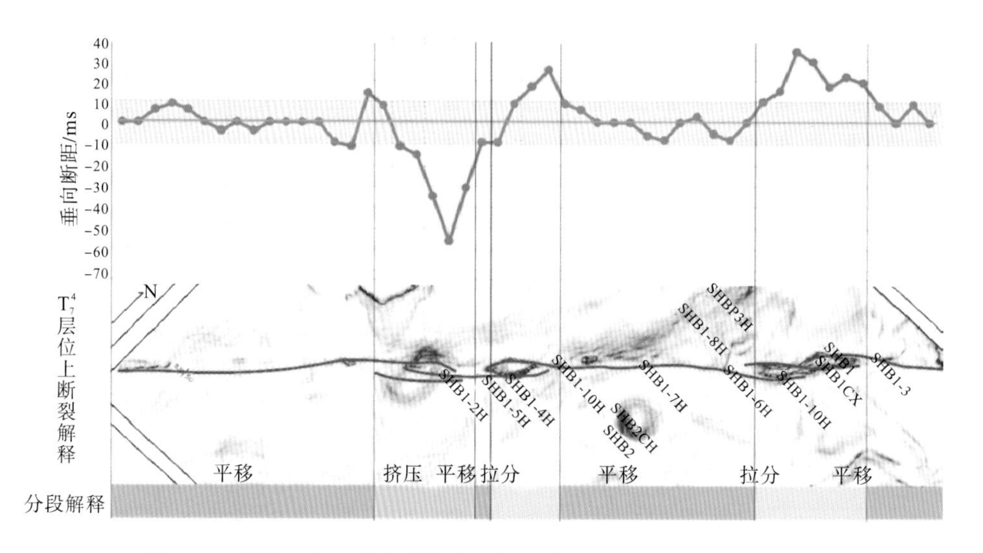

图 2-24　顺北 1 号走滑断裂带中下奥陶统顶面相干属性及分段性图

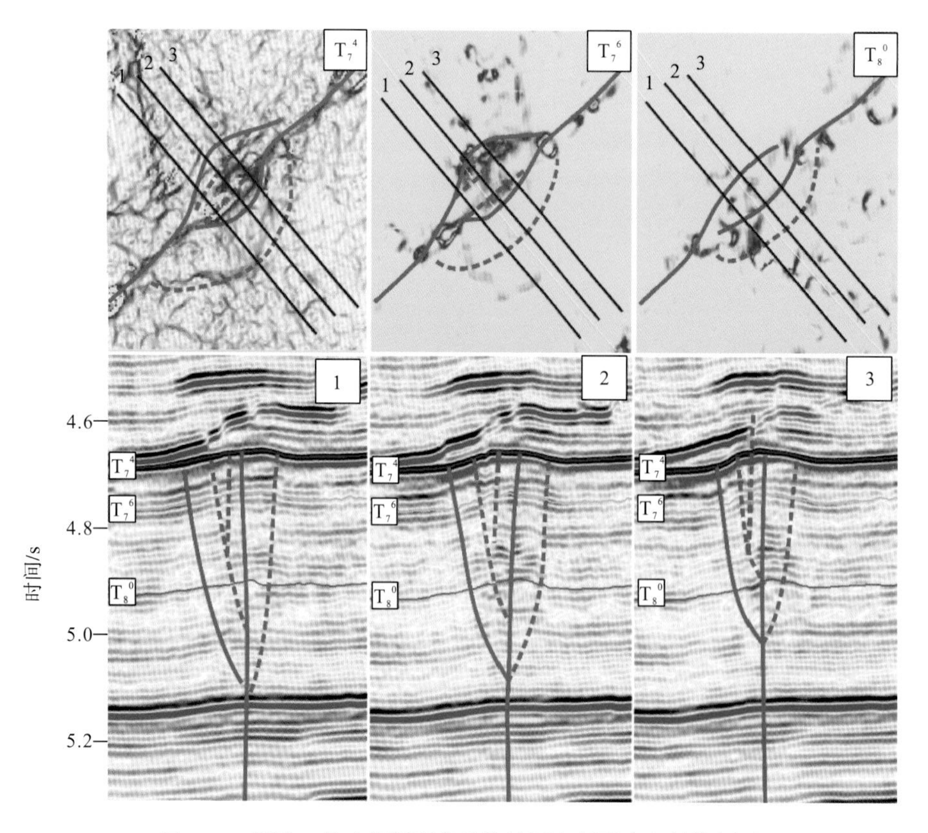

图 2-25　顺北 1 号走滑断裂带叠接挤压段断裂内部结构刻画

2）拉分段——以顺北 1-4H 井区为例

在顺北 1-4H 井区选取垂直主干断裂走向的典型剖面（图 2-26）进行精细解释，该叠接段在平面上呈纺锤形，内部次生断裂贯穿整个小型拉分地堑，可识别出两条次级断裂，一条终止于同一侧的主干断裂，另一条横穿断裂内部，终止于另一侧主干断裂，断裂整体形态稳定，不同界面的发育模式一致性高。

地震剖面上该叠接拉分段呈负花状构造样式，地层下掉，两条次级断裂都收敛于右侧主干断裂，且多发育于主干断裂内部，外部较少，整体结构较简单。由叠合属性图（图 2-26）显示，拉分段内部次生断裂与裂缝通常分布于主干断裂附近，且平行于主干断裂，远离主干断裂带小断裂及裂缝带发育规模逐渐减小，说明断裂发育受控于主干断裂，构造变形区域较为集中。

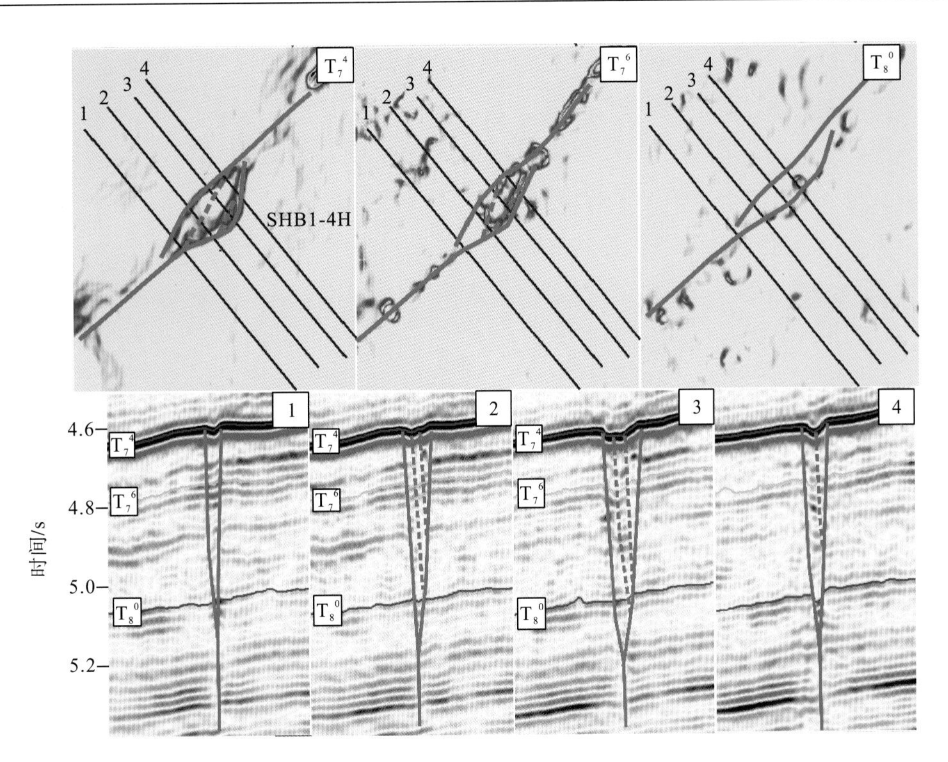

图 2-26　顺北 1 号走滑断裂带叠接拉分段断裂内部结构刻画

3) 平移走滑段——以顺北 1-6H 井区为例

在顺北 1-6H 井区选取垂直主干断裂走向的典型剖面(图 2-27)进行精细解释，该平移走滑段在顺北 1 号走滑断裂带上同样表现为简单的内部结构特征，沿走向发育单根断裂，呈线性结构，内部次级断裂通常不发育，偶见次级断裂在主干断裂两侧发育。串珠状反射在平面上多沿断裂带分布，规模远小于其他两种类型。

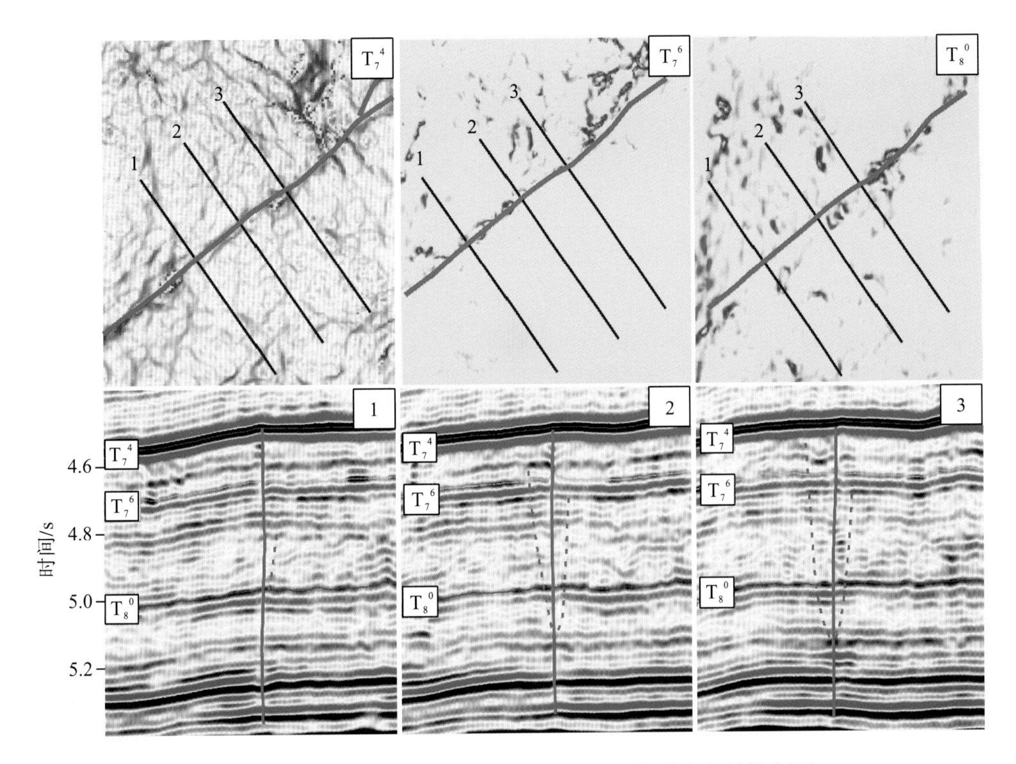

图 2-27　顺北 1 号走滑断裂带平移走滑段断裂内部结构刻画

地震剖面上该平移走滑段同相轴可见明显错开，断面呈高陡直立状，界面处发生轻微弯折，次级断裂、分支断裂不发育。由叠合属性图(图 2-27)显示，平移段内部结构简单，表现为沿走向发育的单根断裂，内部次级断裂通常不发育，围绕主干断裂分布的次生断裂与低级别小裂缝较少，断裂带规模较小，说明平移段地层受断裂改造作用较小，断裂破碎带发育程度低。此外，串珠状强反射往往紧邻或沿断裂带分布，数量上明显较拉分段和挤压段少。

三、顺北 4 号走滑断裂带

顺北 4 号走滑断裂带在中石化工区内长度约为 30km，整体近 NE 走向(27°～45°)，向西南延伸切割塔中 I 号逆冲断裂带，向东北延伸进入满加尔拗陷，表现为左行走滑特征。该走滑断裂带断开层位主要为基底至二叠系，最大垂直距离为 15～50m，同样具有叠接挤压、平移走滑、叠接拉分 3 种变形类型，可划分为不同变形段。

1. 断裂带分层变形特征

地震剖面断裂分析表明，顺北 4 号走滑断裂带纵向不同构造层发生差异变形活动，其深层主体表现为由不同长度的断裂相互连接贯通形成主滑动带，延伸方向为 NE29°，向上呈现花状构造或羽列分支构造；浅层表现为雁列式正断层组，延伸方向为 NE15°，断裂延伸短、断距小，但几乎分布在深层断裂破碎带范围内，整体与下伏深层断裂走向一致(图 2-28)。

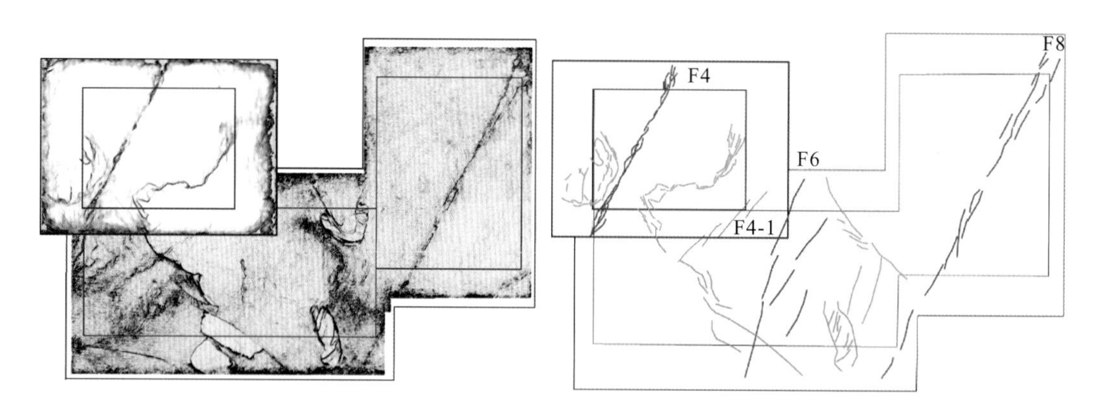

图 2-28　顺北 4 号走滑断裂带 T_7^4 界面相干及断裂分布图

走滑断裂在寒武系盐下(T_8^2 界面)变形主要表现为单线性、近直立特征，平面延伸具有分段性，其分段数均少于上覆层系断裂分段数；走滑断裂在碳酸盐岩顶面(T_7^4 界面)变形主要表现为拉分、正断、地堑特征，表明受区域张扭应力影响，派生拉张分量促使断裂发生垂向升降位移，断裂带构造样式具有明显分段性，整体呈现负花状-直线状相间的构造样式；走滑断裂在中-下泥盆统顶面(T_6^0 界面)变形主要表现为拉张、正断、断堑特征，形成一系列沿 NW 方向延伸的雁列式正断层组，向下断穿奥陶系顶面(T_7^0 界面)，隐没于上奥陶统巨厚泥岩地层中，少数正断层与下伏走滑断层贯穿，表明断裂发生了张扭走滑或斜向离散走滑运动，属于深部走滑运动下的浅层被动撕裂构造；走滑断裂在上古生界层系主要发生挤压背景下的浅层揉皱变形，变形程度低，少有新生断裂样式，其断层性质在剖面上具有一定的构造反向特征，表现为逆断层。整体来看，走滑断裂在不同构造层形成独特的构造样式，构成一个完整的垂向构造序列(图 2-29)，其中寒武系—中下奥陶统断裂带呈 NE—NNE 走向线状展布，局部地区断裂侧接呈梭状、辫状，走滑断裂带宽为 0.3～1km；上奥陶统—志留系断裂带宽为 2.5～3.1km，呈雁列正断层左阶排列，指示左行走滑，正断层受后期运动改造；石炭系—二叠系断裂带为 NE40°走向，最宽可达 3.2km，北端走向北转，南端走向南转，呈双排雁列正断层左阶展布，指示左行走滑。

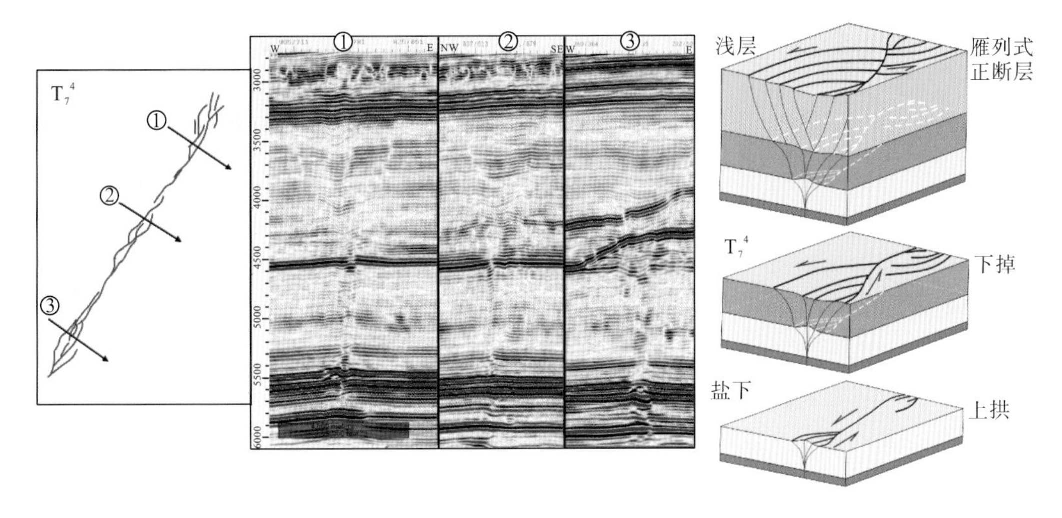

图 2-29　顺北 4 号走滑断裂带不同构造层变形序列

2. 断裂带分段变形特征

顺北 4 号走滑断裂带呈南北复杂、中部简单的变形特征，基于平面组合特征、构造样式、破碎带宽度、包络面特征等差异性，将该断裂带由南向北 T_7^4 界面划分为 5 段(图 2-30)，包括 3 个张扭拉分段(第①、③、⑤段)、2 个直线平移段(第②、④段)，下面分别选取各段代表性剖面进行变形特征分析。

1) 张扭拉分段

平面上主要表现为多条近平行的走滑断裂侧向线性排列，该段的南段断裂多，多呈弧形展布，其延伸长度短，同时断裂破碎带宽度较大，向北逐渐过渡为两条近平行的断裂，断裂破碎带宽度明显减小，在剖面上其内幕杂乱强异常，断裂带包络特征一般，依据其断裂剖面构造样式可细分为复合负花状结构和简单负花状结构(图 2-30)。

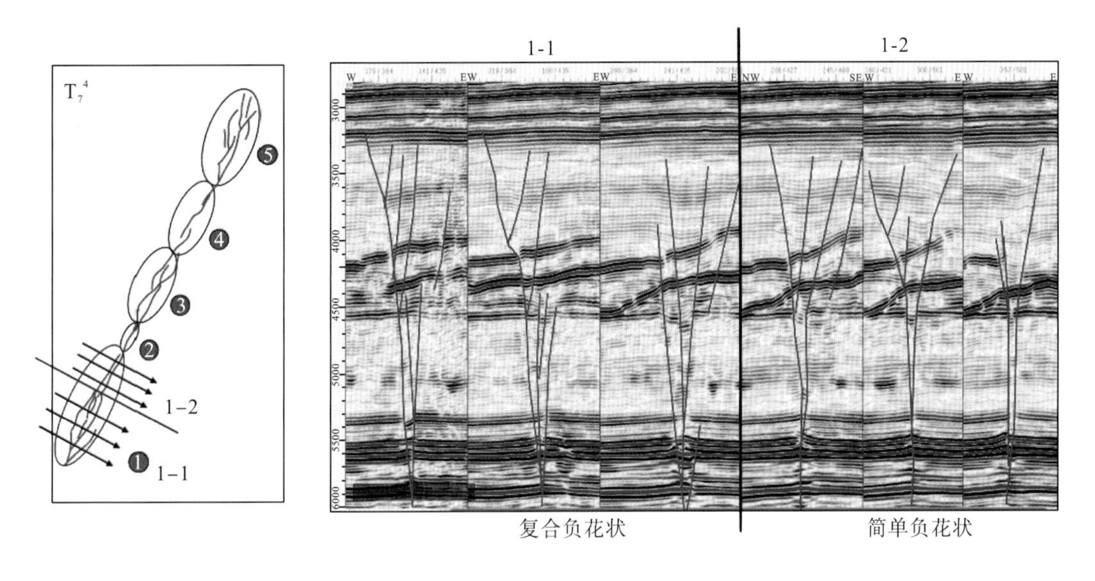

图 2-30　顺北 4 号走滑断裂带张扭拉分段地震剖面典型特征

2) 走滑平移段

平面上主要表现为单线性 NE 走向延伸，或两条单线性走滑断裂侧向叠接，断裂长度不大，同时断裂破碎带宽度最小；在剖面上断层近于直立，内幕杂乱强异常，断裂带包络特征清晰，主断面倾向多变(图 2-31)。

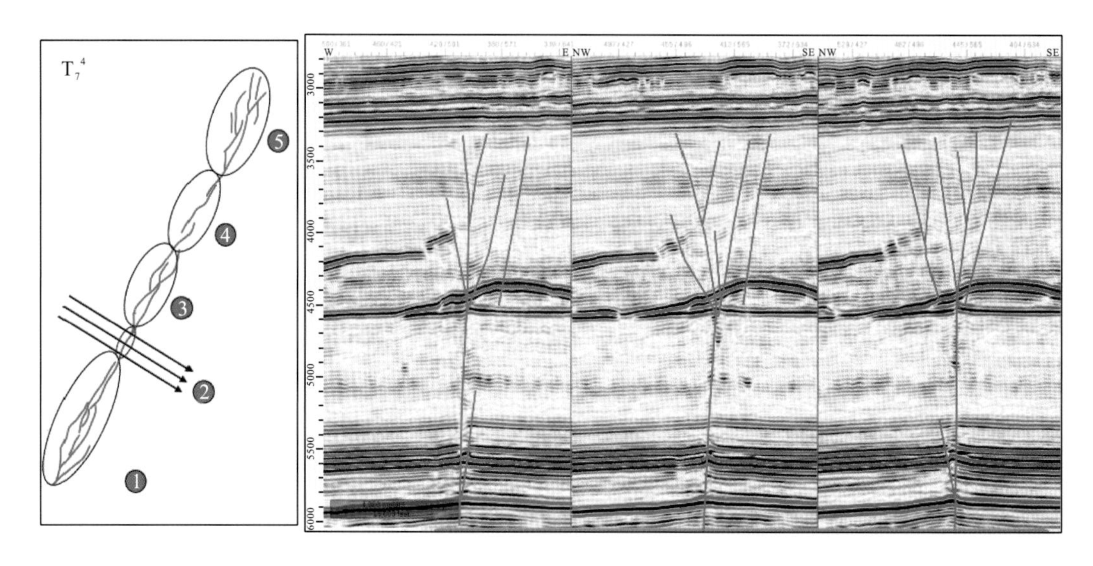

图 2-31　顺北 4 号走滑断裂带走滑平移段地震剖面典型特征

通过顺北 4 号走滑断裂带在碳酸盐岩层系顶面(T_7^4 界面)断距的统计(图 2-32)可知，断裂的活动强度(断距大小)与断裂带分段性特征保持一致，断裂带断距位于 15～-85ms，大部分集中在-30～-40ms，表明张扭拉分段断裂活动明显强于走滑平移段。

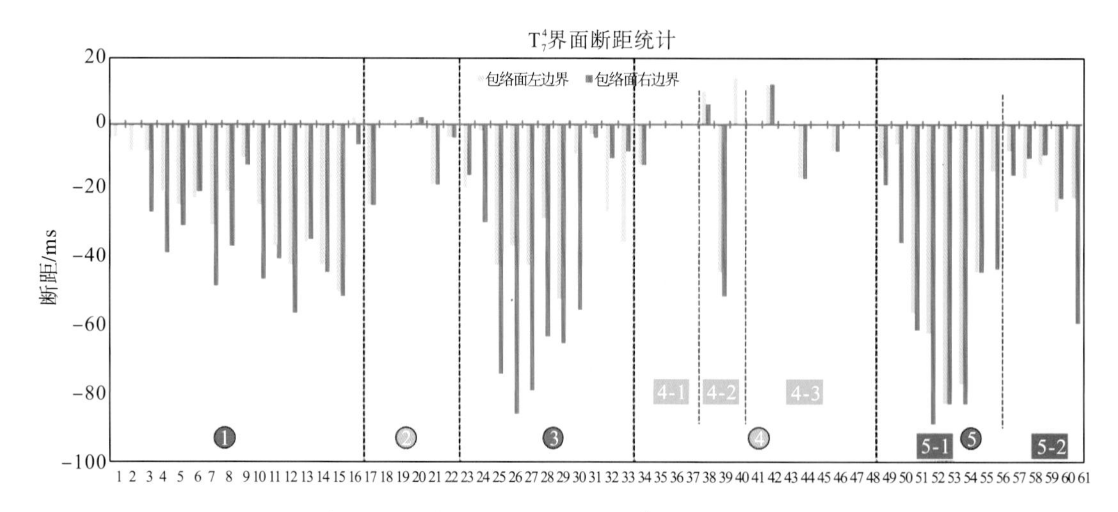

图 2-32　顺北 4 号走滑断裂带 T_7^4 界面断距统计图

注：按照 16 道(400m)统计断距，沿着断裂走向统计，正值表示逆断层，负值表示正断层，单位是 ms

四、次级走滑断裂带

顺北地区除主干断裂带外，还发育较多的次级走滑断裂，但由于级别太小，落实难度较大。目前顺北油田的勘探开发主要集中在主干断裂带上，但主干断裂带之间的工区面积较大，深化对次级断裂的解释与描述，对顺北油田下一步拓展勘探接替区意义重大。综合利用地震剖面与相干、自动断层提取(automatic fault extraction，AFE)、趋势面等多种属性，在各三维区也落实了数条次级走滑断裂，下面以顺北鹰 1 井区为例对次级断裂构造特征进行描述分析。

通过对顺北鹰 1 井区中寒武统顶面(T_8^1 界面)地震剖面反射特征与边缘检测分析，认为次级断裂具有如下识别特征(图 2-33)：①T_8^1 界面上拱，振幅变弱(膏盐沿断裂上侵，部分进入下丘)；②T_8^1 界面上下具有相似的变形特征；③平面上能线性延伸。

通过断裂解释与组合分析(图 2-34)认为，顺北鹰 1 井区次级断裂以 NNW 走向为主，少量为 NNE 走向，局部呈X形相交展布，但整体以NNW向发育占主导，与塔河托普台地区X形共轭断裂体系中的两组断裂规模、级别还有差别，可能是成因机制不同。剖面上，该区次级断裂直立，呈单支状，发育层位主要集中在寒武系—奥陶系的碳酸盐岩层系。

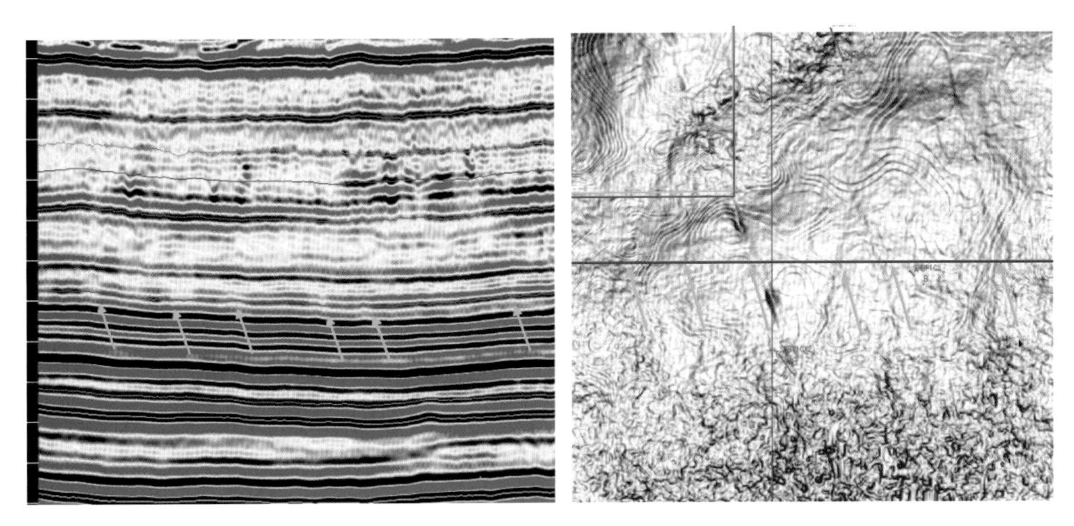

图2-33　顺北鹰1井区EW向地震剖面与T_8^1界面边缘检测图

图2-34　顺北鹰1井区次级断裂展布图

第四节　走滑断裂成因机制及演化模式

一、走滑断裂成因机制

纯剪切(共轭式)、差异逆冲下的调节断层、旋扭应力背景下简单剪切(平行式)是台盆区走滑断裂发育的主要力学机制。根据里德尔共轭剪切破裂理论(图2-35)，走滑断裂形成的过程中沿主位移带主要产生与断块位移的同向走滑断裂(R剪切破裂)、次一级同向剪切走滑断裂(P剪切破裂)和平行于位移方向的局部张性断裂(T剪切破裂)。

根据砂箱物理模拟实验结果(图2-36)，认为走滑断裂的发展演化共经历4个阶段：初期阶段是以R

剪切同向走滑断裂为主的断裂展布，在平面上可见雁列式展布，破裂范围较小，断裂直接无接触关系，各小断裂段形态完整；早期阶段，随着应力的增强，破裂速度快速增大；中期阶段，破裂范围进一步增加，P 剪切走滑断裂开始形成，原有的孤立发育的雁列式断裂相接形成完整破碎带；晚期阶段，P 剪切走滑断裂发育也趋于成熟，主干断裂与次级断裂组合为马尾状、羽状、辫状等构造样式。

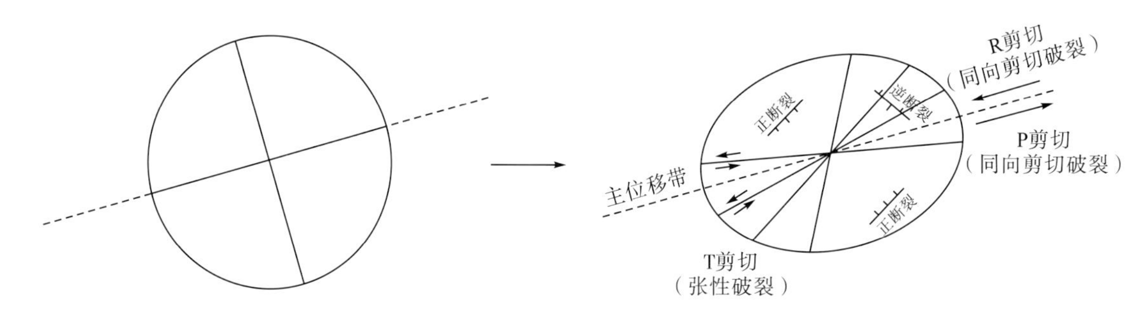

图 2-35　里德尔共轭剪切破裂理论中的走滑应变椭圆

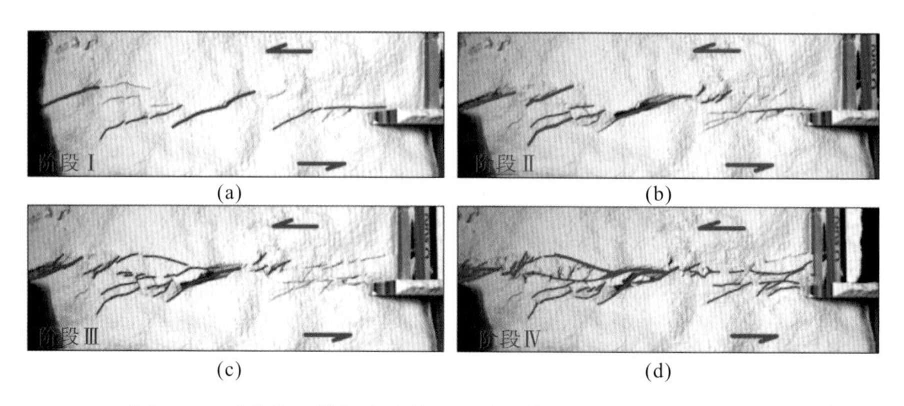

图 2-36　砂箱物理模拟实验的不同阶段特征(据李相文等，2018)

(a)初期阶段呈雁列分布特征；(b)早期阶段呈密集雁列分布特征；(c)中期阶段发育羽状特征雏形；(d)晚期阶段，呈羽状特征，形成大量近似垂直于主走滑位移带(principal displacement zone，PDZ)的小断裂

根据上述理论特征，结合顺北地区走滑断裂空间展布特征，建立起顺北油田走滑断裂体系解释模式。研究区内以左行走滑、整体形态线性为主，但中间出现断裂错断、侧接或叠置现象，因此整体处于走滑断裂演化的早期阶段—— R 剪切破裂快速增加。北东方向，发育中后期近马尾状或羽状次级断裂，其中断裂段叠接部位在近马尾状的次级断裂发育区的宽度明显增加，整体都处于张性应力区。部分走滑叠接段较为破碎，P 走滑断裂发育趋于成熟，处于后期阶段，叠接段内部已经发育近似垂直于主走滑位移带的小断裂。

中小尺度碳酸盐岩走滑断层的露头研究表明，碳酸盐岩岩性和变形形式不同，在具体发育机制上有较大差别。在白云岩中，走滑断层萌生和发育被观测到以张性构造，如节理和岩脉受到剪切为基础。根据 Mollema 和 Antonellini(1999)提出的发育模型，平行于最大主应力方向的节理先于断层形成，并因节理间的应力作用在局部形成雁列节理。随着应力在雁列节理区域集中，和原生节理垂直的交错节理逐渐发育并破坏原生节理之间的岩桥，形成断层角砾岩。之后，更多的应变集中在节理带中，连续性的断层核(断层角砾带)形成。随着变形的持续，角砾岩带随着断层滑距的增大而逐渐变宽。此外，碳酸盐岩中也可存在以雁列节理为基础发育，通过分支构造而非交错节理连接的走滑断层发育模式。

Kim-Cohen 等(2003)根据对小型断层的研究提出了另一种发育模型：平行于最大主应力方向的节理(张性)先形成并伴生有连接裂缝。随着形变进一步加剧，连接裂缝广泛发育，直到贯穿节理区域的断层形成。然而，因为连接裂缝和原生张性节理之间的运动学关系也可用分支构造的模式解释，即张性节理为连接裂缝的分支型构造，所以连接裂缝是否属于伴生构造还存在疑问。

早中奥陶世，在区域挤压作用下，碳酸盐台地开始区域抬升，顺托果勒低隆起在南北向挤压应力作用下，发育区域上的高角度破裂体系，其形成可能与 Kim-Cohen 等(2003)提出的模式近似。从 T_7^0 界面的相干平面属性分析，顺北地区走滑断裂在加里东中期Ⅲ幕发生同沉积活动，该时期主节理和分支断裂发生相向运动，顺北 1 号走滑断裂带和顺北 5 号走滑断裂带南段呈明显似共轭走滑运动，跃满 20 断裂和顺北 5 号走滑断裂带北段亦为似共轭走滑运动。

海西早期是顺北地区走滑断裂主活动期，该时期的断裂活动机制较复杂，似共轭体系和单剪走滑体系共存。由 T_6^0 界面相干平面属性分析可见，顺北 5 号走滑断裂带南段和北段走滑运动方向相反，北段为右行走滑运动，南段为左行走滑运动，NE 向走滑断裂(如顺北 1 号走滑断裂带、跃满 20 断裂等)为左行走滑运动，表明海西早期顺北 5 号走滑断裂带北段和南段尚未连接成统一的 PDZ 主断裂带，两者独立走滑运动。顺北 5 号走滑断裂带北段和跃满 20 断裂发生近共轭走滑运动，受到塔北地区共轭走滑体系影响明显；顺北 5 号走滑断裂带南段与顺北 1 号走滑断裂带发生左行走滑，顺北 5 号走滑断裂带上古生界(T_6^0 界面之下)垂向新生构造强度和规模明显强于顺北 1 号走滑断裂带。此外，顺北 3 区顺北 5 号走滑断裂带分支断裂走向、性质与顺北 1 号走滑断裂带近似，推测海西早期顺北 1 区顺北 5 号走滑断裂带南段和顺北 1 号走滑断裂带受到塔中地区简单剪切的 NE 向走滑体系影响明显。

海西晚期—印支期，盆地应力场主要受控于盆地北部的南天山造山作用，推断主压应力仍以南北向为主，该阶段是雅克拉断凸、轮台断裂的强烈活动期。在此影响下，顺北地区先存断裂再活动，地震剖面见 C-P 内部的断层响应特征或者继承性小型断陷，表明该阶段走滑断层再活动较为普遍。

燕山期—喜马拉雅期，受盆地南部前陆盆地演化和东、西两控盆大断裂活动的影响，顺托果勒低隆起受到区域应力场更加复杂。顺北地区处于前陆盆地和控盆断裂中间区域，原来构造活跃区，晚期断层活动相对弱一些。但推测本区受到南部前陆盆地影响较大，在近 NE 向应力场的作用下，早期以左行走滑为主的 NE 向大断裂，出现再活动。

二、走滑断裂演化模式

受周缘板块构造和区域动力背景控制，塔里木盆地经历了加里东、海西、印支、燕山及喜马拉雅等多个构造旋回，受上述多期次和多方向应力作用，导致盆地内部构造特征及演化比较复杂，形成了一系列性质不同、规模不等的断裂。上述构造运动的多期性及应力活动方式的多样性，同样导致顺北地区的断裂性质、规模、形态、活动期次及强度极其复杂，差异活动特征十分显著，具有多期形成、早期形成后期继承的特点。利用三维地震资料，从断层断穿层位与发育规律上判断，结合构造平衡剖面恢复，认为顺北地区断裂活动主要经历了加里东中期雏形期、加里东晚期—海西早期强烈活动期、海西晚期及之后继承性活动期等演化阶段(图2-37)。

1. 加里东早期运动与小型正断裂形成期

南华纪—早震旦世，塔里木陆块逐步从罗迪尼亚超大陆裂解出来，以裂谷盆地为特征，沉积了冰碛岩、陆源碎屑与火山碎屑堆积，晚震旦世组建了初始碳酸盐台地。塔里木盆地在加里东早期长期处于“强伸展、弱挤压”的构造背景，断裂活动整体较弱，以发育张性正断裂为主，如在塔河、塔中等地区的中下寒武统内部发育多条小型张性正断裂，断距为 0～50ms，延伸长度达数千米。顺北地区也在早期伸展构造环境下发育正断层控制的地堑或半地堑，部分正断层仅在该期活动，部分正断层在后期继承性活动。

2. 加里东中期运动与走滑断裂雏形期

中奥陶世末随着北昆仑洋向中昆仑地体俯冲消减，盆地南缘由伸展转为强烈挤压背景，盆地加里东中期长期处于“南强北弱”挤压构造背景，断裂活动整体较强，以发育 NW 向大型基底卷入逆冲断裂为主，控制着古隆起的边界。加里东中期Ⅲ幕中昆仑地体与塔南缘碰撞、阿尔金岛弧向北俯冲消减，盆北缘南天山洋开始消减，盆内“南强北弱”挤压背景持续，南部塘古巴斯等地区发育多排 NE 向弧形逆冲滑脱断裂体系。

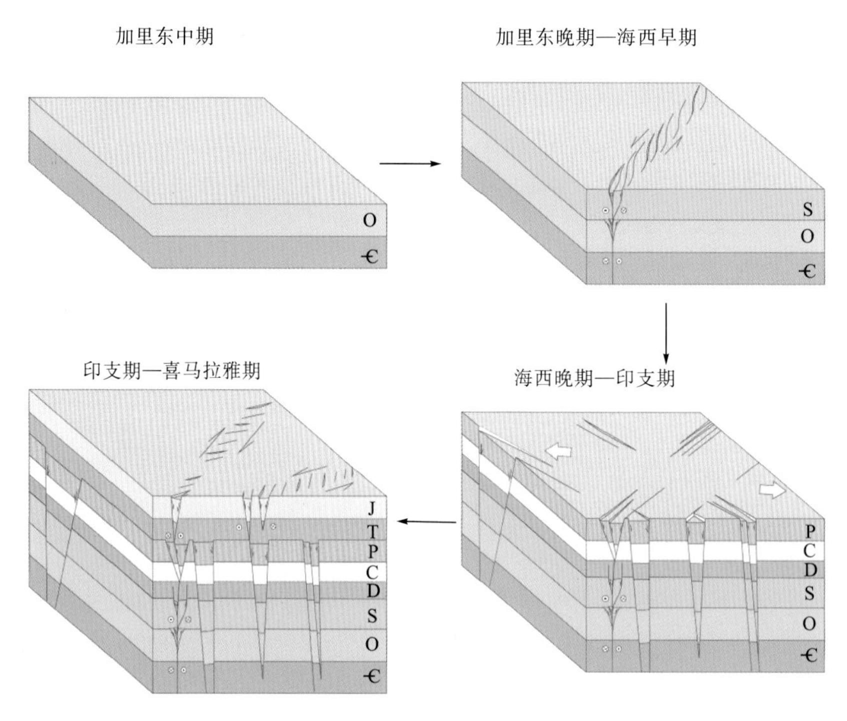

图 2-37　顺北地区走滑断裂发育演化示意图

位于中部平台区的顺托果勒低隆起在近 SN 向弱挤压应力场下（图 2-38），形成了一系列近南北向、北东向—北北东向与北北西向的走滑断层，剖面上则表现为以压扭性断层为主，局部分段处发育张扭性断

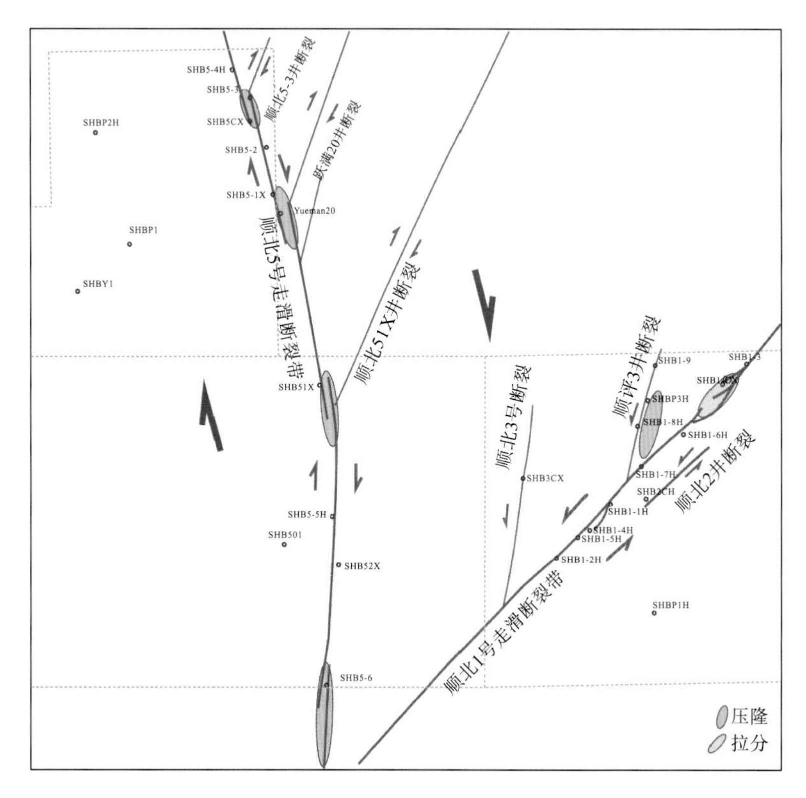

图 2-38　顺北地区加里东中期走滑断裂活动模式图

层。断裂样式有单支状、半花状、正花状、负花状等，断开 T_7^4～T_9^0 界面之间的地层，向上终止于上奥陶统塑性泥岩地层。在加里东中期应力场下，顺北 5 号走滑断裂带右行走滑，北段弯曲应力受阻，以压扭为主，其中顺北 52X 井段、跃满 20 井段与顺北 5-3 井段为典型压扭隆升区，且发育 NNE 向次级分支断裂。顺北 1 号走滑断裂带右行走滑活动，发育压扭隆升区和张扭拉分区，分支断裂已形成，应为右行走滑活动。

3. 加里东晚期—海西早期运动与走滑断裂强烈活动期

晚志留世—中泥盆世盆南缘中昆仑、阿尔金分别与塔里木碰撞，盆北缘南天山洋持续消减、东段开始碰撞，塔里木盆地处于“南北双向强挤压”区域构造背景。近 EW 向展布的沙雅隆起处于近 SN 向挤压应力场中，塔河、哈拉哈塘等地区 X 形共轭走滑剪切断裂体系活动加剧并最终定型，平面呈 NNE 与 NNW 共轭走向、相互切割，分支或次级断裂增多，断裂破碎带规模增大；而近 NW 向展布的顺托果勒低隆、卡塔克隆起等处于斜向压扭应力场中，顺北、顺南等地区以 NE 向为主、NW 向为辅的走滑剪切断裂体系定型。

加里东晚期顺托果勒低隆起处于近 SN 向差异挤压应力场下活动(图 2-39)，在这种应力场作用下形成了一系列近 SN 向、NE—NNE 向与 NNW 向的走滑断层继承性活动，剖面上则表现为以张扭断层为主。断裂样式为多期复合型，主要有正花状叠置负花状、单支状叠置负花状、半花状继承性活动、负花状继承性活动等，断开 T_6^3～T_9^0 界面之间的地层，向上终止于 T_6^0 不整合面。在加里东晚期应力场下，顺北 5 号走滑断裂带右行走滑，整体为张扭构造背景，T_7^0 界面形成左阶排列正断层，顺北 52X 井段、跃满 20 井段与顺北 5-3 井段等 NNE 向次级分支断裂继承性活动，以弱张扭为主。顺北 1 号走滑断裂带左行走滑活动，以发育张扭拉分区为主，分支断裂继承性活动，应为左行走滑活动。

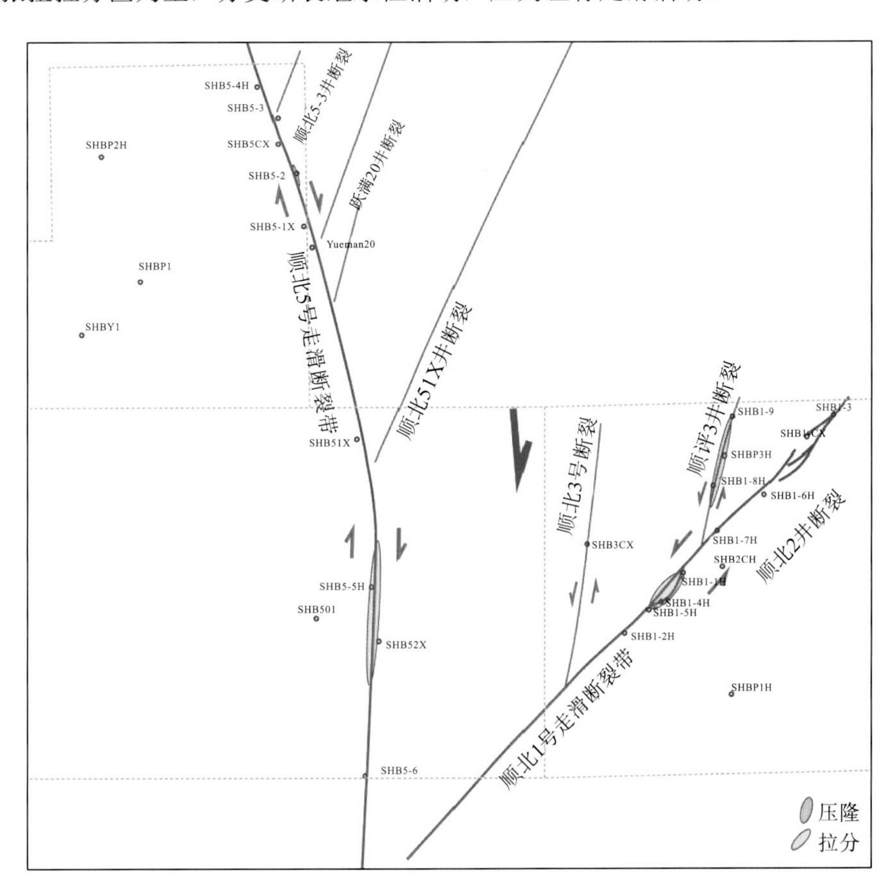

图 2-39　顺北地区加里东晚期走滑断裂活动模式图

海西早期顺托果勒低隆起处于 NNW 向差异挤压应力场(图 2-40)，西强东弱，主动盘应为西盘，在这种应力场作用下形成了一系列 NNW 向、近 SN 向与 NE—NNE 向走滑断层继承性活动，剖面上则表现为以张扭断层为主。断裂样式为多期复合型，主要有正花状叠置负花状、单支状叠置负花状与负花状继承性活动等，断开 T_6^0～T_9^0 界面之间的地层，向上终止于石炭系塑性地层。在海西早期应力场下，顺北 5 号走滑断裂带转为左行走滑，整体为张扭构造背景，T_6^0 界面形成右阶排列雁列式正断层。顺北 1 号走滑断裂带左行走滑活动，T_6^0 界面上同样发育小型雁列式正断层呈右阶排列。

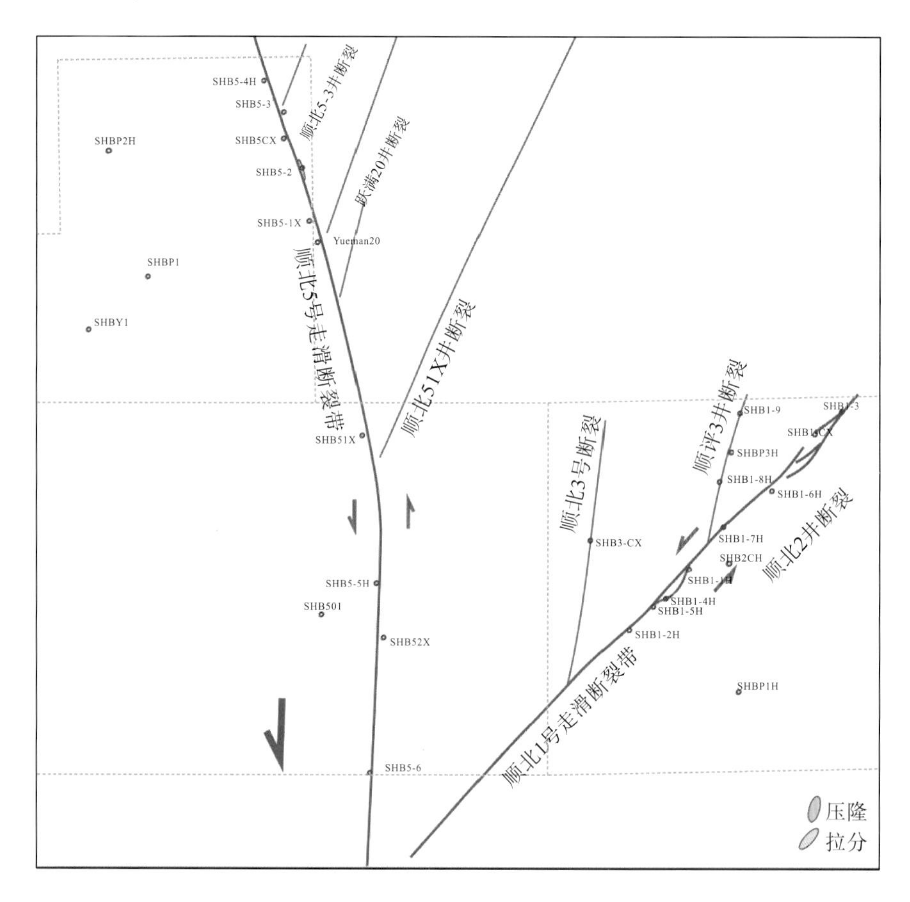

图 2-40　顺北地区海西早期走滑断裂活动模式图

4. 海西晚期运动与断裂继承性活动期

石炭纪—二叠纪，受古特提斯洋关闭造山、南天山西段碰撞造山的影响，塔里木盆地在海西晚期处于西部“持续挤压”应力场背景，在此影响下沙雅隆起形成了近 EW 走向的阿克库木、阿克库勒等逆冲断裂带，而塔河、哈拉哈塘等地区早期发育的深部 NE 向走滑断裂存在继承性再活动。塔河、顺北、顺托等工区均可见石炭系—二叠系内部的断层响应特征或者继承性小型断陷，表明该阶段走滑断层再活动较为普遍，而顺南—古隆等东部地区改造作用减弱。巴楚隆起吐木休克等 NW 向逆冲断裂继承性活动，NW 向次级断裂较发育，同时 NE 向走滑剪切加强。

海西晚期区顺托果勒低隆起构造应力场基本与早期相似，断裂在平面上呈雁列式排列，剖面上表现为压扭或张扭性走滑断层。断裂断开 T_6^0 界面之下的地层，向上终止于 T_5^0 界面的断裂。该期断裂主要走向以 NW 和 NNW 向为主，断距在 25～30m，大部分为 20m。

5. 印支期—喜马拉雅期运动与雁列式正断裂发育期

三叠纪末南天山造山作用基本结束，塔北缘处于南天山碰撞造山后应力松弛阶段，发生区域性的构造伸展作用，塔北地区整体仍处于NNW向的张扭应力场中，X形走滑断裂体系沿NEE向左旋张扭活动，平面上组成多排NEE向左旋右阶的雁列式张扭性正断层带，剖面组合形态则是小型堑-垒构造或阶梯状正断层束。

印支期—喜马拉雅期，主要表现为伸展活动，发育大量小型正断层。该期包含印支期、燕山期和喜马拉雅期3个阶段，其中印支晚期的伸展活动较为强烈。断裂属浅部断裂，大部分向上终止于三叠系、白垩系地层中，断开T_3^0～T_2^3界面之下地层的断裂，以正断裂为主，以印支末期活动最为剧烈，断距为5～30m；延伸方向以NE向、NW向为主，延伸长度为1.4～4.7km。

顺北地区中新生界断裂活动与古生界断裂关联性不强，呈现出分期、分层差异活动特征，而中新生界断裂活动过程中，印支晚期的强烈伸展活动最为显著，导致除工区西北角外的广大地区伸展断裂普遍发育，断距为5～30m；延伸方向以NE、NW向为主，延伸长度为1.4～4.7km；燕山早期的构造抬升事件导致研究区缺失侏罗系和下白垩统的亚格里木组，晚燕山早期区域应力场发生转变，研究区接受舒善河组沉积，同时部分晚印支期活动的断裂发生继承性活动并断穿T_4^0界面，此后本区断裂活动明显减弱，到喜马拉雅中晚期断裂活动趋于停止。

第三章　顺北地区奥陶系沉积特征

第一节　地层划分及发育特征

顺北地区目前钻揭层位包括上寒武统、奥陶系、志留系、泥盆系、石炭系、二叠系、三叠系、白垩系、古近系、新近系和第四系。其中，奥陶系地层序列保存完整，本书以《中国地层表(2014)》划分方案为标准，将奥陶系划分为三统，分别为下奥陶统蓬莱坝组，中下奥陶统鹰山组、中奥陶统一间房组，上奥陶统恰尔巴克组和却尔却克组。

一、地层划分方案

塔里木盆地奥陶系具有西台东盆的沉积格局，可划分出台地相区、斜坡相区、柯坪地区和盆地相区四大地层分区，顺北地区奥陶系地层系统属于斜坡相区(表 3-1)。自下而上依次发育下奥陶统蓬莱坝组、中下奥陶统鹰山组和中奥陶统一间房组，以及上奥陶统恰尔巴克组和却尔却克组。台地相区和斜坡相区的蓬莱坝组、鹰山组与柯坪地区地层划分一致。柯坪地区大湾沟组和萨尔干组下部可与台地相区和斜坡相区一间房组对比。柯坪地区奥陶系萨尔干组上部和坎岭组则可对比台地相区与斜坡相区恰尔巴克组。柯坪地区奥陶系其浪组和印干组大致对应覆盖区台地相区良里塔格组及斜坡相区却尔却克组下部。

表 3-1　塔里木盆地不同相区奥陶系划分对比

<table>
<tr><th colspan="3">地层</th><th rowspan="2">台地相区</th><th rowspan="2">斜坡相区</th><th rowspan="2">柯坪地区</th><th rowspan="2">盆地相区</th></tr>
<tr><th>系</th><th>统</th><th>阶</th></tr>
<tr><td rowspan="11">奥陶系</td><td rowspan="5">上奥陶统</td><td>赫南特阶</td><td>桑塔木组</td><td rowspan="3">却尔却克组</td><td>桑塔木组</td><td rowspan="6">却尔却克组</td></tr>
<tr><td rowspan="2">凯迪阶</td><td rowspan="2">良里塔格组</td><td>印干组</td></tr>
<tr><td>其浪组</td></tr>
<tr><td rowspan="2">桑比阶</td><td rowspan="2">恰尔巴克组</td><td rowspan="2">恰尔巴克组</td><td>坎岭组</td></tr>
<tr><td rowspan="3">萨尔干组</td></tr>
<tr><td rowspan="4">中奥陶统</td><td rowspan="3">达瑞威尔阶</td><td rowspan="3">一间房组</td><td rowspan="3">一间房组</td></tr>
<tr><td rowspan="4">黑土凹组</td></tr>
<tr><td>大湾沟组</td></tr>
<tr><td>大坪阶</td><td rowspan="2">鹰山组</td><td rowspan="2">鹰山组</td><td rowspan="2">鹰山组</td></tr>
<tr><td rowspan="2">下奥陶统</td><td>弗洛阶</td></tr>
<tr><td>特里马道克阶</td><td>蓬莱坝组</td><td>蓬莱坝组</td><td>蓬莱坝组</td><td>突尔沙克塔格组
(上部)</td></tr>
</table>

二、地层发育特征

顺北地区钻井钻揭层位最深为上寒武统(顺南蓬 1 井)(图 3-1)，主要目的层系为一间房组，大部分钻井仅钻揭鹰山组顶层，因此，地层研究主要依据台地相区的钻井资料。顺北地区奥陶系自下而上可划分为蓬莱坝组、鹰山组、一间房组、恰尔巴克组和却尔却克组。

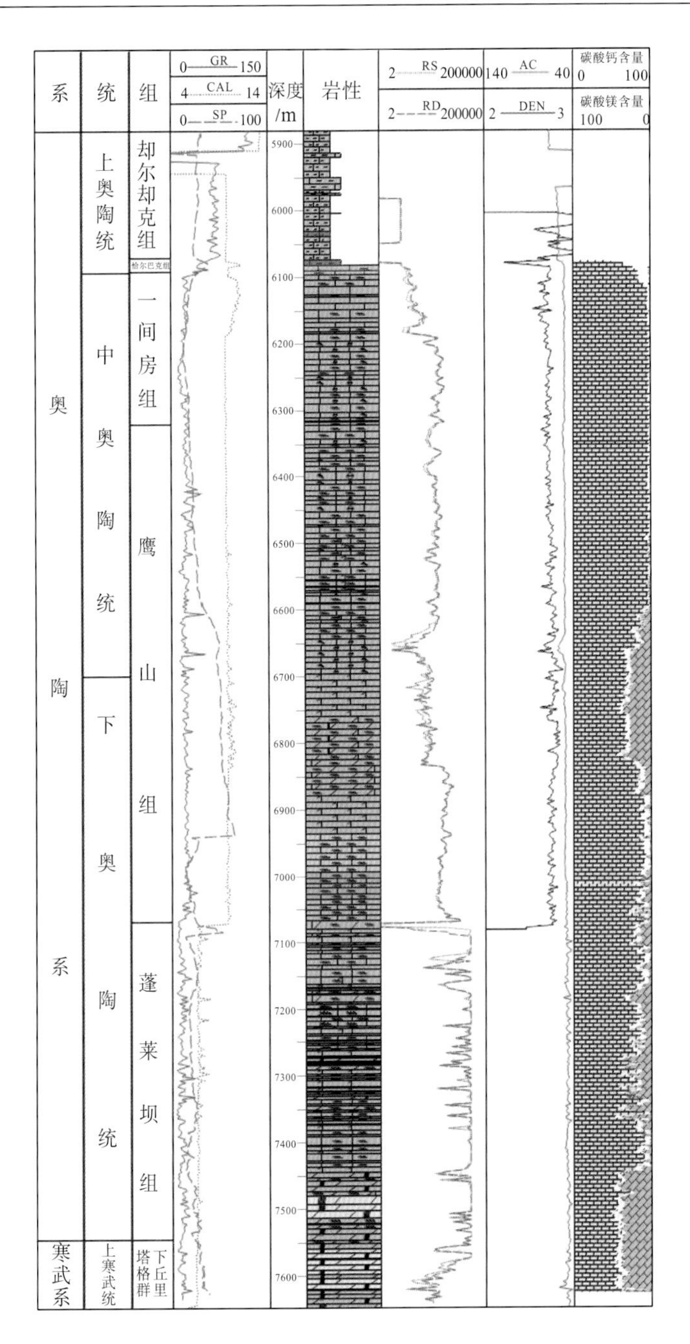

图 3-1 顺北地区奥陶系地层综合柱状图(顺南蓬 1 井)

1. 蓬莱坝组

蓬莱坝组的底以一套灰白色块状灰岩为界，与下伏灰色白云岩的上寒武统下丘里塔格群区别。本组在各地厚度变化大，以鹰山北坡剖面最薄，仅 87m，柯坪县北水泥厂剖面厚 259m，巴楚地区可达 400m 以上，盆内覆盖区可达 500m 以上。该组钻井自然伽马曲线呈低值密集锯齿状，视电阻率曲线呈较低值波状。由于钻达蓬莱坝组的钻井少(玉北 5、玛北 1、巴探 5、中 4、塔深 1、塔深 2、于奇 6 等井)，井下蓬莱坝组未进行细分。

2. 鹰山组

周棣康等(1991)将原丘里塔格群上亚群中部的浅灰、灰白色泥晶球粒灰岩夹泥微晶砂屑灰岩、细晶白云岩地层命名为鹰山组，剖面命名为鹰山北坡。鹰山组以浅灰、灰、深灰色薄-厚层状泥晶灰岩、窗格藻黏结泥晶灰岩、泥粉晶砂屑灰岩、亮晶粒屑灰岩为主夹薄层粉晶白云岩。不同地区厚度变化很大，在命名剖面上仅 138m，而在覆盖区可达 700～800m。该组钻井自然伽马曲线呈低值箱状，视电阻率曲线呈高值波状(图 3-1、图 3-2)。

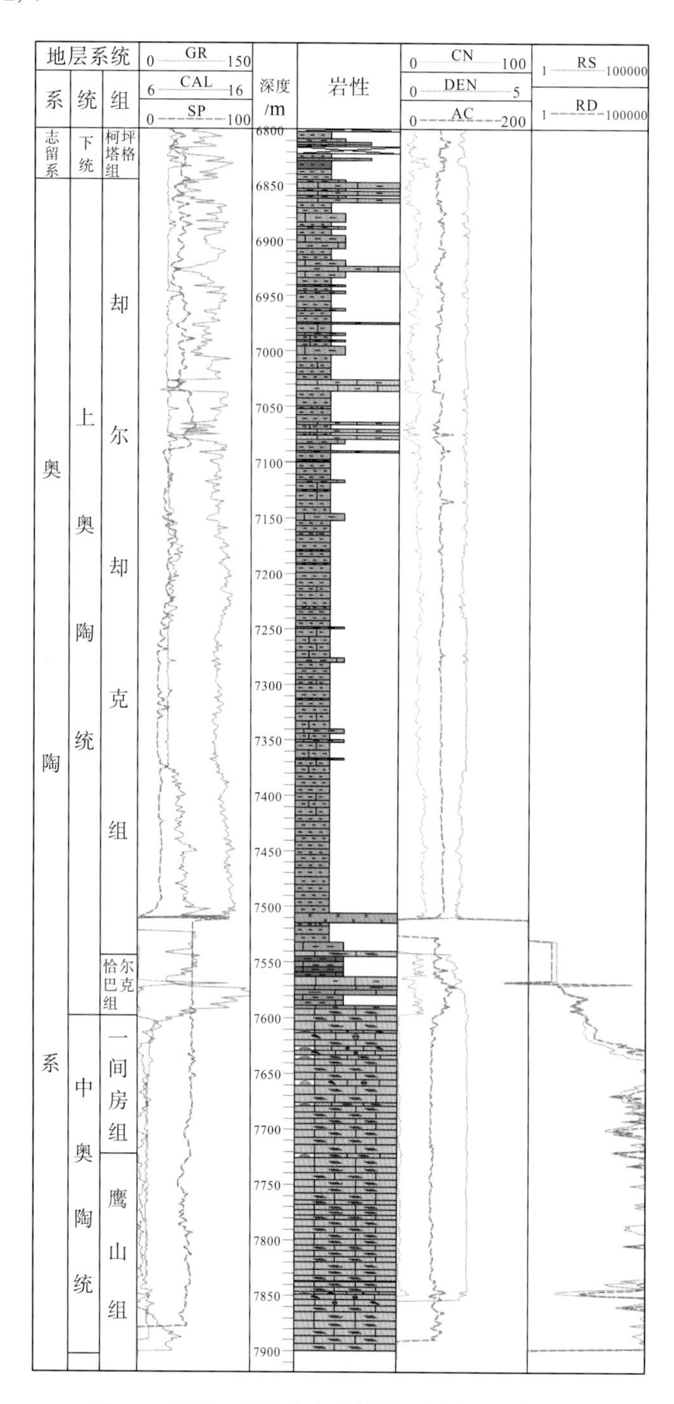

图 3-2　顺北 7 井中上奥陶统地层划分及岩性特征

3. 一间房组

一间房组系周志毅和李丕基(1990)建立的组名，标准剖面位于塔里木盆地西北边缘新疆巴楚县良里塔格山脉一间房西南，为一套厚约 54.1m 的生物碎屑灰岩和生物礁灰岩，上下分别与奥陶系的恰尔巴克组(中石油系统称吐木休克组)和鹰山组呈整合接触。露头剖面上一间房组可划分为上、中、下 3 段：下段为灰色中层状砂屑泥粒状灰岩，砂屑灰岩夹具藻层纹状泥晶灰岩和少量隐藻黏结岩，含0.5m的层状藻屑滩沉积，向上变为窗孔状泥晶灰岩；中段为浅灰、浅灰白色砂屑粒状灰岩、隐藻黏结岩藻丘、藻团块粒状灰岩，其间夹3～4层含托盘类障积岩的礁丘；上段为暗灰色中层状含海绵骨针砂屑泥粒灰岩、砂屑棘屑泥粒灰岩以及棘屑海绵骨针泥粒灰岩，下部燧石团块增多，除硅化的棘屑、砂屑之外，还含硅化海绵骨针。

4. 恰尔巴克组

目前中石化系统内均使用“恰尔巴古组”这一名称，与中石油使用的“吐木休克组”为同物异名。恰尔巴克组为红色灰岩层，分布稳定。井下该组发育稳定，并以高自然伽马、低视电阻率测线构成的倒漏斗状为特征。顺北地区岩性差异大，顺北2井为灰色含泥灰岩，厚6.5m；顺北3井为黄灰色泥晶灰岩，厚24m；顺北5井、顺北7井岩性分为上下两层，下部为灰色泥晶灰岩和泥灰岩，上部为黄灰色泥灰岩和棕褐色灰质泥岩。

5. 却尔却克组

斜坡区却尔却克组相当于台地相区的桑塔木组和良里塔格组。却尔却克组厚度巨大，但各处厚度差异较大，古隆、顺南地区厚度最大，一般为2400m左右，顺北、跃进地区厚度要小得多，一般为500～800m，如顺北2井厚620m、顺北7井厚700m。却尔却克组岩性特征均表现为下部为灰岩层、泥灰岩层及灰质岩层与泥岩层、粉砂质泥岩层互层，向上灰岩层、泥灰岩层减少，泥质岩层与粉砂质岩层增多的特点(图3-2)。与此对应的电性特征：下部自然伽马曲线呈刺刀状或山峰状，变化频繁，变化幅度大，值小；视电阻率曲线亦呈刺刀状或山峰状，变化频繁，变化幅度大，值大。上部自然伽马曲线呈锯齿状，变化较频繁，变化幅度小，值大；视电阻率曲线亦呈锯齿状，变化较频繁，变化幅度小，值小。

第二节　层序地层特征

一、奥陶系层序界面特征

层序界面是层序与层序之间的不整合面及相关的整合面，系海平面下降事件形成的，是划分层序的基础。本书主要依据野外露头剖面、钻井和地震资料，开展顺北地区奥陶系三级层序界面识别和特征描述。

1. 野外剖面上三级层序界面特征

通过对塔里木盆地塔西北地区大湾沟、同古孜布隆、鹰山北坡、南一沟剖面的观察，对奥陶系三级层序关键界面(奥陶系/寒武系、鹰山组/蓬莱坝组、良里塔格组/恰尔巴克组及志留系/奥陶系)在野外剖面上的发育特征进行了研究，其界面特征包括风化壳(图3-3)、古喀斯特作用面、冲刷侵蚀面和岩性、岩相转换面等。

2. 地震剖面上层序界面特征

三级层序界面在地震剖面上多为不整合面。不整合面往往受构造运动或海平面升降变化影响而成。其地质意义明确，是非常有利的地震解释依据。在地震剖面上往往表现为不整一，由地震反射的上超、削截等终止关系标记(图3-4、图3-5)。

在沉积演化过程中，不同相区三级层序界面地震反射终止关系存在差异。例如，顺北地区台地相区，三级层序界面均表现为削截特征(图3-4)；在台地边缘相区，层序界面(SB1、SB2及SB3)均表现出高角度削截的特征(图3-5)。顺托果勒—满加尔地区奥陶系典型三级层序界面地震反射终止关系如图3-6。

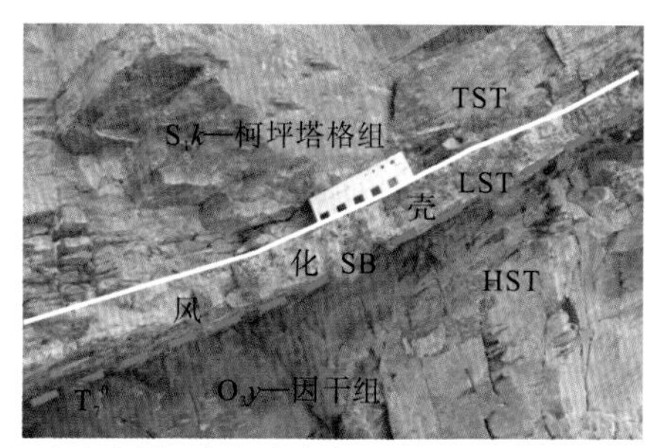

(a)大湾沟剖面志留系/奥陶系之间的层序界面

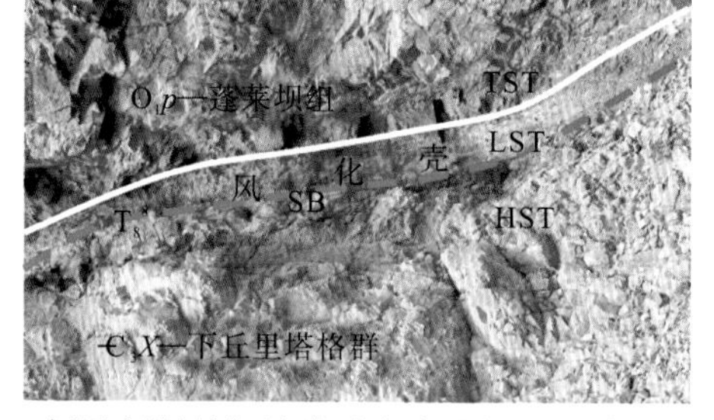

(b)南一沟剖面良里塔格组/恰尔巴克组之间的层序界面

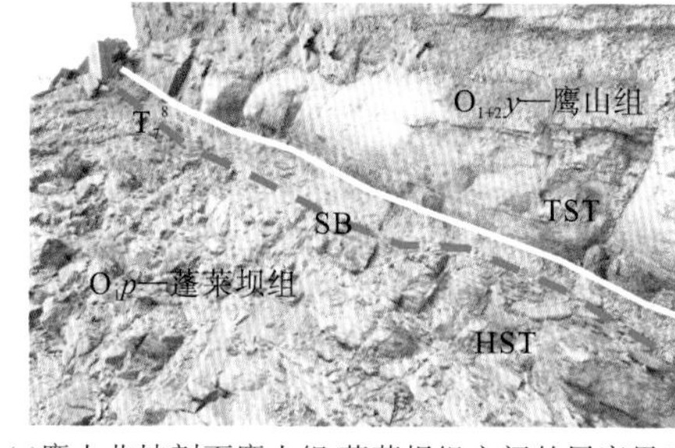

(c)鹰山北坡剖面鹰山组/蓬莱坝组之间的层序界面

(d)柯坪水泥厂剖面奥陶系/寒武系之间的层序关系

图 3-3　野外剖面上三级层序界面特征

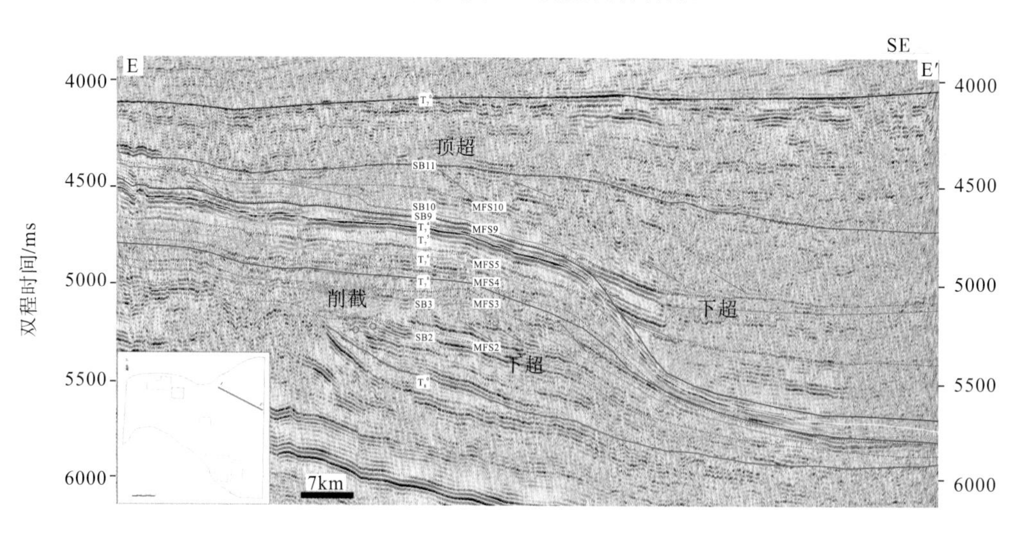

图 3-4　地震剖面上层序界面的反射特征

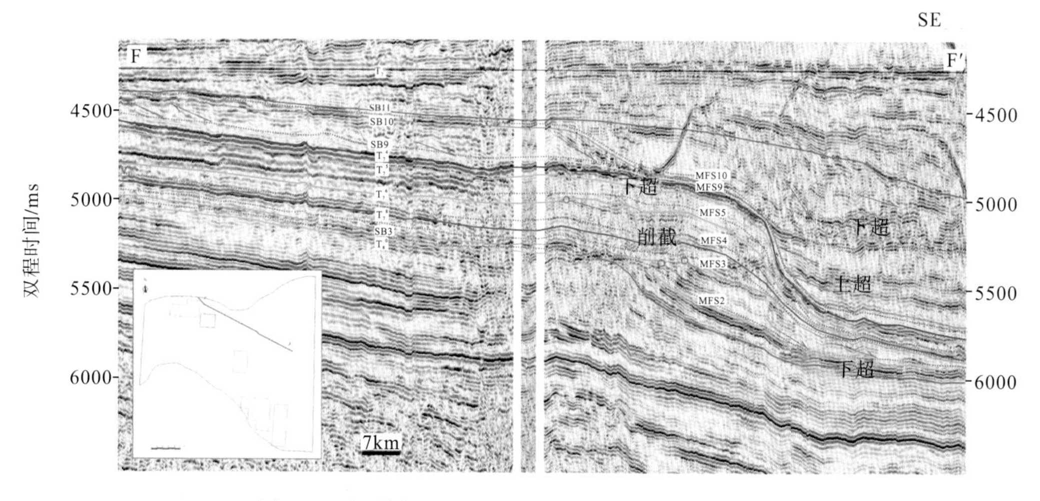

图 3-5　地震剖面上层序界面的反射特征(F-F′测线)

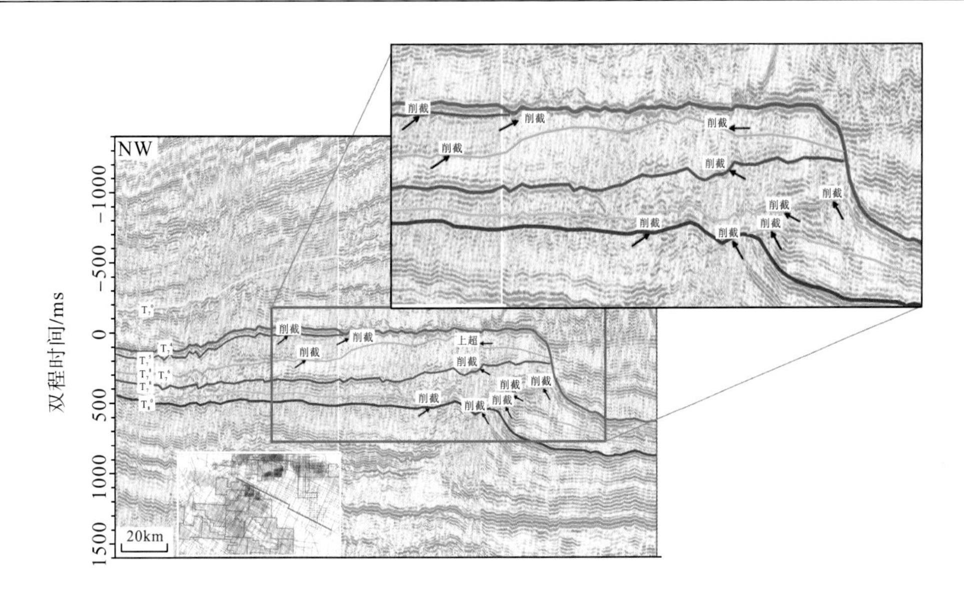

图 3-6　顺托果勒—满加尔地区奥陶系典型三级层序界面地震反射终止关系

二、奥陶系层序地层划分

以奥陶系野外剖面、钻井剖面、地震剖面三级层序界面特征研究为基础，将顺北地区奥陶系划分为11个三级层序，分别为SQ1～SQ11层序(表3-2)。在顺北地区奥陶系三级层序界面特征及层序划分方案建立的基础上，开展了野外露头剖面、钻井剖面、地震剖面三级层序划分。

表 3-2　顺北地区奥陶系三级、四级层序地层划分表

<table>
<tr><th colspan="4">地层系统</th><th rowspan="2">地震界面</th><th colspan="2">层序划分</th></tr>
<tr><th></th><th></th><th colspan="2"></th><th>层序边界</th><th>三级层序划分</th></tr>
<tr><td>系</td><td>统</td><td colspan="2">组</td><td>T_7^0</td><td>SB12</td><td></td></tr>
<tr><td rowspan="11">奥陶系</td><td rowspan="5">上奥陶统</td><td rowspan="4">却尔却克组</td><td rowspan="3">桑塔木组</td><td rowspan="3">T_7^2</td><td>SB11</td><td>SQ11</td></tr>
<tr><td>SB10</td><td>SQ10</td></tr>
<tr><td>SB9</td><td>SQ9</td></tr>
<tr><td>良里塔格组</td><td>T_7^3</td><td>SB8</td><td>SQ8</td></tr>
<tr><td colspan="2">恰尔巴克组</td><td>T_7^4</td><td>SB7</td><td>SQ7</td></tr>
<tr><td rowspan="2">中奥陶统</td><td colspan="2">一间房组</td><td>T_7^5</td><td>SB6</td><td>SQ6</td></tr>
<tr><td colspan="2" rowspan="2">鹰山组</td><td rowspan="2">T_7^8</td><td>SB5</td><td>SQ5</td></tr>
<tr><td rowspan="4">下奥陶统</td><td>SB4</td><td>SQ4</td></tr>
<tr><td colspan="2" rowspan="3">蓬莱坝组</td><td rowspan="3">T_8^0</td><td>SB3</td><td>SQ3</td></tr>
<tr><td>SB2</td><td>SQ2</td></tr>
<tr><td>SB1</td><td>SQ1</td></tr>
</table>

1. 野外露头剖面上三级层序划分

同古孜布隆剖面蓬莱坝组台地区划分为两个三级层序，分别为SQ2和SQ3层序，台地区缺失SQ1层序(图3-7和图3-8)。SQ2层序底界面与下伏上丘里塔格组之间呈不整合接触，主要物质表现形式为风化壳层；SQ2层序顶面与SQ3层序底面之间呈平行不整合接触关系，表现为暴露不整合面；SQ2层序中最大海泛面为深灰色薄层泥晶灰岩。SQ3层序的顶底界面均为暴露古喀斯特作用面，最大海泛面仍为深灰色薄层泥晶灰岩。

同古孜布隆剖面鹰山组划分出 2 个三级层序(图 3-8、图 3-9)，分别为 SQ4、SQ5 层序。SQ4 层序的顶底界面均为古喀斯特作用面，最大海泛面为薄层泥晶灰岩。具有海侵体系域厚度明显小于高位体系域厚度的层序结构特征，反映快速海侵、缓慢海退的充填特征。海侵体系域和高位体系域均由开阔台地相(含砂屑)泥晶灰岩→亮晶(泥晶)砂屑灰岩向上变浅的准层序叠置组成。SQ5 层序的底界面为古喀斯特作用面，顶界面为岩性、岩相转换面，最大海泛面为薄层含砂屑泥晶灰岩(图 3-9)。具有海侵体系域厚度略小于高位体系域厚度的层序结构特征。海侵体系域和高位体系域均由泥晶灰岩-砂屑灰岩序列组成，总体表现出向上变浅的准层序叠置特征。

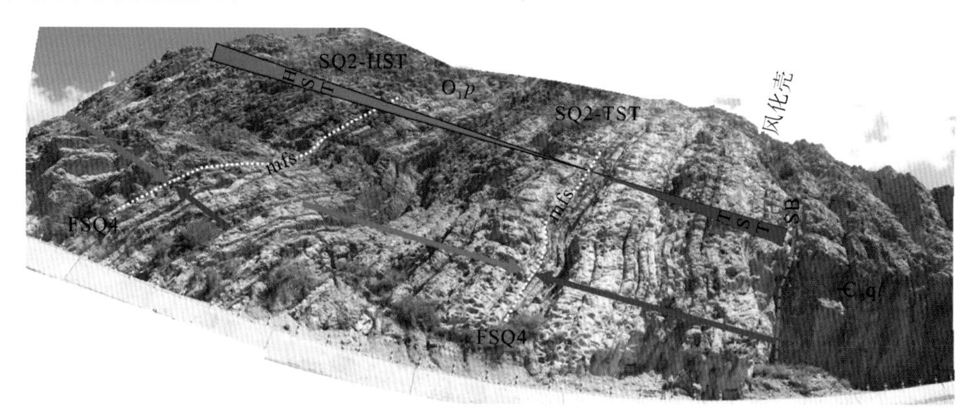

图 3-7　同古孜布隆剖面蓬莱坝组下段三级层序发育特征

图 3-8　同古孜布隆剖面蓬莱坝组下段—鹰山组下段三级层序发育特征

图 3-9　同古孜布隆剖面鹰山组上段三级层序发育特征

大湾沟剖面大湾沟组→萨尔干组中下部为 SQ6 层序，萨尔干组上部→坎岭组为 SQ7 层序，其浪组→因干组为 SQ8～SQ11 层序（图 3-10）。SQ6 层序顶底界面均为岩性、岩相转换面。层序结构上海侵体系域与高位体系域厚度相当，海侵体系域由大湾沟组陆棚相薄层泥晶生屑灰岩和生屑泥晶灰岩组成，高位体系域由萨尔干组黑色页岩夹薄层泥晶灰岩和透镜状泥晶灰岩组成。SQ7 层序顶底界面均为岩性、岩相转换面，层序结构上表现为高位体系域厚度远大于海侵体系域厚度，具有快速海进、缓慢海退的特征。海侵体系域由萨尔干组上部盆地相黑色页岩组成，高位体系域由坎岭组紫红色薄层瘤状灰岩组成。

图 3-10　大湾沟剖面大湾沟组—其浪组层序地层划分

2. 钻井剖面上三级层序划分

以三级层序划分方案为基础，选择顺北地区顺北 2 井区、顺托 1 井区为典型井开展三级层序划分及层序发育特征研究。

1) 顺北 2 井奥陶系三级层序划分

该钻井钻及层位包括鹰山组（未穿）、一间房组、恰尔巴克组和却尔却克组。钻井中可识别出 SQ4、SQ5、SQ6、SQ7、SQ8、SQ9、SQ10 和 SQ11 共 8 个三级层序，SQ1～SQ3 层序未钻及（图 3-11）。

鹰山组钻及鹰山组上段，发育 SQ4 层序高位体系域和 SQ5 层序。SQ4 层序高位体系域主要由黄灰色泥晶灰岩组成，为开阔台地灰坪沉积。SQ5 层序海侵期由深灰色泥晶灰岩组成，为开阔台地灰坪微相；高位体系域由厚层黄灰色泥晶灰岩和黄灰色砂屑泥晶灰岩组成，为开阔台地灰坪和砂屑滩微相。

一间房组中划分出 1 个三级层序，为 SQ6 层序，海侵体系域由黄灰色泥晶灰岩组成，为开阔台地滩间灰坪微相；高位体系域由黄灰色泥晶灰岩与黄灰色砂屑泥晶灰岩组成，为开阔台地砂屑滩和灰坪环境。

恰尔巴克组为混积陆棚的灰色灰岩沉积，可划分出 1 个三级层序，为 SQ7 层序，该层序由薄层灰色瘤状灰岩组成。

却尔却克组下段（良里塔格组）中识别出 1 个三级层序，为 SQ8 层序。海侵体系域由黄灰色含泥灰岩组成，高位体系域为棕褐色灰质泥岩和黄灰色含泥灰岩。

却尔却克组中上段（桑塔木组）划分出 3 个三级层序，分别为 SQ9、SQ10 和 SQ11 层序。各三级层序均形成于浊积盆地环境，海侵体系域由灰色泥岩组成，高位体系域由灰色含灰泥岩和灰色泥岩组成。

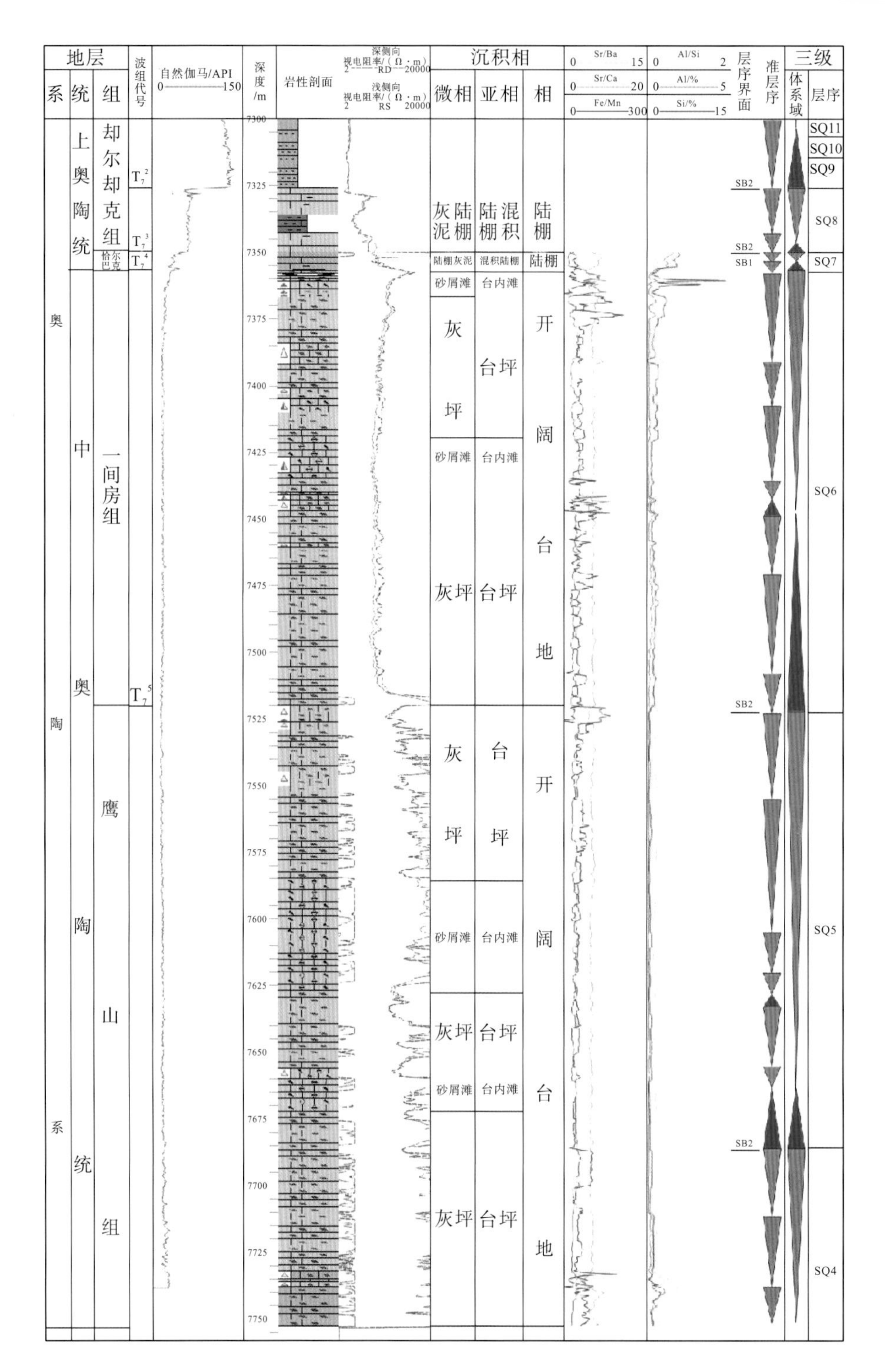

图 3-11　顺北地区顺北 2 井奥陶系三级层序划分及层序结构

2) 顺托 1 井奥陶系三级层序划分

顺托 1 井钻及奥陶系鹰山组(未穿)、一间房组、恰尔巴克组和却尔却克组。钻井中可识别出 SQ5、SQ6、SQ7、SQ8、SQ9、SQ10 和 SQ11 共 7 个三级层序，SQ1、SQ2、SQ3、SQ4 层序未钻及(图 3-12)。

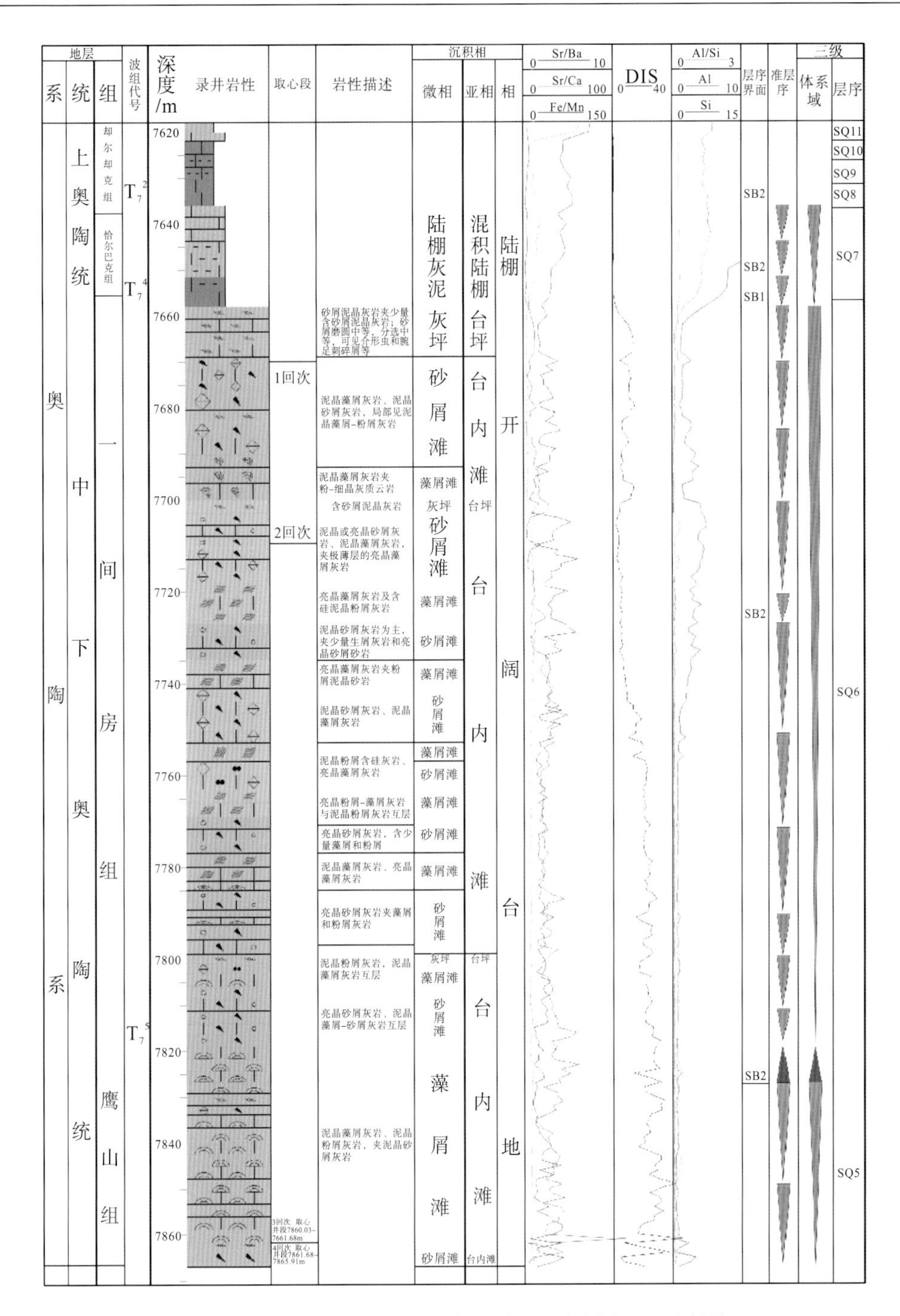

图 3-12　顺北地区顺托 1 井奥陶系三层序划分及层序结构

鹰山组钻及厚度为 50m，仅发育 SQ5 层序的高位体系域，主要由开阔台地相藻屑滩和砂屑滩组成，岩性为灰色砂屑灰岩和灰色藻灰岩。

一间房组划分出 1 个三级层序，为 SQ6 层序，均具有海侵体系域厚度远小于高位体系域厚度的层序结构。该层序海侵体系域由灰色亮晶灰岩组成，高位体系域砂屑滩广泛发育，主要由褐灰色泥晶砂屑灰岩和灰色泥晶砂屑灰岩组成。

恰尔巴克组受海平面上升影响，沉积环境演化为深水陆棚相，地层厚度薄，为 21.4m。恰尔巴克组中划分出 1 个三级层序，为 SQ7 层序，具有海侵体系域不发育、高位体系域发育的层序结构特征。高位体系域由棕褐色灰质泥岩和灰色灰质泥岩组成。

却尔却克组等时对比于良里塔格组和桑塔木组，可划分为SQ8、SQ9、SQ10、SQ11 4个三级层序。却尔却克组发育于深水盆地相，岩性单一，海侵体系域不发育，高位体系域记录发育。各三级层序均由灰色含灰泥岩和灰色灰质泥岩组成。

3. 地震剖面上三级层序划分

由过顺南501井地震剖面反射终止关系识别的层序界面分析（图3-13）可以看出，以T_8^0和T_7^8界面所限定的蓬莱坝组，可划分为3个三级层序，分别为SQ1、SQ2、SQ3层序，其中SQ1层序仅发育于斜坡-盆地相区，同期在台地上表现为暴露面；以T_7^8和T_7^5界面所限定的鹰山组划分为2个三级层序，分别为SQ4、SQ5层序。

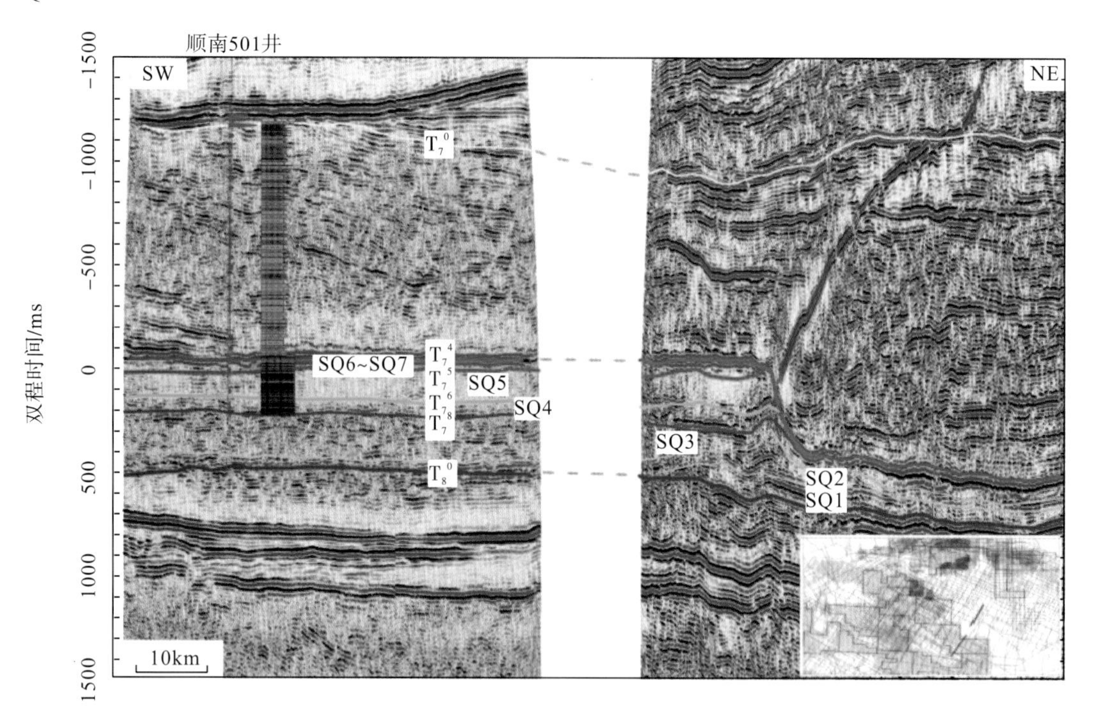

图3-13　顺北地区奥陶系过顺南501井地震剖面三级层序划分

由过古隆1井地震剖面反射终止关系识别的层序界面分析（图3-14）可以看出，以T_8^0和T_7^8界面所限定的蓬莱坝组，可划分为3个三级层序，分别为SQ1、SQ2、SQ3层序，其中SQ1层序仅发育于斜坡-盆地相区，同期在台地上表现为暴露面；以T_7^8和T_7^5界面所限定的鹰山组划分为2个三级层序，分别为SQ4、SQ5层序；以T_7^5和T_7^4界面所限定的一间房组划分为1个三级层序SQ6。

对跨越研究区台地-台缘-斜坡-盆地相区的地震大剖面开展了三级层序划分（图3-15、图3-16），由T_8^0和T_7^8界面所限定的蓬莱坝组可划分出3个三级层序，分别为SQ1、SQ2、SQ3层序；T_7^8和T_7^5界面所限定的鹰山组可划分出2个三级层序，分别为SQ4、SQ5层序；T_7^5和T_7^4界面限定的一间房组可划分出1个三级层序，为SQ6层序。恰尔巴克组—桑塔木组根据地震属性的削截关系，进一步划分出5个三级层序，分别为SQ7、SQ8、SQ9、SQ10、SQ11层序。

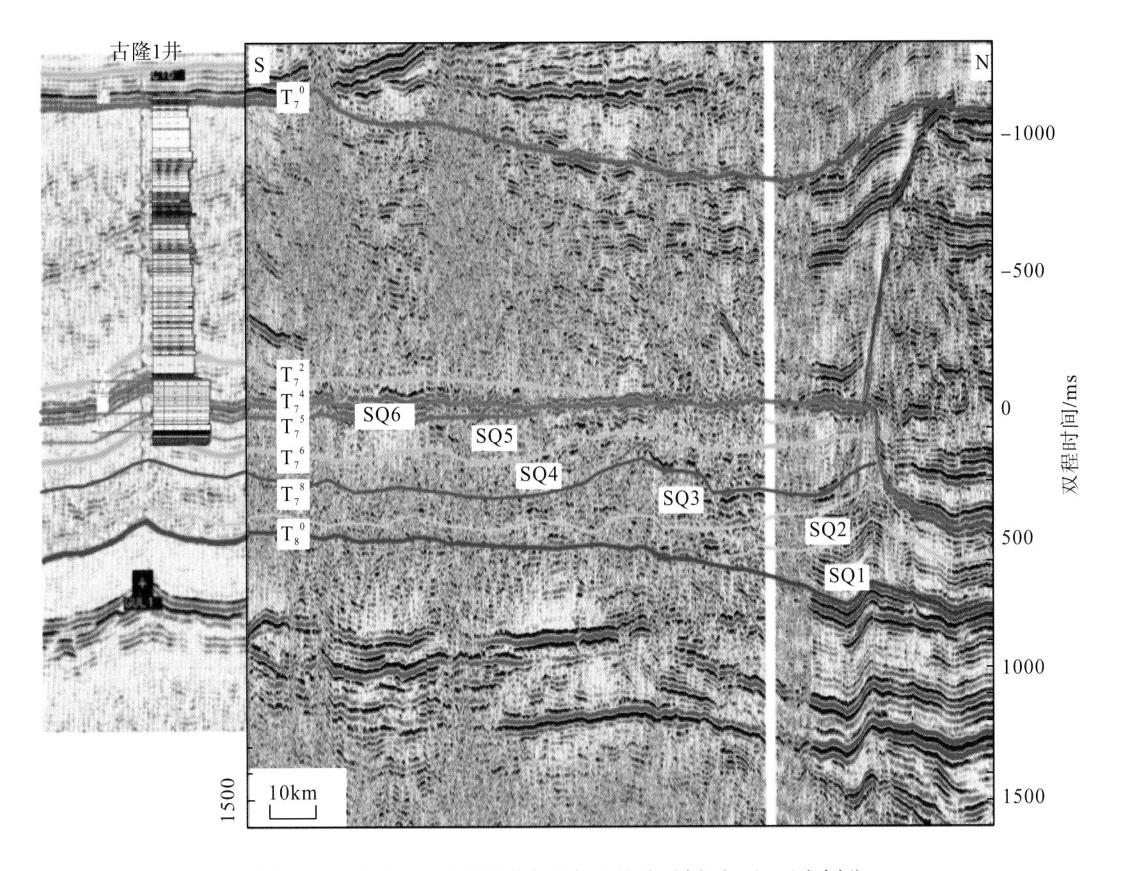

图 3-14　顺北地区奥陶系过古隆 1 井地震剖面三级层序划分

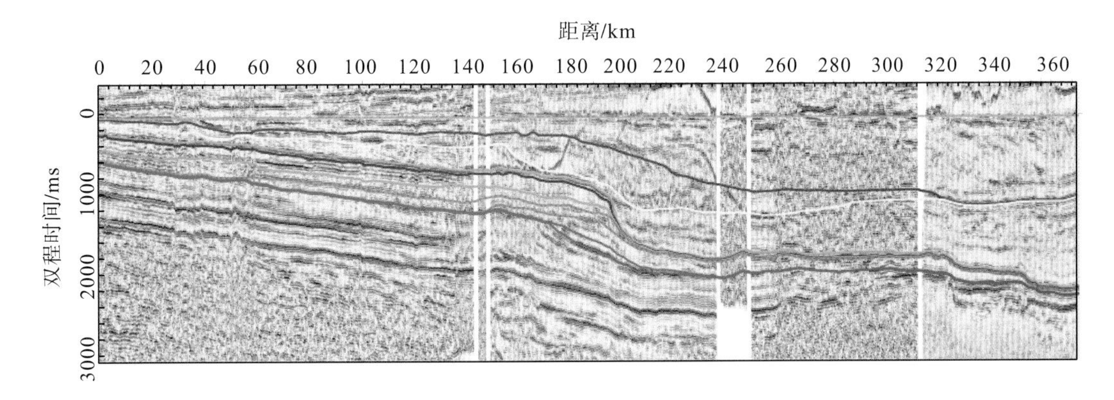

图 3-15　过台地-台缘-斜坡-盆地不同相带地震剖面三级层序划分

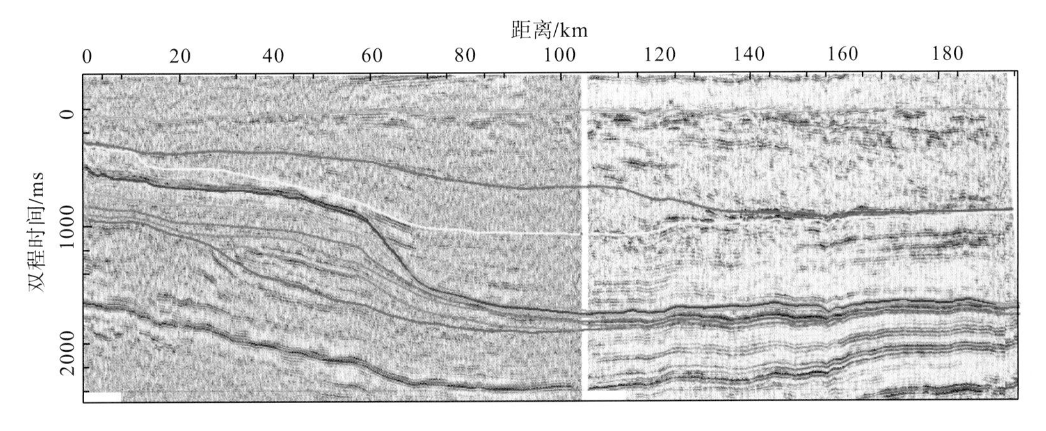

图 3-16　过台地-台缘-斜坡-盆地不同相带地震剖面三级层序划分

三、奥陶系层序地层格架

在三级层序地层划分的基础上，建立了顺北地区奥陶系层序地层格架(图 3-17、图 3-18)。根据近南北向和东西向层序地层格架图展示了层序发育完整程度存在差异：奥陶纪沉积早期，受沉积前古地貌高地控制，台地区缺失 SQ1 层序、盆地区 SQ1 层序发育。受加里东中期 I 幕构造运动影响，巴楚—卡塔克地区鹰山组顶部—恰尔巴克组不同程度侵蚀缺失，导致 SQ6～SQ7 层序缺失，且由东向西侵蚀作用增强，层序发育个数逐级减少。奥陶纪沉积之后，良里塔格组顶部—桑塔木组遭受侵蚀缺失，导致 SQ10～SQ11 层序不同区域发育完整程度不同，由东向西发育个数逐级减少。

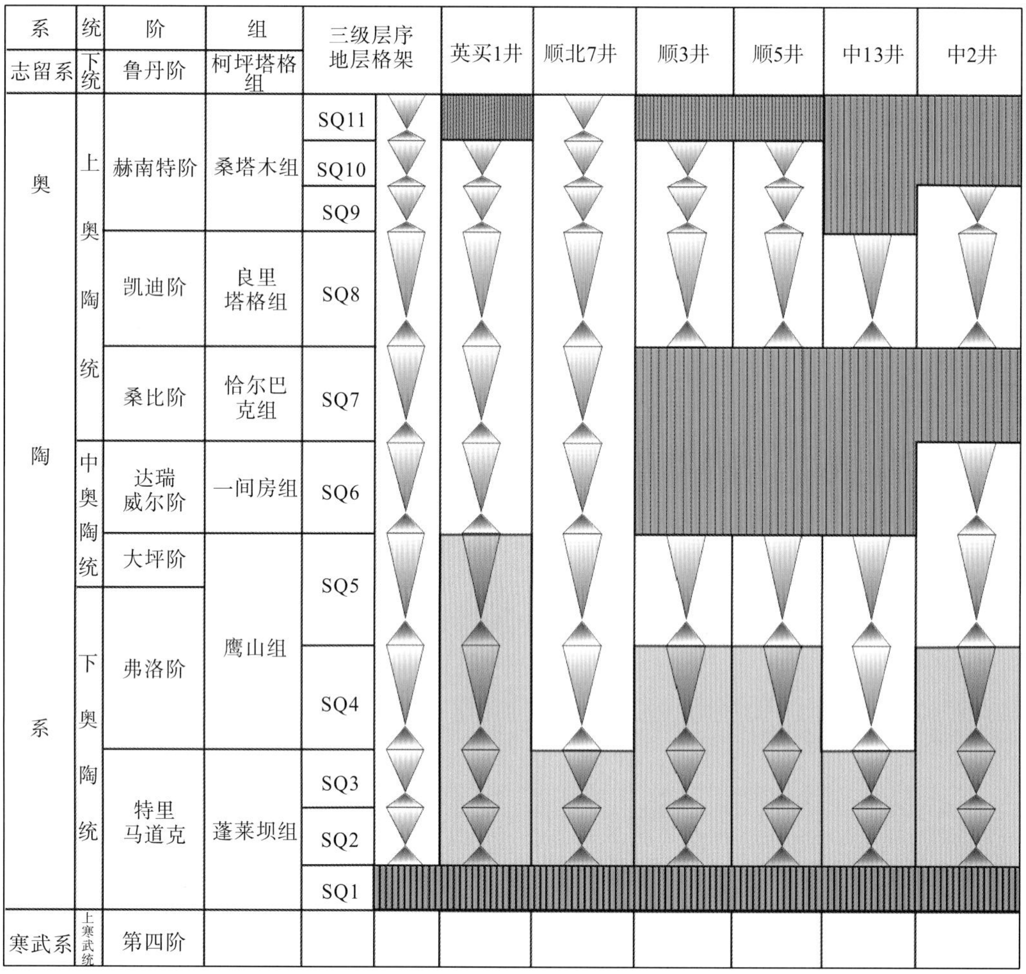

系	统	阶	组	三级层序地层格架	英买1井	顺北7井	顺3井	顺5井	中13井	中2井
志留系	下统	鲁丹阶	柯坪塔格组							
奥陶系	上奥陶统	赫南特阶	桑塔木组	SQ11						
				SQ10						
				SQ9						
		凯迪阶	良里塔格组	SQ8						
		桑比阶	恰尔巴克组	SQ7						
	中奥陶统	达瑞威尔阶	一间房组	SQ6						
		大坪阶	鹰山组	SQ5						
	下奥陶统	弗洛阶		SQ4						
		特里马道克	蓬莱坝组	SQ3						
				SQ2						
				SQ1						
寒武系	上寒武统	第四阶								

图 3-17　顺北地区英买 1 井—中 2 井奥陶系三级层序地层格架图

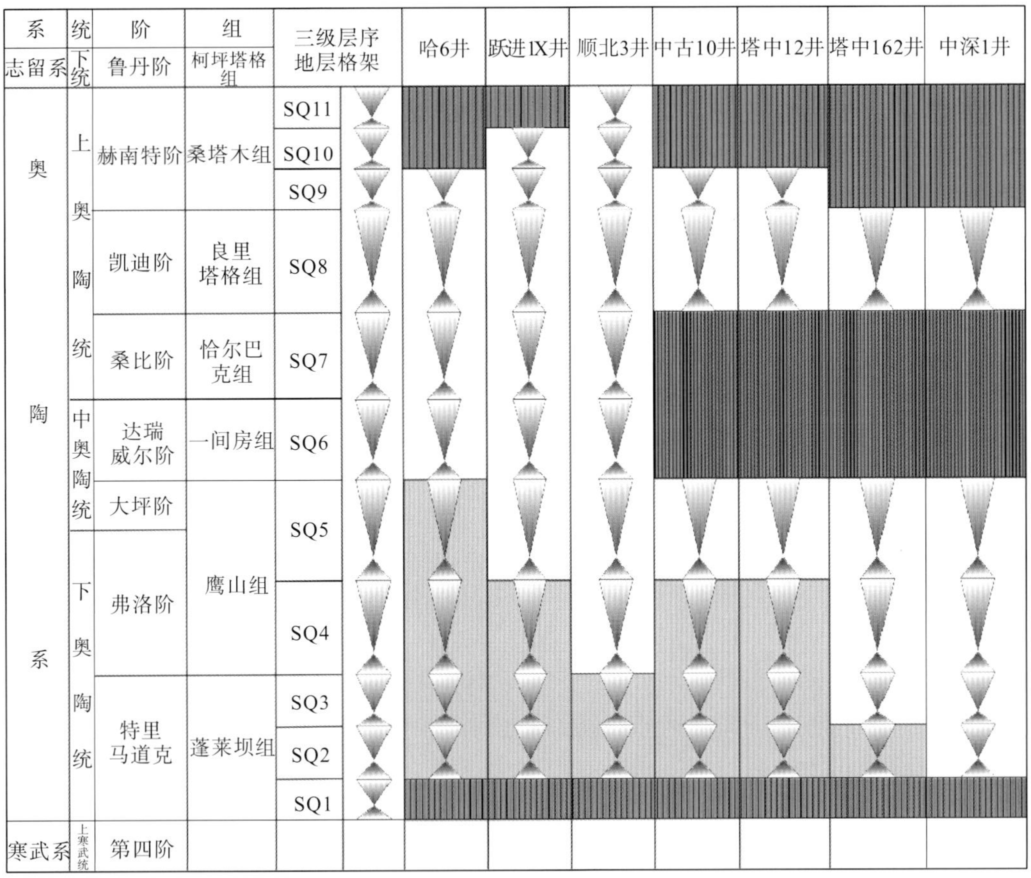

系	统	阶	组	三级层序地层格架	哈6井	跃进IX井	顺北3井	中古10井	塔中12井	塔中162井	中深1井
志留系	下统	鲁丹阶	柯坪塔格组								
奥陶系	上奥陶统	赫南特阶	桑塔木组	SQ11							
				SQ10							
				SQ9							
		凯迪阶	良里塔格组	SQ8							
		桑比阶	恰尔巴克组	SQ7							
	中奥陶统	达瑞威尔阶	一间房组	SQ6							
		大坪阶	鹰山组	SQ5							
	下奥陶统	弗洛阶		SQ4							
		特里马道克	蓬莱坝组	SQ3							
				SQ2							
				SQ1							
寒武系	上寒武统	第四阶									

图 3-18　顺北地区哈 6 井—中深 1 井奥陶系三级层序地层格架图

第三节　层序格架内沉积相特征

以前人研究成果为基础，充分利用钻井岩心观察描述和薄片分析、测井曲线、地震剖面等资料，首先对顺北地区奥陶系沉积相识别标志开展研究，进而进行了沉积微相划分及各类沉积微相特征研究；通过连井剖面对比，并辅以地震相识别，分析了顺北地区奥陶系沉积相时空演化特征，建立了不同沉积演化阶段沉积模式。

一、沉积相识别标志

沉积相标志的识别是进行沉积相分析的基础，沉积相识别标志可归纳为如下几类：①沉积学标志，包括岩石的颜色、成分、结构构造及岩石类型；②古生物学、古生态学标志；③沉积地球化学标志，包括主量元素、微量元素、稀土元素含量、元素比值、稳定同位素及其比值等；④沉积岩石产状标志，包括地层厚度、岩体形态、接触关系及剖面结构、相律及相模式等；⑤地球物理学标志，包括测井相、地震相。通过野外露头调查、岩心观察描述、薄片鉴定、测井及地震资料分析，结合实验测试资料，总结了顺北地区奥陶系主要沉积相识别标志。

1. 沉积学标志

1）岩性标志

岩石类型是环境物质产物的直接表现，不同的岩性特征是不同沉积环境及不同作用的结果。碳酸盐岩常为海相产物，不同环境形成的岩石类型存在较大差异，如叠层石灰岩一般形成潮坪，礁灰岩形成浅海碳酸盐台地边缘，颗粒碳酸盐岩形成于台地内部浅滩或台地边缘滩，泥岩、微晶灰岩主要形成于滩间海、潟湖、深水陆棚及盆地等低能环境(图 3-19)。

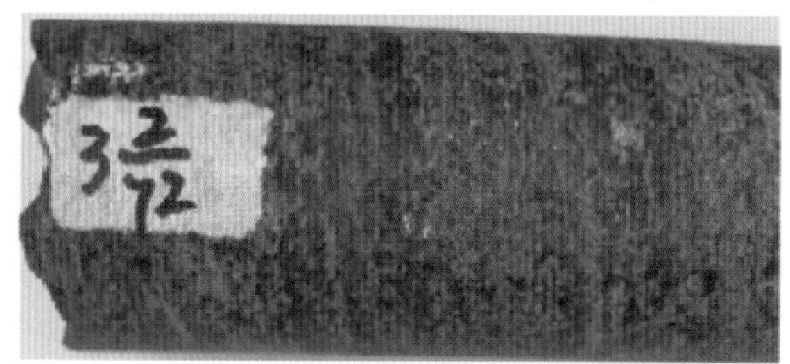

古隆3井，$O_{1-2}y$，3(2/72)，灰黑色微晶灰岩，滩间

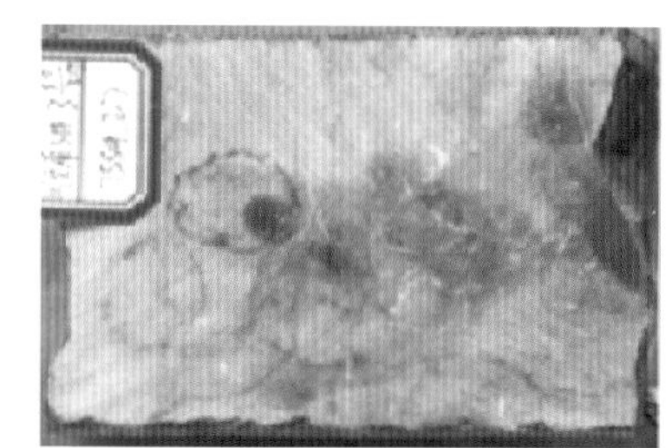

顺南3井，$O_{1-2}y$，3(30/39)，灰色亮晶砂屑灰岩，台坪

古隆3井，$O_{1-2}y$，4(1/36~2/36)，灰黑色含云微晶灰岩，云灰坪

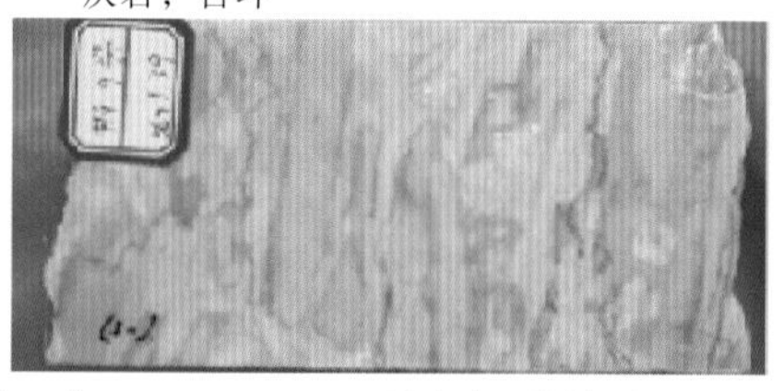

中19井，O_3l，9(57/61)，浅灰色砾屑灰岩，砾屑滩

顺5井，O_3l，3(29/86)，灰色含生屑砂屑灰岩，砂屑滩

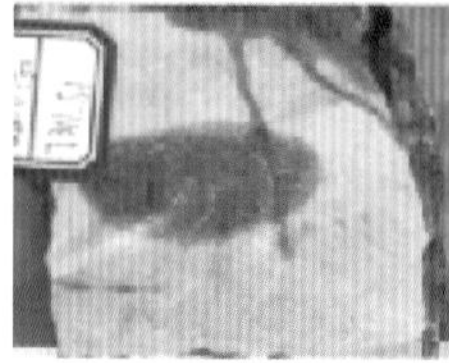

顺南3井，O_2yj，1(6/50)，灰色砂屑泥晶灰岩，开阔台地

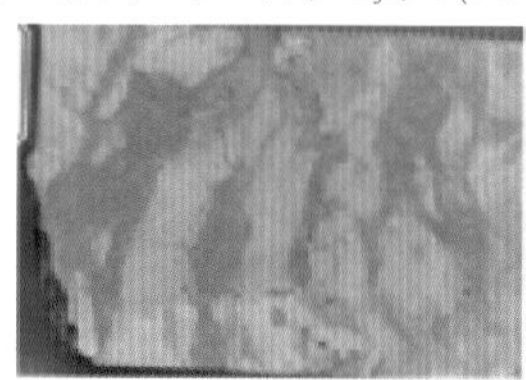

顺5井，O_3l，4(16/80)，褐灰色泥晶灰岩，斜坡相

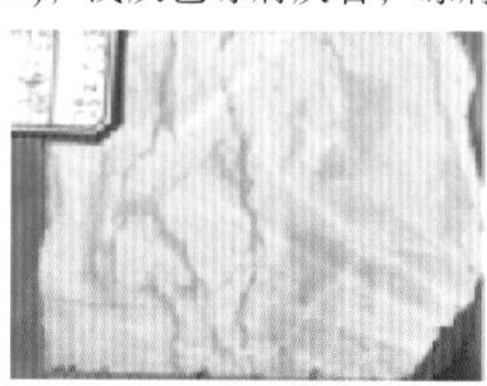

顺北2井，O_2yj，5(31/85)，黄灰色瘤状灰岩，陆棚

古隆1井，O_3q，5864.08m，紫红色瘤状灰岩，陆棚

顺南5井，O_3l，1(18/42)，灰色泥晶灰岩，滩间海

顺南1井，O_3s，1(15/39)，灰绿色泥岩，斜坡相

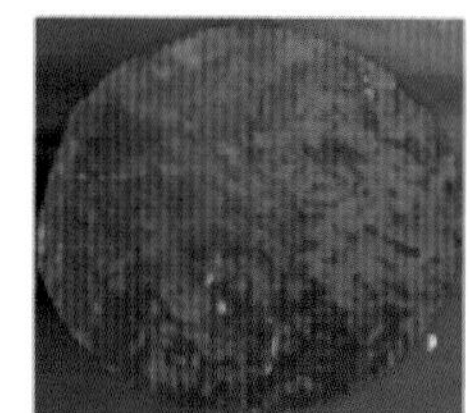

古隆1井2回次，O_3s，3669.5m，褐红色泥岩，陆棚

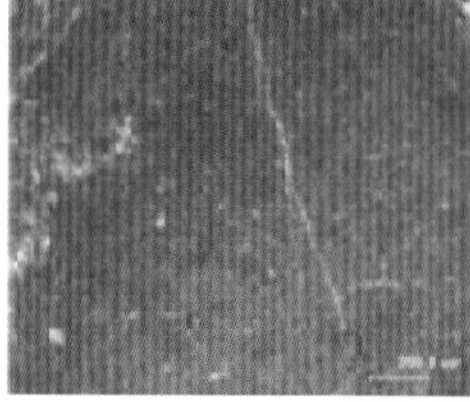

顺南3井，$O_{1-2}y$，7560.80m，灰色微晶灰岩，滩间海

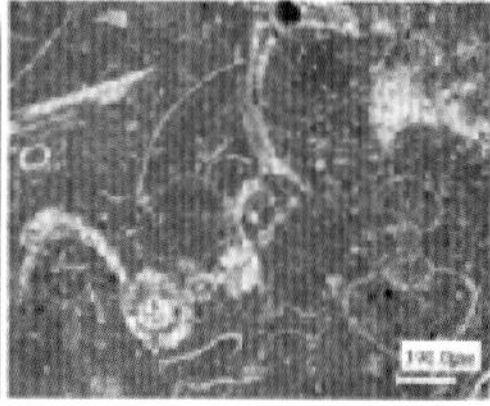

顺南2井，O_2yj，6375.87m，含生物屑泥晶灰岩灰岩，滩间海

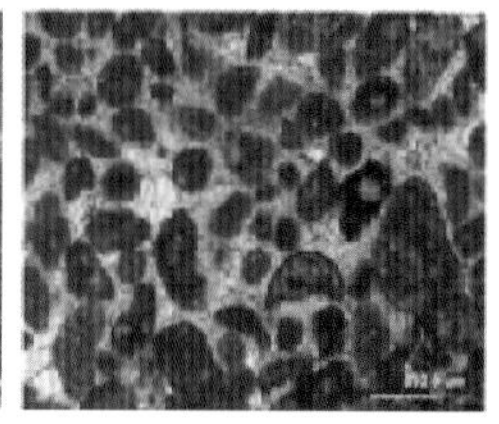

顺南3井，O_2yj，7426.46m，亮晶生物屑砂屑灰岩，砂屑滩

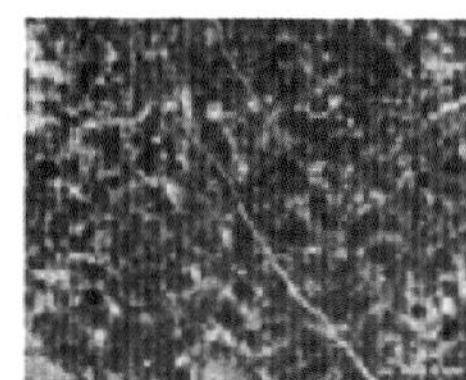

古隆3井，$O_{1-2}y$，5908.22m，亮晶藻球粒灰岩，颗粒滩

顺5井，O_3l，6429.14m，亮晶颗粒灰岩，颗粒滩

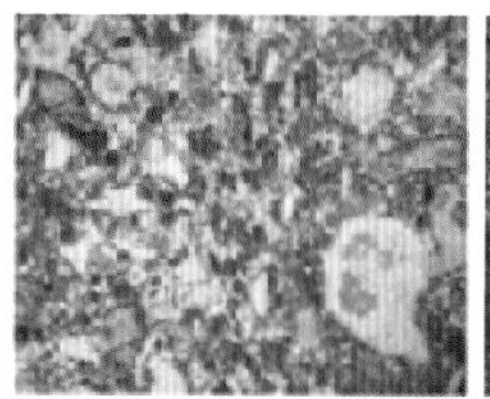

顺北2井，O_2yj，7360.61m，亮晶生屑灰岩，生屑滩

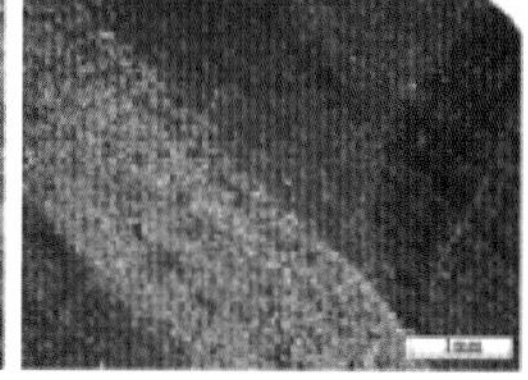

古隆1井，O_3s，3669.12m，褐红色纹层状泥质粉砂岩，陆棚

图 3-19　顺北地区沉积相划分的岩性标志

顺北地区蓬莱坝组岩性主要为灰、灰白色结晶白云岩，向上灰质含量逐渐升高，渐变为灰色含灰质云岩、灰质云岩、白云质灰岩，底部为褐灰色薄层灰岩。

鹰山组下段岩性为深浅不同的灰色泥-粉晶白云岩、结晶云岩、灰质白云岩，粉晶云化微晶灰岩、含云质灰岩、含细晶云化亮晶藻砂屑灰岩、泥微晶灰岩、颗粒灰岩不等厚互层；鹰山组上段岩性以灰褐色厚层泥-粉晶灰岩、浅-深灰色厚层微晶灰岩为主，夹含泥灰岩、灰质云岩、砂屑灰岩、晶粒化灰岩，局部发育颗粒灰岩、微亮晶藻粉砂屑灰岩、骨屑微晶灰岩、亮晶生屑灰岩、纹层状微晶藻黏结灰岩。

一间房组岩性主要为颗粒灰岩，以灰色藻屑、藻球粒灰岩、灰色泥晶灰岩、灰色藻屑微晶灰岩为主，藻屑可见褐藻屑、葛万藻屑，藻纹层、藻包壳，骨屑可见广盐性生物，如介屑、腹足和腕足等。

恰尔巴克组岩性为紫红色、灰色瘤状灰岩、泥灰岩夹含生屑泥质泥晶灰岩。含较丰富生屑，见腹足、三叶虫、介形虫、瓣鳃、海百合茎、角石等。

却尔却克组岩性为泥岩、泥灰岩夹薄层灰岩、砂岩、泥质粉砂岩、粉砂岩。

2）沉积构造

原生沉积构造[如层理、层面痕迹(雨痕、泥裂、波痕、底面印模等)、生物遗迹等]的特征取决于沉积环境，特别是介质的动力条件、沉积物的负荷压力作用、沉积物的水化或脱水等效应以及生物活动特点等。通过分析原生沉积构造，可以确定沉积介质的营力及流动状态，从而有助于分析沉积环境，划分沉积相。相对于陆源碎屑岩丰富的物理成因构造，碳酸盐岩的层理和层面构造较不发育。在顺北地区的岩心观察中，仍发现了一定数量的沉积构造，如泥质纹层、砂纹层理、鸟眼构造、生物扰动构造等，可以作为沉积环境判别和沉积相划分的辅助标志(图 3-20)。

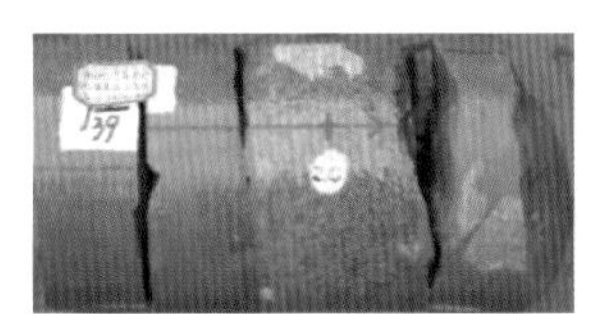

顺南1井，O_3q，1(16-12/39)，灰色泥岩夹灰岩条带，水平层理，陆棚

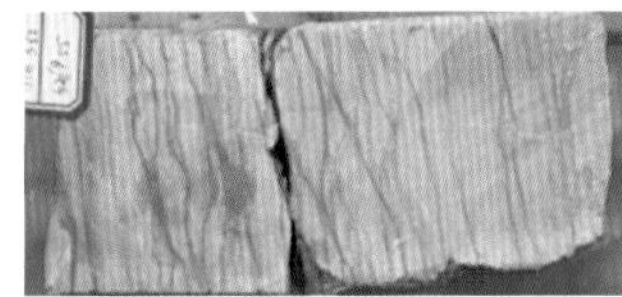

中19井，O_3l，3(1/62)，灰色泥质灰岩中的波状纹层，浅水陆棚

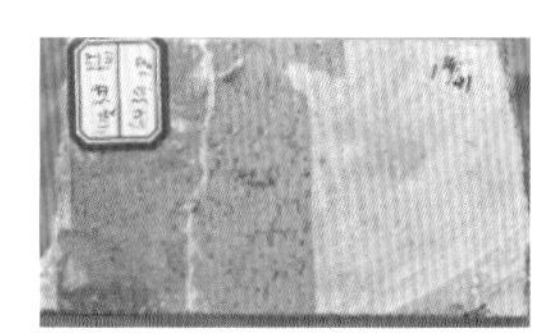

顺3井，O_3l，1(14/41)，泥晶砂屑灰岩中的鸟眼构造，潮坪

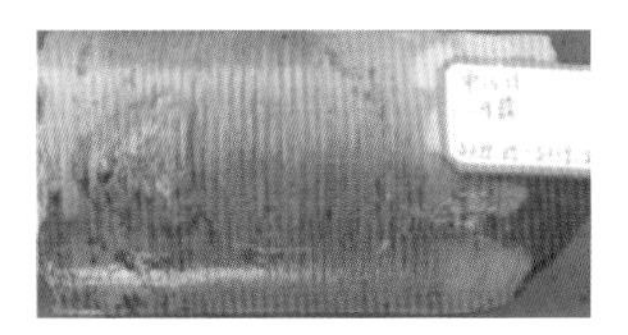

中13井，$O_{1-2}y$，9(63/69)，灰色泥晶灰岩中的生物屑，灰坪

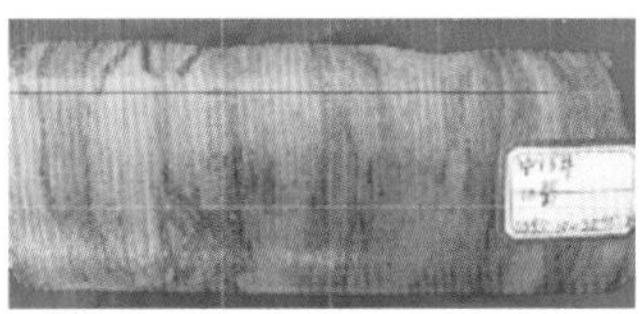

中13井，$O_{1-2}y$，10(35/61)，泥晶灰岩中的纹层构造，灰坪

顺4井，$O_{1-2}y$，9(49/79)，含云泥晶灰岩中的生物扰动构造，潮坪

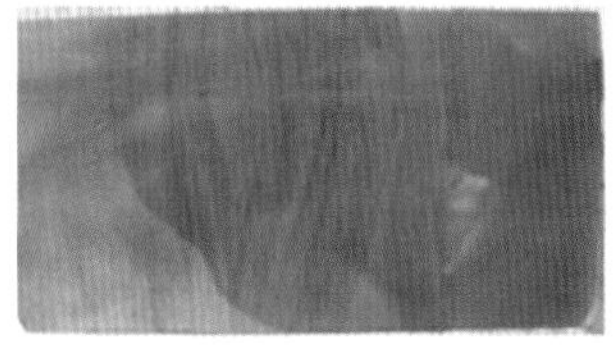

中15井，O_3s，5(12/44)，灰色泥质灰岩中的砂纹层理，陆棚

中11井，O_3s，12(1/116)，灰色泥质灰岩中的砂纹层理，陆棚

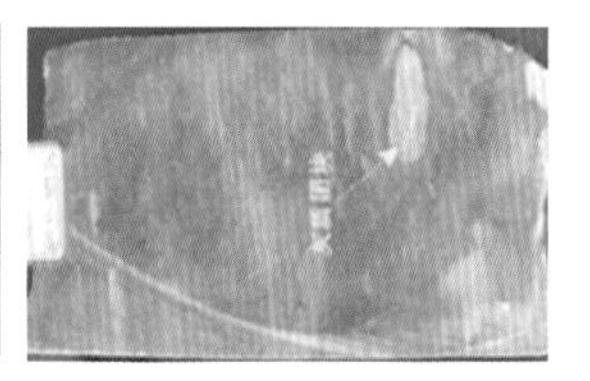

古隆1井，O_3s，1(10/49)，褐色泥岩中夹灰质团块，陆棚

古隆1井，O_2yj，5876.03~5876.08m，角石，开阔台地

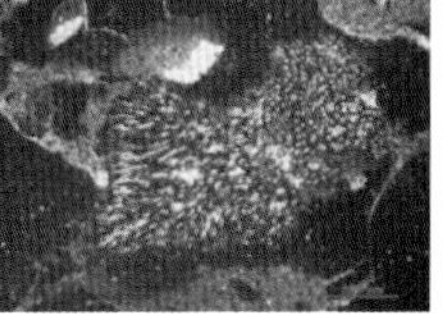

顺5井，6532.56m，O_3l，苔藓虫，滩间海

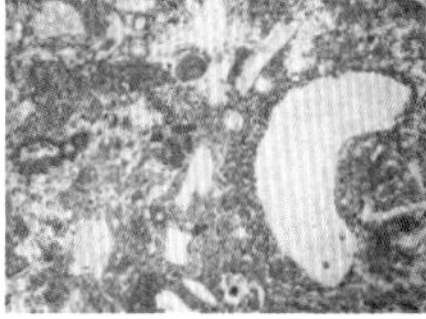

顺北2井，7362.65m，$O_{1-2}y$，棘屑，生屑滩

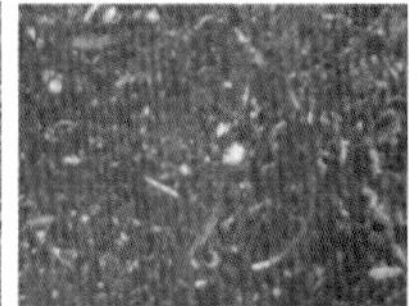

顺5井，O_3l，6505.49m，微晶灰岩中的介壳，滩间海

图 3-20　顺北地区岩心中发育的沉积构造和生物化石

2. 古生物学标志

研究保存在地层中的生物遗体、遗迹、化石，除用以确定地层的顺序、时代外，还可以用以推断地质史上海相与非海相、水深、古盐度及古气候等沉积相特征。不同生物群落或化石组合面貌，大致可以表明其所属的生活环境或沉积相。所以，生物组合、生态特征是判别古环境的重要依据。脊椎动物是海相特有的，或主要是海相的，它们包括有孔虫、放射虫、腔肠、苔藓、腕足、掘足、头足、笔石、三叶虫和棘皮动物等。无脊椎动物中非海相的包括部分的双壳、腹足、介形虫、昆虫等。在环境恢复中，藻类使用最广泛，可以指示海相和非海相的差别。蓝藻或绿藻的形态呈叠层状是潮坪-潟湖及半咸水环境的特征，树枝状和结核团块状是淡水河流和湖泊的特征。浅海相化石具有以下特征：生物遗体化石大量保存、门类较多，如藻类、有孔虫、古杯类、珊瑚、层孔虫、有铰腕足动物、各种棘皮动物、三叶虫等。深海相生物组合由远海自游和浮游生物组成，包括颗石藻、硅藻、放射虫、抱球虫、硅质海绵骨针、薄壳型菊石、薄壳型竹节石、牙形刺、薄壳型双壳类、薄壳型腕足类、小型角锥状单体珊瑚等。

顺北地区鹰山组常见腕足、腹足、介形虫、三叶虫和棘皮等生物屑，一间房组藻屑可见褐藻屑、葛万藻屑，藻纹层、藻包壳，骨屑可见广盐性生物，如介屑、腹足和腕足等。恰尔巴克组含较丰富生屑，见腹足、三叶虫、介形虫、瓣鳃、海百合茎、角石等(图 3-20)。

3. 测井相标志

测井相又称电相，是利用测井资料来评价或解释沉积相。测井沉积相研究就是应用各种测井信息来研究沉积环境和沉积岩石特征。测井相分析就是从一组能反映地层特征的测井响应中，提取测井曲线的变化特征，包括幅度特征、形态特征等及测井解释结果(如沉积构造、古水流方向等)将地层剖面划分为有限个测井相，用岩心分析等地质资料对这些测井相进行刻度，用数学方法及知识推理确定各个测井相到地质相的映射转换关系，最终达到利用测井资料来描述、研究地层的沉积相的目的。测井相标志主要能反映 4 个方面的沉积特征：①岩石组分(类型及结构)；②沉积构造，如冲刷面、层理类型；③垂向序列变化；④古水流。各类测井曲线所反映沉积相标志的作用不同。

自然伽马能谱在复杂构造的碳酸盐岩地层中的岩性鉴定功能，在储层评价上有较高的应用价值。自然伽马能谱中的 U、Th 和 K 能很好地反映出沉积环境能量的变化。地层的泥质含量与 Th 含量有较好的正相关性，高 Th 和 K 含量反映的是一种稳定低能的潮湿沉积环境；水动力作用的强弱反映了沉积环境能量的高低，水流作用越强，U 的富集程度就越高，因此，高 U 含量反映能量高的沉积环境。

顺北地区蓬莱坝组自然伽马曲线呈中-高值不规则齿状，偶见尖峰；视电阻率曲线呈中高值起伏剧烈的齿状。鹰山组下段测井特征表现为自然伽马为低幅齿状，视电阻率呈高幅跳跃(图 3-21)。鹰山组上段灰岩段较云灰岩段自然伽马曲线为低值平直状，与上覆良里塔格组分层界线处自然伽马通常出现一个峰值(图 3-22)。一间房组由下往上自然伽马曲线由低值逐渐转变为尖峰状中高值。恰尔巴克组测井曲线自然伽马表现为齿状高值，明显区别于上覆和下伏地层的齿状低值。却尔却克组自然伽马曲线为变化幅度较大的锯齿状高值(图 3-23)。

以岩心详细观察描述为基础，结合室内薄片鉴定，进行了岩心沉积微相划分，在此基础上，将岩心沉积微相与测试曲线进行对比，发现自然伽马和视电阻率对沉积微相具有相对比较好的反映，因此确定以这两条曲线作为沉积相划分的辅助标志(图 3-24)。

4. 地震相标志

地震相一词来源于沉积相，可以理解为沉积相在地震剖面上表现的总和。Sheriff(1982)将地震相定义为由沉积环境(如海相或陆相)所形成的地震特征。地震相分析就是在划分地震层序的基础上，利用地震参数特征上的差别，将地震层序划分为不同的地震相区，然后做出岩相和沉积环境的推断。常用的地震反射参数包括外形、反射结构、频率、振幅等。地震相标志是地震相分析的基础。地震相标志是指准层序组内部那些对地震剖面的面貌有重要影响，并具有重要沉积相意义的地震反射特征，有 3 种基本类型：地震反射结构、地震反射构造和地震相单元外形。传统地震相研究的是在地震剖面上对内部反射结构、外部几何形态、连续性、振幅、频率、层速度等进行人工识别，由此确定地震相类型，然后在平面上进行地震相编图，最后转化成沉积相。

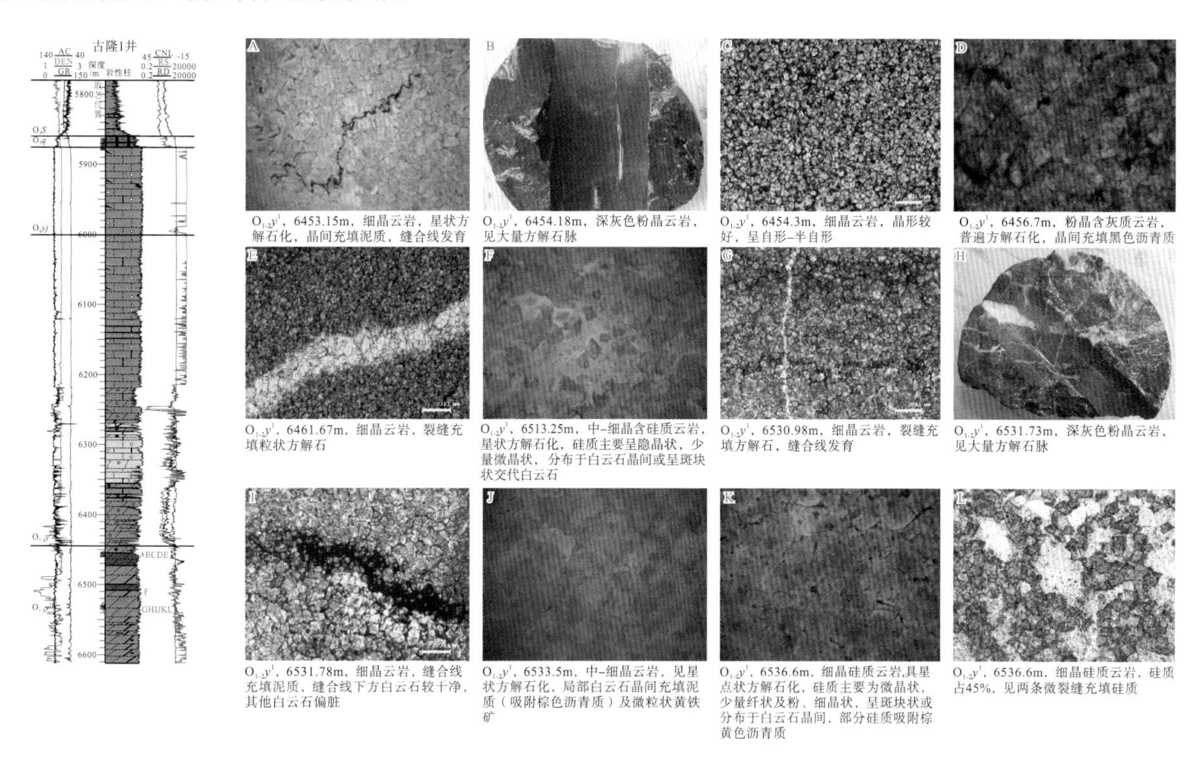

图 3-21　古隆 1 井鹰山组下段电性、岩性综合图

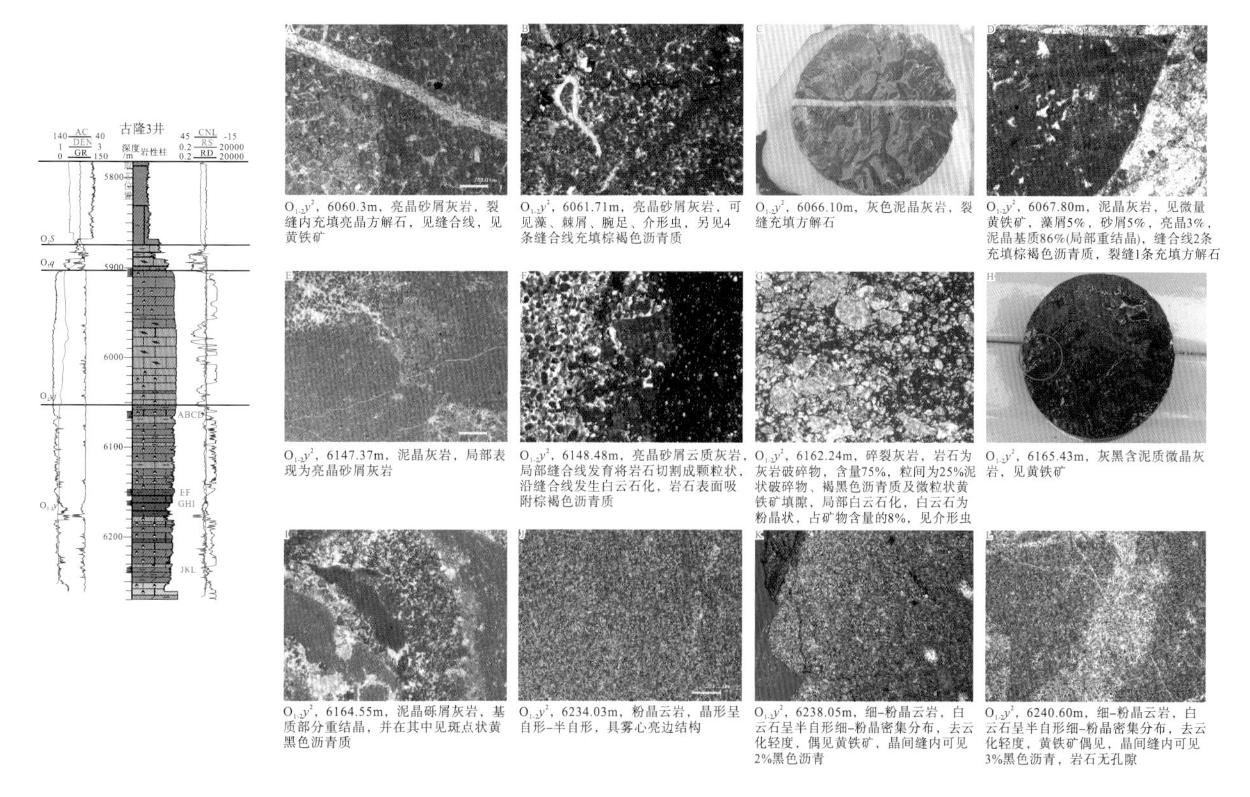

图 3-22　古隆 3 井鹰山组上段电性、岩性综合图

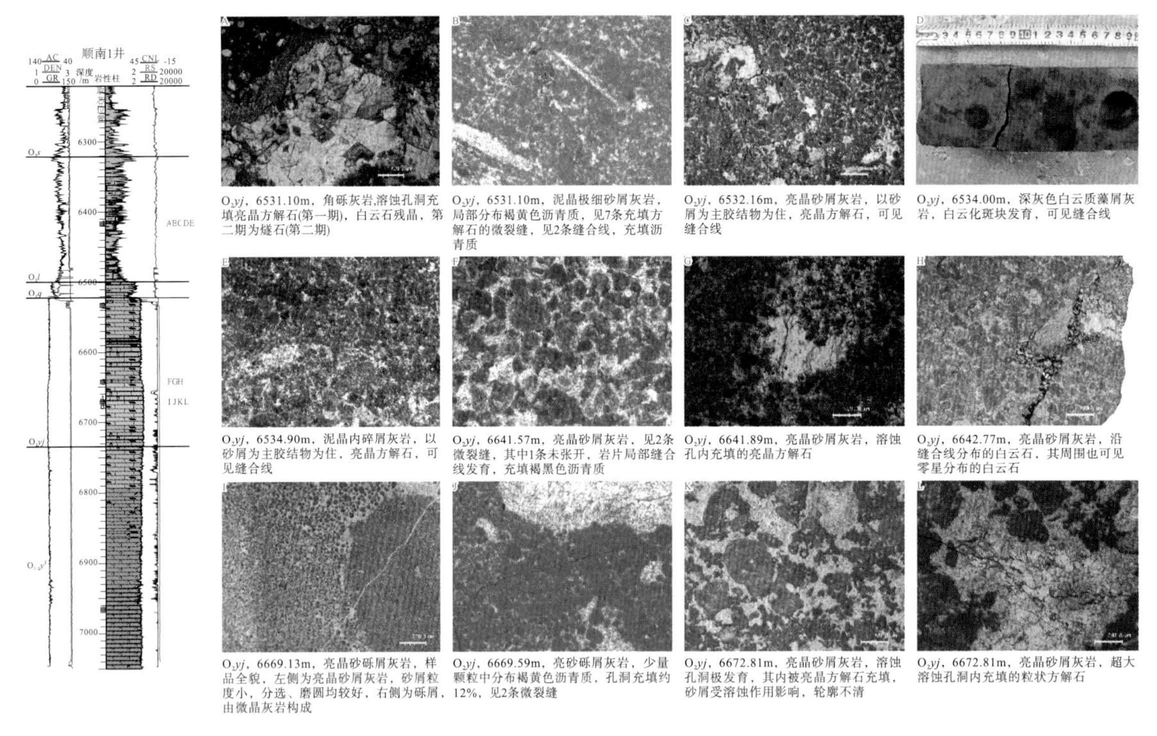

图 3-23　顺南 1 井奥陶系一间房组、良里塔格组电性、岩性综合图

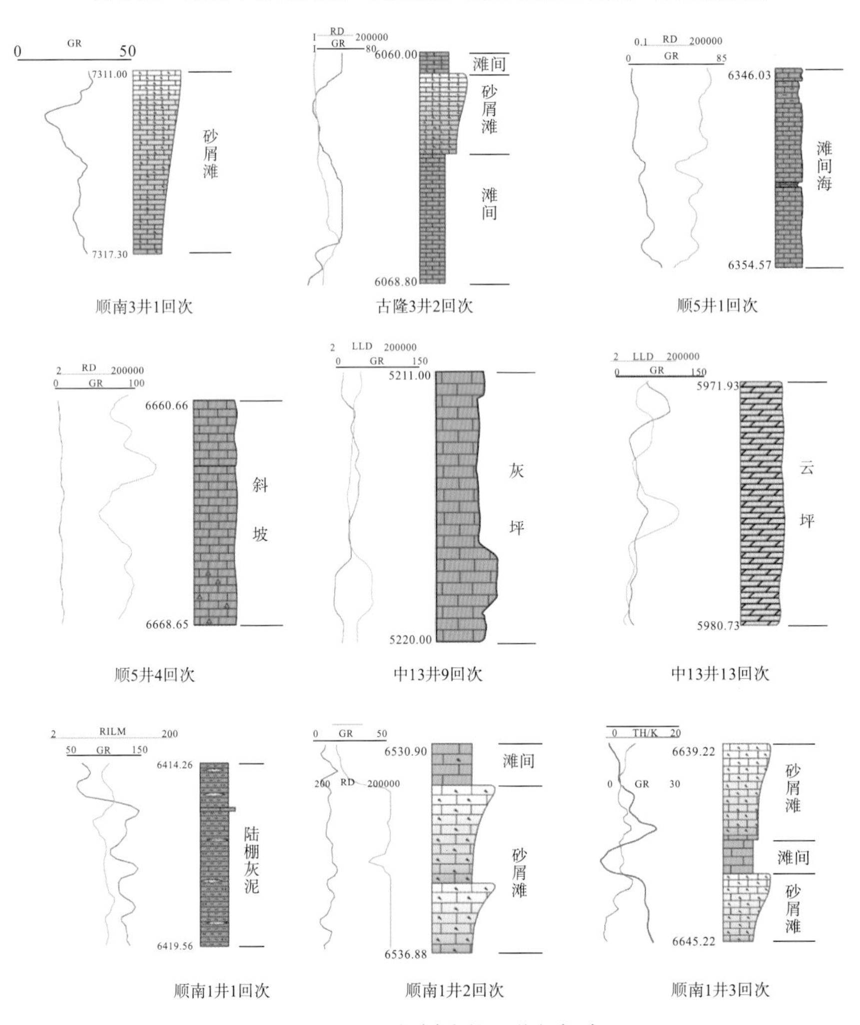

图 3-24　沉积相划分的测井相标志

本书研究中，首先根据地震主干剖面对层序单元内的地震相进行初步划分，然后将其与钻井沉积相进行对比和修正，以确定符合实际的井震对应关系，总结归纳了顺北地区奥陶系地震相主要类型及其特征(表3-2、表3-3、图3-25)。

表3-2　顺北区奥陶系地震相参数说明

地震相参数	反射外形		反射内部结构		振幅		连续性		频率	
符号	P		S		A		C		F	
符号内容	P_1	席状	S_1	平行	A_1	强	C_1	好	F_1	高
	P_2	披盖状	S_2	亚平行	A_2	中	C_2	中	F_2	中
	P_3	楔状	S_3	波状	A_3	弱	C_3	差	F_3	低
	P_4	锥状	S_4	发散	A_0	无				
	P_5	扇状	S_5	前积						
	P_6	丘状	S_6	峡谷水道充填						
	P_7	条带状	S_7	丘形						
	P_8	低丘-透镜状	S_8	杂乱						
	P_9	箱型								
	P_{10}	不规则								

表3-3　顺北地区奥陶系地震相类型表

沉积相	地震相类型	地震相特征描述
局限台地	$P_3.S_3.A_2.C_2.F_3$	楔状波状结构，中振幅，中连续，低频
	$P_1.S_2.A_2\text{-}A_3.C_2\text{-}C_3.F_2$	席状亚平行结构，中-弱振幅，中-差连续，中频
	$P_1.S_2.A_1\text{-}A_2.C_2\text{-}C_3.F_2\text{-}F_3$	席状亚平行结构，强-中振幅，中-差连续，中-低频
	$P_2.S_2.A_2.C_3.F_2\text{-}F_3$	披盖状亚平行结构，中振幅，差连续，中-低频
开阔台地	$P_1.S_2.A_2\text{-}A_3.C_2\text{-}C_3.F_3$	席状亚平行结构，中-弱振幅，中-差连续，低频
	$P_2.S_2.A_2.C_2.F_3$	披盖状亚平行结构，中振幅，中连续，低频
	$P_2.S_2.A_2\text{-}A_3.C_1\text{-}C_2.F_2$	披盖状亚平行结构，中-弱振幅，好-中连续，中频
	$P_2.S_2.A_2.C_3.F_2$	披盖状亚平行结构，中振幅，差连续，中频
	$P_6.S_5.A_2.C_3.F_2$	丘状前积状结构，中振幅，差连续，中频
滩(礁)	$P_4.S_4\text{-}S_5.A_2.C_2\text{-}C_3.F_2\text{-}F_3$	锥状发散-前积结构，中振幅，中-差连续，中-低频
	$P_4\text{-}P_6.S_4\text{-}S_5.A_2.C_2.F_2$	锥状-丘状发散-前积结构，中振幅，中连续，中频
	$P_3.S_3.A_2.C_1\text{-}C_2.F_2$	楔状波状结构，中振幅，好-中连续，中频
	$P_3.S_3.A_2.C_3.F_2$	楔状波状结构，中振幅，差连续，中频
	$P_6.S_5.A_2.C_2.F_3$	丘状前积状结构，中振幅，中连续，低频
	$P_5.S_5.A_3.C_3.F_1$	扇状前积状结构，弱振幅，差连续，高频
台缘	$P_4.S_4.A_2.C_2.F_2$	锥状发散结构， 中振幅，中连续，中频
	$P_6.S_5.A_2.C_2.F_2$	丘状前积状结构，中振幅，中连续，中频
斜坡	$P_1.S_2.A_2.C_2\text{-}C_3.F_2$	席状亚平行结构，中振幅，中-差连续，中频
	$P_2.S_2.A_2\text{-}A_3.C_2\text{-}C_3.F_3$	披盖状亚平行结构，中-弱振幅，中-差连续，低频
盆地	$P_2.S_1\text{-}S_2.A_2.C_3.F_3$	披盖状平行-亚平行状结构，中振幅，差连续，低频
	$P_1.S_1\text{-}S_2.\ A_2.C_1\text{-}C_2.F_2$	席状平行-亚平行结构，中振幅，好-中连续，中频
	$P_1.S_1.A_2.C_1.F_2$	席状平形状结构，中振幅，好连续，中频

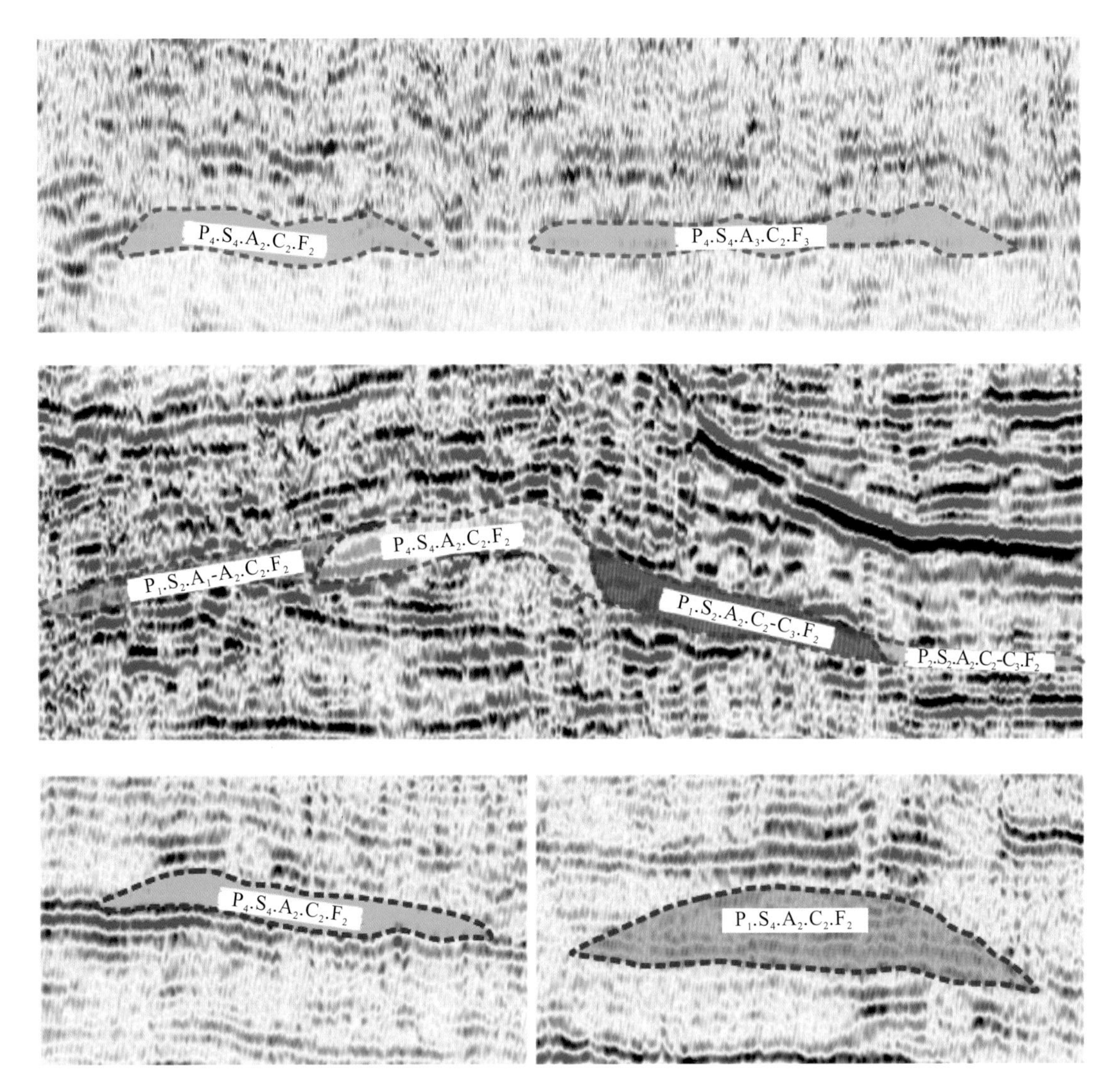

图 3-25　顺北地区奥陶系部分地震相类型

二、奥陶系沉积相划分及特征

1. 沉积相划分

在对沉积相识别标志分析总结的基础上，开展了顺北地区奥陶系沉积相类型划分。顺北地区奥陶系发育有丰富的沉积相类型，包括局限台地、开阔台地、台地边缘、斜坡、陆棚及盆地 6 种相和 12 种亚相类型(表 3-4)。

表 3-4　顺北地区奥陶系沉积相类型划分表

相	亚相	微相
局限台地	局限台坪	膏云坪、云坪、泥云坪、云泥坪、藻坪
	台内滩	砂屑滩、生屑滩
开阔台地	台坪	云灰坪、灰坪
	浅滩	砂屑滩、鲕粒滩、生屑滩、藻屑滩等
台地边缘	台缘滩	粒屑滩、生屑滩等
	台缘礁丘	礁坪、礁丘核、礁丘翼、格架岩等
斜坡	上斜坡	斜坡泥、斜坡灰泥、塌积体

续表

相	亚相	微相
斜坡	下斜坡	斜坡泥、斜坡灰泥
陆棚	浅水	砂泥岩组合、含泥灰岩、生物丘滩
	较深水	砂泥岩组合、浊积岩
盆地	海底扇	内扇、中扇、外扇
	海底平原	盆地泥、盆地灰泥

2. 各类沉积相特征

1) 局限台地

局限台地水体循环受限，介于开阔台地和蒸发台地之间，海水盐度区间较大，灰岩沉积产物后期多白云石化，局部保留残余灰岩组构。顺北地区蓬莱坝组和鹰山组下段发育局限台地，可识别出局限台坪和台内滩亚相(图 3-26)。

局限台坪亚相为局限台地浪基面之下的低能沉积，水体循环受限，可受风暴作用改造。岩性以泥晶-粉晶-细晶云岩、灰质云岩为主，夹少量藻黏结灰岩，可细分出云坪、灰云坪及藻席微相。云坪为泥晶-粉晶-细晶云岩、灰质云岩等，粉晶-细晶自形程度高，见叠层藻，发育干裂、鸟眼构造。灰云坪为深灰、灰色灰质云岩，是局限台地与开阔台地的过渡产物。藻席为水平纹层状藻黏结或藻球粒云岩，是潮上低能带的产物。局限台地自然伽马曲线呈不规则锯齿状，中-高值，起伏剧烈，偶见尖峰状；视电阻率曲线呈齿状，尖峰状，中-高值，起伏剧烈。地震相主要表现为两种类型：一种为席状亚平行结构，强-中振幅，好-中连续，中频；另一种为不规则杂乱结构，弱振幅，差连续，中频。

台内滩亚相是局限台地内浪基面之上的高能沉积，水动力条件受波浪、潮汐影响，呈现周期性强、弱交替变化特征。根据滩体颗粒性质可识别出砂屑滩、生屑滩等微相。砂屑滩为亮晶藻砂屑灰岩、微晶-微亮晶藻球粒藻砂屑灰岩、粉晶云化不等粒砂屑灰岩、亮晶藻砂屑灰岩等，生屑滩为微晶生屑灰岩。

2) 开阔台地

开阔台地相主要发育在鹰山组上段和一间房组。开阔台地可识别出台坪和浅滩两种亚相(图 3-27)。

相对于局限台地的台内滩，开阔台地的浅滩水动力条件更强，形成的粒屑分选、磨圆更好，胶结物以亮晶为主。根据颗粒成分，可细分出粉屑滩、砂屑滩、砾屑滩、鲕粒滩、生屑滩、藻屑滩等微相。

粉屑滩岩性以粉屑灰岩为主，含生屑、砂屑，不发育亮晶，发育缝合线，含腕足、三叶虫、介形虫、有孔虫等生物，生物分异度较差，腕足与三叶虫通常为薄壳属种。潮下带中部，水动力条件相对较弱。砂屑滩岩性为亮晶(藻)砂屑灰岩、微晶(藻)砂屑灰岩，主要发育在鹰山组上段和一间房组。鲕粒滩是在高能动荡水体条件下，由内核在海水中直接化学沉淀形成，多指示受潮汐水流作用的高能浅滩，岩性为亮晶藻鲕灰岩、亮晶砂屑薄皮鲕灰岩、亮晶放射鲕粒灰岩、生屑鲕粒灰岩等，主要发育在一间房组。生屑滩岩性为微晶或亮晶生屑灰岩、微晶藻球粒-骨屑灰岩等，生屑常见棘屑、介屑、有孔虫、三叶虫、腕足、腹足、褐藻和葛万藻等正常盐度生物组合，主要发育在一间房组。藻屑滩岩性主要以藻屑、砂屑、藻砂屑、藻砾屑、藻黏结岩为主，分选差，磨圆差，生物以藻类、腕足为主，水体较浅，水动力条件中等，发育在潮下带上部或潮间带，开阔潟湖或滩等环境。

台坪亚相可细分出灰坪和云灰坪两个微相。灰坪岩性为灰、浅灰色泥晶灰岩、微晶灰岩、含生屑微晶灰岩，主要发育在鹰山组上段、一间房组和良里塔格组。云灰坪岩性主要为灰、浅灰、灰白色云质微晶灰岩，发育在鹰山组下段。开阔台地自然伽马曲线较为平直光滑，偶夹小锯齿，中-低值，视电阻率曲线呈中-低值，微齿状，起伏变化大。恰尔巴克组深水台地测井曲线明显区别于奥陶系其他组段，自然伽马曲线在底部附近多有指状尖峰(高值)，瘤状灰岩段呈明显的驼峰状(高值)，视电阻率曲线呈低值。地震相主要表现为：①席状平行-亚平行结构，中-弱振幅，连续性差或中连续，中频；②丘状杂乱结构，中振幅，差连续，中频。

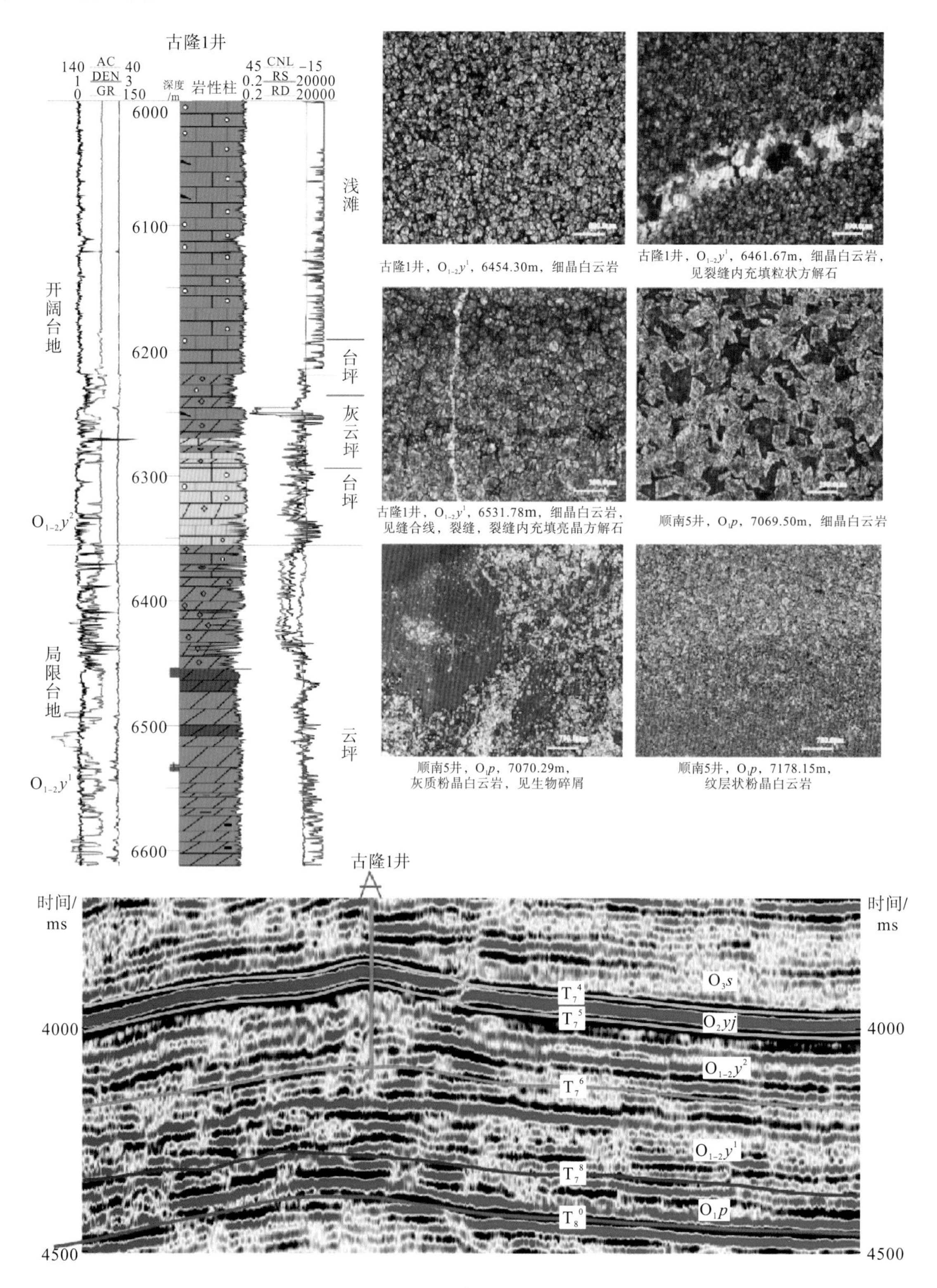

图 3-26　局限台地相沉积特征

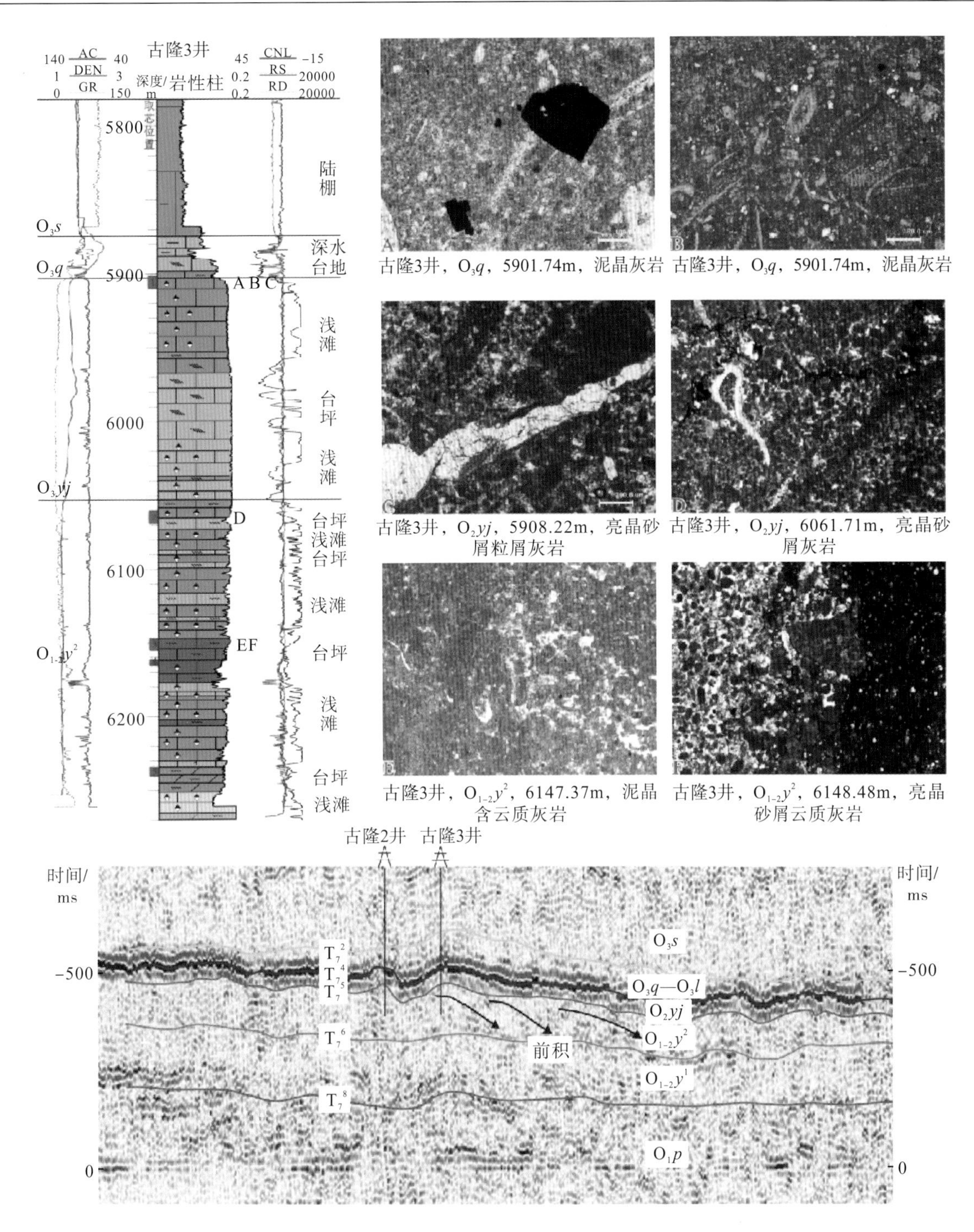

图 3-27 开阔台地相沉积特征

3) 台地边缘

台地边缘主要发育在一间房组，包括台缘生物礁/丘和台缘浅滩两种亚相。在地震剖面上，台地边缘礁滩表现为，①丘状外形、波状、杂乱结构，中-弱振幅，中-差连续，中频；②不规则杂乱结构，中振幅，差连续，中频；③楔状前积结构，中振幅，中-差连续，中-低频(图 3-28)。

台缘生物礁是台地边缘相的主体部分，顺北地区奥陶系生物礁主要由浅水的骨架灰岩和障积灰岩为主要岩石类型。同时也有典型反映较浅水的鲕粒灰岩、似球粒灰岩以及藻黏结灰岩间互出现，形成纵向上较复杂的旋回。该亚相特点是沉积速率大、能量强、以亮晶胶结为主，兼有间歇性暴露水面的特点。

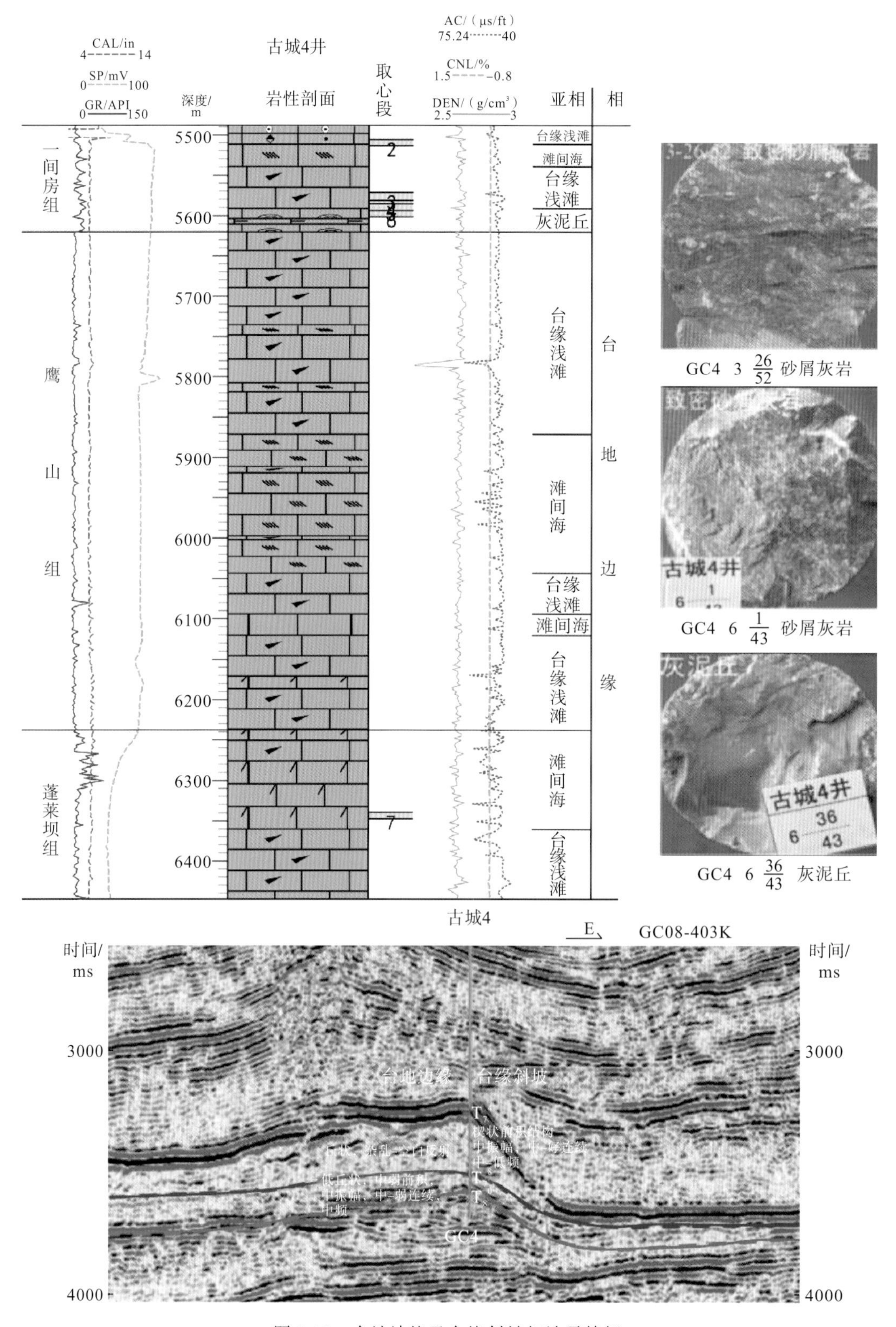

图 3-28　台地边缘及台缘斜坡相地震特征

台缘浅滩是与台缘生物礁伴生的沉积亚相，发育在台地边缘礁后浪基面之上的浅水高能环境。由于水浅，滩体不能向上生长而只能侧向生长向开阔台地内部推进。由于波浪作用强，颗粒间的灰泥被高能动荡水体淘洗带走，粒间被后期化学沉淀的亮晶方解石胶结，岩性主要为亮晶颗粒灰岩，如亮晶砂屑灰岩、亮晶颗粒灰岩、亮晶砾屑灰岩等，研究区鹰山组、一间房组和良里塔格组都有发育。

4) 台缘斜坡

台缘斜坡主要发育在蓬莱坝组、鹰山组、一间房组。岩性以灰、深灰色灰岩、含泥灰岩、泥灰岩及泥岩为主，偶见塌积岩。自然伽马曲线呈不规则锯齿状，中-高值，起伏剧烈，偶出现尖峰状；视电阻率曲线呈齿状、尖峰状，中-高值，起伏剧烈。地震相特征如下：①楔状前积结构，中振幅，中-好连续，中-低频；②席状平行结构，强振幅，连续性好，中频。可进一步划分出浊积水道、上斜坡、下斜坡等。

5) 陆棚

陆棚相主要发育在恰尔巴克组、良里塔格组和桑塔木组，可细分出陆棚泥和陆棚灰泥等微相。陆棚泥岩性主要为灰色泥岩与灰质泥岩互层，陆棚灰泥岩性主要为灰、深灰色含泥灰岩。陆棚自然伽马显厚层高值泥岩夹薄层低值灰岩，曲线呈不规则锯齿状，中-高值，偶出现薄层粉砂岩造成的尖峰状；深浅侧向视电阻率呈偏低值箱型。陆棚地震相特征如下：①箱型，席状亚平行-波状结构，中振幅，弱-中连续，中-低频；②楔状前积结构，中振幅，好-中连续，中频；③扇状发散结构，中振幅，弱-中连续，中-低频。

6) 盆地

其可分为欠补偿盆地和浊积盆地。欠补偿盆地又称饥饿盆地，岩性主要为黑色泥岩、硅质及碳质泥页岩夹灰、灰黑色灰岩，可分为盆地泥、盆地灰泥微相。盆地泥岩性以黑、灰黑色泥岩为主，盆地灰泥岩性以深灰、黑色泥灰岩、灰岩为主，主要发育在碳酸盐台地台缘斜坡外侧的却尔却克组。浊积盆地沉积物源补给充分，沉积速率快，形成沉积厚度大的海底扇，主要发育鲍马层序 C～E 段，即粉砂与泥组成的厘米级正旋回，主要发育在却尔却克组(图 3-29)。

自然伽马曲线呈不规则锯齿状，中-高值，起伏剧烈，偶出现尖峰状；视电阻率曲线呈齿状、尖峰状，中-高值。欠补偿盆地地震相特征为席状披盖状平行结构，强-中振幅，好-中连续，中频(图 3-30)。浊积盆地地震相特征为楔状前积结构，强-弱振幅，好-差连续，中频。

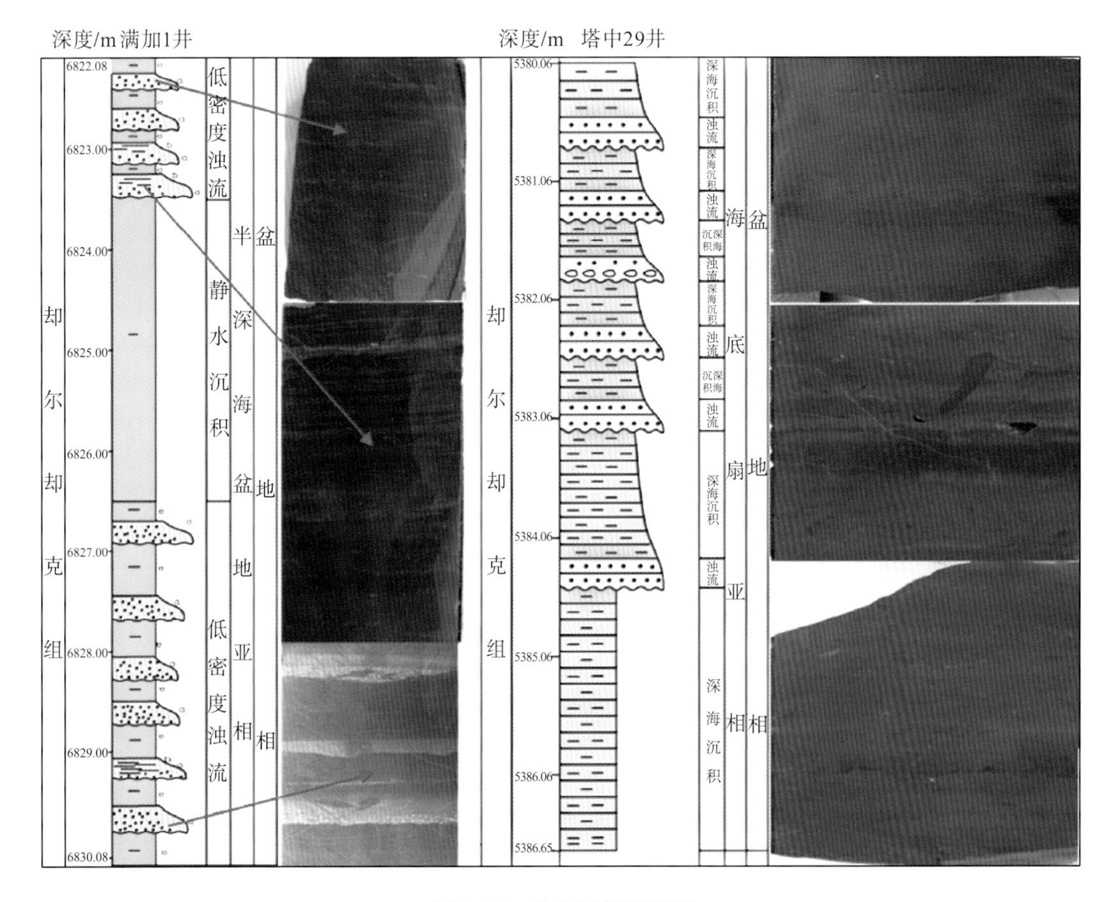

图 3-29　盆地相相序特征

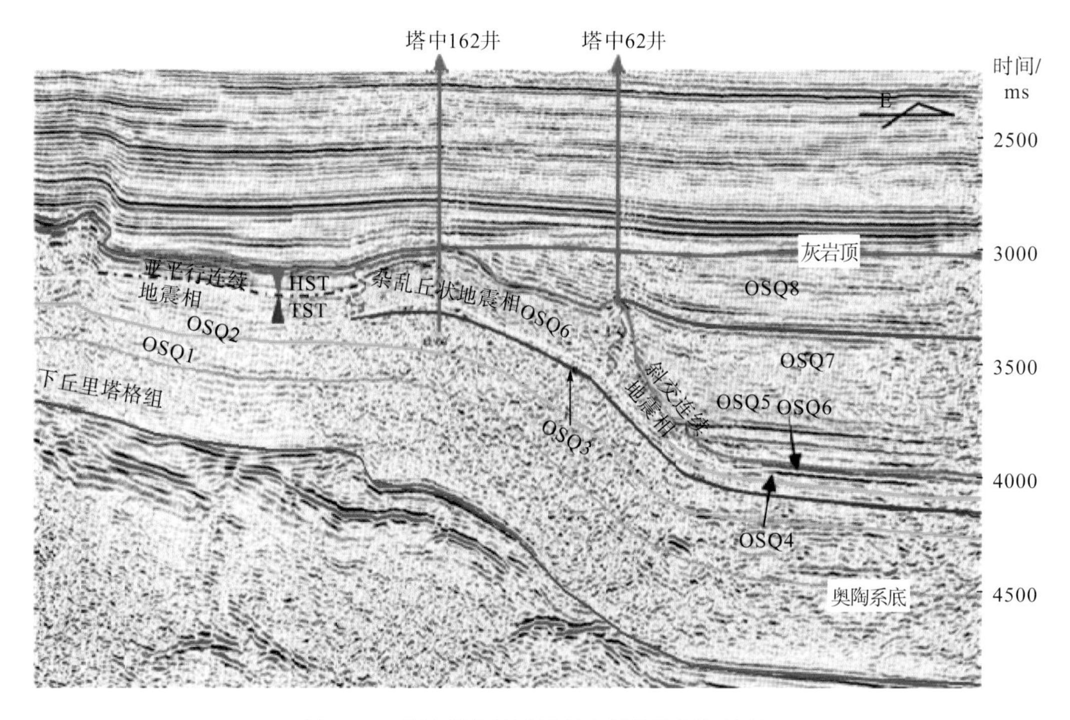

图 3-30　盆地相在地震剖面上的连续反射特征

三、沉积演化

塔里木盆地是一个发育在主要由太古宇及元古宇变质岩组成的陆壳变质基底之上的大型复合型叠合克拉通沉积盆地，南华纪—震旦纪的古构造背景控制了塔里木盆地寒武纪—奥陶纪碳酸盐台地的形成。早寒武世玉尔吐斯组沉积期为最大海泛期，沉积一套陆棚斜坡到盆地相的烃源岩。肖尔布拉克组沉积期台盆区碳酸盐台地雏形形成。上寒武统下丘里塔格组—下中奥陶统鹰山组沉积期，碳酸盐台地逐渐发育成型，完成了碳酸盐台地建设。良里塔格组沉积期，碳酸盐台地开始分解。桑塔木组沉积时期，台地被完全淹没，沉积了海相碎屑岩。

顺北地区奥陶系具有与塔里木盆地相一致的沉积演化过程，碳酸盐台地经历了早奥陶世弱镶边型、早-中奥陶世镶边型、晚奥陶世孤立型几个演化阶段。下统下部的开阔台地向上变为局限台地，中统一间房组沉积期又变为开阔台地，到上统恰尔巴克组沉积时变为陆棚和深水盆地，并经良里塔格组沉积期的陆棚沉积最终演化为桑塔木组沉积期混积陆棚（图 3-31）。

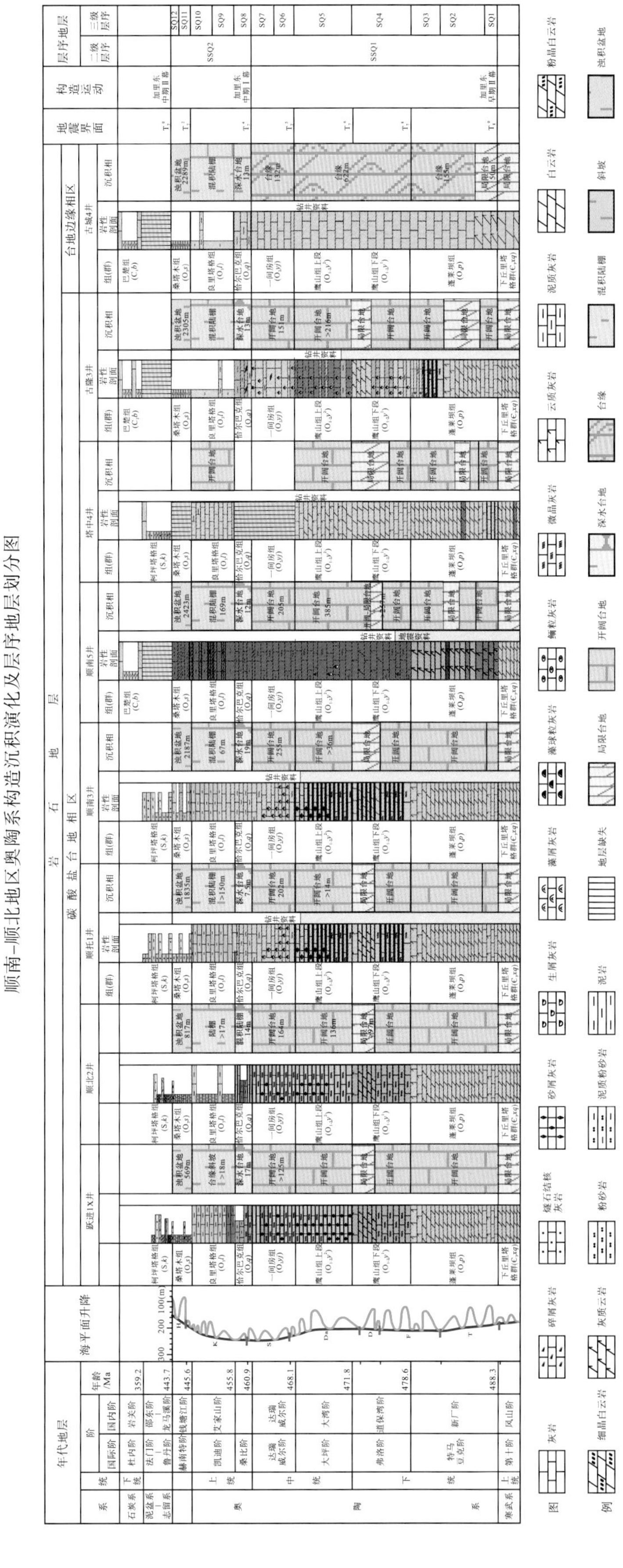

图3-31　顺北地区奥陶系构造演化及沉积序列

鹰山组沉积期，顺北地区主要为局限台地-开阔台地沉积环境，以在开阔台地中发育台内滩和滩间海为主要特征，包括加积型的高能颗粒滩和迁移型的低能颗粒滩，可进一步划分出滩核和滩翼微相(图 3-32)。

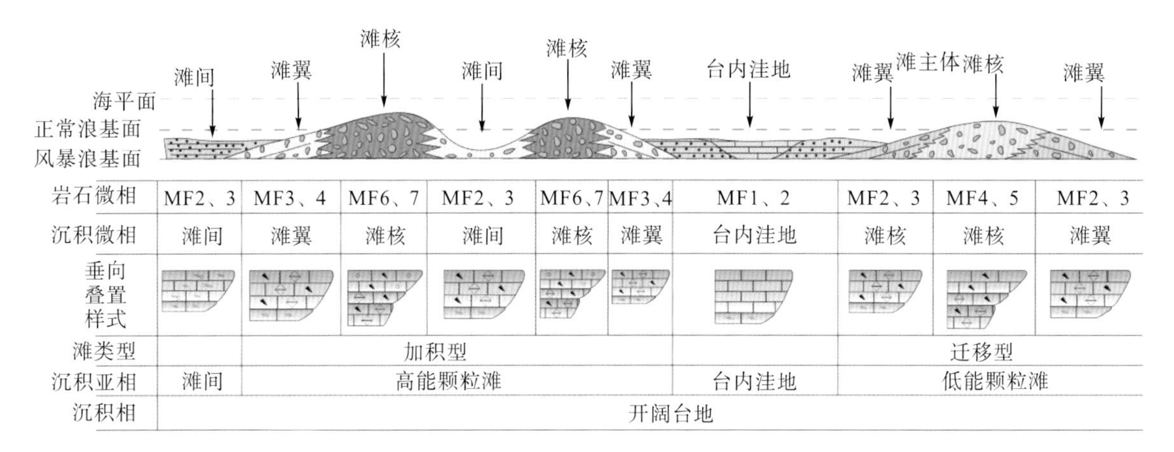

图 3-32　顺北地区奥陶系鹰山组开阔台地沉积模式

中奥陶统包括鹰山组上部和一间房组，岩性组合下部以泥晶灰岩为主夹亮晶颗粒灰岩，往上颗粒逐渐变粗；上部以亮晶颗粒灰岩为主夹泥晶灰岩。一间房组出现生物礁灰岩，主要为开阔台地沉积和台地边缘，可进一步分为台内滩、台内洼地、台缘丘滩、台缘礁滩、台缘滩等亚相，台地-台缘之外为厚度很薄的斜坡-盆地泥质、灰泥质沉积(图 3-33)。

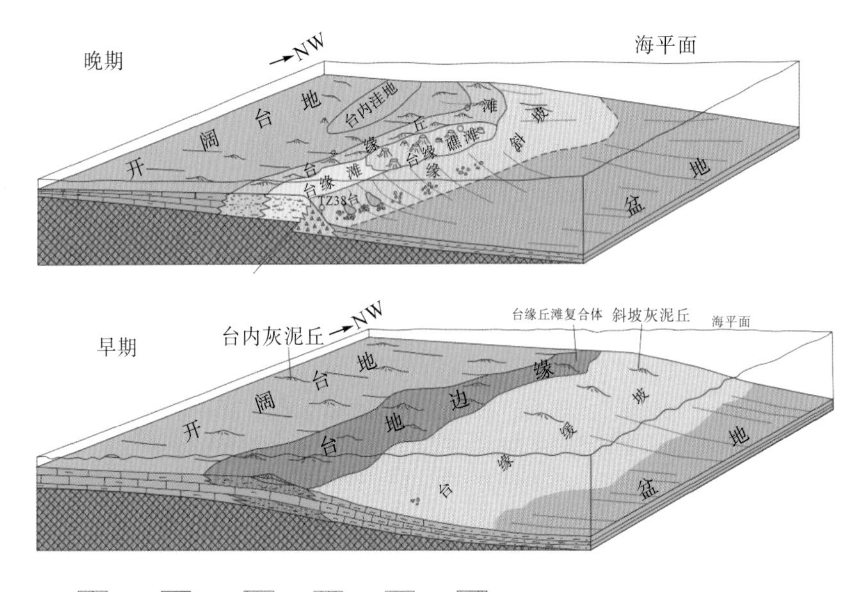

图 3-33　顺北地区中奥陶世开阔台地沉积模式

上奥陶统，先前的开阔台地经历两次淹没后消亡，第 1 次淹没形成恰尔巴克组深水台地(全球事件沉积)，之后良里塔格组沉积期在研究区主要为陆棚沉积；第 2 次淹没形成桑塔木组巨厚的混积台地边缘-混积陆棚-浊积盆地灰质、泥质、粉砂质沉积(图 3-34)。

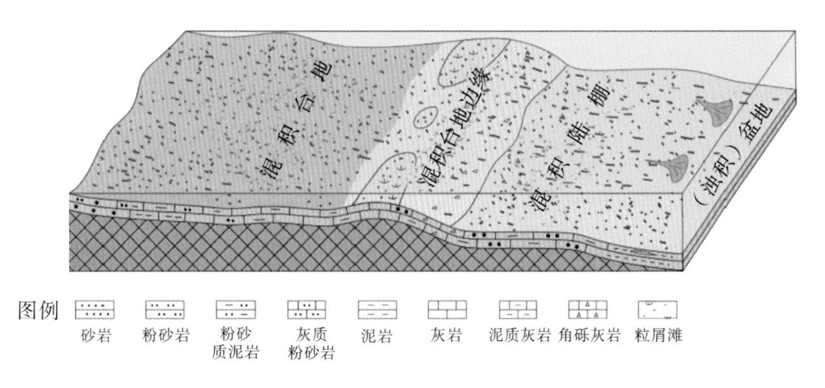

图3-34　顺北地区上奥陶统桑塔木组混积陆棚沉积模式

第四节　层序-岩相古地理演化特征

在塔里木盆地奥陶系区域沉积背景的基础上，通过单井沉积相划分、井震结合的沉积相对比，并依据地震相平面分布，系统编制了顺北地区奥陶系三级层序-岩相古地理图，展示了不同时期岩相古地理平面分布特征。

一、SQ1～SQ3（蓬莱坝组）三级层序-岩相古地理特征

顺北地区在SQ1～SQ3（蓬莱坝组）沉积期以局限台地和开阔台地沉积为特征。具有由南西向北东依次为局限台地-开阔台地的相带展布特征（图3-35）。局限台地分布在研究区西南部，位于和田1井—和4井—中13井—塔中9井一线以西地区，为灰、浅灰、深灰色结晶云岩、含灰云岩、云质灰岩，局部夹薄层含泥灰岩、含泥云岩。局限台地以东和以北地区为大面积分布的开阔台地沉积区，以台内滩和滩间亚相发育为特征。台内滩为灰、褐灰色砂屑灰岩；滩间为褐灰色灰岩夹浅灰色云质灰岩、灰质云岩、云岩。

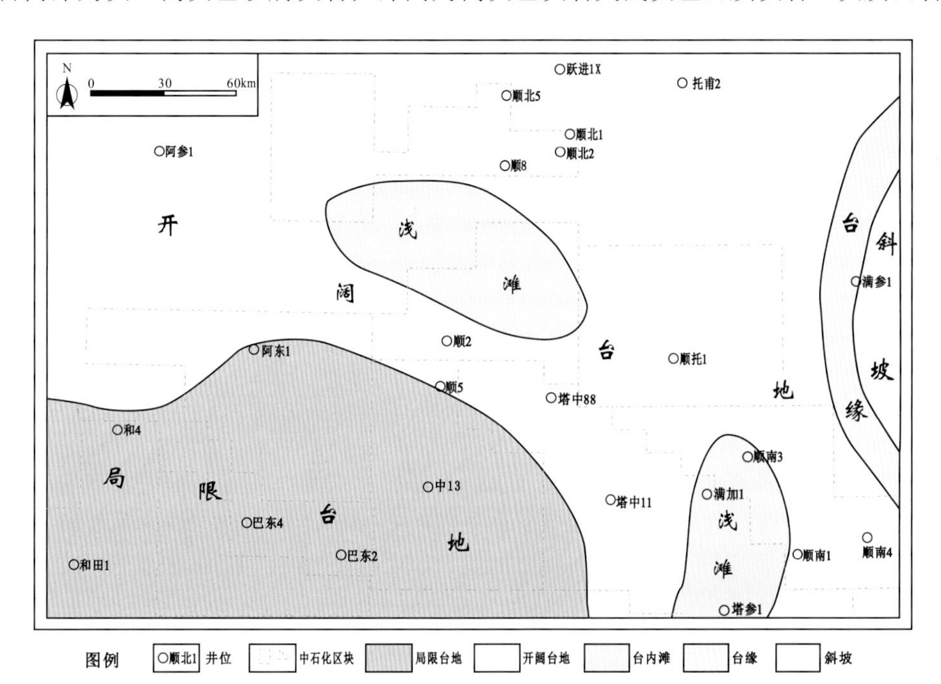

图3-35　顺北地区SQ1～SQ3（蓬莱坝组）三级层序-岩相古地理图

二、SQ4～SQ5(鹰山组)三级层序-岩相古地理特征

SQ4～SQ5(鹰山组)沉积期，沉积格局及相带分布都与蓬莱坝组沉积期相似，继承性明显，仍主体为局限台地-开阔台地(图 3-36)。局限台地仍分布在研究区西南部，位于和田 1 井—和 4 井—巴东 4 井—中 13 井一线以西地区，分布范围与前期大致相当。局限台地主体以浅灰色中-粗晶灰质白云岩、粉-细晶白云岩为主。开阔台地位于研究区中部和北部地区，开阔台地沉积范围与前期相当，但台内滩发育位置较前期向北发生迁移。

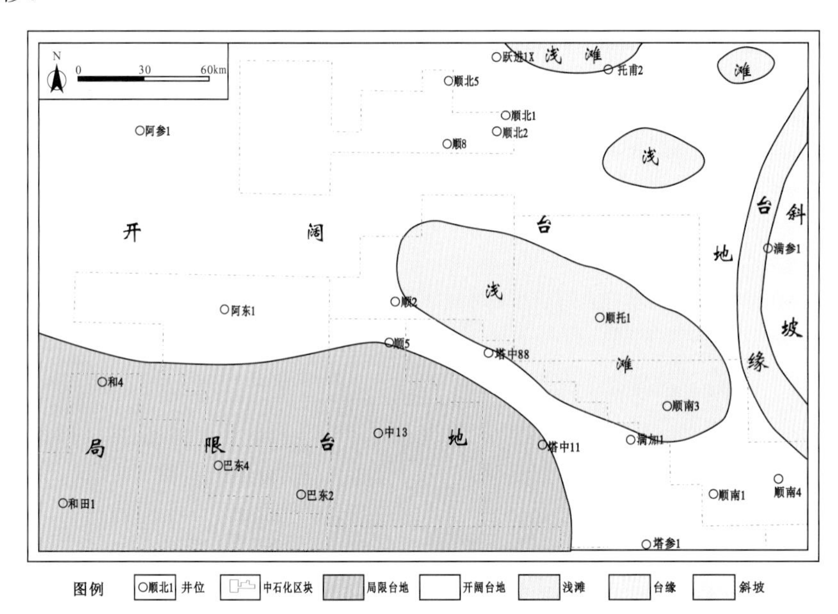

图 3-36　顺北地区 SQ4～SQ5(鹰山组)三级层序-岩相古地理图

三、SQ6(一间房组)三级层序-岩相古地理特征

顺北地区 SQ6(一间房组)沉积期水体变得开阔，由西向东具有开阔台地—台地边缘—斜坡—盆地的相带展布特征(图 3-37)。中西部为分布广泛的开阔台地沉积区，浅滩以藻球粒、藻砂屑灰岩为主，滩间

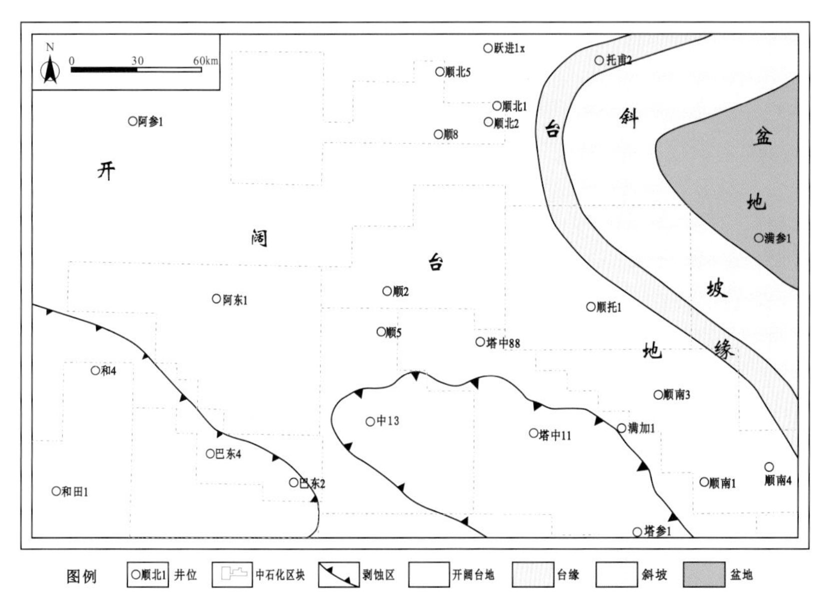

图 3-37　顺北地区 SQ6(一间房组)三级层序-岩相古地理图

岩性为灰、黄灰色微晶灰岩。东部地区为斜坡-盆地的深水沉积。西南地区受加里东中期Ⅰ幕构造运动影响，于和4井—巴东4井—巴东2井一线及中13井—塔中11井—塔参1井一线侵蚀缺失。

四、SQ7(恰尔巴克组)三级层序-岩相古地理特征

顺北地区 SQ7(恰尔巴克组)沉积期受同期全球海平面大规模上升影响，前期碳酸盐台地被淹没，以斜坡-陆棚-盆地沉积相为特征，其中研究区南部和4井—巴东4井—顺5井一线以南地区缺失恰尔巴克组(图3-38)。从阿参1井—顺8井—顺托1井一线为陆棚相-盆地沉积，陆棚南北两侧为斜坡沉积区。

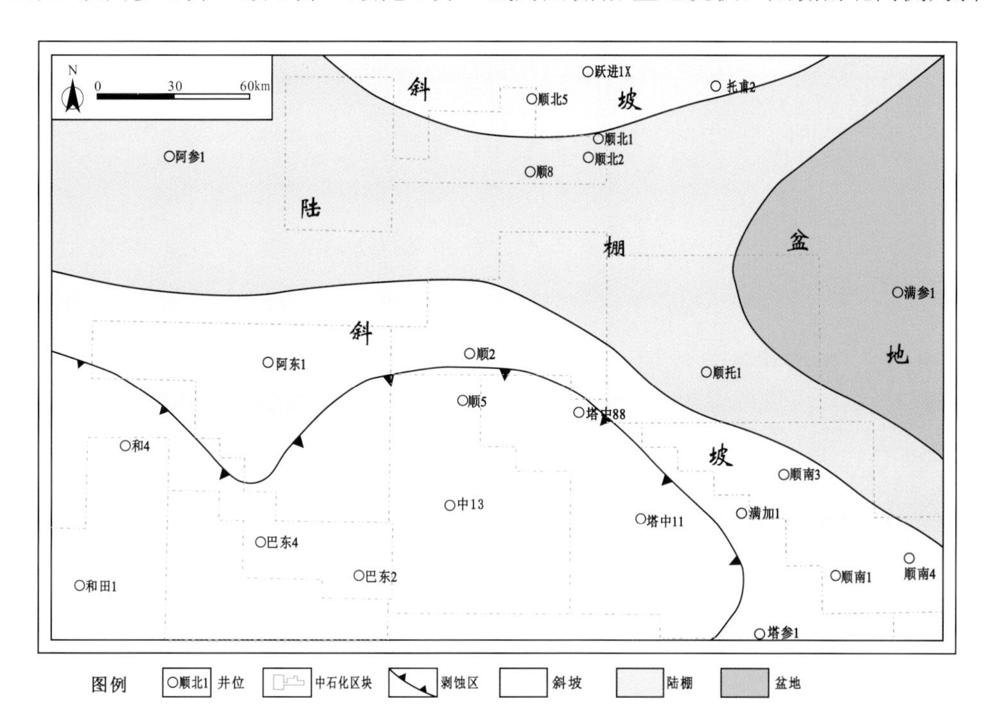

图3-38 顺北地区SQ7(恰尔巴克组)三级层序-岩相古地理图

五、SQ8(却尔却克组早期)三级层序-岩相古地理特征

SQ8(却尔却克组早期)沉积期沉积格局表现为南部为碳酸盐岩台地、北部为陆棚沉积(图3-39)。南部碳酸盐台地中进一步识别出开阔台地、台地边缘和斜坡沉积相。开阔台地主要分布于和田1井—和4井—中13井—塔中37井—塔中11井一线。紧邻开阔台地为台地边缘相带，北侧台地边缘分布于顺2井—塔中88井一线，南侧台地边缘分布于巴东2井一线。台地边缘外侧为斜坡沉积。陆棚相带分布于阿参1井—顺8井—顺托1井—顺南3井一线以北地区。

六、SQ9～SQ11(却尔却克组中晚期)三级层序-岩相古地理特征

SQ9～SQ11(却尔却克组中晚期)沉积期，受同期全球海平面再次大规模上升影响，塔里木板块内部碳酸盐台地淹没消亡，顺北地区以混积陆棚沉积为特征(图3-40)，接受了一套巨厚灰、绿灰色泥岩、灰质泥岩夹灰色泥晶灰岩、泥质灰岩沉积。

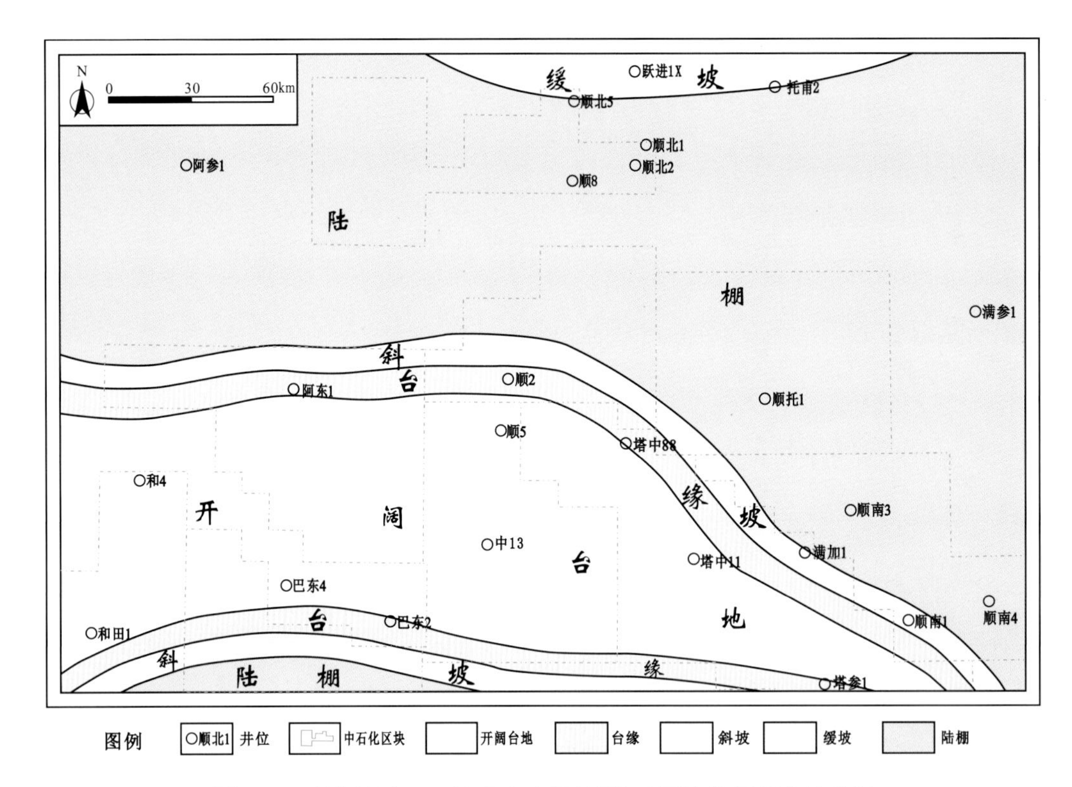

图 3-39　顺北地区 SQ8(却尔却克组早期)三级层序-岩相古地理图

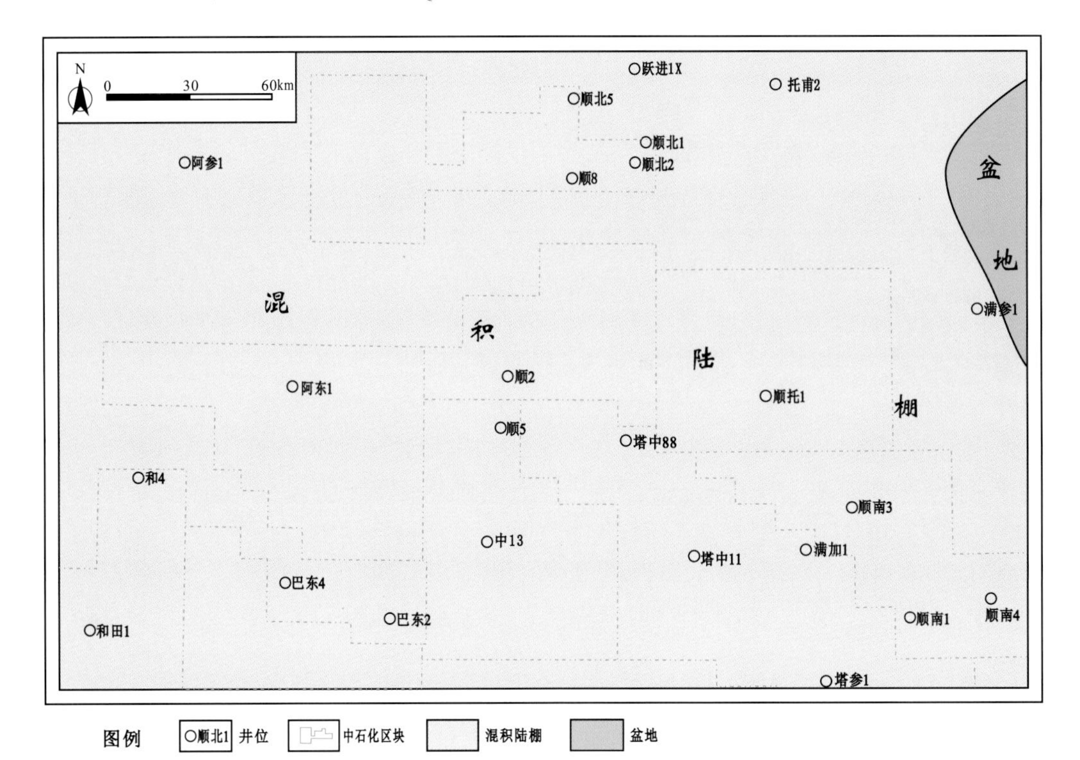

图 3-40　顺北地区 SQ9～SQ11(却尔却克组中晚期)三级层序-岩相古地理图

第四章　顺北油气田油气特征与烃源岩条件

塔里木盆地在长期构造、沉积演化过程中形成了震旦系—奥陶系海相、石炭系—二叠系海陆过渡相、三叠系—侏罗系陆相3套优质烃源岩，其主要的形成环境或沉积相带为盆地相、缓坡相、台缘-斜坡相及湖泊-沼泽相、潟湖相等。其中，塔里木盆地西部寒武系—奥陶系烃源岩主要发育于中下寒武统(玉尔吐斯组、肖尔布拉克组及吾松格尔组)、中下奥陶统萨尔干组、上奥陶统印干组；而盆地东部则较复杂，烃源岩主要发育于中下寒武统，上寒武统烃源岩局部发育，奥陶系烃源岩主要发育于中下奥陶统黑土凹组，近年来研究表明，却尔却克组也存在烃源岩发育段；在盆地中部寒武系烃源岩不发育，主要发育奥陶系良里塔格组烃源岩，在顺托果勒低隆区存在局部烃源岩发育区。

高有机质丰度烃源岩与沉积相密切相关，优质烃源岩发育于次深海欠补偿盆地相和缓坡相，较好-较差的烃源岩则主要发育于台缘斜坡灰泥丘亚相，而开阔台地相、台地边缘礁滩相等相带烃源岩发育极差或不发育；根据已揭示的塔里木盆地台盆区烃源岩有机质丰度、厚度、横向变化特征等表明的烃源岩规模来看，中下寒武统烃源岩最为重要。

台盆区油源对比表明，烃源岩以寒武系—奥陶系下古生界海相烃源岩为主，特别是寒武系下统玉尔吐斯组烃源岩在塔里木盆地分布最广、有机质丰度高、母质类型好。烃源岩特征是油源对比的依据，油气性质反映了烃源岩的特征，因此在埋深大、钻井无揭示本地烃源岩的顺北地区，可以从顺北地区油气性质来反推烃源岩条件。

第一节　顺北奥陶系油气地化特征

本节主要从能反映烃源岩母质类型、成熟度方面的地化分析参数来论述顺北地区奥陶系断控缝洞型油气藏的油气地化特征，为判断油气来源、分析烃源岩条件提供基础。

一、原油族组分

原油族组分由饱和烃、芳香烃、非烃、沥青质组成，其中饱和烃占主体，但族组分受到原油母质类型、成熟度、生物降解等因素影响较大，相对成分变化也较大。从表4-1中可以看出，原油呈现出饱和烃占绝对优势，总体表现为高饱和烃、高总烃、高饱芳比(饱和烃与芳香烃组分之比)、低沥非比(沥青质与非烃组分之比)的三高一低的特征(图 4-1)。这种高饱和烃、高总烃、高饱芳比、低沥非比的特征说明油质较轻，没有明显水洗氧化，虽具有较高的成熟度但没达到裂解阶段。

主干断裂带与次级断裂带上原油族组分呈现明显的差异性，造成次级断裂带顺北1井、顺北2井原油密度高、饱和烃含量低、饱芳比低的主要原因是原油成熟度相对较低，顺北评3H井、顺北1-8H井、顺北1-9H井原油成熟度更高导致饱和烃含量相对较高。

表4-1　顺北1井区奥陶系原油族组成对比

来样号	族组分/%						饱芳比	沥非比	(饱+芳)/(非+沥)
	饱和烃	芳香烃	非烃	沥青质	饱+芳	非+沥			
SHB1-3CH	53.96	2.64	0.36	1.25	56.60	1.61	20.44	3.47	35.16
SHB1-1H	57.60	6.01	2.12	0.02	63.61	2.14	9.58	0.01	29.72

续表

来样号	族组分/%						饱芳比	沥非比	(饱+芳)/(非+沥)
	饱和烃	芳香烃	非烃	沥青质	饱+芳	非+沥			
SHB1-6H	49.71	0.71	0.27	0.44	50.42	0.71	70.01	1.63	71.01
SHB1-7H	47.40	3.27	4.4	0.72	50.67	5.12	14.50	0.16	9.90
SHB1-2H	46.79	1.08	2.78	2.08	47.87	4.86	43.32	0.75	9.85
SHB1-4H	47.09	0.21	1.3	0.96	47.3	2.26	224.24	0.74	20.93
SHB1-5H	47.29	2.43	0.26	3.62	49.72	3.88	19.46	13.92	12.81
SHB1CX	41.86	3.13	1.81	0.93	44.99	2.74	13.37	0.51	16.42
SHB1-10H	51.76	7.23	5.64	1.08	58.99	6.72	7.16	0.19	8.78
SHB1-1H-K	52.49	4.26	12.46	0.76	56.75	13.22	12.32	0.06	4.29
SHB1-2H-K	50.17	4.29	17.54	0.88	54.46	18.42	11.69	0.05	2.96
SHB1-5H-K	52.26	4.28	19.67	0.86	56.54	20.53	12.21	0.04	2.75
SHB1-8H	37.19	3.46	2.95	0.65	40.65	3.60	10.75	0.22	11.29
SHB1-9H	35.84	4.26	5.42	3.29	40.1	8.71	8.41	0.61	4.60
SHB 评 1	65.00	9.40	2.15	0.94	74.4	3.09	6.91	0.44	24.08
SHB1	49.78	13.83	4.26	3.04	63.61	7.3	3.60	0.71	8.71
SHB2	68.71	7.53	1.78	0.18	76.24	1.96	9.12	0.10	38.90

注：表中“饱+芳”表示“饱和烃+芳香烃”；“非+沥”表示“非烃+沥青质”。

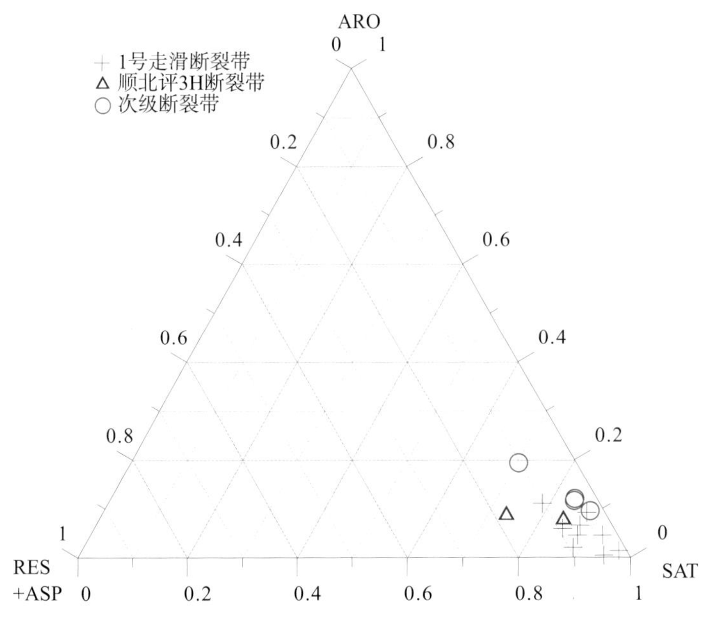

图 4-1　顺北 1 井区 1 号走滑断裂带上奥陶系原油族组成对比

ARO：芳香烃；RES+ASP：非烃+沥青质；SAT：饱和烃

二、原油碳同位素特征

1. 原油碳同位素

原油的碳同位素组成继承其母源有机质的组成，虽然烃源岩在热演化过程中受同位素分馏效应的影响，但同源原油因成熟度不同而产生的稳定碳同位素组成$\delta^{13}C$差异不超过 2‰～3‰。因此，对于成熟度相近的原油，若稳定碳同位素$\delta^{13}C$值相差 2‰～3‰以上，则一般认为是非同源的。顺北 1 井区的原油碳同位素值分布在-31.8‰～-32.5‰，平均值为-32.05‰(图 4-2)。顺北 1 井区和跃参、托甫台南部之间的原油碳同位素值变化幅度不大，其绝对差值多小于 2.0‰，反映顺北 1 井区、跃参及托甫台区块奥陶系原油均来自同一油源。虽然不同组分碳同位素值在数值上变化不大，但总体上顺北地区偏重一些，表明其原油成熟度要高于跃参和托甫台南部，顺北 5 井区的原油成熟度要低于顺北 1 号走滑断裂带，与原油碳同位素反映的成熟度一致(图 4-2)。顺北 1 井区原油族组分统计见表 4-2。

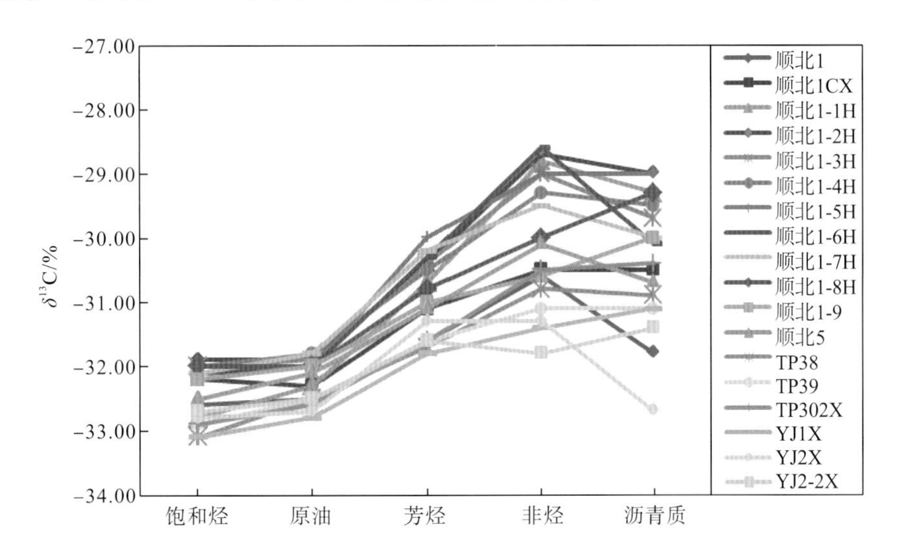

图 4-2 顺北 1 井区及邻区原油碳同位素分布图

表 4-2 顺北 1 井区原油族组分统计表

断裂分级	应力性质	井号	饱和烃/%	芳香烃/%	非烃/%	沥青质/%	饱芳比
主干一级	压隆	顺北 1-2H	76.32	5.26	7.90	10.52	14.51
	拉分	顺北 1-4H	75.55	17.04	2.24	5.18	4.43
	压隆	顺北 1-5H	79.05	9.52	4.76	6.67	8.30
	平移+拉分	顺北 1-1H	76.74	12.15	3.54	7.57	6.31
	平移	顺北 1-7H	83.21	9.03	4.53	3.23	9.22
	平移	顺北 1-6H	78.29	8.56	1.31	11.83	9.15
	拉分	顺北 1-3	72.80	14.29	3.40	9.52	5.10
	拉分	顺北 1CX	74.50	16.77	7.38	1.34	4.44
主干二级	平移	顺北 1-8H	82.47	9.09	3.71	4.73	9.07
	拉分	顺北 1-9H	85.55	11.66	2.22	0.57	7.34
	拉分	顺北评 3H	87.36	6.60	2.74	3.29	13.23
次级		顺北评 1H	81.65	9.43	4.73	4.19	8.66
	拉分	顺北 1	71.93	18.47	7.29	2.31	3.89
	压隆	顺北 2	62.34	24.14	0.45	5.30	2.58
	压隆	顺北 3	81.97	2.91	8.14	6.97	28.17
主干一级	压隆	顺北 5	80.05	7.35	2.89	9.71	10.89
	压隆	顺北 5-2	63.11	19.25	9.62	8.02	3.28

2. 单体烃类碳同位素

单体烃类碳同位素能从分子级别反映单种化合物的来源，较之于全油和族组成分同位素，具有更明显的优越性，已广泛应用于油气成因、油源识别、混源定量等研究中。

前人对原油饱和烃单体烃类碳同位素有了广泛的研究，普遍认为不同成因类型原油正构烷烃单体烃碳同位素值主要取决于母源岩的沉积环境与相关的生源输入，随地质年代变新、有机质类型中腐泥型组分减少、腐殖型组分增加，由于腐泥型组分相对富集 ^{12}C，腐殖型组分相对富集 ^{13}C，由此生成的原油单体烃类碳同位素有由轻变重的趋势；相同地史时期的原油，其单体烃类碳同位素值也有随有机质类型变差而相对变重的趋势。烃源岩的热成熟演化程度对生成的原油单体烃类碳同位素影响正受到人们的重视。热压模拟研究表明，随着热演化程度的增高，生成的产物单体烃类碳同位素变重，符合同位素动力学分馏效应。因此，干酪根在热演化过程中随着镜质组反射率（R_o）的增高，先生成正常原油再生成凝析油，所以凝析油的单体烃类碳同位素要比正常原油重，一般重 3‰左右。

单体烃类碳同位素分布曲线型态通常用低碳数烃到高碳数烃的碳同位素值的连线来表征，由于有机质类型及热成熟度的不同，分布曲线型态常根据纵向上碳同素值的差异分为平缓型、锯齿型，以及横向上的变化趋势分为上斜型、下斜型等组合。

对塔北地区顺北、跃进、塔河、沙西英买 2 井区及塔中地区顺西、顺南、顺托奥陶系典型钻井原油的饱和烃单体烃类碳同位素分析显示（图 4-3），塔北地区原油单体烃类碳同位素值普遍较轻，一般都小于−32.0‰，相对而言，顺北、跃进地区同位素较轻，托甫台与英买力地区相对较重；塔中地区原油单体烃类碳同位素值分布较宽，中深 1 井（€）、顺西 101 井（O）原油与塔北地区原油相似，顺 7 井、顺南 1 井、顺托 1 井原油单体烃类的碳同位素值较重，一般大于−33.0‰。由此揭示塔北、塔中地区原油的母源有机质类型可能有所不同，但更可能揭示的是烃源岩在不同成熟演化阶段供烃产物的不同。

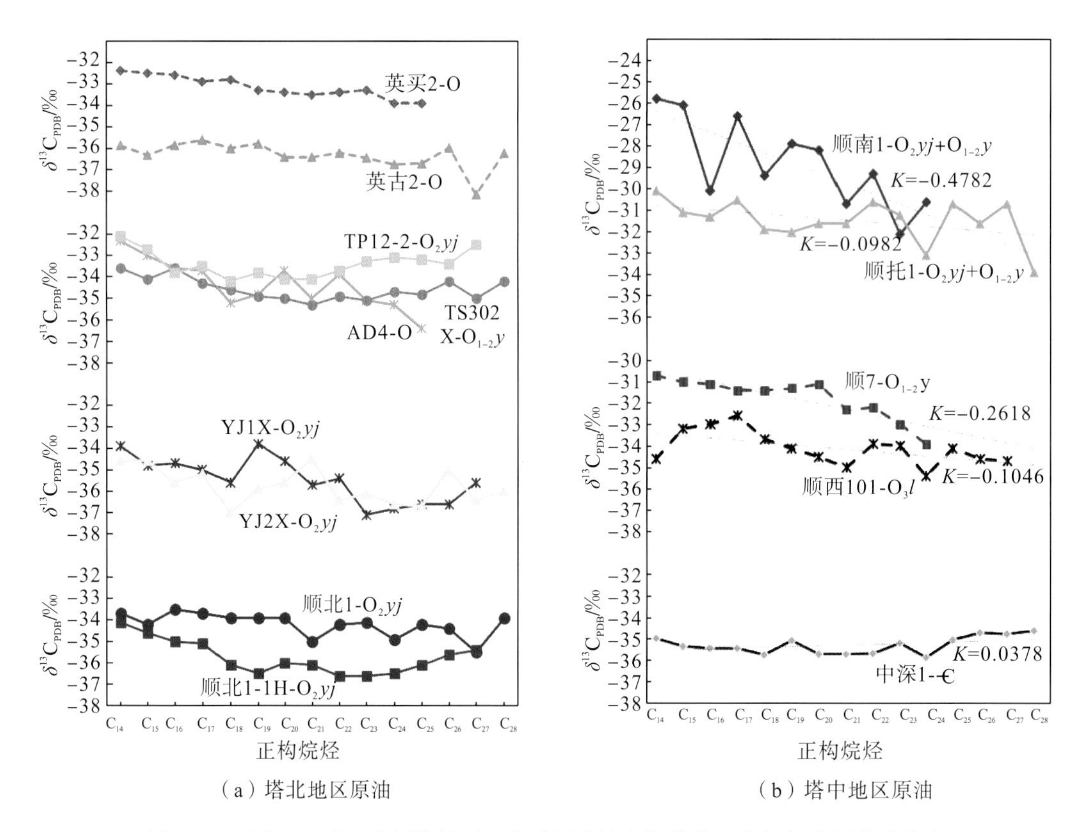

（a）塔北地区原油　（b）塔中地区原油

图 4-3　顺北—跃进及其周缘地区奥陶系原油饱和烃单体正构烷烃碳同位素分布

顺北地区以顺北 1 井、顺北 1-1H 井原油为代表，其烷烃碳同位素值分布在-36.6‰～-33.5‰，与中深 1 井(Є)原油相比，烷烃碳同位素值分布区间相当，差值分布在 1.0‰～2.1‰，平均差值为 1.55‰，其中顺北 1 井原油烷烃碳同位素值中深 1 井(Є)原油略高，而顺北 1-1H 井原油除在 C_{17} 烷烃及前的烷烃碳同位素比中深 1 井(Є)原油略高外，C_{17} 后的烷烃碳同位素都比中深 1 井(Є)原油更轻。顺北 1 井、顺北 1-1H 井原油分布曲线总体呈弱平缓-微上升型，与中深 1 井(Є)原油也基本相似。综合显示，顺北原油与中深 1 井(Є)原油单体烃类碳同位素分布是基本一致的，反映出来源相同，母源为寒武系烃源岩。

三、原油饱和烃色谱

饱和烃色谱图上 UCM 不明显(图 4-4)，表明未经历明显的生物降解作用。顺北 1 号走滑断裂带上原油饱和烃分布非常完整，碳数分布范围为 nC_9～nC_{36}，主峰碳分布在正构碳 12～19(受前处理影响)，C_{21}^-/C_{22}^+ 分布在 1.88～13.94(这两个参数受族组分分离操作的影响较大，此处仅供参考)，均显示该地区原油是以低分子的正构烷烃为主。Pr/Ph 值分布在 0.73～1.11，平均为 0.94；Pr/nC_{17} 值除顺北评 1 井为 0.10 之外，其余分布在 0.31～0.35；Ph/nC_{18} 值除顺北评 1 井为 0.11 之外，其余分布在 0.38～0.42。OEP 主干断裂带上为 0.98～1.04，分支和次级断裂带上为 1.03～1.05，没有明显的奇偶优势，显示出成熟演化程度达到高成熟阶段原油的特点。其中，顺北 1 号主干断裂带主峰碳数低，主要分布在 nC_{12}；次级断裂带上的顺北 1 井、顺北 2 井、顺北 3 井主峰碳较高，分布在 nC_{13}～nC_{16}，原油轻重比呈现顺北 1 号主干断裂带原油 C_{21}^-/C_{22}^+ 大于次级断裂带上的顺北 1 井、顺北 2 井和主干断裂带上的顺北 5 井，这个特征基本上与原油密度和原油成熟度相对应。

顺北三维区原油饱和烃的 Pr/Ph 值分布在 0.943～1.009(表 4-3)，显示母源主要为还原-强还原性的沉积环境；C_{21}^-/C_{22}^+ 值分布在 3.356～6.960，显示原油的有机质丰度较高、有机质母质类型好，成熟演化程度达到高成熟阶段；C_{21+22}/C_{28+29} 值分布在 2.758～7.216，显示母质的有机质类型好，以腐泥型母质为主。

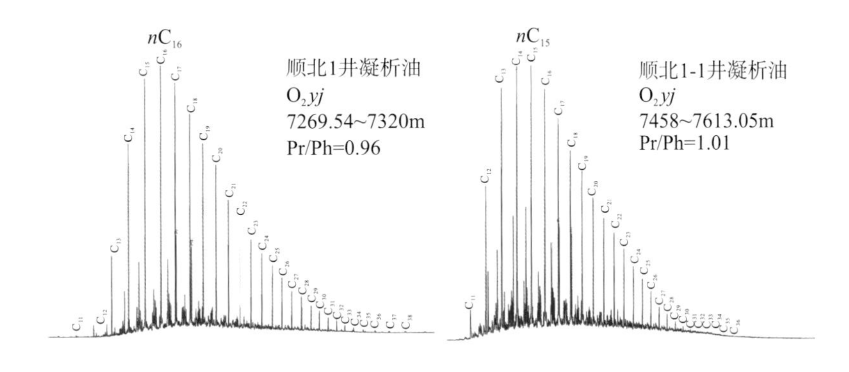

图 4-4 顺北 1 井和顺北 1-1 井奥陶系原油饱和烃色谱图

表 4-3 顺北三维区原油饱和烃色谱馏分特征表

井号	层位	碳数范围	主峰碳	OEP	CPI	Pr/Ph	Pr/nC_{17}	Ph/nC_{18}	C_{21}^-/C_{22}^+	C_{21+22}/C_{28+29}
顺北 1	O_2yj	nC_{11}～nC_{36}	nC_{16}	1.033	1.004	0.957	0.344	0.416	3.356	3.980
顺北 1-1H	O_2yj	nC_{11}～nC_{36}	nC_{15}	1.039	1.085	1.009	0.404	0.511	6.960	7.216
顺北 1-2H	O_2yj	nC_9～nC_{34}	nC_{12}	0.974	1.019	0.987	0.298	0.354	4.229	2.758
顺北 1-4H	O_2yj	nC_{11}～nC35	nC_{12}	1.000	1.016	1.008	0.308	0.364	5.261	2.933
顺北 1-5H	O_2yj	nC_9～nC35	nC_{12}	1.002	0.990	0.946	0.310	0.376	4.681	2.922
顺北 1-6H	O_2yj	nC_9～nC_{36}	nC_{11}	1.004	1.034	0.970	0.313	0.366	4.784	2.891
顺北 1-7H	O_2yj	nC_9～nC_{36}	nC_{12}	0.986	1.040	0.943	0.306	0.367	4.651	2.834

四、原油饱和烃色质

饱和烃中的甾类和萜类化合物具有环状分子结构特征，在有机质成熟演化过程中表现一定程度的稳定性，尤其是可以抵抗生物降解，利用生物标记化合物系列组成指纹图及生物标记化合物各参数相关图是油源对比的有效手段。

1. 萜烷类化合物

萜烷也是饱和烃中常见的生物标志化合物，一般来说包括三环萜烷、四环萜烷和五环三萜烷。其中，五环三萜烷主要由藿烷构成，一般来说受成熟度影响较大，而三环萜烷相对来说受成熟度影响小。萜类化合物是分布广泛、含量较丰富的化合物，其中长链三环萜主要广泛存在于未接受大量高等植物输入的海相沉积物和原油中，因而部分学者提出长链三环萜为藻菌成因，可能来源于水生藻类有机质，表现在海相烃源岩和原油中以 C_{23} 三环萜烷（C_{23}TT）占优势，含量高于 C_{21} 三环萜烷（C_{21}TT），$C_{21}TT/C_{23}TT<1.0$；而陆相烃源岩则以富含三环双萜类先质的陆源高等植物为特征，三环萜烷中以低碳数的 C_{19}、C_{21} 化合物占优势，并以 C_{21} 三环萜化合物为主峰，$C_{21}TT/C_{23}TT>1.0$ 为特点。经统计分析，顺北 1 井区的跃进地区、顺北 5 井奥陶系原油 $C_{21}TT/C_{23}TT$ 分布在 0.49～0.65，C_{23} 三环萜烷占明显优势，为海相原油特征，这一特征与类异戊二烯烃图版指示顺北 1 井区奥陶系原油均为海相原油相对应。

从饱和烃色质 191 谱图对比分析，顺北 1 井、顺北 5 井均是 C_{23} 三环萜烷占明显优势。顺北 1 号走滑断裂带的奥陶系原油饱和烃色质 191 谱图则是 C_{20} 三环萜烷占明显优势（图 4-5），这种差异性反映了原油热演化程度的差异。

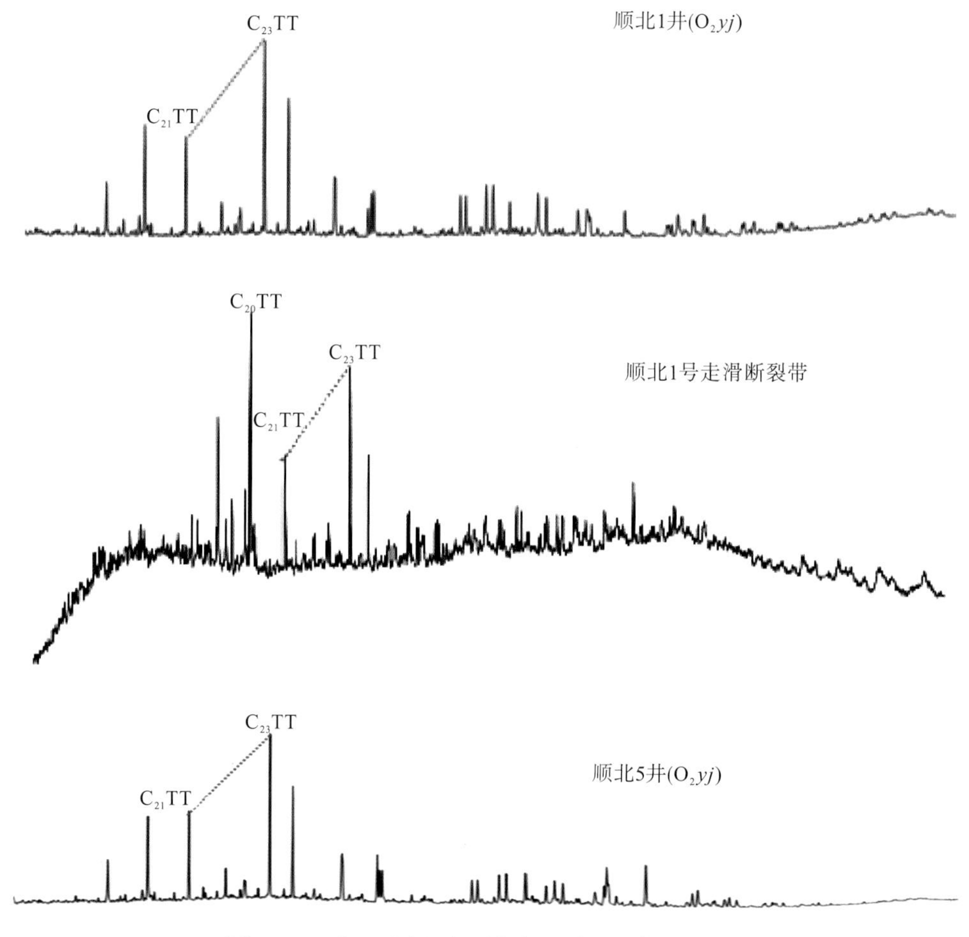

图 4-5　顺北 1 号走滑断裂带奥陶系原油萜烷分布图

2. 藿烷系列化合物

一般来说，25-降藿烷系列化合物的出现是原油遭受生物降解的标志。从顺北1井区奥陶系原油藿烷化合物统计，均未检测到25-降藿烷系列化合物，而且饱和烃色谱谱图基线较平稳，未见明显的“鼓包”，因此判断顺北1井区奥陶系原油未经历明显生物降解作用，原油保存条件良好。

3. 甾烷类化合物

甾烷类化合物是常见的生物标志化合物，广泛存在于石油当中，其来源包括低等浮游水生生物、高等植物等。常用来判断原油和烃源岩的成熟度和沉积环境。顺北1号走滑断裂带甾烷分布如图4-6所示，部分参数数据见表4-4。从图4-6和表4-4中可以看出，顺北1号走滑断裂带及次级断裂带上甾烷含量均不是很高，特别是顺北1号走滑断裂带上。部分样品孕甾烷相对较高，重排甾烷含量相对较高。$(C_{27+26+29})\alpha\alpha\alpha$20R甾烷中，以$C_{27}$和$C_{29}$含量较高，基本呈现较为均衡的“V”字形分布(图4-6)。

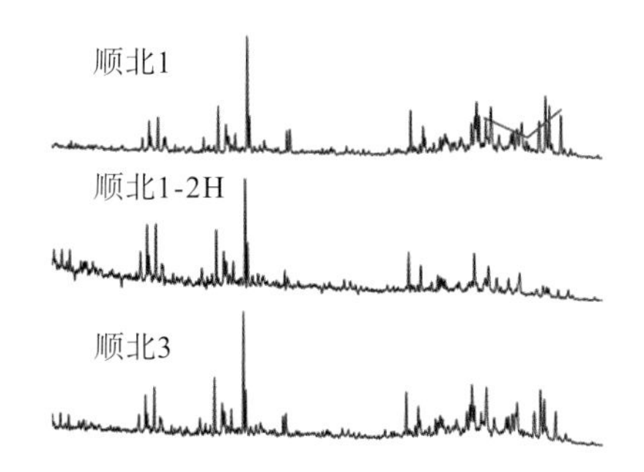

图4-6　顺北1井区不同断裂带部分奥陶系原油甾烷分布图(m/z=217)

表4-4　顺北1井区不同断裂带部分奥陶系原油甾烷含量及参数表

井号	$(C_{27+28+29})\alpha\beta\beta$甾烷/%			孕甾烷/规则甾烷	$C_{29}20S/(20S+20R)$	$\alpha\beta\beta C_{29}/(\beta\beta+\alpha\alpha)$	重排甾烷/规则甾烷
	C_{27}	C_{28}	C_{29}				
顺北1-2H	41	29	30	0.00	0.65	0.73	0.60
顺北1-3CH	29	37	33	0.00	0.65	0.69	0.42
顺北1-4H	41	27	31	0.00	0.65	0.72	0.57
顺北1-5H	46	28	27	0.00	0.65	0.68	0.63
顺北1-6H	34	31	36	0.00	0.64	0.68	0.43
顺北1-7H	38	29	33	0.00	0.66	0.70	0.49
顺北1-10H	40	17	43	0.76	0.44	0.50	0.78
顺北1-1H-K	33	26	41	0.83	0.44	0.60	0.88
顺北1-2H-K	29	34	37	0.99	0.47	0.60	1.14
顺北1-5H-K	40	23	37	0.91	0.49	0.57	1.02
顺北1-8H	32	27	40	0.61	0.43	0.51	0.72
顺北1-9H	44	22	35	0.68	0.47	0.45	0.80
顺北1	27	25	48	0.31	0.46	0.55	0.53
顺北3	29	24	47	0.36	0.46	0.58	0.57

五、原油芳烃特征

1. 芳烃组成

不同结构和不同取代基的芳烃反映了原始有机质来源和成岩、热演化阶段。顺北 1 井区芳烃组成中，菲系列化合物含量高，分布在 31.59%～58.14%，均值为 48.71%；其次是硫芴含量，分布在 4.22%～32.25%，均值为 19.98%；氧芴含量较低，分布在 0.00%～1.43%。菲和硫芴系列占明显优势，表现为海相特征(表 4-5)。

表 4-5　顺北 1 井区芳烃组成分布表(%)

井号	萘	联苯	菲	屈系列	硫芴	氧芴	芴	芘	三芳甾烷	其他
顺北 1	3.15	2.64	45.38	4.80	29.38	1.43	9.20	1.42	0.45	2.07
顺北 1-1H	6.60	2.97	31.59	1.88	32.25	0.44	14.18	0.61	0.14	9.35
顺北 1-2H	0.40	0.21	52.48	0.00	18.33	0.04	15.71	1.39	0.00	11.45
顺北 1-3	0.22	0.16	58.14	0.00	4.22	0.01	25.28	2.25	0.00	9.72
顺北 1-4H	0.48	0.27	49.44	0.00	23.65	0.00	15.02	1.34	0.00	9.81
顺北 1-5H	0.35	0.00	52.64	0.00	18.38	0.00	15.75	1.40	0.00	11.48
顺北 1-6H	0.63	0.27	43.87	0.00	29.44	0.03	13.05	1.31	0.00	11.40
顺北 1-7H	0.15	0.09	53.50	0.00	15.56	0.00	15.34	2.21	0.00	13.13
顺北 1-8H	0.00	0.00	49.12	7.14	20.45	0.00	1.45	2.08	0.00	19.75
顺北 1-9	0.00	0.00	45.54	7.09	22.63	0.00	1.79	2.01	0.00	20.94
顺北 1CX	0.00	0.00	56.01	8.07	8.97	0.00	0.00	2.72	0.00	24.22
顺北 2	19.93	5.51	37.61	2.96	19.48	0.70	10.69	1.14	0.00	1.99
顺北 5	1.76	0.14	57.95	3.73	16.99	0.08	6.48	2.07	0.00	10.80

通常用原油芳烃化合物中的芴(F)、硫芴(二苯并噻吩，DBT 或 SF)和氧芴(二苯并呋喃，OF)三芴系列的相对含量来表征生烃母质的沉积环境，陆相淡水烃源岩和原油中芴含量高，沼泽相煤和煤成油中氧芴含量高，盐湖相、海相强还原环境烃源岩及原油硫芴含量高。因此，利用三芴系列组成中的 SF/(SF+F)值和 OF/(OF+F)值关系图区分原油的生源环境。从图 4-7 可以看出，顺北—跃进及其周缘地区奥陶系原油芳烃组成中，SF/(SF+F)值较高，介于 0.45～0.99，而 OF/(OF+F)值较低，小于 0.40，显示原油母质主要是处于高盐度或强还原环境，与海相强还原环境烃源岩有关。

2. 芳烃反映的原油成熟度

芳烃化合物对于低成熟-高成熟度油气均比较实用，而且应用广泛。芳烃化合物中的二苯并噻吩、烷基萘、菲系列化合物均是较好的成熟度指标。

1) 二苯并噻吩成熟度参数

1984 年 Hughes 对二苯并噻吩系列化合物进行了较深入的研究，发现热稳定性高的 β 位取代异构体随埋深增大丰度变大，而不稳定的 α 位取代异构体相对含量减少，提出 4-甲基二苯并噻吩/1-甲基二苯并噻吩的成熟度指标。

甲基二苯并噻吩 4 个异构体中，2-M、3-M、4-M 的二苯并噻吩热稳定性要强于 1-M 二苯并噻吩，其比值与成熟度具很好的相关性，但其在生油窗内同步增加，达到生油高峰后，比值发生逆转并呈现变化的趋势。顺北 1 井区 4-/1-MDBT 变化范围非常大，大致分布在 6.8～32.45，其中顺北 5 井为 6.8，相对较正常，为高成熟原油。而顺北 1 号走滑断裂带附近的原油 4-/1-MDBT 指标普遍偏大，均分布在 20～32.45。

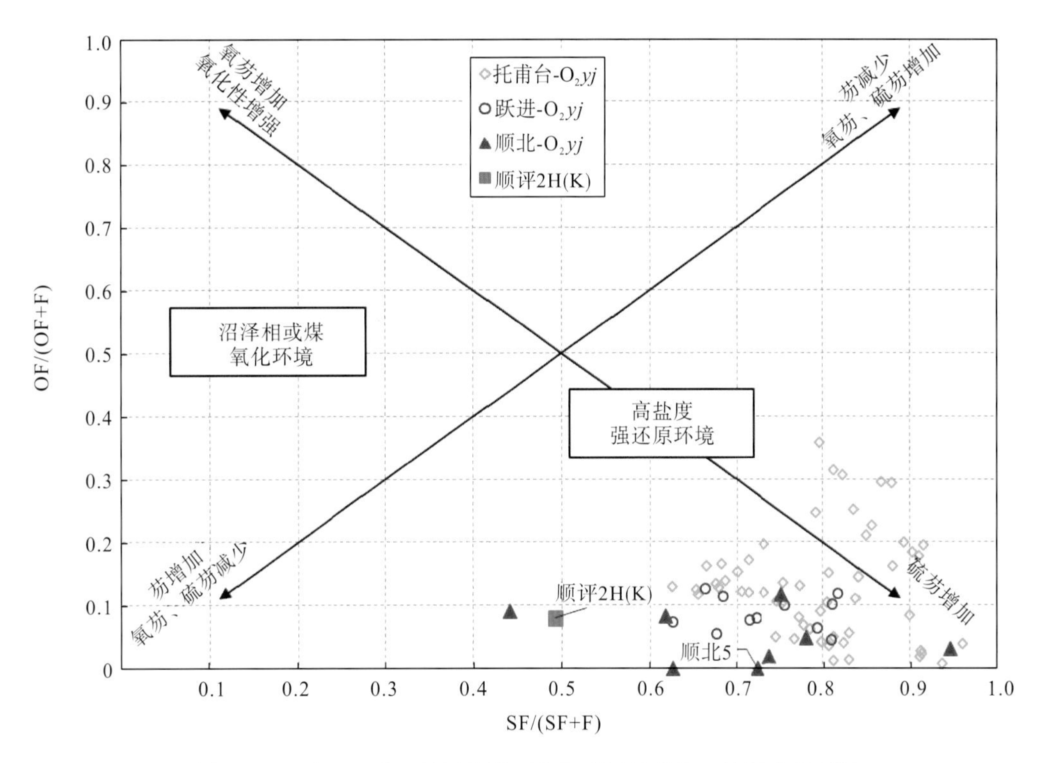

图 4-7　顺北—跃进及其周缘地区奥陶系原油芳烃三芴组成关系图

2) 烷基萘成熟度参数

原油芳烃的地球化学分析萘系列中甲基萘(MNR)、乙基萘(ENR)、二甲基萘(DNR1)、三甲基萘(TNR-1、TNR-2)及四甲基萘(TeMNr)是反映成熟度的参数。MNR 值分布在 2.18～3.90，TNR-1 值分布在 0.96～2.56，TNR-2 值分布在 0.75～1.19，TeMNr 值分布在 0.62～1.00。从四甲基萘图版分析，顺北 1 井区奥陶系原油属于高成熟度阶段(图 4-8)。

3) 菲成熟度参数

甲基菲指数最早于 1982 年由 Radke 等提出并被广泛应用于芳烃成熟度参数，该参数综合考虑了菲和甲基菲之间，以及甲基菲之间、甲基菲异构体之间的转化作用，虽然在自然演化过程中 R_o>1.3%后出现反转，但根据卢双舫等(1995)的研究表明，在实验室模拟条件下其成熟度 R_o 达 1.79%依然未出现反转，因此利用甲基菲指数还是研究高成熟烃源岩成熟度的方法之一。利用菲指标来计算原油成熟度，顺北原油成熟度均 R_o>1%，均处于高成熟演化阶段(图 4-9)。

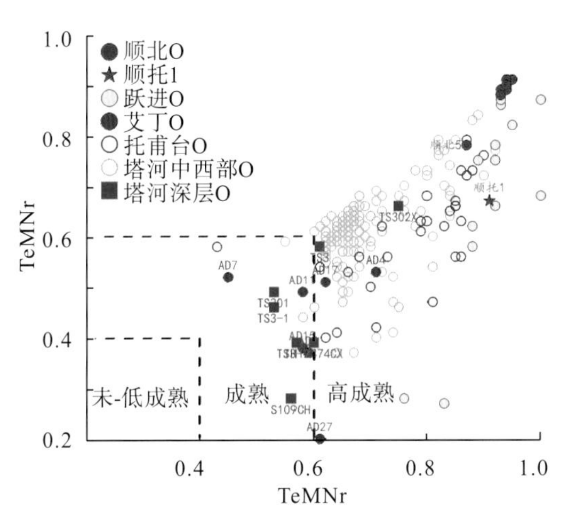

图 4-8　顺北 1 井区原油萘系列成熟度图版

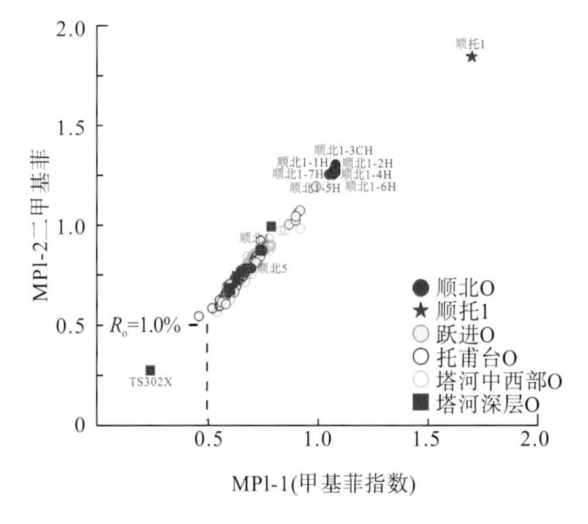

图 4-9　顺北 1 井区原油菲系列成熟度图版

六、油气轻烃特征

对于甲基环己烷(MCH)指数的判别指标，一般认为，原油中[MCH]指数小于 35%±2%，为Ⅰ型干酪根母质生成；[MCH]指数介于(35%±2%)～(50%±2%)，为Ⅱ型干酪根母质生成；[MCH]指数介于(50%±2%)～(65%±2%)，为Ⅲ型干酪根母质生成，[MCH]指数大于 65%的为煤型油。而对于天然气而言，其差别标准相对简单，[MCH]指数小于 50%±2%，为油型气，即为腐泥型气，[MCH]指数大于 50%±2%，为煤型气，即为腐殖型气。

图 4-10、图 4-11 分别反映了顺北 1 井区奥陶系原油轻烃和天然气轻烃的组成特征。顺北原油轻烃和天然气轻烃的[MCH]指数都相对集中，分布在 25%～45%，表明母质类型主要为Ⅰ型～Ⅱ型。

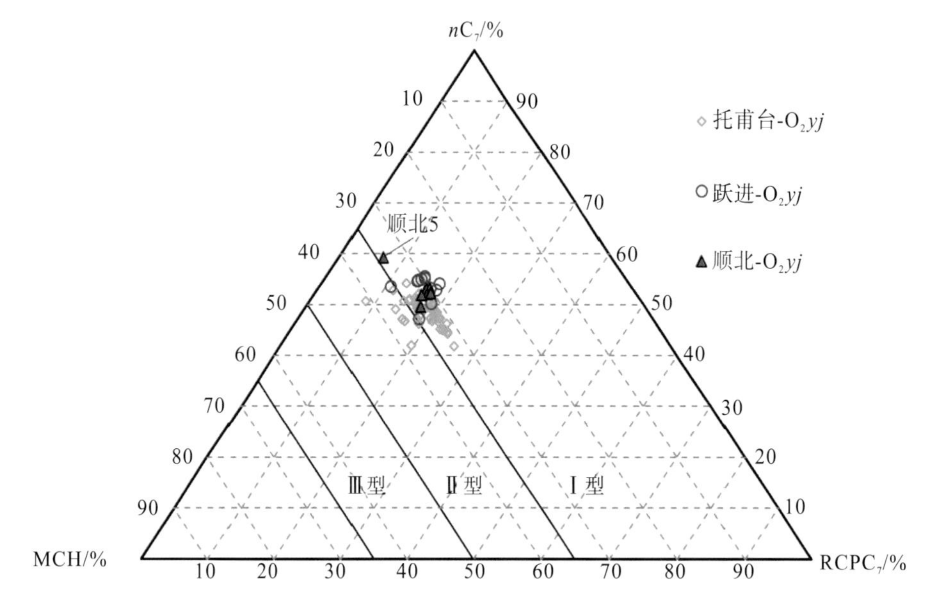

图 4-10　顺北 1 井区奥陶系原油轻烃组成特征

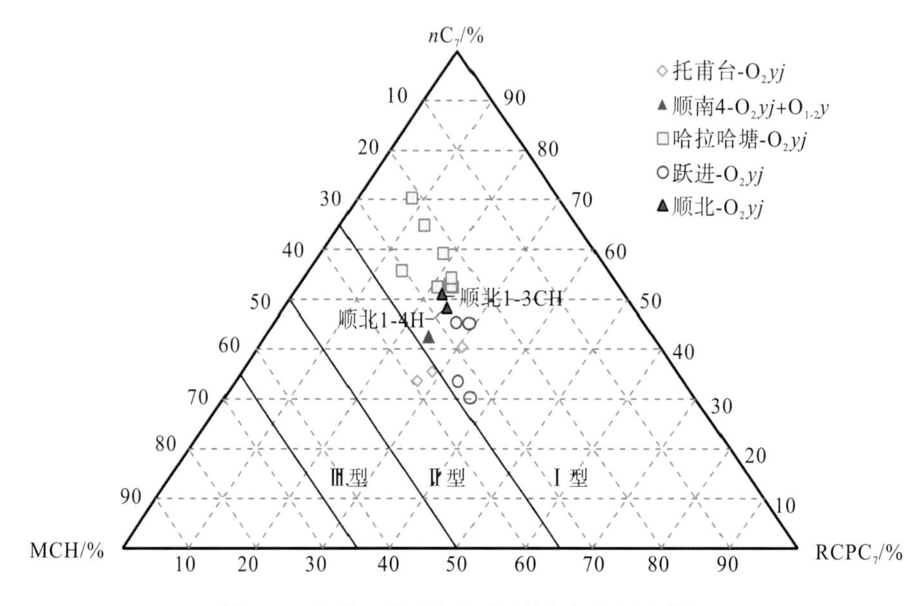

图 4-11　顺北 1 井区奥陶系天然气轻烃组成特征

七、天然气碳同位素组成

天然气碳同位素组成主要是运用甲烷、乙烷、丙烷、丁烷碳同位素来表征。依据戴金星等(1992)甲烷、乙烷、丙烷碳同位素鉴定天然气的成因模板(图 4-12)可以看出，顺北—跃进及托甫台地区天然气的甲烷 $\delta^{13}C_1$ 值较轻，分布在-54.4‰～-35‰，乙烷 $\delta^{13}C_2$ 值分布在-41.0‰～-26.8‰，丙烷 $\delta^{13}C_3$ 值分布在-37‰～-21‰，显示为典型的油型气(腐泥型气)。塔中地区中深 1 井、顺托 1 井及顺西天然气，与顺北—跃进天然气一样，天然气同位素特征差异不大，同为腐泥型油型气。

通常天然气的烷烃碳同位素序列均为正碳同位素序列，即 $\delta^{13}C_1<\delta^{13}C_2<\delta^{13}C_3<\delta^{13}C_4$，且其序列中碳同位素($\delta^{13}C_n$)与碳数的倒数($1/n$)呈近线性关系时，显示天然气主要是单一来源成因的气。烷烃碳同位素序列出现负碳同位素序列(部分碳同位素倒转，$\delta^{13}C_1>\delta^{13}C_2$ 或者 $\delta^{13}C_3>\delta^{13}C_4$)通常被归结为混合成因，即不同气源或不同成熟度天然气的混合，但也有部分认为是在深层高温(250～300℃)作用下，原油或天然气的重烃发生裂解，促使甲烷不断富集 $\delta^{13}C$，从而导致烷烃碳同位素序列的倒转。

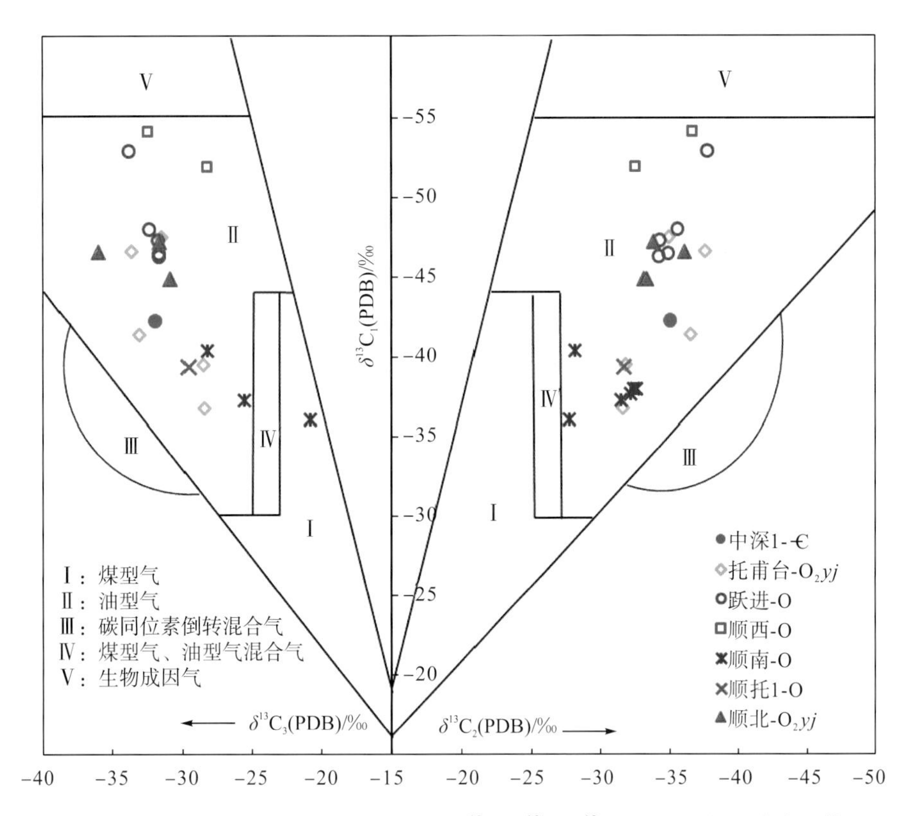

图 4-12　顺北及其周缘奥陶系天然气碳同位素 $\delta^{13}C_1$-$\delta^{13}C_2$-$\delta^{13}C_3$ 成因类型(据戴金星等，2014)

图 4-13 为顺北—跃进及其周缘地区奥陶系天然气烷烃碳同位素序列分布。可以看出，无论是顺北三维区天然气，还是跃进、托甫台—塔河南的天然气，其烷烃碳同位素的序列都呈 $\delta^{13}C_1<\delta^{13}C_2<\delta^{13}C_3<\delta^{13}C_4$ 的序列，碳同位素($\delta^{13}C_n$)与碳数的倒数($1/n$)基本呈近线性关系，未出现碳同位素的倒转，表明天然气的来源相对单一，为单一烃源岩来源的天然气。比较不同地区的天然气碳同位素值的分布可以看出，顺北天然气的烷烃碳同位素值平均比跃进天然气的烷烃碳同位素值重，表明顺北天然气来源于烃源岩成熟度较高的油气藏，即顺北主体天然气的成藏可能较晚。

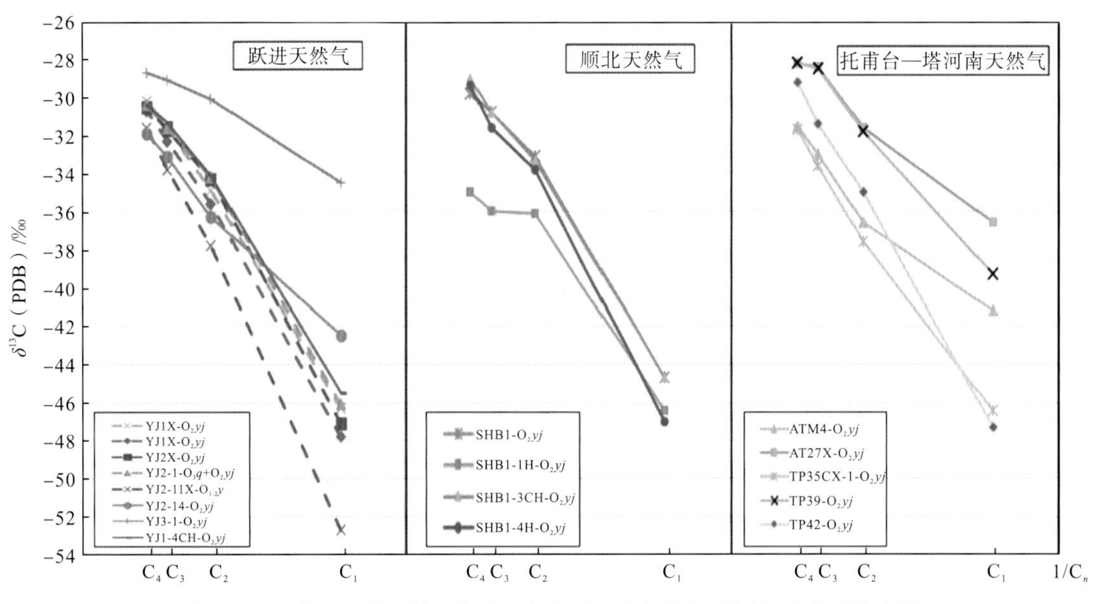

图 4-13 顺北—跃进及其周缘地区奥陶系天然气烷烃碳同位素序列分布图

八、油气成熟度分布特征

不同断裂带油气成熟度特征存在差异，顺北 1 号主干断裂带成熟度高于次级断裂带顺北 5 号/7 号走滑断裂带。

1. 饱和烃三环萜烷成熟度参数特征

三环萜烷是常用的表征生源有机质类型的有效参数，同时也可表征成熟演化程度。在同母质类型前提下，三环萜烷参数应用于顺北地区能有效区分不同断裂带原油成熟度热演化序列。如图 4-14 所示，随着热演化程度的增加，$C_{20}TT/C_{23}TT$ 和 $C_{19}TT/C_{21}TT$ 两参数比值增大，呈正相关关系，且整体特征显示，顺北地区不同断裂带原油成熟度高于塔河地区。同时顺北地区 1 号走滑断裂带和顺北 5 号走滑断裂带成熟度特征存在差异，顺北 1 号走滑断裂带两参数比值均大于顺北 5 号走滑断裂带，表明其原油成熟度高于顺北 5 号走滑断裂带。

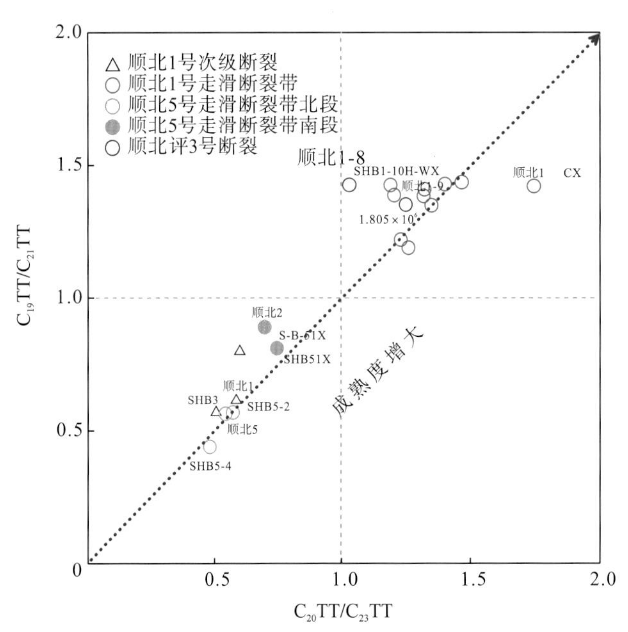

图 4-14 顺北地区不同断裂带原油饱和烃萜烷成熟度参数特征图

2. 芳烃菲系列成熟度参数特征

芳烃中最常用于衡量原油成熟度的化合物是菲系列与萘系列化合物。研究表明，随着热演化程度的增加，热稳定性较高的3-甲基菲(MP)和2-MP的含量增加，而热稳定性较低的9-MP和1-MP的含量减少。Radke提出以甲基菲指数MPI-1=1.5×(3-MP+2-MP)/(菲+9-MP+1-MP)来衡量原油的成熟度，同时Radke等还提出了MPI-1与镜质组反射率(R_o)之间的关系式R_c=0.6×MPI-1+0.4(R_o<1.3%)；R_c=−0.6×MPI-1+2.3(R_o>1.3%)。郭瑞超等采用低演化程度的烃源岩进行高温热模拟实验，指出甲基菲MPI-1、MPI-2与成熟度的相关性好，并验证了Radke的成熟度计算公式的适用性，建立了新的MPI-1、MPI-2计算原油成熟度的公式：

$$R_{c1}(\text{MPI-1}) = -1.0885 \times (\text{MPI-1})^2 + 3.6098 \times (\text{MPI-1}) - 0.4689 (R^2 = 0.958)$$

$$R_{c2}(\text{MPI-2}) = -0.4822 \times (\text{MPI-2})^2 + 2.2297 \times (\text{MPI-2}) - 0.0768 (R^2 = 0.957)$$

研究结果表明，顺北地区不同断裂带原油成熟度存在差异(图4-15)，顺北1号走滑断裂带原油成熟度高于顺北5号走滑断裂带。

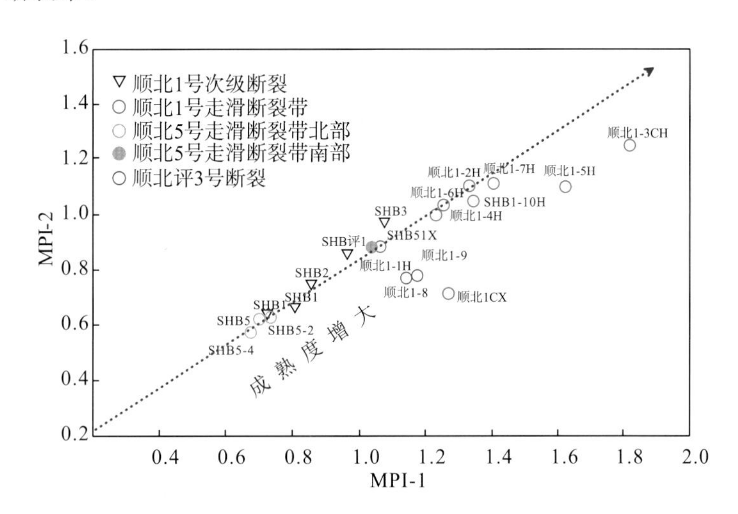

图4-15　顺北地区不同断裂带原油芳烃菲系列化合物成熟度参数特征图

第二节　顺北奥陶系断控缝洞型油气藏油-源对比

原油地球化学指标中的轻烃、饱和烃色谱、生标甾烷、萜烷系列化合物、同位素等均能很好地反映原油母质类型和油源。因此，本节将根据相关地球化学指标阐明顺北油气田的油源。

一、甾类化合物特征

顺北1号走滑断裂带奥陶系原油饱和烃色谱原油C_{21}^-/C_{22}^+值分布在2～7，轻质组分占明显优势，显示原油的有机质丰度较高、母质有机质类型好。C_{21+22}/C_{28+29}值分布在2.758～7.216，显示母质的有机质类型好。

一般认为，浮游植物的甾类化合物以C_{27}和C_{28}甾醇为主要成分，而C_{29}甾醇为次要成分，在浮游动物中，以C_{27}甾醇为主要成分；高等植物中的甾类化合物则是以C_{29}甾醇为主。表现为中等-较高含量的C_{29}规则甾烷分布，基本介于30%～65%，相对而言，顺北1号走滑断裂带原油比北部的跃进及其他地区平均所含的C_{29}规则甾烷要低(34%～47%)，C_{28}规则甾烷含量相对较高(24%～28%)，即母质来源于浮游植物的成分要高些，这可能与顺北地区下伏烃源岩所处的原始环境水体高于其他地区有关，有利于浮游植物的沉淀。但总体显示主体原油是浮游植物、藻类为主的母质来源。顺北1号走滑断裂带原油规则甾烷呈典型的不对称 V 字形分布，三环萜烷 $C_{21}TT/C_{23}TT$ 分布在 0.51～0.54，C_{23} 三环萜烷占明显优势，表明原油为海相原油特征(图 4-16)。

二、伽马蜡烷指数(伽马蜡烷/C_{30} 藿烷比值)与 C_{24} 四环萜烷/C_{26} 三环萜烷比值

由顺北 1 号走滑断裂带—跃进及其周缘地区奥陶系原油伽马蜡烷指数[伽马蜡烷/C_{30} 藿烷比值($G/C_{30}H$)]与 C_{24} 四环萜烷/C_{26} 三环萜烷比值($C_{24}TeT/C_{26}TT$)的关系图(图 4-16)可以发现，主体原油中的伽马蜡烷指数较高($G/C_{30}H>0.1$)、而 C_{24} 四环萜烷/C_{26} 三环萜烷比值($C_{24}TeT/C_{26}TT<1.5$，三环萜烷含量高)比较低，显示具有较高盐度的咸水还原环境，同时有机质母质类型以藻类、细菌为主。与塔里木台盆区较为典型的烃源岩相对比，顺北 1 号走滑断裂带—跃进及其周缘地区奥陶系原油与塔东 2 井寒武系烃源岩具有相似的分布区间。顺北地区奥陶系原油和肖尔布拉克剖面的寒武系黑色页岩抽提物饱和烃色质 $m/z=191$、$m/z=217$ 谱图进行对比，露头烃源岩由于暴露，成熟度与原油成熟度存在较大差异，但是三环萜烷化合物和甾烷化合物仍具有较好的相似性，综合指示油源为寒武系玉尔吐斯组海相烃源岩(图 4-17)。

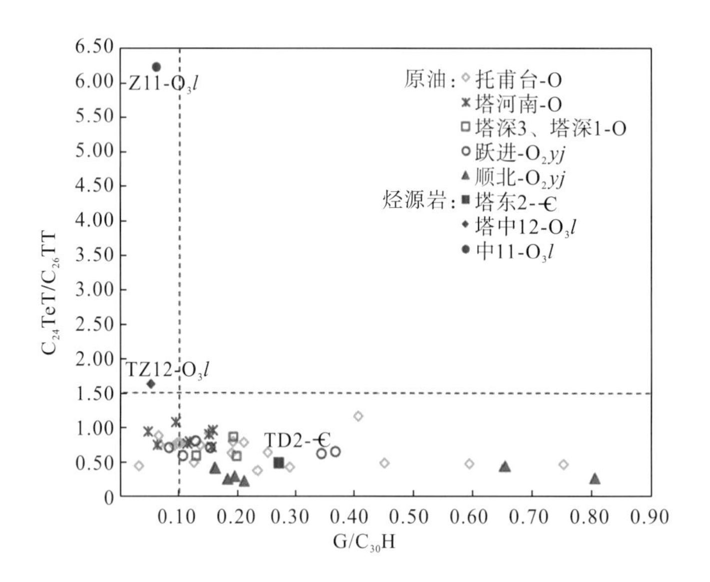

图 4-16　顺北及其周缘地区奥陶系原油与烃源岩 $G/C_{30}H-C_{24}TeT/C_{26}TT$ 关系图

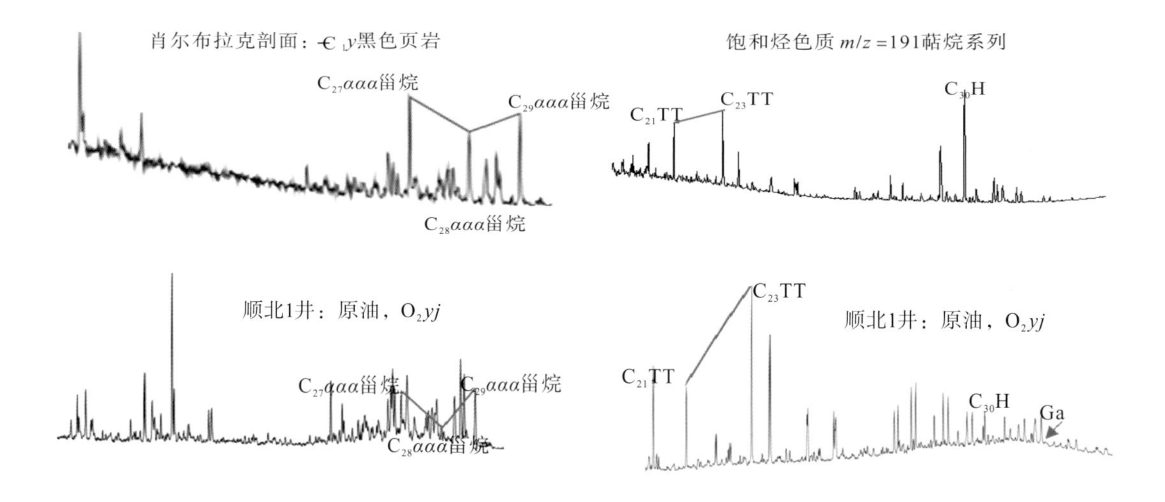

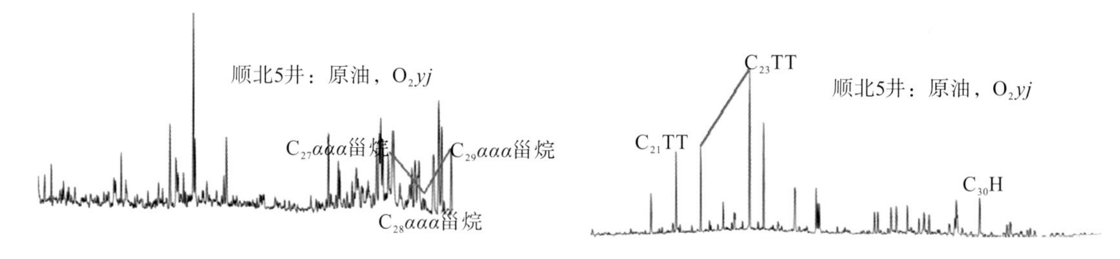

图 4-17　顺北 1 井区原油、肖尔布拉克黑色页岩剖面抽提物 m/z=191、m/z=217 谱图

第三节　顺北地区烃源岩特征、发育模式及分布

烃源岩特征受控于发育的沉积相带，不同沉积相带的烃源岩发育特征有所不同。下面就顺北地区奥陶系断控缝洞型油气藏的烃源岩特征、发育模式及分布特征进行深入研究。

一、烃源岩有机碳、碳同位素、硫同位素特征

1. 塔里木盆地烃源岩有机碳、碳同位素

表 4-6 列出了塔里木盆地钻井、露头寒武系及奥陶系烃源岩干酪根及饱和烃、芳烃碳同位素组成。

表 4-6　塔里木盆地烃源岩干酪根及饱和烃、芳烃碳同位素

井号	井深/m	时代	岩性	TOC/%	$\delta^{13}C_{干酪根}$/‰	$\delta^{13}C_{ST}$/‰	$\delta^{13}C_{AR}$/‰
LN46	6160	O_3l	泥灰岩	0.08		−28.9	−30.7
TZ12	4669	O_3l	黑色页岩	0.68		−26.2	−32.5
TZ72	5061.5	O_3l	泥灰岩	0.42			
He3	4042	O_3l	微晶灰岩	0.93			
YG-08	露头	$O_{2+3}s$	页岩	4.40			
SGTBLK	露头	$Є_1$	黑色页岩	1.06	−34.7	−31.5	−31.8
TC1	5714.55	Є	白云岩	0.80			
TC1	6421	$Є_3$	白云岩	0.09		−27.9	−28.5
TC1	7124	$Є_1$	白云岩	0.12		−29.7	−30.4
XH1	—	$Є_1$	黑色页岩	6.10	−34.2	−31.1	−29.1
KN1	4886	$Є_1$	泥灰岩	0.14		−28.8	−30.2
KN1	5503	$Є_1$	泥灰岩	2.04		−28.4	−31.1
He4	5350.7	$Є_1$	黑色白云岩			−28.9	−28
XEBLK	露头	$Є_1$	黑色白云岩			−29.5	−28.0
KLTG（Y2-15）	露头	$Є_1$					
KLTG（Y2-34）	露头	$Є_1$					
XEBLK（XD-Y）	露头	$Є_1$	黑色页岩		−34.1	−32.6	−31.8
XEBLK（XK2）	露头	$Є_1$	黑色页岩	0.77	−35.3	−32.2	−31.4
XEBLK（Y4）	露头	Є	黑色页岩	3.31			
TD2	4770.5	Є	黑色泥岩	1.70	−26.8		
YJK	露头	$Є_1$	黑色页岩	0.39	−28.5		

从表 4-6 中可以发现，星火 1 井、肖尔布拉克剖面、苏盖特布拉克剖面的下寒武统烃源岩饱和烃$\delta^{13}C$分布范围为-32.2‰～-31.1‰，芳烃$\delta^{13}C$分布范围为-31.8‰～-29.1‰，干酪根碳$\delta^{13}C$同位素分布范围为-35.3‰～-34.7‰(n=5)，这些烃源岩碳同位素比 TC1 井、He4 井、KN1 井寒武系烃源岩的饱和烃$\delta^{13}C$分布范围-29.7‰～-27.9‰轻，也比 LN46 井、TZ12 井上奥陶统烃源岩饱和烃$\delta^{13}C$分布范围-29.0‰～-26.2‰要轻(Zhang et al.，2006)。杨福林等(2016)研究也表明，苏盖特布拉克及肖尔布拉克剖面中烃源岩可溶有机质碳同位素偏轻的现象，$\delta^{13}C$均小于-30‰。

奥陶系烃源岩组分碳同位素在不同地区和层位之间存在差异(图 4-18)。西部柯坪地区上奥陶统印干组、其浪组、萨尔干组烃源岩稳定碳同位素相对偏重，一般重于-31‰，与寒武系烃源岩同位素分布范围接近。良里塔格组(LN46 井、TZ12 井，疑为污染样品)烃源岩组分碳同位素较轻，分布在-32.54‰～-31.20‰。东部地区中下统黑土凹组烃源岩碳同位素分布曲线与寒武系烃源岩相似，碳同位素偏重(-29.25‰～-26.61‰)，干酪根碳同位素偏轻，出现倒转现象。但黑土凹组烃源岩干酪根碳同位素(-31.29‰～-30.71‰)整体上要重于寒武系烃源岩(-35.6‰～-28.7‰)。

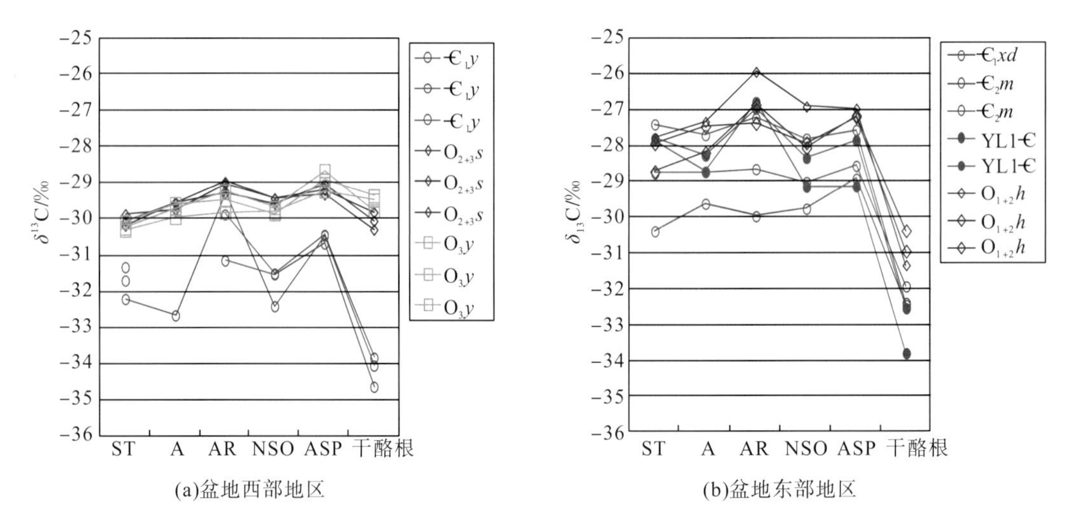

图 4-18　塔里木盆地不同层位烃源岩组分及干酪根碳同位素分布

ST：饱和烃；A：氯仿沥青；AR：芳香烃；NSO：非烃；ASP：沥青质

2. 塔里木盆地烃源岩干酪根、原油硫含量和$\delta^{34}S$

塔里木盆地主要钻井、露头烃源岩硫同位素数据列于表 4-7 中。其中，TD2 井寒武系干酪根 S/C 值为 0.057，为典型的 I-S 干酪根(Orr，1986)。干酪根总的残余硫含量与柯坪寒武系玉尔吐斯组干酪根接近，表明 Y-4 井样品也为相同的干酪根类型。与之相对比，YG-8 井中上奥陶统萨尔干组干酪根具有相对较低的 S/C 值(为 0.003)和较低的硫含量，属于典型的低硫 I 型干酪根，其他中上奥陶统干酪根中硫含量为1.2%～3.6%，明显低于寒武系干酪根。

TC1 井、KN1 井、TD2 井和柯坪露头寒武系玉尔吐斯组寒武系干酪根 $\delta^{34}S$ 分布范围为 10.4‰～19.4‰(表 4-7，n=4，Ave=15.4‰)，该值低于同时期海水$\delta^{34}S$约-20‰(Claypool et al.，1980)。库鲁克塔格(KLTG)、跃进沟(YJG)和肖尔布拉克剖面寒武系烃源岩干酪根$\delta^{34}S$分布范围为 14.0‰～21.6‰，平均值为 19.1‰(n=5)，这种差异与 Orr 等(1974)报道的毕葛红(Bighorn)盆地未蚀变原油的$\delta^{34}S$相似。

T204 井、TD1 井上奥陶统和中奥陶统底界烃源岩$\delta^{34}S$分别为 6.68‰和 8.68‰。塔里木盆地不同地区上奥陶统泥灰岩和微晶灰岩$\delta^{34}S$分布范围为-15.3‰～6.8‰(n=3，Ave=5.5‰)，LN46 井干酪根$\delta^{34}S$最低。总体来说，从寒武纪到早奥陶世到晚奥陶世，干酪根$\delta^{34}S$逐渐降低，总体上与同时期海水硫酸盐的$\delta^{34}S$分布范围趋势是一致的。但是干酪根和同时期海水硫酸盐$\delta^{34}S$(Claypool et al.，1980)的差异约为 18‰。塔里木盆地干酪根$\delta^{34}S$同位素的变化趋势与来自全球同时代烃源岩的原油的$\delta^{34}S$值相似(图 4-19)。

表 4-7　塔里木盆地烃源岩有机碳及硫同位素数据

井号	深度/m	层位	岩性	TOC/%	STR/%	δ^{34}STR/‰	Pyres/%	Pyres S/%	δ^{34}Spy/‰
TD2	4770.50	€	深灰色泥岩	1.70	7.4	19.40	0.490	0.26	16.90
YJK	露头	€$_1$	黑色页岩	0.39		14.00			
Y-4	露头	€$_1y$	黑色页岩	3.31	7.0	13.80			
KN1	5503.00	€	深灰色页岩	2.04	0.5	17.80	0.070	0.04	7.60
TC1	5714.55	€	泥质白云岩	0.80		10.40			9.30
KLTG Y2-15	露头	€$_1$	黑色页岩			21.60			
KLTG Y2-34	露头	€$_1$	黑色页岩			21.30			
XEBLK XD-Y	露头	€$_1$	黑色页岩			20.80			
XEBLK XK2	露头	€$_1y$	黑色页岩	0.77		18.00			
T204	5852.00	O_1	深灰色泥晶灰岩	0.46	4.1	6.68			
TD1	4361.00	O_1	黑色泥岩	0.86		8.68			
YG-8	露头	$O_{2+3}s$	笔石页岩	4.40	0.5	6.83	0.038	0.02	5.60
TZ12	5070.00	O_3l	灰色泥灰岩	0.82	3.6	6.78	0.640	0.34	−0.94
TZ72	5061.50	O_3	灰色泥灰岩	0.42	3.4	3.81			
He3	4042.00	O_3	深灰色泥晶灰岩	0.93	1.2	5.80	0.040	0.02	−10.80
LN46	6152.00	O_3l	灰色泥灰岩	0.62	5.6	−15.30	0.690	0.36	−20.50

注：STR 表示烃源岩中硫含量；δ^{34}STR 表示烃源岩干酪根硫同位素；Pyres 表示残余黄铁矿含量；Pyres S 表示残余黄铁矿硫含量；δ^{34}Spy 表示黄铁矿硫同位素。

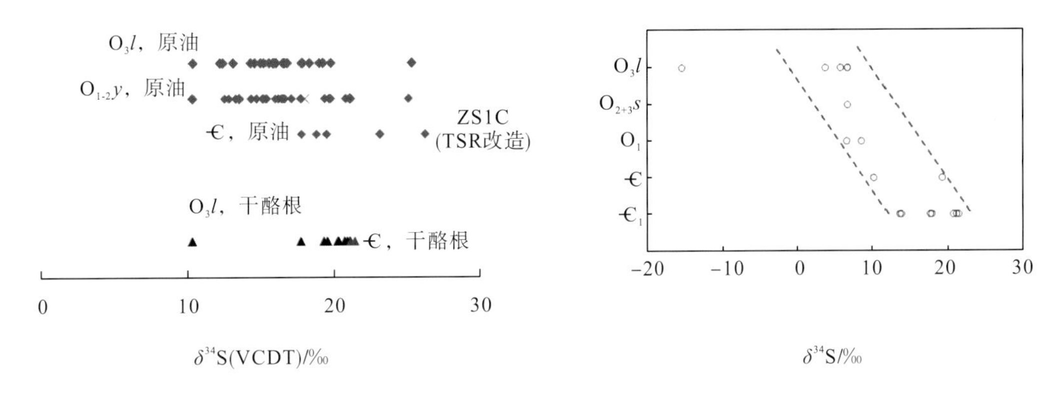

图 4-19　塔里木盆地不同层位烃源岩、原油硫同位素分布

注：CDT 为布洛铁陨石中的陨石铁；左图数据引自 Cai 等(2015)；右图为干酪根与原油数据。

二、玉尔吐斯组烃源岩发育模式与分布

众所周知，烃源岩发育是油气成藏的基础和关键，而烃源岩的发育与沉积相带及环境演化关系密切。因此，本节在众多前人研究成果的基础上，通过野外剖面、钻井剖面相关元素分析，来阐明玉尔吐斯组烃源岩沉积环境，为研究烃源岩发育模式、阐明烃源岩分布特征奠定基础。

1. 玉尔吐斯组沉积环境

1) 苏盖特布拉克剖面玉尔吐斯组的沉积环境

U 在氧化还原敏感元素中受陆源碎屑、成岩改造等影响最小。因此，在这两条剖面的样品中，U$_{自生}$/Th

值在反映氧化还原条件时最为可靠。在苏盖特布拉克剖面样品中，下页岩段具有极高的 $U_{自生}$/Th 值，除 TAS-7（$U_{自生}$/Th 值=6.971）外均大于 10（图 4-20），可能反映了一个特殊的极端缺氧环境。上页岩段的 $U_{自生}$/Th 值明显下降，两个样品 TAS-9 和 TAS-10 的 $U_{自生}$/Th 值具有较大差异，分别为 1.943 和 0.458，由于二者的 U 含量中自生 U 的占比分别为 83.8%和 61.7%，故 TAS-9 的 $U_{自生}$/Th 值（1.943）可能更接近真实的沉积环境，可以认为其上页岩段的沉积环境为缺氧环境，但相对下页岩段缺氧程度减弱，造成下页岩段极端缺氧的环境事件在上页岩段沉积时期已经减弱或结束。

在苏盖特布拉克剖面玉尔吐斯组下页岩段底部样品中（0.145m 以下）$V_{自生}/Cr_{自生}$值<2.5，其他样品 $V_{自生}/Cr_{自生}$值均大于 4，说明苏盖特布拉克剖面玉尔吐斯组的下页岩段沉积时主要为缺氧环境（Hatch and Leventhal，1992；Jones and Manning，1994）。

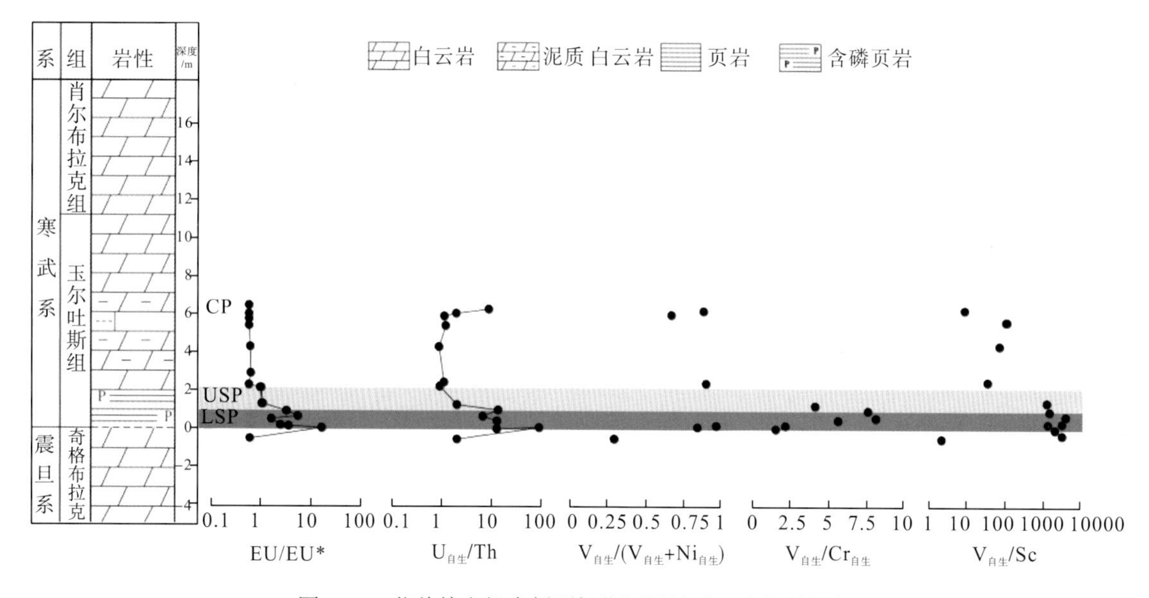

图 4-20　苏盖特布拉克剖面氧化还原敏感元素相关指标

V 与 Sc 均具有不可溶性，且 V 含量与 Sc 呈正相关关系，在还原环境中 $V_{自生}$/Sc 值一般较高，而在氧化环境中 $V_{自生}$/Sc 值偏低。在苏盖特布拉克剖面玉尔吐斯组下页岩段样品中 $V_{自生}$/Sc 值极高（V/Sc 值>200），可能指示了特殊条件下的极端还原环境。碳酸盐岩段中的样品该比值明显减小，$V_{自生}$/Sc 值分布在 4.532～33.189（除 TAS-19，$V_{自生}$/Sc 值=305.926），表明沉积环境的氧化性有所增强（Kimura and Watanabe，2001）。

根据 Ce/Ce*-Pr/Pr*交会图（图 4-21），苏盖特布拉克剖面的大部分样品均表现出真实的 Ce 负异常，且负异常程度从剖面底部向上逐渐减小。通常，Ce 负异常出现在氧化环境的沉积物中，这与样品氧化还原敏感元素得出的结论相反。同时，下页岩段样品的 Ce 负异常明显更为强烈（Ce/Ce*值为 0.39～0.50），考虑到当时可能存在海底热液活动，这些样品中的 Ce 负异常可能是热液活动导致的，而非反映的是沉积环境的氧化还原条件。碳酸盐岩段样品均表现为轻微 Ce 负异常（Ce/Ce*值为 0.71～0.85），反映出热液作用的影响明显减弱。而上页岩段样品的 Ce 负异常处于过渡状态，Ce/Ce*值为 0.47～0.65。排除热液作用的影响，碳酸盐岩段及下页岩段的 Ce 负异常可能是由上升洋流所导致的，有研究认为，上升洋流可以导致氧化还原界面向浅水方向移动，在浅水区域，由于表层海水呈氧化状态，而底部水体在上升洋流的控制下呈现还原状态，此时，沉积物可能会继承上覆氧化海水的 Ce 负异常特征，从而在还原环境中出现 Ce 负异常的特征。玉尔吐斯组普遍存在的磷矿层正是这一时期存在上升洋流的有力证明，在苏盖特布拉克剖面中也有多个样品 P_2O_5 含量较高。

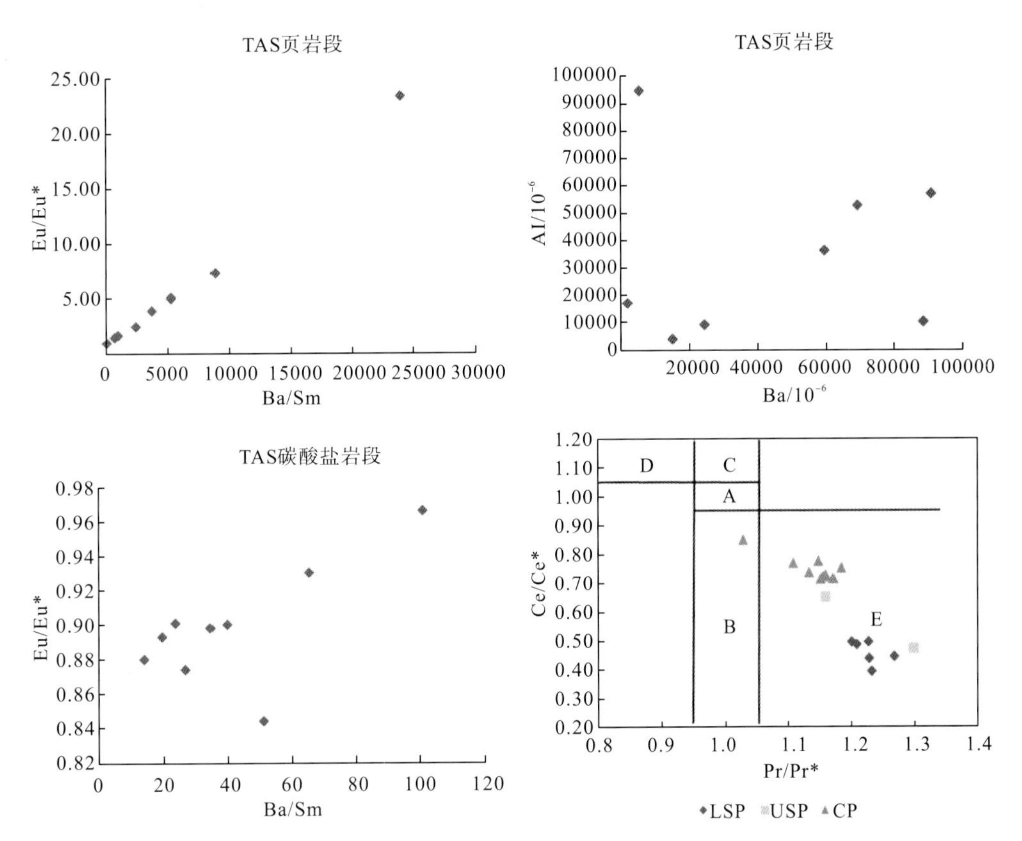

图 4-21　苏盖特布拉克剖面玉尔吐斯组 Eu/Eu*-Ba/Sm、Ba-Al 和 Ce/Ce*-Pr/Pr*交会图

注：A 为无 Ce 异常和 La 异常；B 为无 Ce 异常和 La 正异常；C 为无 Ce 异常和 La 负异常；D 为真实的 Ce 正异常；E 为真实的 Ce 负异常。

2) 东二沟剖面玉尔吐斯组的沉积环境

东二沟剖面样品的 $U_{自生}/Th$ 的最高值同样出现在下页岩段(图 4-22)，除 TDE-4($U_{自生}/Th$ 值=4.277)外均大于 30，同样可能是极端缺氧环境的产物。上页岩段的 $U_{自生}/Th$ 值有所下降，但仍维持在较高的水平，$U_{自生}/Th$ 值为 19.184～39.884。在碳酸盐岩段中，除 TDE-25 外($U_{自生}/Th$ 值=14.325) $U_{自生}/Th$ 值进一步降低，分布在 1.101～6.806。$U_{自生}/Th$ 值在 3 段地层的样品中逐步降低，表明其沉积环境的还原性从下页岩段—上页岩段—碳酸盐岩段逐渐减弱(Jones and Manning，1994；Pattan et al.，2005)。

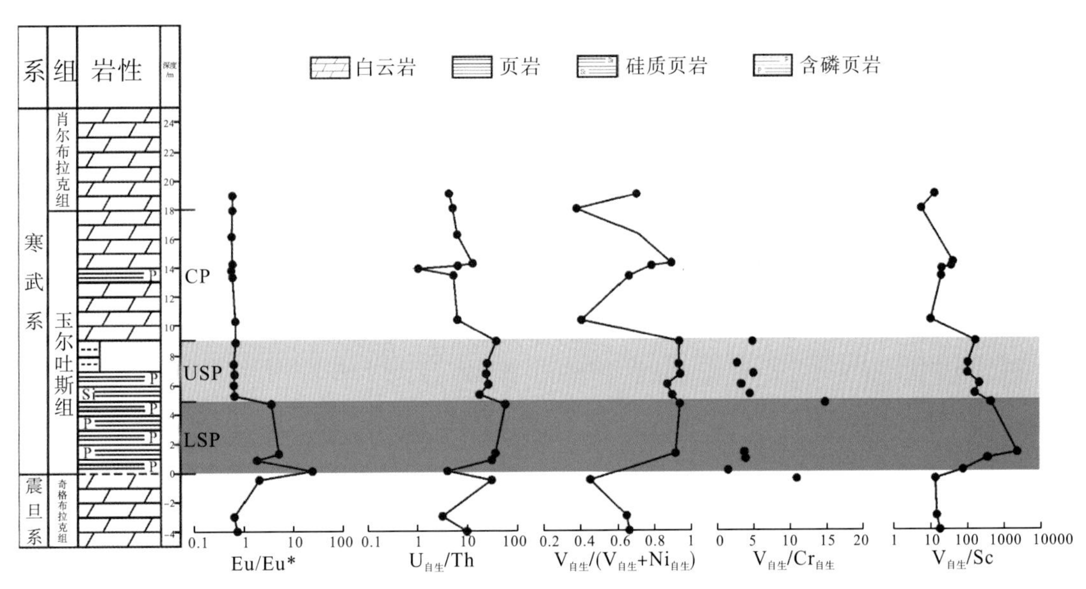

图 4-22　东二沟剖面氧化还原敏感元素相关指标

东二沟剖面的样品中，Ni 含量在成岩过程及成岩后损失较少，因此大部分样品的 $V_{自生}/(V_{自生}+Ni_{自生})$ 值可以提供真实沉积环境的信息(图 4-22)。在页岩段中，上、下页岩段样品 $V_{自生}/(V_{自生}+Ni_{自生})$ 值差别不大，均大于 0.84(0.870～0.942)，说明这段时期该剖面处于水体明显分层且底层水体出现自由 H_2S 的缺氧环境中。而碳酸盐岩段中，($V_{自生}/V_{自生}+Ni_{自生}$)分布较广，为 0.377～0.891，表明其沉积环境的还原性降低水体分层减弱(Hatch and Leventhal，1992；Rimmer，2004)。

依据 $V_{自生}/Cr_{自生}$值的分布，东二沟剖面玉尔吐斯组自下向上表现出沉积环境还原性逐渐减弱的特点，下页岩段为缺氧环境，上页岩段可能进入了贫氧-缺氧环境(Hatch and Leventhal，1992；Jones and Manning，1994)。

$V_{自生}/Sc$ 在东二沟剖面玉尔吐斯组中同样表现出了分段性的特征。在底部下页岩段中，除 TDE-4 外($V_{自生}/Sc=80.302$) $V_{自生}/Sc$ 值为 366.472～2403.314，可能指示了特殊条件下的极端还原环境。上页岩段中，$V_{自生}/Sc$ 值有所下降，分布在 104.178～217.912，表明沉积环境氧化性增强。碳酸盐岩段中，$V_{自生}/Sc$ 值进一步下降，分布在 5.641～37.884，表明沉积环境氧化性进一步增强(Kimura and Watanabe，2001)。

东二沟剖面下页岩段出现 Eu 正异常的样品中，Eu/Eu*与 Ba/Sm 同样具有良好的线性关系(图 4-23)，表明 Eu 正异常的出现有受到样品中 Ba 含量影响的可能性(Jiang et al.，2007)。而下页岩段样品的 Ba 含量与 Al 含量同样具有正相关关系，但其富集情况并不一致，相对于 Ba 和 Al 在页岩中的平均含量(Ba 为 580×10^{-6}，Al 为 80000×10^{-6})，样品的 Ba 明显富集(2211×10^{-6}～114190×10^{-6})，而 Al 则明显亏损(3351.177×10^{-6}～11329.412×10^{-6})，因此，Ba 和 Al 的相关关系并不能反映样品 Ba 的主要来源为陆源碎屑。这种情况下，仍然可以认为东二沟剖面下页岩段中 Ba 的富集和与之伴随的 Eu 强烈正异常很可能反映了当时强烈的海底热液活动(蒋干清等，2006)。结合氧化还原敏感元素的相关指标可以发现，具有极端缺

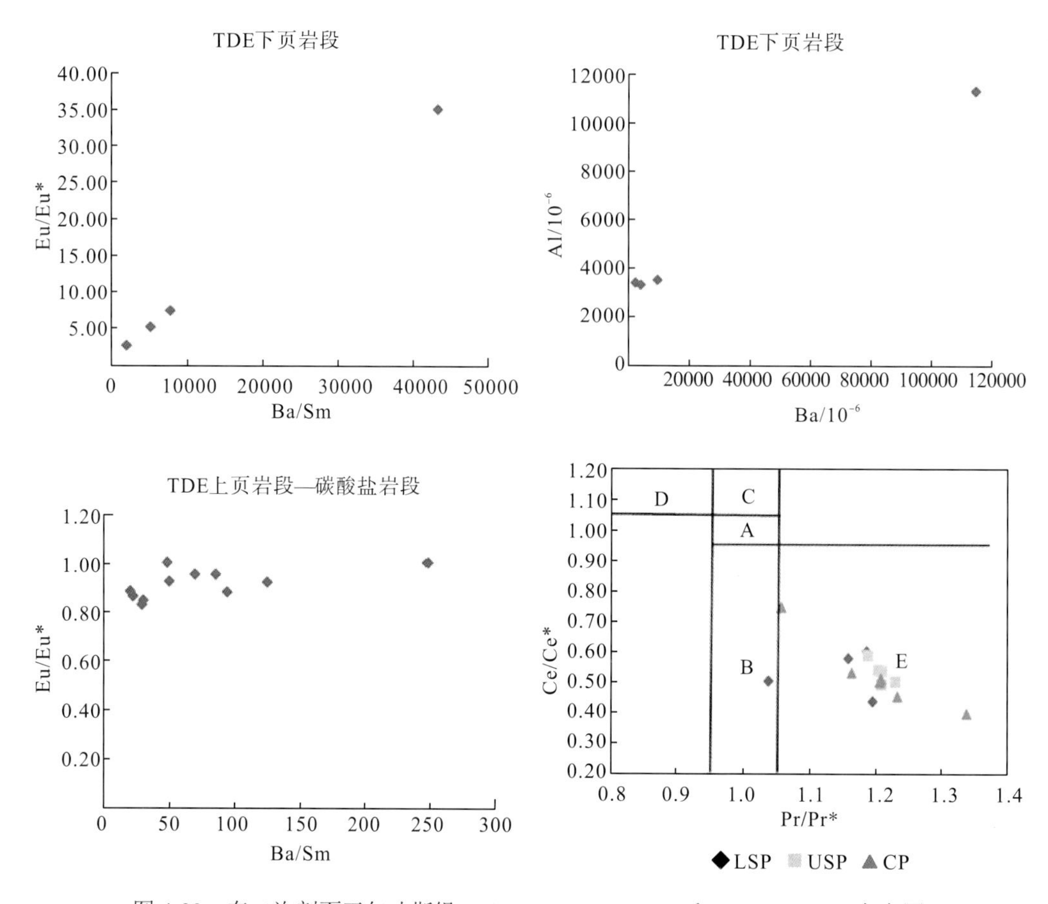

图 4-23　东二沟剖面玉尔吐斯组 Eu/Eu*-Ba/Sm、Ba-Al 和 Ce/Ce*-Pr/Pr*交会图

注：A 为无 Ce 异常和 La 异常；B 为无 Ce 异常和 La 正异常；C 为无 Ce 异常和 La 负异常；D 为真实的 Ce 正异常；E 为真实的 Ce 负异常。

氧地化指标的样品集中出现在下页岩段，与具有明显 Eu 正异常的样品相对应，说明东二沟剖面下页岩段中出现的极端缺氧沉积环境同样极有可能与海底热液活动相关。在上页岩段和碳酸盐段中，Eu/Eu*值与 Ba/Sm 不具有相关性，表明这两段地层中的 Eu 异常情况未受到样品 Ba 含量的干扰(Jiang et al.，2007)。两段地层中均出现 Eu 负异常，下页岩段 Eu/Eu*值为 0.64～0.70，碳酸盐岩段 Eu/Eu*值为 0.57～0.69，可能反映了在这两段地层中热液活动结束，沉积环境中热液作用的影响已经逐渐消失。

根据 Ce/Ce*-Pr/Pr*交会图(图 4-23)，东二沟剖面的大部分样品同样表现出真实的 Ce 负异常，且 3 段地层 Ce/Ce*值差异不大(Bau and Dulski，1996；Nothdurft et al.，2004)，下页岩段为 0.44～0.60，上页岩段为 0.49～0.59，碳酸盐岩段为 0.40～0.74。与苏盖特布拉克剖面相似，下页岩段的 Ce 负异常可能与热液活动相关，而上页岩段与碳酸盐岩段已无明显热液活动的证据，这两段地层中的 Ce 负异常可能和上升洋流有关(Chen et al.，2003；Guo et al.，2007；Zhao et al.，2009；闫斌等，2010)。

3)夏河 1 井玉尔吐斯组沉积环境

夏河 1 井完钻深度为 5671m，完钻层位为 Z_1s。对 5 回次 1/47 取心的玉尔吐斯组灰色泥岩进行 TOC 分析表明，TOC 仅为 0.26%，为非烃源岩。分析表明夏河 1 井玉尔吐斯组为潮坪相沉积，对夏河 1 井玉尔吐斯组对应层段岩石进行了常量元素分析。结果如图 4-24 所示。

从夏河 1 井玉尔吐斯组常量元素地球化学剖面来看，V/(V+Ni)值普遍大于 0.85，表明沉积环境为氧化环境；Sr/Ba 值小于 0.35，Mn/Fe 值在 0 附近，Zr/Al 值很低，均反映沉积水体较浅，向上水体逐渐增加；Al/(Al+Fe+Mn)值大于 0.35，(Fe+Mn)/Ti 值小于 10，表明热水活动较弱，P 含量小于 0.3，表明沉积时营养元素较少。夏河 1 井玉尔吐斯组常量元素特征表明沉积时水体较浅，缺乏营养物质输入及热液活动，因而烃源岩不发育。

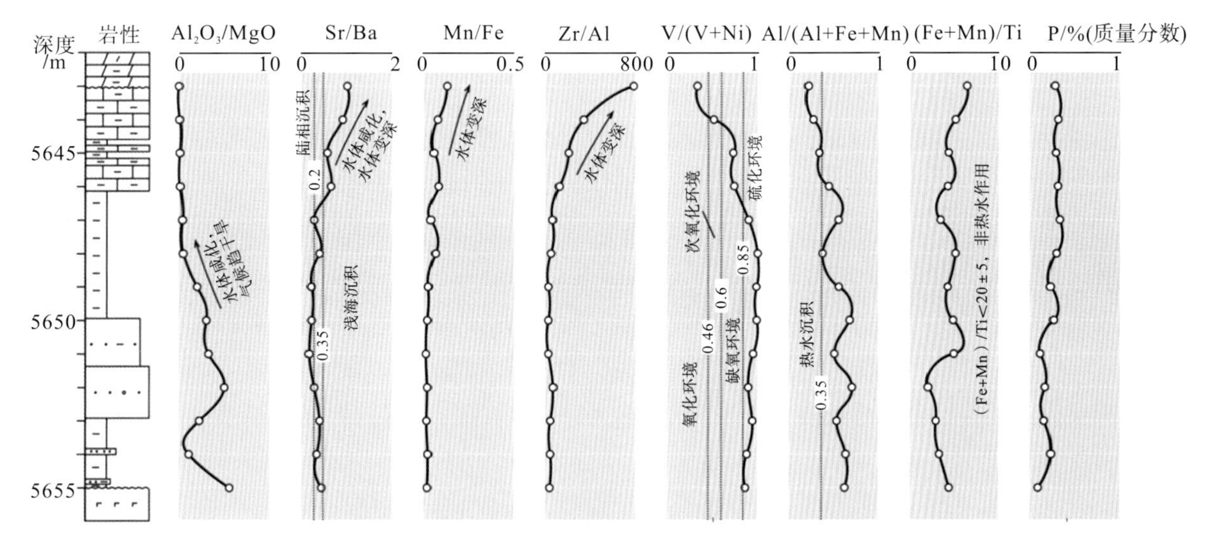

图 4-24 夏河 1 井玉尔吐斯组常量元素地球化学剖面

4)孔探 1 井下寒武统西大山组沉积环境

孔探 1 井位于塔东尉犁 1 井附近，该井微量元素地球化学剖面如图 4-25 所示。

孔探 1 井下寒武统西山布拉克组及部分西大山组在测井响应上，具有高伽马值，有机碳含量高。对西山布拉克组烃源岩 Mo、V 元素进行分析表明，烃源岩具有较高的 Mo、V 含量，指示了海水缺氧的沉积环境，Cu/Zn 值小于 0.21，反映了沉积环境为还原环境，V/(V+Ni)值小于 0.45，反映了具有低能、滞留的沉积环境，具有上升洋流的影响，同时 Al/(Al+Fe+Mn)值小于 0.5，反映了具有热液成因的特征。

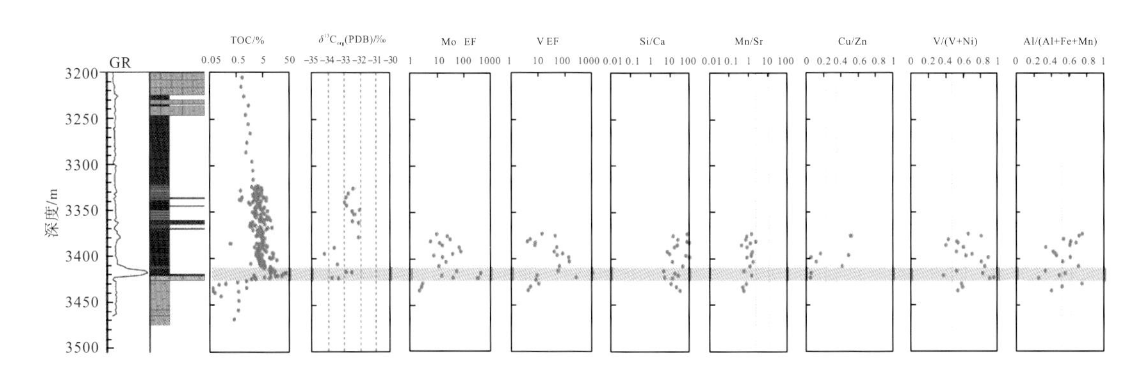

图 4-25　孔探 1 井下寒武统元素地球化学剖面

5）剖面间沉积环境变化对比

由于苏盖特布拉克剖面与东二沟剖面在离岸距离及古水深方面可能存在差异，可以通过两条剖面间的对比，分析离岸距离对当时沉积环境的影响。从修正后的 $V_{自生}/(V_{自生}+Ni_{自生})$ 值可以看出，在玉尔吐斯组沉积时期，古海水基本处于强烈分层状态，结合其他地化指标及前人的研究，可以推测造成海水强烈分层的主要因素为海底热液活动和上升洋流作用，而二者的影响程度在不同的阶段有所差异。

在玉尔吐斯组下页岩段中，两条剖面均表现出强烈的 Eu 正异常和极端还原的氧化还原指标。除部分氧化还原敏感元素含量在东二沟剖面表现出受到陆源碎屑影响的特征外，进行陆源碎屑修正后的氧化还原指标在两条剖面无明显差异。由于这一时期是早寒武世海进事件的初期，而沉积环境的还原性最强，且与热液活动证据明显相关，说明此时极端还原环境的主控因素为海底热液活动。

上页岩段中，东二沟剖面 Eu 表现为负异常，而苏盖特布拉克剖面 Eu 无异常，说明此时热液活动已经减弱，苏盖特布拉克剖面可能仍受到微弱影响，而相对近岸的东二沟剖面已经不受热液活动影响。氧化还原敏感元素的相关指标此时也表现出氧化性增强，但仍处于还原环境。此时，离岸较远的苏盖特布拉克剖面的氧化还原指标已经恢复到相对正常的还原环境，而近岸的东二沟剖面仍有部分极端还原的数据，可能是受到了陆源碎屑中相应元素的干扰。由于此时 Ce 异常与氧化还原敏感元素相关指标存在矛盾，且部分样品富集磷元素，因此可以推测，这一时期造成该地区处于还原环境的主要因素可能是上升洋流作用。

碳酸盐岩段中，两条剖面 Eu 均表现出负异常，表明热液活动进一步消退。氧化还原敏感元素相关指标也进一步向氧化方向变化，在东二沟剖面部分指标已表现出贫氧-氧化环境的特征。此时，虽然上升洋流仍对沉积环境的氧化还原条件产生了影响，但其影响程度在逐步减弱。

2. 玉尔吐斯组烃源岩发育模式

1）沉积特征差异

玉尔吐斯组下段岩石组合为黑色页岩与黑色薄-极薄层状有机质颗粒硅质岩（化）互层，向上薄层状硅质岩逐渐减少（层厚为 5～10cm），并过渡为以黑色页岩为主导。此外，该层段底部发育薄层状深灰-灰黑色颗粒磷块岩。该层段响应了快速海侵，沉积速率较高的开阔台地—上缓坡（裂）洼陷带至沉积速率较低的中缓坡-下缓坡环境。

玉尔吐斯组上段岩石组合为黑色页岩与灰黑色薄-极薄层状含粉砂屑泥晶灰岩互层，页岩与灰岩突变接触，接触面平整。早寒武世时，阿克苏地区台内-中缓坡可能发育有一系列水下高地，沉积大量碳酸盐，它们是由菌藻类捕集与固结的沉积物，当受到大风暴袭击或震动时，这种未固结的灰泥极易坍塌，形成一股生物碎屑、有机质泥与灰泥混合的类浊流，顺坡搬运至中-外缓坡深水处堆积而成（张爱云等，1987），露头上部分薄层灰岩的正粒序结构进一步指示浊流的存在。这种类浊积薄层状泥灰岩是第二套黑色页岩形成于下缓坡的证据，其厚度向上缓坡-台内尖灭。

玉尔吐斯组构成了两个较完整的海进-海退层序，第一套黑色页岩沉积于第一个旋回海侵高峰期水体较深、沉积速率较高的上缓坡(裂)洼陷带，以及沉积速率较低的中缓坡至下缓坡环境，研究区均有分布，但厚度极不均匀，台内沉积较厚，台缘沉积较薄。而上段页岩段沉积于第二个旋回海侵初期水体不断变深的中-下缓坡低能带，研究区分布范围局限，厚度较稳定，靠近台内不发育，中-下缓坡带沉积厚度较大。此外，在下缓坡坡折带处，风暴作用或失稳导致重力流垮塌体的存在，该套岩层不发育或缺失，向盆内水体进一步加深的下缓坡，该套黑色页岩厚度增大，如星火 1 井可达 30m。

2)成烃生物的差异

陈强路等(2015)通过对阿克苏地区苏盖特布拉克剖面(对应苏盖特 1 号剖面)的成烃生物进行了系统的研究，发现玉尔吐斯组黑色页岩下部成烃生物以底栖藻类为主，仅含有少量浮游藻类，向上底栖藻类减少，浮游藻类(如光面球藻、小刺球藻、球状甲藻等)增加，并发育纹层状蓝藻藻席。杨宗玉等(2017)在显微镜下硅质岩中观察到的大量与底栖菌藻(微生物为主)活动相关的富有机质菌藻球粒、藻丝状体、微生物球粒以及团块相一致(杨宗玉等，2017)；上部页岩段成烃生物以浮游藻类为主，同时还发现大量随机分布的海绵骨针、放射虫骨粒及生物碎片等，反映台地边缘(中-外缓坡环境)水体向上变深的沉积特征。

3)有机质丰度的差异

玉尔吐斯组下段烃源岩 TOC 分布范围为 1.03%～16.50%，平均值为 5.37%，上部页岩段 TOC 分布范围为 0.65%～2.83%，平均值为 1.46%。两套黑色岩系均属于有机质高度富集的优质烃源岩。玉尔吐斯组两套黑色页岩的 U、Mo、Ni、Zn 与 TOC 呈现明显的正相关关系，其相关系数分别为 0.83、0.87、0.85、0.71，且各元素富集系数均较高，可以推测，两套黑色页岩沉积时期总体为一个缺氧环境，可能局部处于硫化环境。值得注意的是，下段页岩段中 TOC 值明显较第二套偏高，表明下段泥页岩段的沉积环境对有机质的发育和保存比上段更为有利。

4)玉尔吐斯组烃源岩发育模式

烃源岩发育模式是研究烃源岩分布规律的重要内容。张宝民等(2007)认为，塔里木盆地下寒武统烃源岩发育模式为热水活动-上升洋流-缺氧事件模式，该模式主要在克拉通边缘凹陷的欠补偿盆地和台-盆过渡带发育，其中热液活动及上升洋流对该地区烃源岩发育影响比较明显。主要表现在：①海底热液活动为菌藻类成烃生物的繁殖提供了大量的营养组分，相关证据有满东凹陷烃源岩中铁族元素、微量元素与 TOC 值呈现明显的正相关关系；②上升洋流将地层热液活动的营养物质携带到表层，导致表层生物大量繁殖发育，上升洋流类型主要为开阔大洋辐射散带型，上升洋流携带营养盐使硅藻和放射虫繁盛，从而以富含生物成因的硅质岩为特征。

前期研究，我们通过露头剖面、钻孔资料与地震资料相结合，认为玉尔吐斯组沉积模式主要为缓坡模式，烃源岩发育在中下缓坡与深水陆棚相带。其中，塔东 2 井下寒武统西大山组(相当于阿克苏的玉尔吐斯组)泥质岩代表深水陆棚相沉积，星火 1 井岩性组合以硅质岩与黑色页岩为主，代表了下缓坡深水相沉积。基于玉尔吐斯组烃源岩在露头剖面和钻井的特征，建立了玉尔吐斯组烃源岩缓坡型分布模式(图 4-26)。

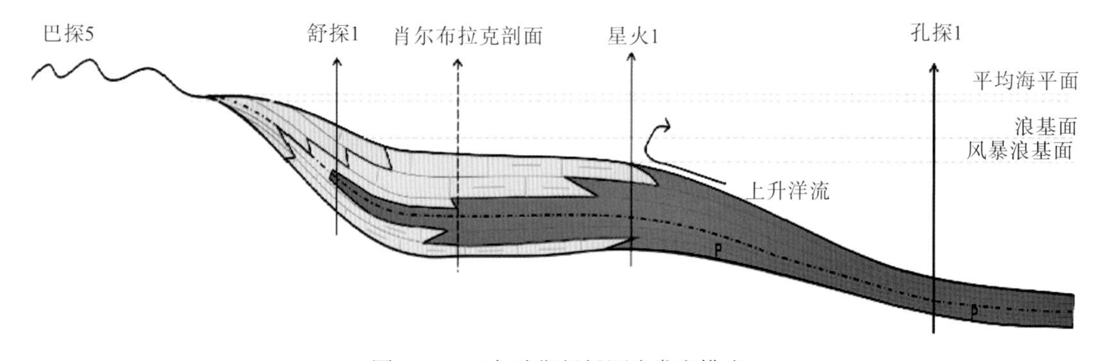

图 4-26　玉尔吐斯组烃源岩发育模式

为了进一步描述柯坪地区玉尔吐斯组上下两段页岩的地球化学特征，本次研究建立了两种发育模式，即热液缺氧模式和斜坡缺氧沉积模式，为玉尔吐斯组烃源岩分布提供依据。

(1)热液缺氧模式：在E-C界线附近，随着塔里木陆块从澳大利亚西北部裂解，南天山洋海底迅速扩张，塔里木盆地逐渐从裂谷盆地演化为被动大陆边缘盆地，伸展构造形成同沉积断层、幕式热异常，以及岩溶风化壳形成的热液通道控制着热液活动和海底火山活动，随着玉尔吐斯组沉积初期的快速海侵(第一旋回，沉积水体相对较浅)，热液流体随上升洋流将大量还原气体、金属元素(Ba、V、Fe、Cr、Ni、Cu、U等)及生命营养元素(Si、P、N等)带入海洋，从而激发海洋席状底栖菌藻的大量繁盛(主要成烃生物)，而缺氧环境使得黑色岩系中的有机质得以大量埋藏和保存，最终形成富有机质的第一套黑色页岩。此外，许多化石和近代磷块岩的形成均与海底热液、上升洋流、大陆风化等导致的磷通量急剧增加，水体富营养有关。水体有氧/缺氧分层沉积环境的建立确保大量的有机颗粒到达沉积物顶部，底栖微生物席(次级生产者)回收磷元素，并通过分解沉淀的初级生产者产生的有机颗粒增殖(捕获磷)，这与第一套黑色页岩发育的大量磷质结核及磷块岩层相吻合(图4-27)。

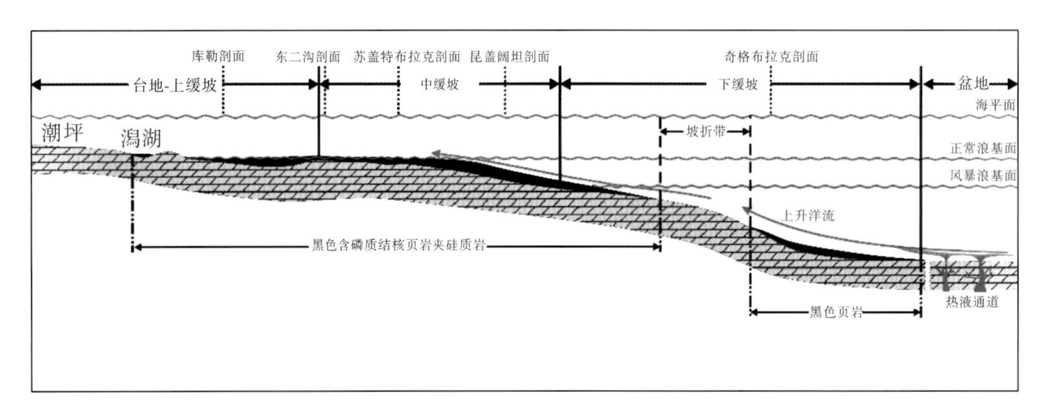

图4-27　玉尔吐斯组第一套黑色页岩沉积模式

(2)斜坡缺氧沉积模式：随着玉尔吐斯组第一旋回的沉积结束，相对海平面再次缓慢上升，一方面伴随上升洋流带来洋盆缺氧、富营养海水(磷酸盐和硫酸盐)及海洋本身高盐度的背景值(早期热液活动导致)，使得浮游藻类(主要成烃生物)、微生物及其他低等水生生物繁盛(生物生产率较高)；另一方面，生物大量死亡后，遗体分解消耗大量溶解氧，上升洋流使得表层水体出现分层现象，底部缺氧环境为有机质保存创造了条件，形成富有机质的第二套黑色页岩(图4-28)。

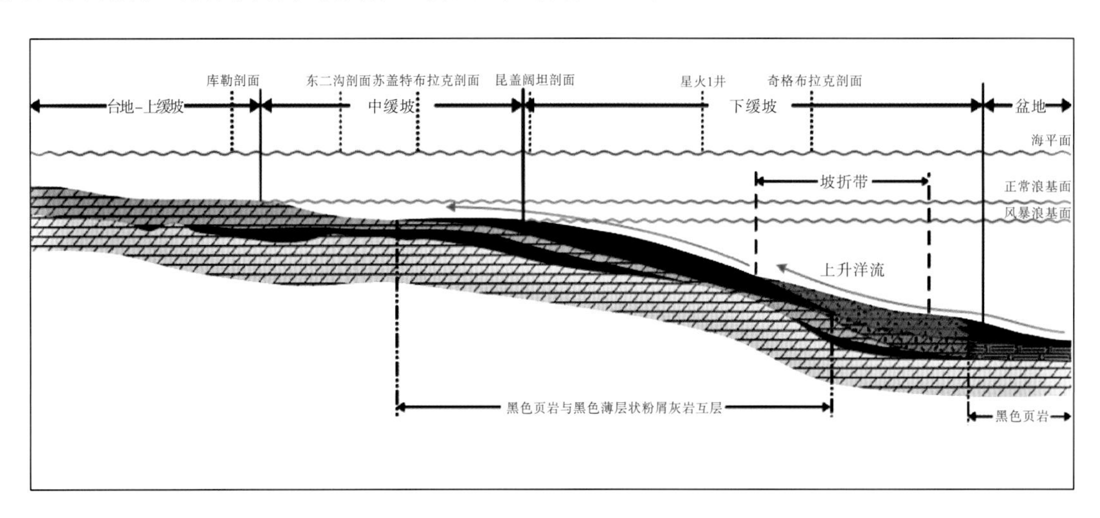

图4-28　玉尔吐斯组第二套黑色页岩沉积模式

三、寒武系玉尔吐斯组烃源岩分布特征

根据野外露头、钻井资料情况结合地震资料，塔里木盆地台盆区发育多套寒武系—奥陶系海相烃源岩，其中下寒武统玉尔吐斯组烃源岩具有广泛分布的特点，中下寒武统—中下奥陶统烃源岩主要发育于满加尔拗陷区，油气源对比显示油气主要来自寒武系烃源岩。

下寒武统玉尔吐斯组烃源岩，是早寒武世初期快速海侵形成的缓坡-深水斜坡陆棚相、深水盆地相烃源岩，是台盆区最为重要的烃源岩，有机质丰度高。从其分布来看，除了巴楚—塔中地区存在古隆起的剥蚀区外，整个台盆区都有发育。就寒武系烃源岩的分布来看，认为下寒武统玉尔吐斯组是顺北地区的主力烃源岩(图 4-29)。顺北地区及其周缘的阿瓦提—塔北—顺托果勒—满加尔西部地区一带，应主要是一套浅水-深水斜坡相沉积，与西部柯坪露头区、北部的星火 1 井所揭示的沉积模式相似，岩性主要是泥灰岩、碳质泥岩、硅质页岩。柯坪肖尔布拉克剖面玉尔吐斯组烃源岩厚 8～35m，平均有机碳含量为 2.42%～17.99%，星火 1 井钻揭玉尔吐斯组烃源岩厚 26m，平均有机碳含量为 5.50%，推测阿满过渡带及其周缘地区玉尔吐斯组烃源岩厚度在 30m 左右，有机碳含量平均在 6.0%左右。

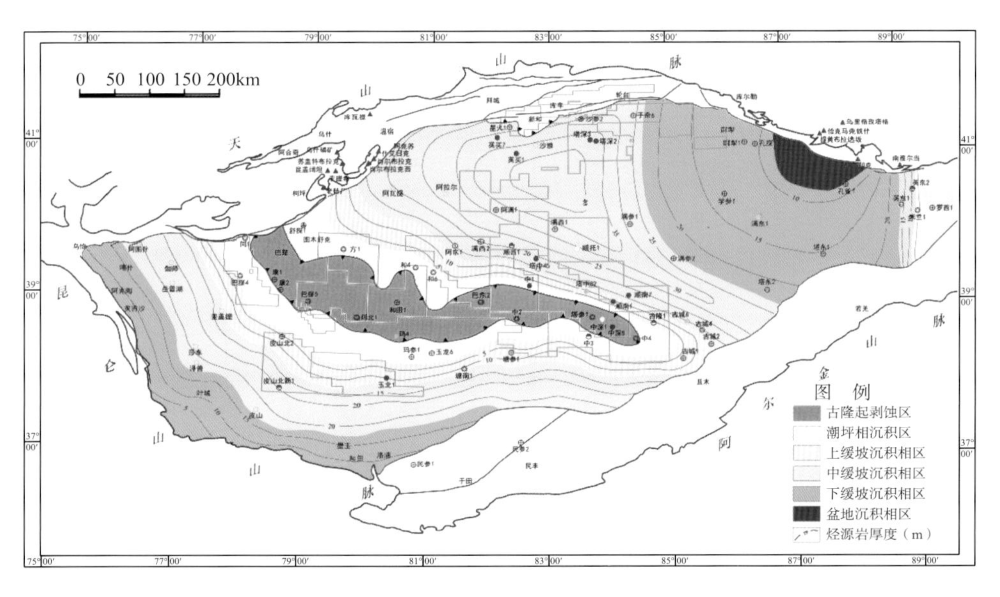

图 4-29　塔里木盆地寒武系玉尔吐斯组烃源岩分布图

第四节　烃源岩演化特征

塔里木盆地下古生界海相烃源岩有机质成熟度评价长期以来是一个尚未得到较好解决的重要问题，困难主要来自两个方面：一是下古生界地层中缺乏真正的高等植物来源的镜质组，因此无法采用镜质组反射率来作为成熟度的标尺；二是下古生界烃源岩高过成熟的特点使得分子有机地球化学和荧光光度技术方面的有机质成熟度参数失去了有效性。

一、不同层系烃源岩成熟度特征

从历年来塔里木盆地台盆区烃源岩热演化分析的数据来看，现今奥陶系等效镜质组反射率主要分布在 0.8%～1.8%，其主峰分布于 1.0%～1.2%，盆地东部塔东 1 井、塔东 2 井成熟度较高；寒武系等效镜质组反射率主要分布于 1.6%～2.4%，主峰分布于 1.6%～1.8%，同样在盆地东部塔东 1 井、塔东 2 井成熟度较高(图 4-30)。

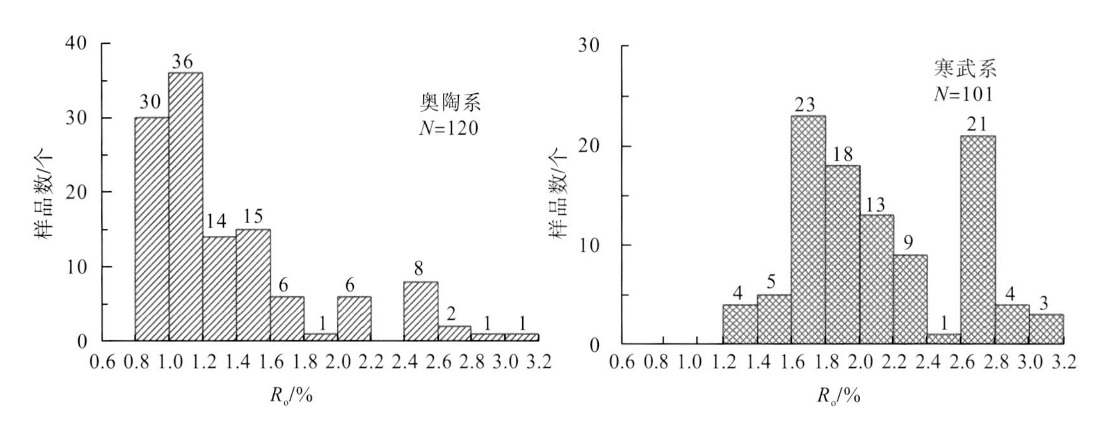

图 4-30　塔里木盆地寒武系—奥陶系烃源岩等效镜质组反射率分布频率图

从盆地东西部露头区的烃源岩等效镜质组反射率(图4-31)来看，其成熟度也仅达高成熟阶段，作为一种古老的烃源岩，其成熟度也并不如想象中的那样高。另外，东部烃源岩成熟度相对西部烃源岩成熟度也相差不多，表明塔里木盆地在地史时期全盆地温梯度并不大，其烃源岩成熟度也不是太高。盆地东部从寒武系底部地层至上奥陶统顶部地层等效镜质组反射率也仅相差 0.3%左右，也可能反映出寒武纪—奥陶纪较低的地温背景。

钻井烃源岩等效镜质组反射率垂向分布(图4-32)反映出如下特点：①寒武系与奥陶系之间的等效镜质组反射率连续性好，一方面可能反映出这两个地层之间连续沉积未经受剥蚀作用，另一方面可能反映出即使寒武系与奥陶系之间存在剥蚀，其后期的热作用也已经消除两者之间的影响，由此也可以说明在奥陶系烃源岩热演化过程中，寒武系地层烃源岩成熟度也相应增加，不存在停滞作用，即使奥陶系地层可能因地层抬升而停止热演化，其下伏的寒武系地层也应优先进入第二次热演化；②从等效镜质组随埋深变化的梯度来看，盆地东部塔东 2 井变化最快，反映盆地东南部古地温梯度较大，前人的研究成果表明，在塔东地区存在古热异常事件，其较高的成熟度与之相关；③从不同地区等效镜质组反射率与深度来看，虽然各地区相同的井深对应的等效镜质组反射率各不相同，但总体偏低，如顺 4 井在现今埋深达 7000m，其等效镜质组反射率也仅为 1.2%左右，反映较低的地温场。考虑到隆起区在地史时期其地温场应高于拗陷区，如不遭受异常热事件，拗陷区的等效镜质组反射率并不一定很高，这也可能是塔里木盆地长期生烃、持续排烃的原因。

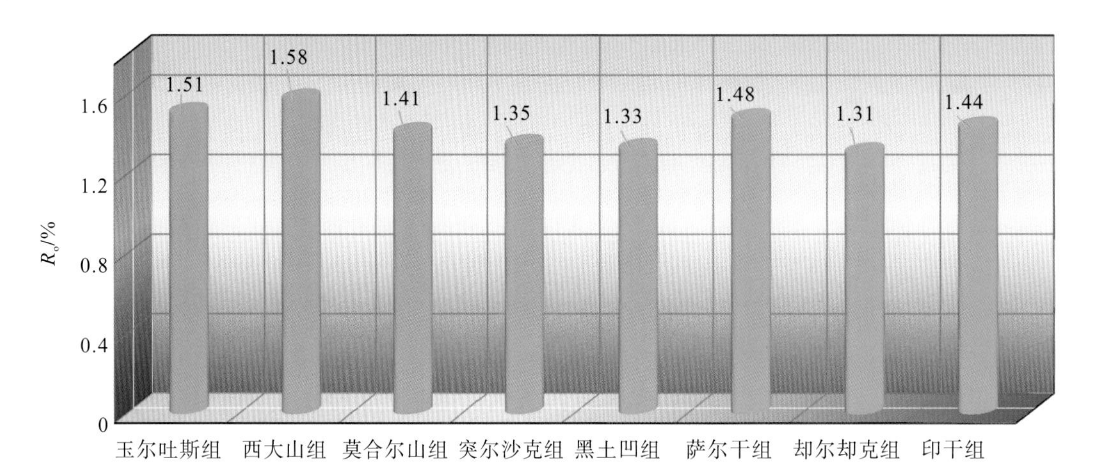

图 4-31　塔里木盆地东西部露头区寒武系—奥陶系等效镜质组反射率图

二、不同构造单元沉积埋藏史

塔河油田主体位于塔里木盆地北部沙雅隆起阿克库勒凸起，它是在前震旦系变质岩基底上发育，以寒武系—奥陶系为主体长期发育的大型古凸起。凸起于加里东中晚期形成NEE向展布的古隆起。海西早期构造运动，阿克库勒凸起受区域性挤压抬升形成向西南倾伏的NE向展布的大型鼻凸，大部分地区志留系—泥盆系、上奥陶统被完全剥蚀，中下奥陶统也受到不同程度的剥蚀。海西晚期运动使该区再次抬升、暴露，形成阿克库勒断垒带和阿克库木断垒带，大部分地区仅保留下石炭统，缺失上石炭统及二叠系，局部地区下石炭统亦剥蚀殆尽。印支期—燕山期该区构造运动相对较弱，主要表现为整体升降，使该区缺失中、上侏罗统。燕山期则主要表现为夷平作用，在SW—NE挤压应力作用下，形成南部NE向张扭性断裂，断裂短、断距不大，但多成对、成群出现。喜马拉雅期，塔河地区白垩系至古近系略呈北厚南薄特征，整体上变化幅度不大。

顺北油气田位于顺托果勒低隆北部，长期处于较为稳定的沉降埋深区域，区内没有发生较大规模的隆升剥蚀，仅受区域构造变动的影响，部分地层发生幅度不等的剥蚀或区域缺失。区内主要发育NE和NW向两组走滑断裂带，属于塔河—托甫台—跃参—跃满地区断裂向南延伸部分，从北向南逐渐收敛变少，在顺北地区X形共轭剪切及雁列羽状特征也明显变弱，断裂多呈狭窄、连续条带状展布，晚期断裂活动较塔河地区明显弱。

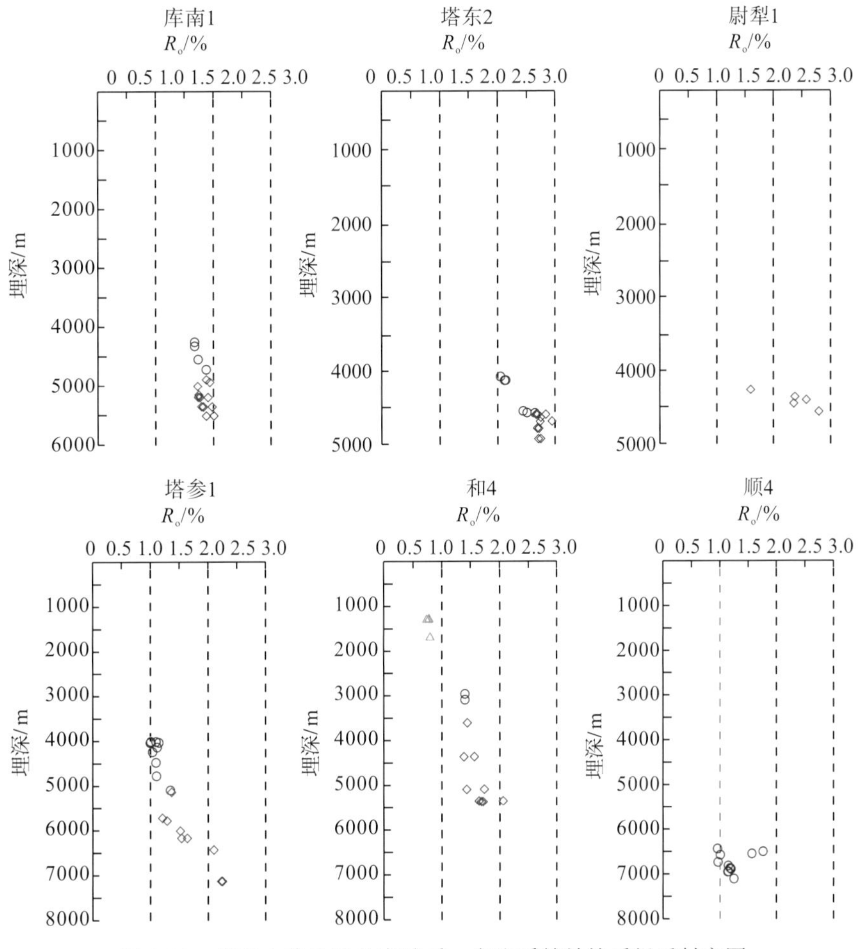

图4-32　塔里木盆地钻井寒武系—奥陶系等效镜质组反射率图

以塔河和顺北地区进行不同构造单元的沉积埋藏史对比。塔河地区以S76井和S112井为例，S76井位于一间房组尖灭线与桑塔木组尖灭线之间，加里东中期—晚期以连续沉积为主，局部暴露剥蚀；海西早期区域性剥蚀，志留系剥蚀殆尽，中上奥陶统残留 60m，海西晚期发生区域性抬升剥蚀，喜马拉雅期形成巨厚的新生代地层(图 4-33)。S76 井属于错断型埋藏，该区域埋藏过程中经历大规模剥蚀，海西早期的区域性剥蚀使得地层压力在抬升过程中逐渐减小，主力烃源岩中下寒武统处于半开放体系，在半开放体系中，烃源岩的热演化主要受控于温度和时间，前人基于半开放体系下的烃源岩热演化模拟的研究结果表明，在流体压力低于 50MPa 时，随着埋深增加，温度升高，压力对烃源岩的演化起促进作用，主要体现在促进液态烃的生成和提高生油潜力。另外，S76 井镜质组反射率与深度的关系表明镜质组反射率随深度增大斜率明显减小，整个演化过程出现加速增大的趋势，因此在区域性剥蚀大的区域，由于地层环境以半开放为主，埋深浅，压力小，不具备高压抑制烃源岩演化的地质条件。

S112 井位于桑塔木组尖灭线以南，以加里东中期—晚期连续沉积为主，局部暴露剥蚀，海西早期区域性剥蚀，志留系残留 91m，海西晚期发生区域性抬升剥蚀，比北部(如 S76 井)剥蚀程度弱，喜马拉雅期形成巨厚的新生代地层(图 4-34)。S112 井属于持续型埋藏，海西晚期虽然存在剥蚀，但整体剥蚀程度弱，印支期—燕山期地层持续埋深，随着温度升高，主力烃源岩中下寒武统一直处于成熟阶段，持续排烃使得烃源岩层流体压力也逐渐增大，持续型埋藏史与前人模拟实验条件对比可以发现，在构造稳定封闭条件较好的条件下，当埋深增加到 6500m 左右时，地层压力持续保持在 60MPa 以上，结合该井镜质组反射率与深度的关系发现，镜质组反射率演化速度明显变慢，研究表明，大埋深、高压力、长时间封闭地质条件下，温度在一定范围内，高压对烃源岩演化有一定的抑制作用。

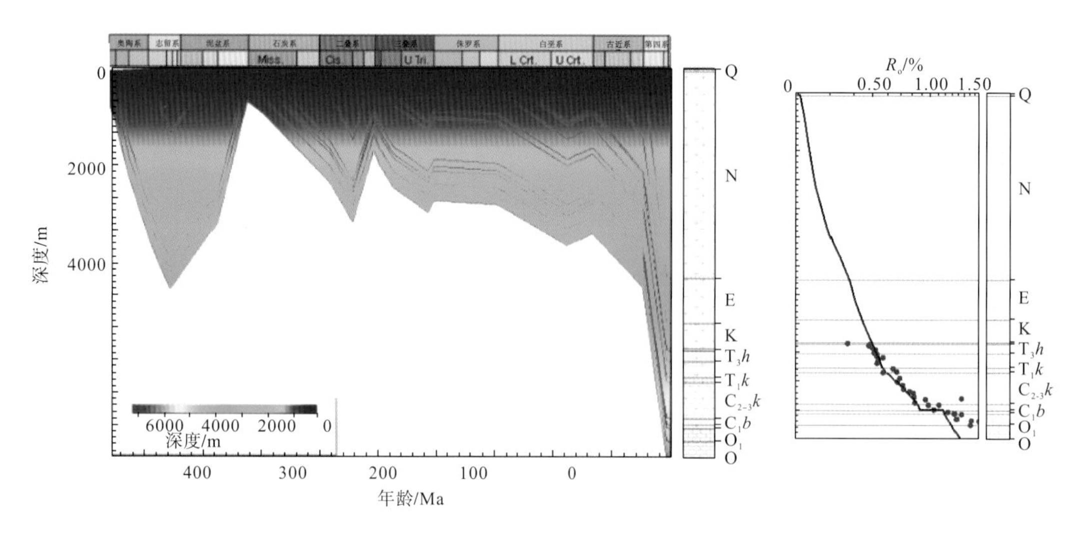

图 4-33　塔河地区 S76 井沉积埋藏史演化图(错断型)

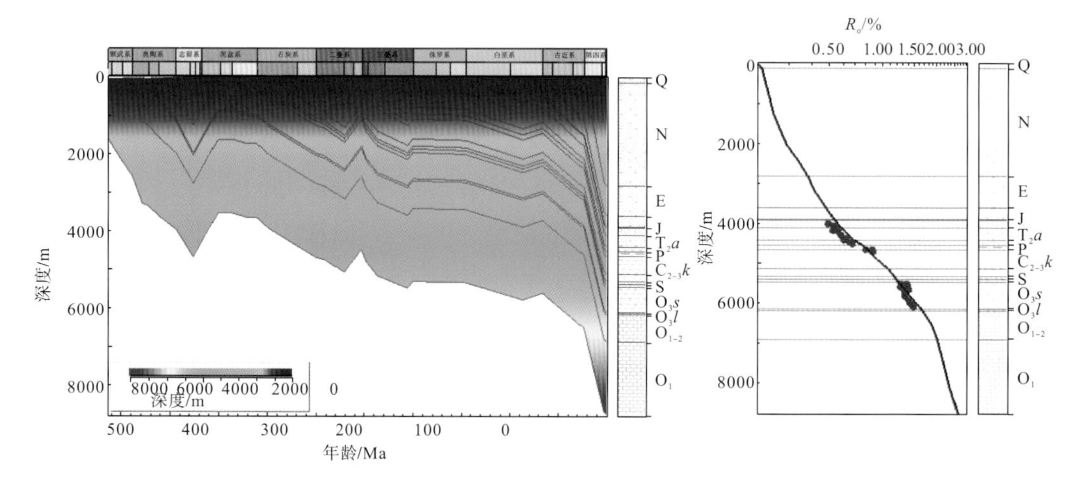

图 4-34　塔河地区 S112 井沉积埋藏史演化图(持续型)

顺北1井位于顺托果勒低隆带北端，以持续沉降为主，和塔河地区S112井同属于持续埋藏型(图4-35)。顺北地区长期处于较为稳定的沉降埋深区域，顺北1井中下寒武统在中-晚奥陶世开始进入成熟阶段，志留纪末开始进入生油高峰期，海西期成熟度变化不大，海西晚期—印支期进入成熟度高演化阶段，海西晚期之后，地层持续深埋，压力增大，中下寒武统烃源岩埋深较塔河地区更早，超过6500m，其地层持续高流体压力的时间较塔河地区更长。另外，顺北中下寒武统烃源岩在膏盐岩的良好封盖条件下，印支期后断裂活动较塔河地区弱，具备高压抑制生烃演化的地质条件，S112井可以证实烃源岩演化受到高压抑制，顺托果勒低隆的地质条件较塔河地区具备高压抑制生烃演化的地质条件更充分，因此，顺托果勒低隆寒武系烃源岩在燕山期以来理应具备高成熟液态烃形成与保存的地质条件。

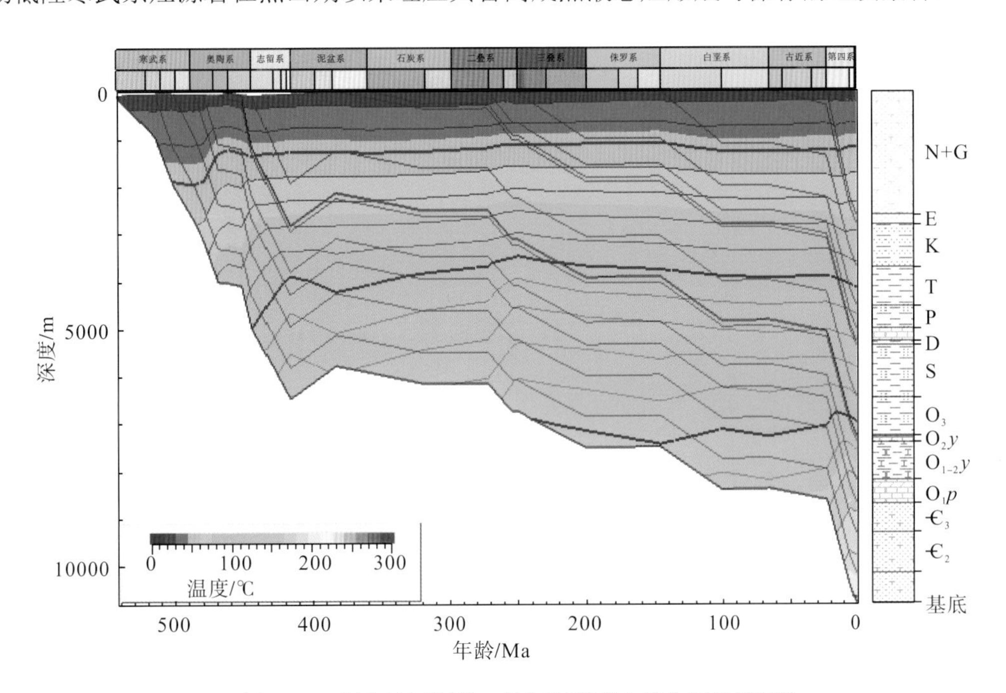

图4-35　顺北地区顺北1井沉积埋藏史演化图(持续型)

三、顺北“大埋深、高压力”条件下“高压生烃演化抑制”模式

1. 温压热模拟实验调研

塔里木盆地深层油气勘探取得了重大进展，压力对有机质热演化、生排烃及深部油气的赋存有着重要影响(张光亚等，2015；何治亮等，2016)。自然条件下有机质的热演化总是伴随着压力进行的，而压力对于镜质组反射率的影响一直都是个悬而未决的问题。关于压力在有机质热演化和生烃过程中的作用，国内外学者针对高压对有机质热演化和烃类生成的影响做了大量的模拟实验和研究工作，主要存在3种观点：①压力对有机质热演化和生烃作用无明显影响；②压力的增大促进有机质热演化特别是烃类的热裂解；③压力的增大抑制有机质热演化和生烃作用(表4-8)。

多数学者又针对高压对镜质组反射率(R_o)的影响进行了研究，普遍认为高压抑制了镜质组演化。Le Bayon等(2012)以NaCl为压力介质采用铂金胶囊在400℃、压力最高达2000MPa条件下无水热解沼泽柏木糖醇(镜质组前体)，持续时间为0s～25d。结果显示，在400℃温度下，R_o增加速率都随时间增加而降低，但是当R_o<1.44%时，压力增大减小了R_o增长速率，从而抑制R_o随时间延长而增大；当R_o>1.44%时，压力增大会抵消R_o增大速率随时间的衰竭效应，从而促进镜质组成熟。对此Le Bayon认为压力对镜质组演化的作用需要一定的时间才能显现出来。Uguna等(2012)采用定体积高水压反应釜在350～420℃、0.6～90MPa条件下含水热解煤，Kimmeridge组烃源岩(Ⅱ型)及Monterey页岩(Ⅱ型)，发现在350℃时，流体压力对镜质组的抑制作用不明显，只有很轻微的抑制作用，但随着温度升高，在大于 50MPa 流体压力作用下，抑制作用越来越明显。

表 4-8　国内外各学者压力与烃源岩演化相关模拟实验条件及结果

研究人员	样品类型	实验装置	体系特征	压力介质	温度范围/℃	压力范围/MPa	实验结果
Monthioux	Ⅲ型腐植煤	金管	封闭	水	250～550	50～400	对煤的成熟演化无影响
Michels	Woodford 页岩干酪根	金管	封闭	气体	260～400	<130	对气体产物、液态烃、沥青影响小
Price	Phosphoria 页岩(Ⅱ$_s$型)	不锈钢高压反应釜	半封闭	氦气	287～350	<107	抑制烃类的生成和热解
Carr	Kimmeridge 源岩(Ⅱ型)	定体积高水压反应釜	半封闭	水/无水	310～350	<50	抑制沥青产量和气态烃产量
Uguna	Kimmeridge 源岩(Ⅱ型)和页岩(Ⅱ$_s$型)	定体积高水压反应釜	半封闭	水	350～420	17.5～50	促进液态烃的生成
						>50	抑制液态烃的生成
					>350	>50	抑制镜质组反射率，随温度升高，抑制明显
吴远东	Ⅲ型、有机质泥岩	WYMN-3 型高温高压模拟装置	半封闭	水	400～500	恒定 50	促进液态烃的生成
					500～520	50～95	抑制液态烃向气态烃转化
郑伦举	Ⅰ型、黑色泥岩	地层孔隙热压生排烃模拟装置	封闭	水和岩石	200～350	20～126	抑制生油阶段有机质成熟度、提高生油潜力
马中良	Ⅱ$_1$型、灰色泥岩	地层孔隙热压生排烃模拟装置	封闭	水和岩石	275～500	15～97.5	生油窗范围增加，抑制液态烃向气态烃转化

采用地层孔隙热压生排烃模拟实验仪的实验结果显示高流体压力抑制了镜质组的演化，当流体压力变化从 32～72MPa 时，镜质组反射率随流体压力的增加具有阶段性，其变化范围为 0.815%～0.948%，最小为 0.815%，说明流体压力对烃源岩的生烃演化过程存在明显的影响，只是在不同演化阶段这种影响是不同的，在低成熟阶段对烃产率的影响较小，对不溶有机质的影响较大；在成熟阶段对油产率影响较大，对烃气产率影响较小；在高过演化阶段，对油向气的转化影响较大。此外，流体压力可能存在一个门限值，而且在不同演化阶段还可能不一样。

综上所述，国内外学者广泛认同封闭条件下，高压力对有机质热演化存在阶段性的抑制作用，由于高压发育演化的多样性和复杂性，不同沉积盆地高压对有机质热演化的抑制作用具有不同的表现形式和程度。深层-超深层高压的发育抑制有机质的成熟和油气的生成，使得在地温梯度较低、源岩年代较老、埋藏深度大的沉积盆地中，根据传统模式已经进入过成熟作用阶段的超深层源岩可能仍保持在有利的高熟生排烃阶段，成为深层-超深层油气聚集的有效烃源岩，并且认为长期持续的高流体压力(大于 60MPa)对烃源岩热演化抑制较为明显，可为扩展深层油气勘探领域拓展提供有效的地质依据。

2. 地层温压热模拟实验

依据前人提出的“干酪根热降解晚期生油学说”所建立起来的各种热压模拟实验由于主要只考虑了温度和时间对有机质热解生排烃过程的影响，与地质条件下的生烃演化过程存在较大的差异。实际上烃源岩中的有机物质热压演化转变成油气的过程不只是一种化学反应，即不只是与反应物性质(干酪根类型)和数量(有机碳含量)有关的化学过程，还是与温度、压力、流体介质、赋存状态和空间大小等一系列反应边界条件有关的物理化学过程。现有的各种热压生烃模拟实验都是在含水、低压、相对较大的空间和高温条件下进行的，这相当于把烃源岩放在一个很大的容器中进行热降解化学反应，主要强调的是热降解过程，而忽视了生烃空间、孔隙流体压力、高温高压液态水及初次排烃等重要的地质条件。

基于付小东等(2017)的两种温压体系下的烃源岩生烃演化模拟，模拟实验仪器分别采用地层孔隙热压模拟实验仪和常规高压反应釜两种模拟实验体系。地层孔隙热压生排烃模拟实验仪是中石化自主研发的模拟仪器，属于一种有限反应空间、高温、高静岩压力和流体压力，高温压反应水共同控制的生烃模拟体系。该体系通过向有限的反应空间内充注高压反应水，以及生烃增压形成高流体压力，各模拟温度点的流体压力超过水的临界压力 P_C，因此当温度低于水的临界温度 T_C 时，反应水以压缩液态水的形式存在，模拟温度高于临界温度后反应水为超临界水，各反应水统称为高温压缩态水。常规高压反应釜则为一种较大的密闭反应空间(500mL)，其装入岩石和反应水后还有 400～450mL 剩余空间，流体压力低(一般低于 20MPa)，无静岩压力的反应体系。由于反应空间和流体压力的差异，两种反应体系中水的相态与性质不同，流体压力低于临界压力 P_C，反应水以高温水蒸气的形式存在。通过对比两类模拟实验装置的差别，主要体现在上覆地层引起的静岩压力、流体压力性质和大小的差异(表 4-9)。实验结果表明，在地层孔隙热压生排烃模拟实验中，该环境下同样对 R_o 的演化起到不同的抑制作用。不同母质类型压力抑制程度不同，倾油性Ⅰ型、II_1型干酪根的抑制作用大于Ⅲ型，而模拟产物在温压共控条件下也表现出更强的倾油性，延续生气。当温度为 400～450℃，压力为 71MPa 时候，镜质组反射率 R_o 明显受到抑制，残余有机质 R_o 值比常规模拟低 0.16%～1.3%，平均低 0.54%。温度持续到 550℃时，静岩压力达到 71MPa，模拟流体压力已经达到 80MPa，压力抑制 R_o 的效果依旧明显。

表 4-9　两种温压体系下的烃源岩生烃演化模拟条件对比(据付小东等，2017 修改)

对比要素	常规高压反应釜		地层孔隙热压生排烃模拟装置	
体系特征	封闭		封闭	
压力介质	岩石和水		岩石和水	
反应水性质	高温压缩态水		高温水蒸气	
反应空间	剩余空间大		有限空间	
实验样品岩性	Ⅰ型有机质、泥灰岩	Ⅲ型有机质煤	Ⅰ型有机质、泥灰岩	Ⅲ型有机质煤
温度变化范围/℃	250～550	300～550	250～550	300～550
静岩压力范围/MPa	—	—	36～80	33～109
流体压力范围/MPa	<20	<20	45～71	55～107
实验结果	正常演化，压力对 R_o 无抑制	正常演化，压力对 R_o 无抑制	生油窗加宽，R_o 抑制大于 0.5%，产油量增加，抑制液态烃转化为气态烃，天然气甲烷碳同位素偏低	抑制作用弱于Ⅰ型，仍抑制 R_o 演化

3. 盆地数值模拟

埋藏史是指盆地的某一沉积单元或一系列层序或地层，自沉积开始至今或某一地质时期的埋藏深度变化情况。通常埋藏史的恢复大都采用反演—回剥技术方法来实现，即由今溯古恢复埋藏史。

在埋藏史的恢复中，还包括有剥蚀量的恢复与地层压实量的校正。寒武纪—早奥陶世塔里木台盆区主要为台地相碳酸盐岩建造及斜坡陆棚相-盆地相的沉积，至中奥陶世—晚泥盆世早期则发育多期剥蚀，明显表现为 T_7^4、T_7^2、T_7^0、T_6^0 等界面的暴露剥蚀。晚泥盆世晚期—晚石炭世早期、晚白垩世、第三纪—现今为地层沉积期，而晚石炭世晚期—早二叠世早期、三叠纪、侏罗纪、晚白垩世则为剥蚀期。本次剥蚀量同样采用了中石化西北油田分公司研究院基础所提供的部分研究成果，主要包括奥陶系、志留系、泥盆系、石炭系、二叠系、三叠系、侏罗系等地层的剥蚀量，新生界地层的剥蚀量参考了中石油的资料。

压实校正是通过以沉积骨架体积不变为前提的回剥法来实现的，砂、泥岩地层原始孔隙度分别取 40%

和 60%，而其压实系数分别取 0.0012 和 0.0010165；对于灰岩、白云岩、膏盐岩等地层则不需要原始厚度恢复，因为这类岩性成岩过快。

值得注意的是，地层在埋藏过程中，如果出现古地温不变或下降的现象，这期间不计算，直到古地温重新回到过去的最高温时再重新计算。

在修正活化能的过程中，采用代表塔里木盆地台盆区稳定克拉通演化的井古温标 R_o 数据进行拟合(图 4-36、图 4-37)。求取了活化能估值(表 4-10)，并作为塔里木盆地台盆区正常生烃动力学模型，塔河地区由于晚期快速埋深，表现为强沉降补偿型。

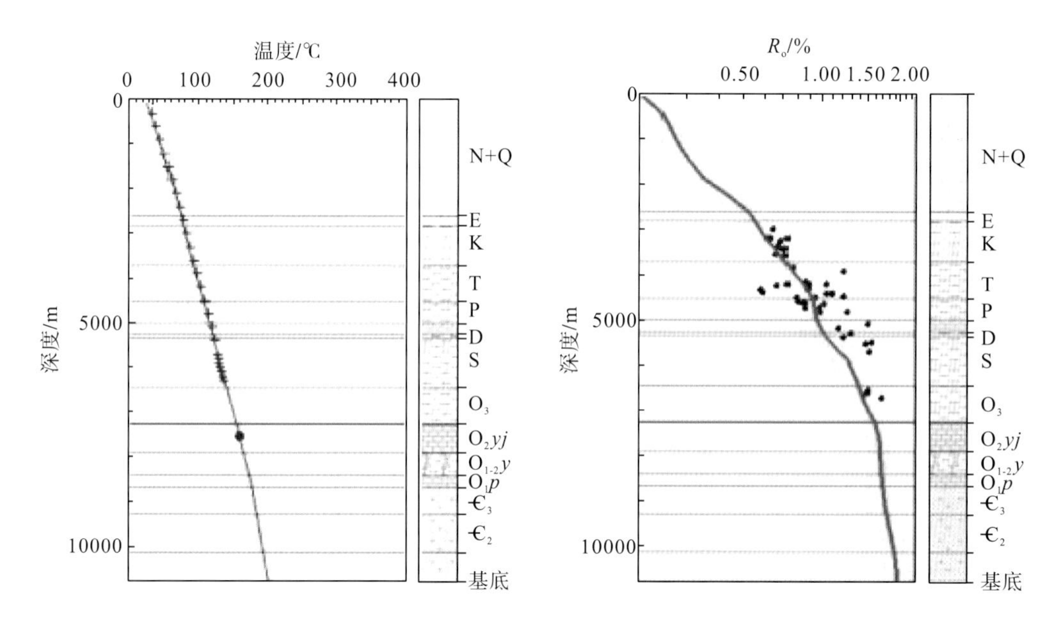

图 4-36　塔里木阿满过渡带生烃动力学模型

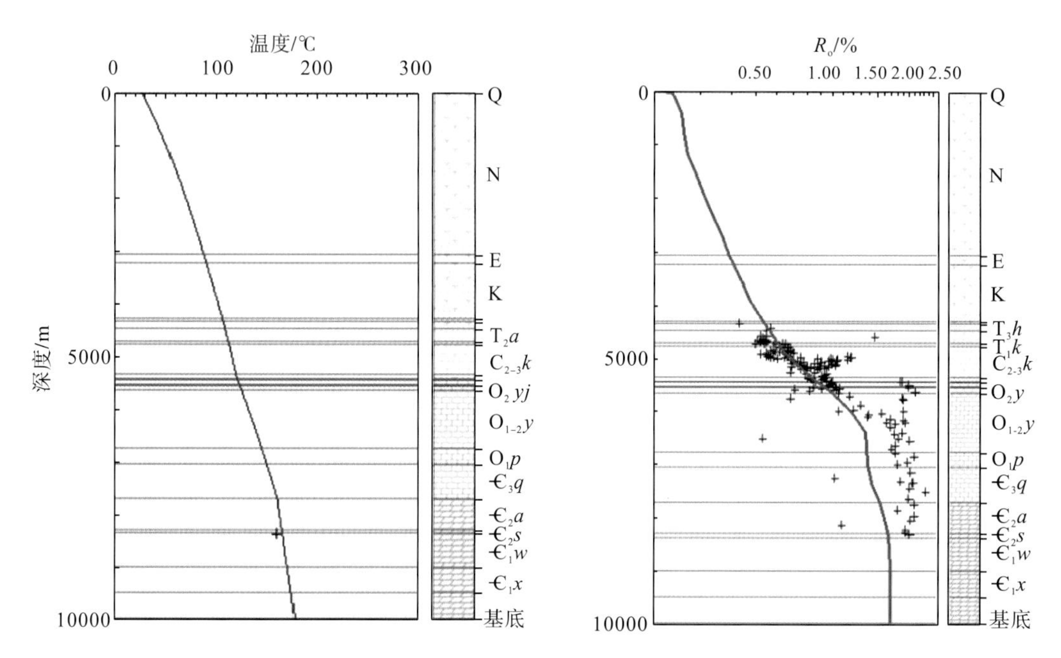

图 4-37　塔河地区生烃动力学模型

表 4-10　R_0 模型中使用的化学计量因子和活化能

i	f_i	E_i	i	f_i	E_i
1	1.53	34	11	7.06	54
2	2.53	36	12	5.06	56
3	3.71	38	13	4.06	58
4	4.71	40	14	5.88	60
5	5.88	42	15	5.88	62
6	5.88	44	16	3.71	64
7	7.06	46	17	2.53	66
8	8.71	48	18	1.35	68
9	8.71	50	19	1.35	70
10	12.23	52	20	1.17	72

4.“大埋深、高压力”条件下“高压生烃演化抑制”模式

实验模拟及盆地数据模拟表明，在低温度阶段，烃源岩的演化主要受控于地层温度的影响，而压力并不明显，封闭条件下且流体压力低于 50MPa 时可能对烃源岩演化没有明显影响；在埋深较大的条件下，烃源岩的演化不仅受控于地层温度的影响，地层压力影响也越来越明显，尤其是高的流体压力，明显对烃源岩的热演化产生影响，主要体现在以下方面。

(1)相同的模拟温度后，考虑压力的模拟方式对有机质成熟度值相对不考虑模拟方式明显偏低，镜质组反射率受到“抑制”。尤其是高静岩压力和流体压力、高温压缩态水存在的环境条件在成熟阶段延迟原油的生成、在高演化阶段延缓原油向烃气转化。

(2)低升温速率相对快速率短时升温对原油裂解成气更有利，而高压对原油裂解有抑制或延迟作用，高压条件下原油初始裂解时间滞后，原油裂解温度门限升高，在高温阶压力可能抑制了重烃气 $C_{2\text{-}5}$ 向甲烷的二次裂解；总裂解气主生气期主要发生模拟温度 425～650℃时，对应 R_0 为 1.5%～2.4%。

(3)原油裂解反应中水的参与导致高压环境下出现原油转化率降低而总产气率、重烃气 $C_{2\text{-}5}$ 产率和二氧化碳产率升高现象；不同的升温速率和压力导致不同裂解气主生气期有一些差别，总裂解气主生气期在温度为 425～650℃时。

(4)高压力条件下烃源岩生烃机理及模式不同。高压力、高温压缩态水的存在可以抑制生烃过程中干酪根缩聚反应的发生，改变有机质的生油气途径，促进干酪根“解聚型”生油气方式的发生，抑制“官能团脱除型”生油气方式的发生。

在大埋深、高压力、低地温梯度和晚期深埋等因素的共同作用下，结合塔里木盆地构造演化特征及烃源岩热演化响应，提出顺北“大埋深、高压力”条件下海相烃源岩生烃演化抑制模式，认为塔里木盆地深层烃源岩热演化受抑制的边界条件主要包括：长期构造稳定的封闭体系，烃源岩埋深大于 6500m，流体压力长时间持续大于 60MPa，且烃源岩母质类型为Ⅰ、Ⅱ_1 型，抑制程度更强。目前，顺北地区寒武系烃源岩最高地温小于 240℃，具有明显的抑制作用。顺托果勒低隆寒武系烃源岩在燕山期以来仍具高成熟液态烃形成条件，盆地深层海相层系在目前的主要勘探深度范围内探明的储量仍以液态烃为主，在更大埋深条件下，只要不超过一定的温压共控条件，烃类相态仍以液态烃为主，超深层油气藏勘探潜力极大。

第五章　顺北地区奥陶系断控缝洞型储集体特征、控制因素

第一节　概　　述

顺北油气田的发现，突破了碳酸盐岩传统四大类型储层(生物礁、颗粒滩、白云岩、风化壳)与断裂带难以形成规模储集体的固有认识，创新性地提出走滑断裂带构造破裂增容、叠加埋藏流体改造作用，可形成受走滑断裂构造控制的规模储集体的创新认识，丰富了海相碳酸盐岩储层成因类型，且将碳酸盐岩有效储层埋深延深至 8500m 以下，拓展了海相碳酸盐岩超深层的勘探潜力，完善了海相碳酸盐岩储层形成理论。

顺北地区奥陶系基质孔隙欠发育，同时奥陶系碳酸盐岩不具备长时间暴露条件，储集体发育受构造破裂和多期流体溶蚀改造控制，该类储集体的主要储集空间为洞穴/断面空腔、裂缝和溶蚀孔洞，在顺北地区主断裂带广泛发育，形成受断裂控制的缝洞型储集体新类型。

第二节　基块储集体特征

一、岩石学特征

顺北地区钻井钻揭层位主要包括桑塔木组、良里塔格组、一间房组和鹰山组，碳酸盐台地沉积发育于一间房组和鹰山组。根据钻井岩心、普通薄片观察及相关测试分析研究认为，一间房组和鹰山组岩石类型包括颗粒灰岩类、微晶灰岩类、藻黏结灰岩类、白云岩类、硅质灰岩(硅质岩)类。

1. 颗粒灰岩

颗粒灰岩以亮晶胶结物或灰泥杂基填隙，颗粒以生屑和砂屑为主。与鹰山组的颗粒灰岩相比，一间房组中常见由藻类经过搬运磨圆后形成的藻砂屑和藻砾屑[图 5-1(a)～图 5-1(c)]，可见少量核形石，同时生屑的种类更丰富，常见具有明显泥晶化边的海百合，其次可见介形虫、腕足、腹足、有孔虫、三叶虫、角石、海绵、苔藓虫；藻类碎屑常见，可识别出葛万藻、绿藻及孢子构成的钙球等。

2. 微晶灰岩

主要由晶粒小于 0.0315mm 的他形粒状方解石构成，方解石的含量为 50%～100%。其中可含有 10%～50%的生屑、砂屑和球粒。其主要的岩石类型包括微晶灰岩[图 5-1(d)]、微晶含云灰岩、生屑-砂屑微晶含云灰岩、含生屑微晶云质灰岩、含球粒微晶含云灰岩、球粒微晶云质灰岩[图 5-1(e)]。

3. 藻黏结灰岩

薄片中偶见，具有隐藻黏结结构，鸟眼孔和层状孔洞发育，粒状亮晶充填，局部发生白云石化，岩石类型主要包括亮晶藻黏结含云灰岩[图 5-1(f)]、亮晶含团块生屑-藻黏结灰岩。

4. 白云岩

白云石含量为 50%～100%构成的岩石类型，薄片中可见的主要为微-粉晶灰质云岩、含生屑粉-细晶灰质云岩、粉-细晶灰质云岩[图 5-1(g)]3 种，分布局限，只在局部层段中可见。白云石晶粒为 0.0039～0.25mm，一般为半自形-自形菱形晶，可成分散状分布于微晶方解石之中，也可以沿缝合线分布。

5. 硅质灰岩(硅质岩)

灰岩是受含硅流体的交代作用而形成的岩石类型，根据岩石中硅质含量不同分为以下几类：5%＜SiO_2＜25%时，为含硅灰岩类；25%＜SiO_2＜50%时，为硅质灰岩类；SiO_2＞50%时，为硅质岩类。在顺北 2 井、顺北 5 井、顺北 1-3 井、顺北 1-7H 井 4 口井中，SiO_2 主要以隐晶质的玉髓和微晶状的石英出现，少见粉晶及其以上晶粒状的石英。在有些层段中，以硅质少量交代生物屑或无选择性的斑块状交代为主，更常见的情况为发生岩石的整体交代，只有少量灰岩部分的残余。发生硅化的部分，常常与灰岩原岩为缝合线状接触，为一突变的界面，界面处常见向硅化部分生长的粗大方解石晶体，同时在隐晶质和微晶状的硅质部分常可见分散状分布的粉-细晶菱形白云石。薄片中可见的岩石类型有残余砂屑-生屑硅质灰岩[图 5-1(h)]、亮晶-微晶生屑-藻砂屑硅质灰岩、残余微晶生屑结构钙质硅质岩、钙质隐-微晶硅质岩、含钙隐-微晶硅质岩、细-微晶硅质岩[图 5-1(i)]。

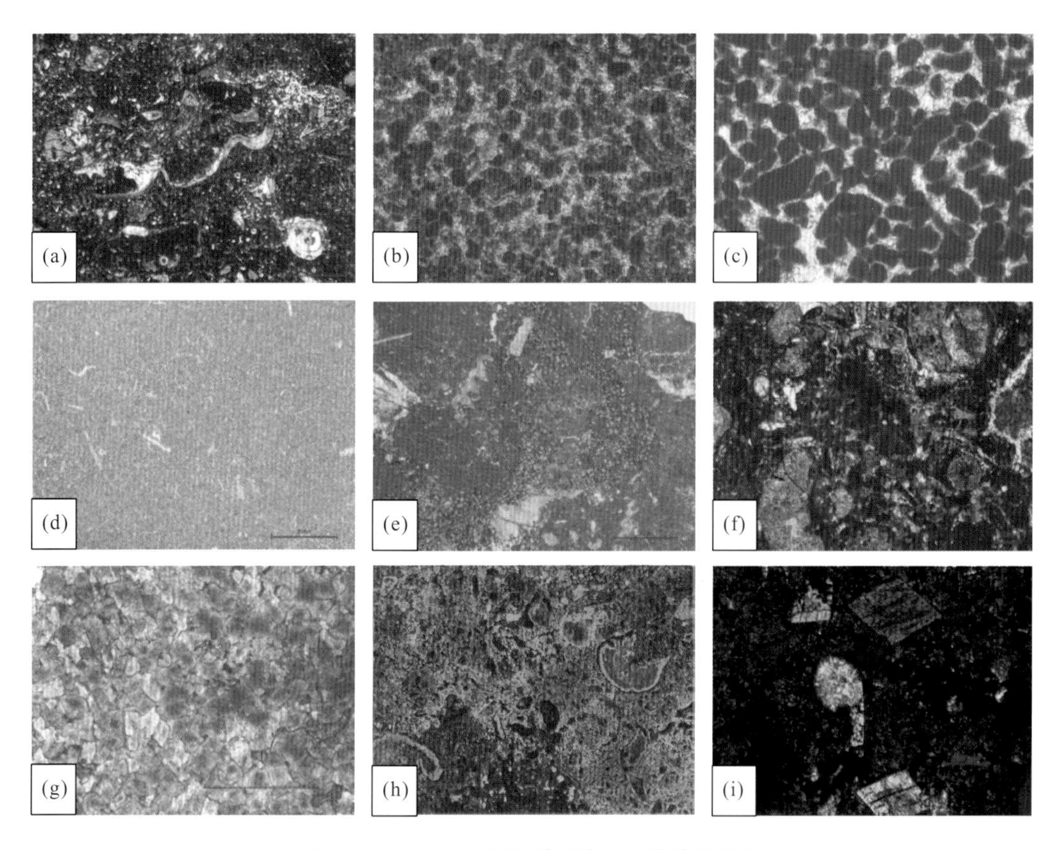

图 5-1　顺北地区奥陶系基块岩石学特征图版

(a)顺北 2 井，7360.1m，O_2yj，微亮晶颗粒灰岩，腕足类发育(-)；(b)顺北评 1 井，7778.81m，$O_{1-2}y$，亮晶颗粒灰岩(-)；(c)顺北蓬 1 井，8411m(井壁取心)，$O_{1-2}y$，亮晶砂屑灰岩，含生屑，介形虫、三叶虫；(d)顺北 5 井，7332.23m，O_2yj，泥微晶灰岩，局部见生屑碎片；(e)顺北 7 井，7733m，$O_{1-2}y$，云质灰岩(-)；(f)顺北 1-3 井，7287m，O_2yj，黏结岩灰岩(-)；(g)顺北蓬 1 井，8322m，$O_{1-2}y$，细晶云岩，白云石自形-半自形，细晶为主，少量粗粉晶及中晶；(h)顺北 1-7H 井，7357.11m，O_2yj，硅质灰岩，见残余原岩结构；(i)顺北 2，7362.36m，O_2yj，硅化岩，硅化作用强烈，硅质内部有未交代完全的黑色灰质成分(-)

二、基块物性特征

顺北地区基块孔隙发育不佳，且受微裂缝影响差异较大，原生孔隙基本破坏殆尽，后期构造断裂及与之相关的构造流体成岩改造起到至关重要的作用。

1. 顺北地区一间房组实测物性特征

根据顺北地区顺北 1-3 井、顺北 1-7H 井和顺北 2 井一间房组 71 块样品实测物性数据（图 5-2）分析，一间房组渗透率主要分布在 $0.01\times10^{-3}\sim0.05\times10^{-3}\mu m^2$，占全部样品的 29.58%；其平均渗透率为 $4.46\times10^{-3}\mu m^2$。因某些样品发育裂缝，渗透率偏高到 $80.3\times10^{-3}\mu m^2$，当排除裂缝影响时，统计显示实测平均渗透率为 $1.54\times10^{-3}\mu m^2$，超过 71.83%的样品实测渗透率小于 $1\times10^{-3}\mu m^2$，为典型的低渗透储层。

顺北地区一间房组 74 块样品的实测孔隙度统计（图 5-3）显示，孔隙度低于 2.0%的样品占总样品的 56.75%；平均孔隙度为 2.07%。结合渗透率特征认为，顺北地区一间房组为低孔低渗储层，储层物性较差。

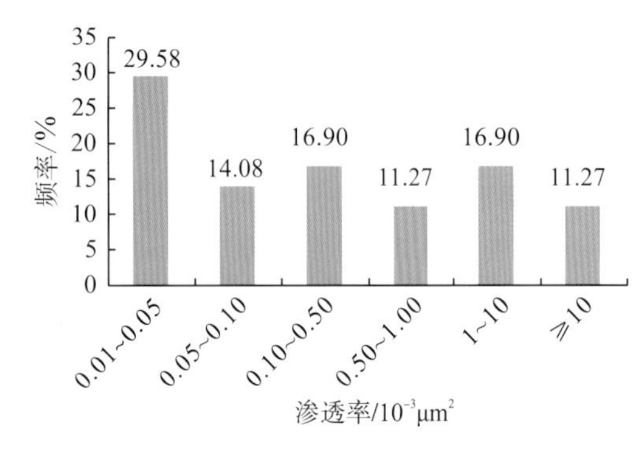

图 5-2　一间房组实测渗透率频率分布直方图

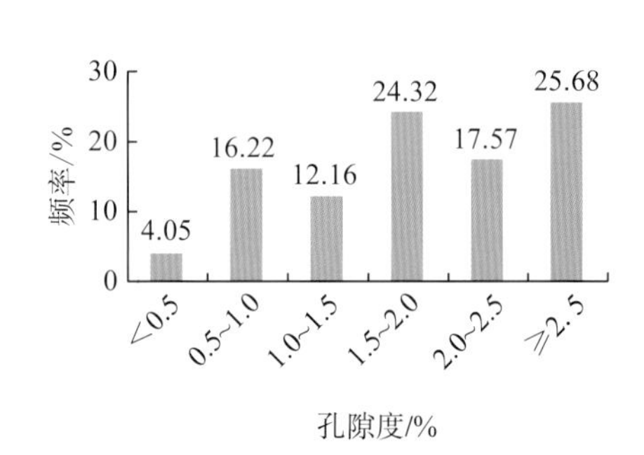

图 5-3　一间房组实测孔隙度频率分布直方图

2. 顺北地区鹰山组实测物性特征

顺北地区鹰山组主要依据顺北 2 井的实测物性数据。根据该层位 8 块样品的实测渗透率（图 5-4）显示，渗透率主要分布在 $0.1\times10^{-3}\sim0.5\times10^{-3}\mu m^2$ 区间内，占了全部样品的 37.50%；其平均渗透率为 $7.7\times10^{-3}\mu m^2$。其中包含了发育裂缝的某些样品，这些裂缝样品渗透率偏高到 $19.3\times10^{-3}\mu m^2$，当排除这些裂缝样品的影响时，统计显示实测平均渗透率为 $8.07\times10^{-3}\mu m^2$，且有超过 62.5%的样品实测渗透率小于 $1\times10^{-3}\mu m^2$，为典型的低渗透储层。

顺北地区鹰山组 10 块样品的实测孔隙度统计（图 5-5）显示，孔隙度的主要分布范围为 0.5%～1%，孔隙度低于 2.0%的样品占总样品的 60%；平均孔隙度为 2.67%。结合渗透率特征认为，顺北地区鹰山组为低孔低渗储层，储层物性较差。

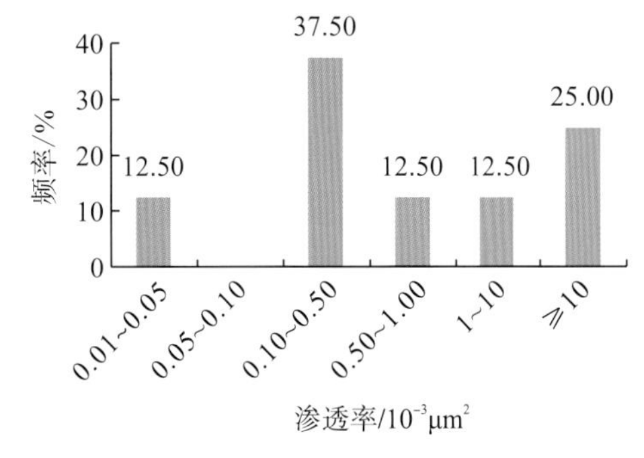

图 5-4　鹰山组实测渗透率频率分布直方图

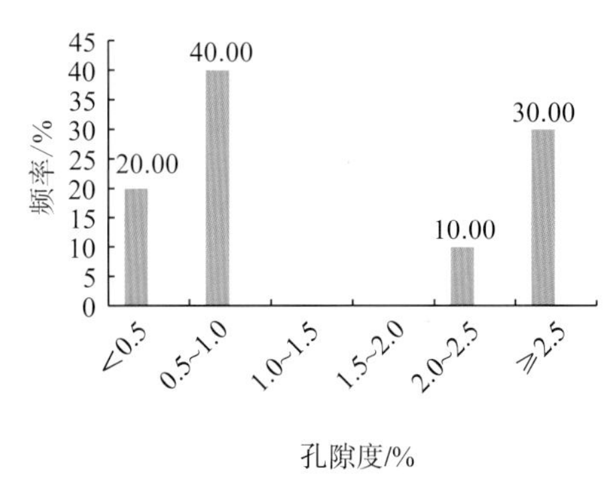

图 5-5　鹰山组实测孔隙度频率分布直方图

三、成岩作用及其演化序列

顺北地区奥陶系发育多种成岩作用类型，其中常见的成岩作用包括泥晶化作用、胶结作用、压溶/压实作用、白云石化作用、重结晶作用、矿物的充填沉淀等，以上这些成岩作用均为碳酸盐岩地层中较为普遍的成岩作用，对储层贡献意义不大，甚至存在破坏性。

1. 主要成岩作用

1)泥晶化作用

泥晶化作用主要发生在一间房组中，常见棘屑的边部形成钻孔[图 5-6(a)～图 5-6(c)]和泥晶化套，或者在棘屑内部形成泥晶斑块。

2)胶结作用

碳酸盐岩的胶结作用可以发生在多种环境中，无论是海水潜流环境，还是淡水渗流环境或潜流环境，或者是受大气淡水和海水共同作用的环境中，均可以发生胶结作用。亮晶颗粒灰岩中可以识别出两种胶结作用。

(1)海水潜流环境胶结。这种胶结作用的结果是形成刃状微-粉晶方解石，成等厚环边生长在颗粒的外围[图 5-6(d)]。

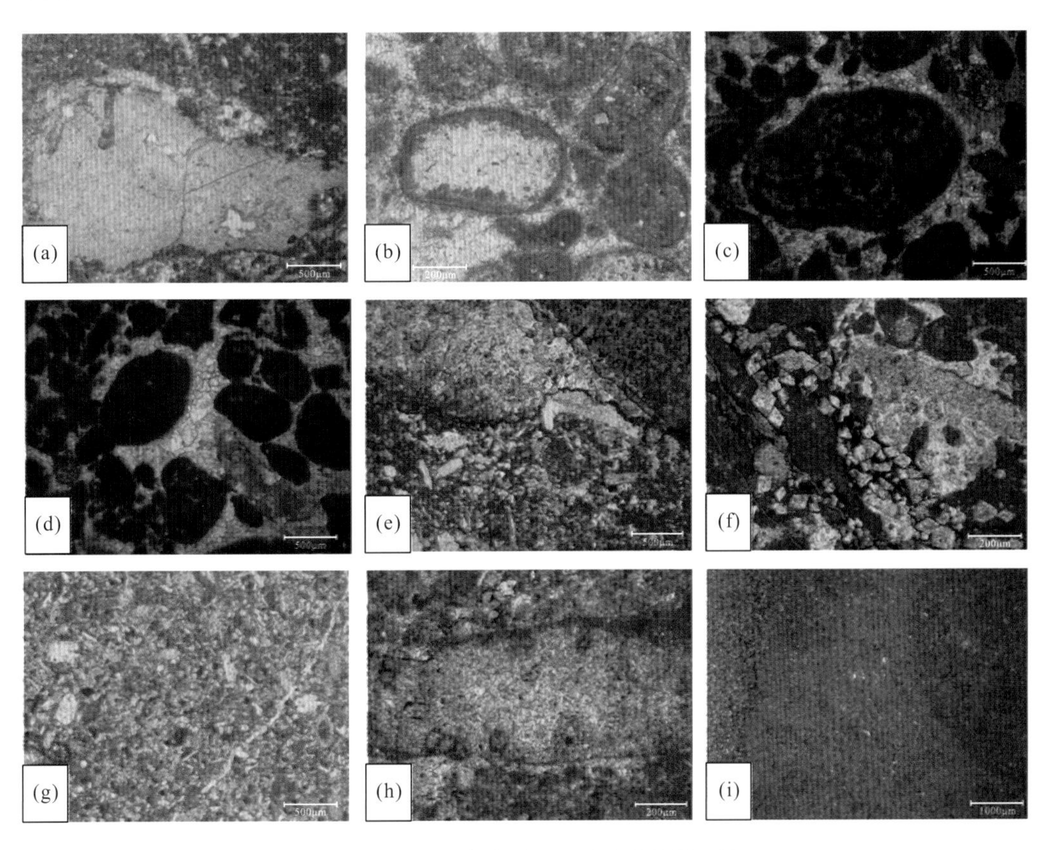

图 5-6 顺北地区奥陶系主要成岩作用微观特征

(a)棘皮中的生物钻孔作用×4(-)，7361.52m，一间房组，顺北 2 井；(b)棘皮的泥晶化边×10(-)，7366.09m，一间房组，顺北 2 井；(c)砾屑外围的刃状微-粉晶方解石等厚环边，之后为粒状世代性亮晶×4(+)，7446.37m，一间房组，顺北 2 井；(d)亮晶胶结物具有世代性，粒状，局部见连生胶结×4(-)，7446.37m，一间房组，顺北 2 井；(e)硅质部分与灰岩呈缝合线状接触，后期白云石化×4(-)，7363.49m，一间房组，顺北 2 井；(f)白云石沿缝合线分布，细晶为主，晶形好×10(-)，7441.05m，一间房组，顺北 2 井；(g)微晶生物屑灰岩中见重结晶作用，灰泥结晶呈粉晶粒状×4(-)，7355.47m，一间房组，顺北 2 井；(h)砾屑重结晶×10(-)，7443.10m，一间房组，顺北 2 井；(i)微晶含云灰岩×2(-)，7521.32m，鹰山组，顺北 2 井

(2)淡水(或混合水)潜流环境胶结。形成的粉晶-细晶方解石胶结物干净明亮，常常与等厚环边伴生，成世代性充填粒间孔[图 5-6(d)]。在棘屑外围，常常形成共轴生长边。

3)压溶作用

压溶作用一般被认为发生在数百米深的埋藏条件下。研究井段中压溶作用常见，为埋藏期形成缝合线状构造，表现为灰岩中的锯齿状微裂缝，造成颗粒的残缺、岩性的突变[图 5-6(e)]。缝合线中常形成泥质充填，可见有机质充填，同时为溶蚀作用和白云石化作用提供了流体运移的通道，从而形成沿缝合线出现溶缝充填的方解石、白云石化的粉-细晶白云石[图 5-6(f)]。

4)重结晶作用

重结晶作用主要表现为在埋藏过程中，受温度和压力的影响，微晶灰岩中[图 5-6(g)]或颗粒灰岩中砂屑或砾屑中出现斑块状的微亮晶-假亮晶[图 5-6(h)]。这些重结晶形成的方解石一般晶形差、比较脏，成镶嵌状集合体，与原岩中的微晶部分呈递变状关系。不像胶结作用形成的亮晶，重结晶作用形成的假亮晶与颗粒之间的界线不清楚，形成的方解石晶体可以同时跨越填隙物和颗粒。

5)白云石化作用

其主要为白云石交代方解石的作用。白云石化作用主要出现在鹰山组中，可形成微-粉晶灰质云岩[图 5-6(i)]、含生屑粉-细晶灰质云岩、粉-细晶灰质云岩 3 种。白云石晶粒为 0.0039～0.25mm，一般为半自形-自形菱形晶，可呈分散状分布于微晶方解石之中[图 5-7(a)]，也可以沿缝合线分布[图 5-7(b)]。在一间房组中白云石化作用较弱，一般含量小于 25%，且主要沿缝合线分布。沿缝合线分布的白云石的形成时间晚于压溶作用，因此可以确定该产状的白云石形成在埋藏环境中。分散状分布于微晶方解石之中的白云石，一般为粉-细晶，多为自形菱形晶[图 5-7(c)]，少见纹层构造。薄片中还可见其分布在两个粗大亮晶方解石之间[图 5-7(d)]，明显晚于亮晶方解石的形成时间。推测亮晶方解石为(准)同生期淡水胶结作用或溶蚀充填成因，因此分散分布于微晶方解石之中的白云石的形成应该晚于(准)同生期，为埋藏环境的产物。由此可见，研究层段中的白云石化作用主要为埋藏白云石化。

在发生硅化的隐晶-微晶硅质成分中，可见少量分散状分布的粉-细晶菱形白云石[图 5-7(e)]，白云石晶形完整、晶体边界平直[图 5-7(f)]，反映其形成晚于硅质成分，发生在硅化作用之后。

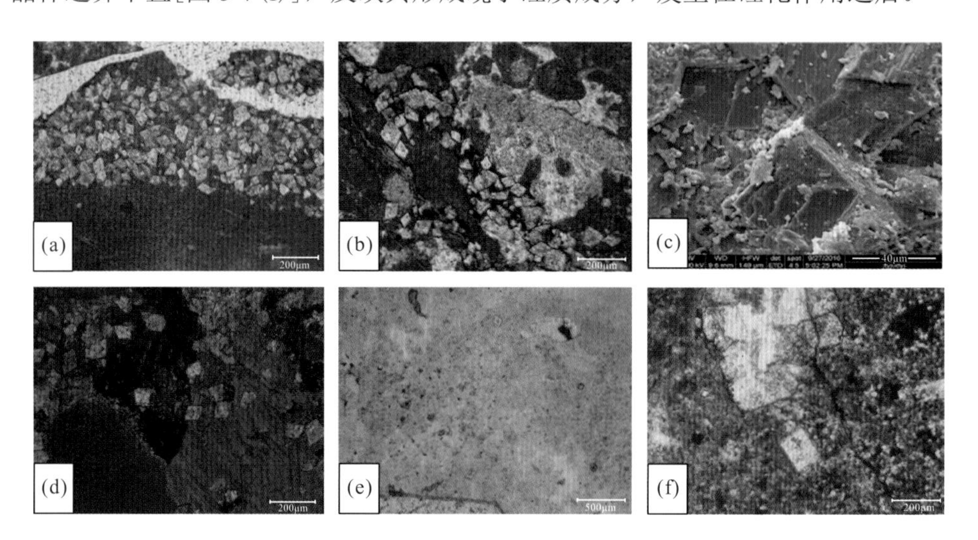

图 5-7　顺北地区奥陶系白云石化作用微观特征

(a)微晶灰岩白云石化×10(-)，7428m，鹰山组，顺北 1-3 井；(b)白云石沿缝合线分布，细晶为主，晶形好×10(-)，7441.05m，一间房组，顺北 2 井；(c)自形白云石，扫描电镜照片，7523.49m，鹰山组，顺北 2 井；(d)白云石分布在两个方解石晶体中×10(+)，7454m，鹰山组，顺北 1-3 井；(e)硅质为隐晶-微晶，可见自形白云石×4(-)，7442.97m，一间房组，顺北 2 井；(f)白云石晶体完整，发生在硅化之后×10(-)，7364.11m，一间房组，顺北 2 井

6) 硅化作用

硅化作用是含硅流体中的硅质交代岩石中其他成分的作用，在研究的层段中主要发生在一间房组中，主要表现为硅质交代微晶方解石及砂屑、生屑等颗粒，交代没有选择性，交代后可见残余的灰岩成分，在硅质部分可见灰岩颗粒的幻影[图 5-8(a)]。硅化作用形成的主要为隐晶质的玉髓和微晶状的石英[图 5-8(b)]，少见粉晶及其以上晶粒状的石英。硅化产物可形成 4 种产状。

(1) 分散状交代生物碎屑[图 5-8(c)]，在生屑中形成星点状玉髓或微晶石英小团块，形成含硅灰岩。

(2) 无选择性的斑块状交代[图 5-8(d)]，形成灰岩中团块状的玉髓或微晶石英集合体，并常常伴生有白云石出现，形成含硅或硅质灰岩。

(3) 硅质岩与灰岩间呈缝合线状接触，岩性突变，在突变面处形成向硅化部分生长的粗大方解石晶体[图 5-8(e)]，同时在硅质部分常可见分散状分布的粉-细晶菱形白云石，方解石晶体中可见硅质和白云石的包体。常常形成具有残余结构的含钙或钙质硅质岩。

(4) 硅化部分与灰岩岩性突变，但两者之间没有缝合线[图 5-8(f)]，硅化部分可见灰岩的残块，灰岩发生重结晶，形成镶嵌状的它形细-中晶，类似于变质岩中大理岩化的结果。常形成具残余结构的硅质灰岩、灰质或含灰硅质岩。

4 种产状的硅化作用中，第一、二种为灰岩中常见的、由孔隙水中的硅质交代形成的硅化作用，可以出现在成岩早期，延续到成岩晚期。第三种产状形成的硅质岩，硅质成分大于 80%，内部偶见残余的灰岩成分，常有含量小于 15%的粉-细晶菱形白云石。硅质岩在薄片中难以判断其规模的大小，也不能直接判断其形成是在缝合线形成之前还是之后。硅质中的菱形白云石一般晶面完好、平直[图 5-8(f)]，应形成在硅质交代以后。缝合线位置常形成向硅化部分生长的粗大方解石晶体，晶体的晶形较好，晶面平直，晶体中可见菱形白云石和硅质的包体，因此其形成应在白云石交代硅质之后。如果该方解石的钙质来源于压溶作用导致灰岩部分溶解的产物，成岩序列可能为硅化—白云石化—压溶作用—方解石交代生长，则硅化发生在压溶作用发生以前，因此也应该是在成岩早期发生的。

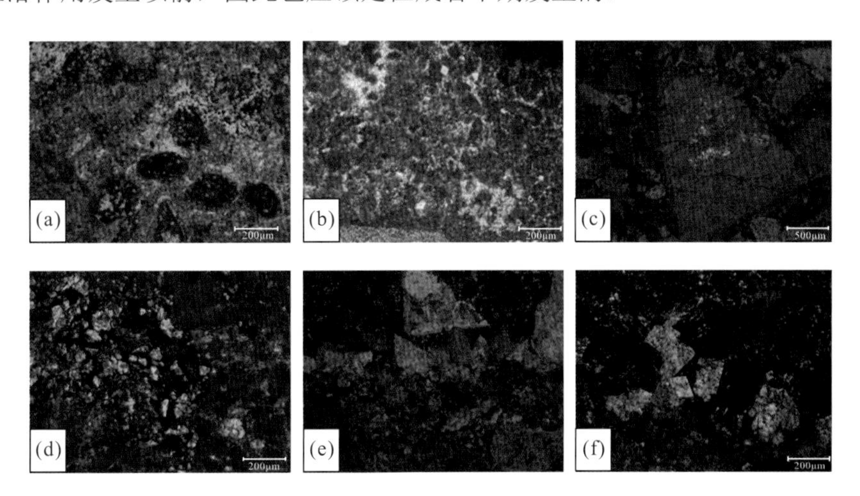

图 5-8　顺北地区奥陶系硅化作用微观特征

(a) 硅化的有孔虫×10(−)，7363.36m，一间房组，顺北 2 井；(b) 硅质为隐晶-微晶，可见自形的白云石×4(+)，7442.97m，一间房组，顺北 2 井；(c) 棘皮屑发生硅化×4(+)，7363.90m，一间房组，顺北 2 井；(d) 硅化、白云石化，有机质充填×10(−)，7356.28m，一间房组，顺北 1-7 井；(e) 灰岩与硅化部分缝合线接触，可见方解石晶体的生长×10(+)，7356.85m，一间房组，顺北 1-7H 井；(f) 硅质中的白云石较为自形×10(−)，7363.49m，一间房组，顺北 2 井

2. 成岩演化序列

结合成岩作用对新生变形作用、胶结作用、白云石化作用、破裂作用、压实压溶等成岩作用的发育特征和发育期次的讨论，以及硅质与多期成岩流体性质发育期次，顺北地区奥陶系成岩序列如下(图 5-9)。

早期成岩作用以泥晶化(套)、重结晶作用、胶结作用为主要特征，随着地层进入埋藏期内，胶结作用大量发育，基本堵塞了原本疏松富孔的储层孔隙空间。黄铁矿化、白云石化开始发育。浅埋藏期白云石化主要为交代基质的自形白云石，该期云化由于规模有限未对储层物性以及储集性能做出改善。随着地层进入埋藏，以及区域构造运动的多期发育，破裂作用开始多期发育，伴随裂缝及扩容性角砾岩的产生，对储层物性做出改善。随着破裂作用发育结束，地层水对裂缝的充填胶结占据主导，形成的储集空间被大量破坏。这种破裂-充填多期发育，研究识别出主要三期破裂-充填。硅化作用发育较早，早于低振幅缝合线发育之前。顺北地区取心段观察显示硅化作用多以破坏储集空间为主。顺北地区显示仍有热液流体进入地层改造的痕迹，其取心段深部油气显示段，仍可能存在硅质流体及热液流体对储层的建设性成岩改造，主要包括断裂空腔型调穴、裂缝和溶蚀孔调等 3 种类。

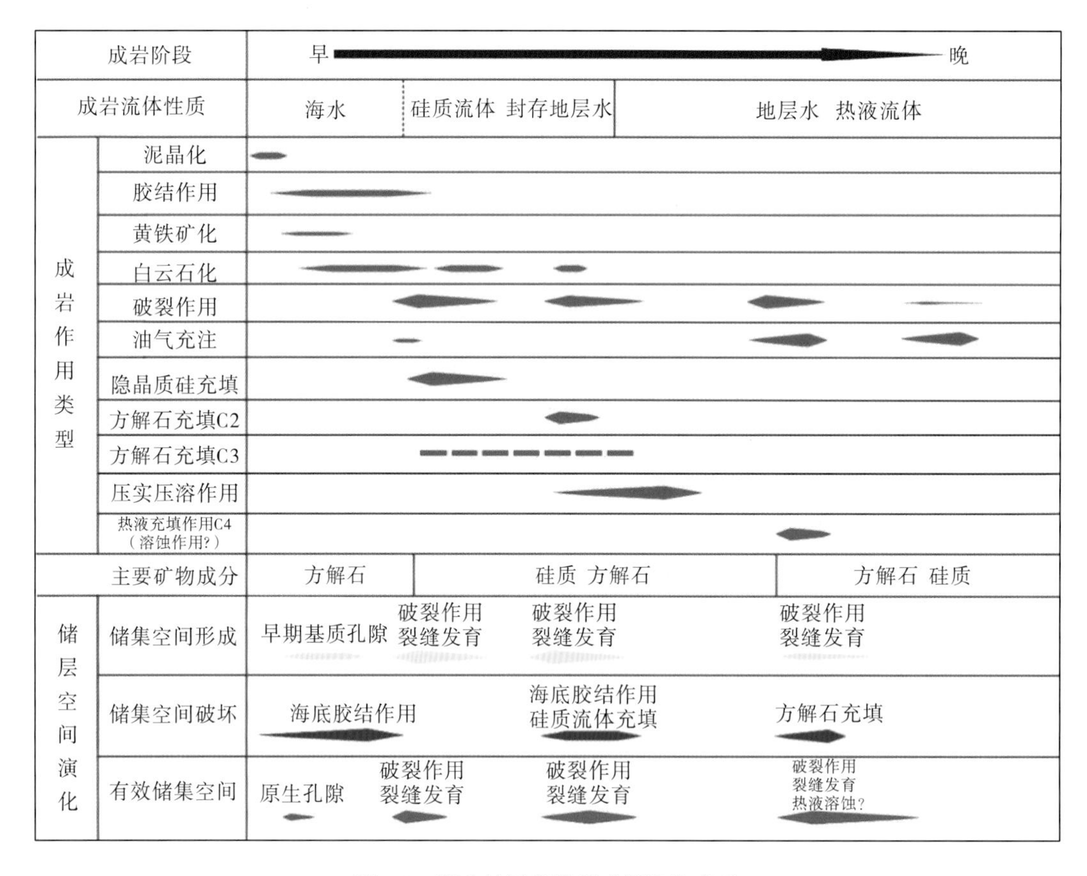

图 5-9　顺北地区奥陶系成岩演化序列

第三节　断控缝洞型储集体特征

断控缝洞型储层是指海相碳酸盐岩地层中由于走滑断裂带构造破裂增容、叠加埋藏流体改造作用所形成的受走滑断裂控制的规模储集体。其作为一种新的储集体类型具有自身的特殊性和识别标志。下面就储集空间类型、识别标志、发育规模及评价方法进行系统阐述。

一、主要储集空间类型及典型识别标志

顺北地区断裂面附近的储集体内部结构复杂。顺北 7 号走滑断裂带上的顺北 7 井直井段录井无放空、漏失情况，油气显示均为荧光，常规测井显示整个四开直井段只有顶部和下部发育储层，其他井段均为高阻致密层；当顺北 7 井向断裂带侧钻后，则钻遇 2 处漏失［图 5-10(a)］，并伴随钻时降低。第 1 个漏

失点的测井曲线特征表现为视电阻率相对低、双侧向测井曲线呈明显正差异、孔隙度曲线值（AC、CNL）明显增大［图 5-10（b）］，成像测井上可识别出裂缝和半充填的溶洞［图 5-10（c）］，整体具有裂缝带、破碎带、半充填洞穴、破碎-裂缝带复杂的叠置关系，推测为断裂破碎带的发育部位。在第 2 个漏失点，偶极横波成像测井（DSI）显示 7971m 处的渗透性最好，成像测井显示具有共轭缝的特征，可能发育网状缝［图 5-10（d）］，对应的常规视电阻率呈低尖峰状。测井结果表明，走滑断裂带内部储集体的横向物性变化频繁复杂。顺北地区断裂带内应当具有交织的多重断层核结构特征和多种类型的储集空间。

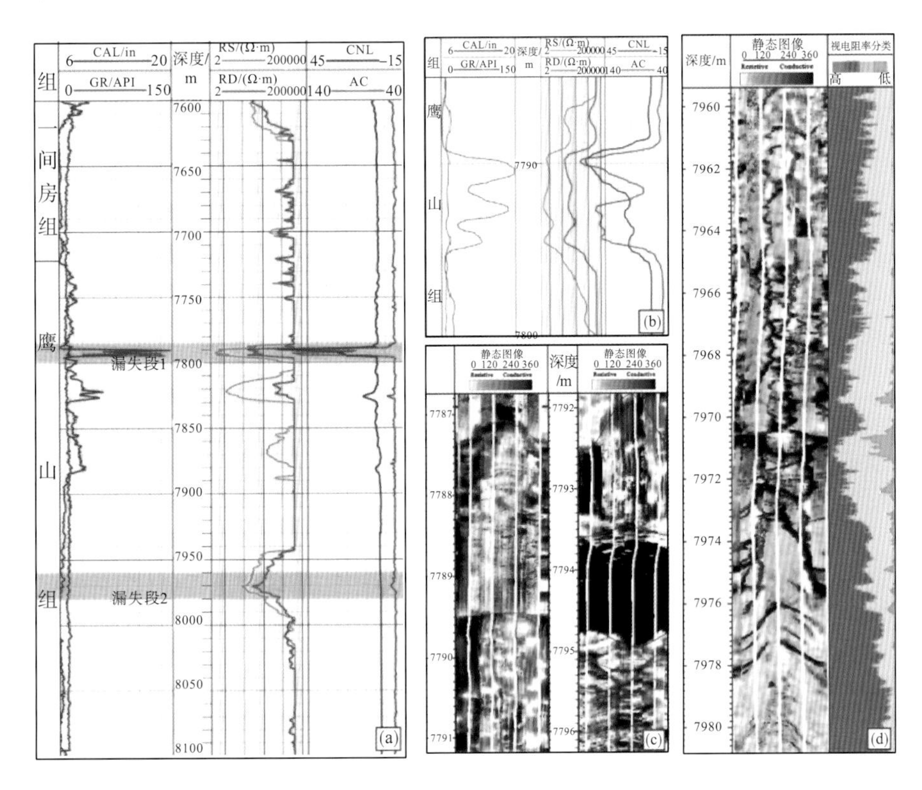

图 5-10　顺北 7 井断裂带的测井响应特征

（a）顺北 7 井侧钻井段常规曲线特征；（b）第 1 个漏失点的测井曲线特征；（c）第 2 个漏失点的成像测井特征；（d）第 2 个漏失点共轭缝的成像测井特征

1. 断裂空腔型洞穴

断裂空腔型洞穴由于自身结构的特殊性，难以获取具有代表性的岩心资料，对这类储集空间往往通过钻井过程中的放空、规模性漏失、泥浆失返和钻时骤快（钻时明显降低至 10min/m 以下）等特征，并结合测井解释、地震属性分析及生产动态资料等现象来判断。根据顺北地区勘探实践，18 口井钻遇放空、漏失，均处于断裂带上（表 5-1、图 5-11），该类储集层是顺北地区奥陶系最重要的储集层类型和主要的储产层。其分布与裂缝和沿断裂溶蚀扩大密切相关，为裂缝-洞穴型储层。顺北 1-3 井一间房组发育高角度近垂直裂缝，且见早期原油充填后破坏成的沥青，沥青段厚度达 1.7m，可能为洞穴被早期原油充注，沥青形成后还经历了多期构造运动所形成的裂缝系统。顺北 2 井直井段取心见大量低角度近水平裂缝，裂缝面见原油外渗。而顺北 2CH 井的水平段成像测井中见大量高角度近直立裂缝，油气显示好。上述与裂缝系统相关的储集空间可以成为有效的储集油气的空间，总体包括空腔型洞穴、裂缝和溶蚀孔洞 3 种类型，这些储集空间在钻井、测井和地震剖面上均能很好地识别。下面就其特征和发育期次描述如下。

顺北地区沿断裂带分布的钻井钻遇放空、漏失较多，把受到强烈溶蚀作用而形成的直径大于 10cm 的溶蚀孔隙称为溶洞。溶洞可以在不同地质条件下的成岩环境中形成：可以在同生期短暂暴露时受大气淡水改造中形成，也可以在表生成岩期受岩溶作用改造形成，还可以在埋藏期受深部侵蚀性热流体溶蚀围岩形成。作为碳酸盐岩储层中重要的储集空间，溶洞一般不孤立发育，往往与裂缝的扩溶相伴生，分布趋势受裂缝规模和延伸方向的控制，形成裂缝-溶洞型储层。地震剖面上，当出现地震波频率和速度降低、振幅减弱、呈杂乱反射或弱反射及串珠状反射等特征时，可综合解释为缝洞发育段。钻探实践证明，顺北地区地震的串珠状+杂乱强反射，尤其是在主干断裂带附近所呈现的异常地震反射，是溶洞、断裂面及其周围派生的次级缝洞的综合响应。这种地震响应所对应的断裂-洞穴型储层是顺北 1 井区目前所揭示的最重要的储集层类型和主要的产层(图 5-12)。顺北地区 1 号、5 号、7 号走滑断裂带上钻井钻遇放空、漏失部位的地震反射特征均为较为明显的断裂发育附近(图 5-13)。

表 5-1　顺北 1 号走滑断裂带钻井放空、漏失情况统计表

井号	完钻层位	放空、漏失井段/m	漏失量/m^3	放空、漏失井段距 T_7^4 界面距离/m)	阶段初期生产情况		
					日期(年-月-日)	产油/(t/d)	产气/(m^3/d)
顺北 1-1H	O_2yj	斜 7613.05/垂 7557.66 失返	1891.00	斜 138.05/垂 82.66	2015-09-09	87.43	40269
顺北 1-2H	O_2yj	斜 7777.70～7778.11(放空 0.41)/垂 7569.06～7569.47	616.00	斜 296.70～297.11/垂 88.06～88.47	2016-06-16	91.27	47997
顺北 1-3H	O_2yj	斜 7388.67～7389.51(放空 0.84)	629.40	101.48	2016-07-03	116.14	85396
顺北 1-4H	$O_{1-2}y$	斜 8049.09～8049.50(放空 0.40)	562.00	93.96	2016-07-11	80.81	17353
顺北 1-5H	O_2yj	斜 7745.52/垂 7576.19 漏	528.00	95.20	2016-06-19	123.39	37415
顺北 1-6H	O_2yj	斜 7765.12/垂 7399.51 漏 斜 7789.07/垂 7399.7 失返	763.02	100.50/100.74	2016-06-21	112.42	51145
顺北 1-7H	O_2yj	斜 7899.10/垂 7448.40 漏 斜 7900.61/垂 7448.4 失返 斜 7947.21/垂 7456.0 失返	1333.00	97.71/ 97.80/ 105.32	2016-06-22	126.70	64560
顺北 1-8H	$O_{1-2}y$	斜 7844.48/垂 7571.64、7734.52 失返	542.00	162.58/165.74	2017-08-07	113.10	45888
顺北 1-9	$O_{1-2}y$	7374.00 漏/ 7431.46 漏、失返	592.30	4.00/61.46	2017-08-09	103.70	50167
顺北 1-10H	$O_{1-2}y$	斜 8068～8069.08	289.70	481.00	2018-02-25	108.00	46225
顺北 1-11H	$O_{1-2}y$	7637.70 漏	1505.84	86.70	2018-10-03	75.77	12000
顺北 1-14	O_2yj	7647.21 漏 7672.00 漏	166.95	58.21/ 83.00	2018-10-25	227.30	66100
顺北 1CX	O_2yj	斜 7524.06/垂 7405.7 漏	660.00	115.00	2017-01-23	80.00	23000
顺北评 3	$O_{1-2}y$	斜 7549.32/垂 7546.21 漏 斜 7842.93/垂 7639.71 失返	1208.00	153.00/ 246.71	2017-09-05	85.60	37000
顺北 5	$O_{1-2}y$	7514.30～7579.51 漏	1488.00	239.01	2017-10-31	86.60	4653
顺北 5-4H	O_2yj	斜 7880.97/垂 7480.74 漏 斜 8031.73/垂 7480.34 漏 斜 8060.53/垂 7480.30 漏	845.30	44.24/ 43.84/ 43.80	2017-12-28	90.00	4600
顺北 51X	O_2yj	斜 7871/ 垂 7683.23	12.00	315.00/ 127.23	2018-04-12	87.00	4300
顺北 5-2	O_2yj	7488.97～7526.11	1305.00	40.11	2017-11-18	48.40	3010
顺北 7	$O_{1-2}y$	7796.69～7797.00 7979.70～7988.00 斜 8121.00	244.62	74.69～75.00	2018-03-12	109.20	9453

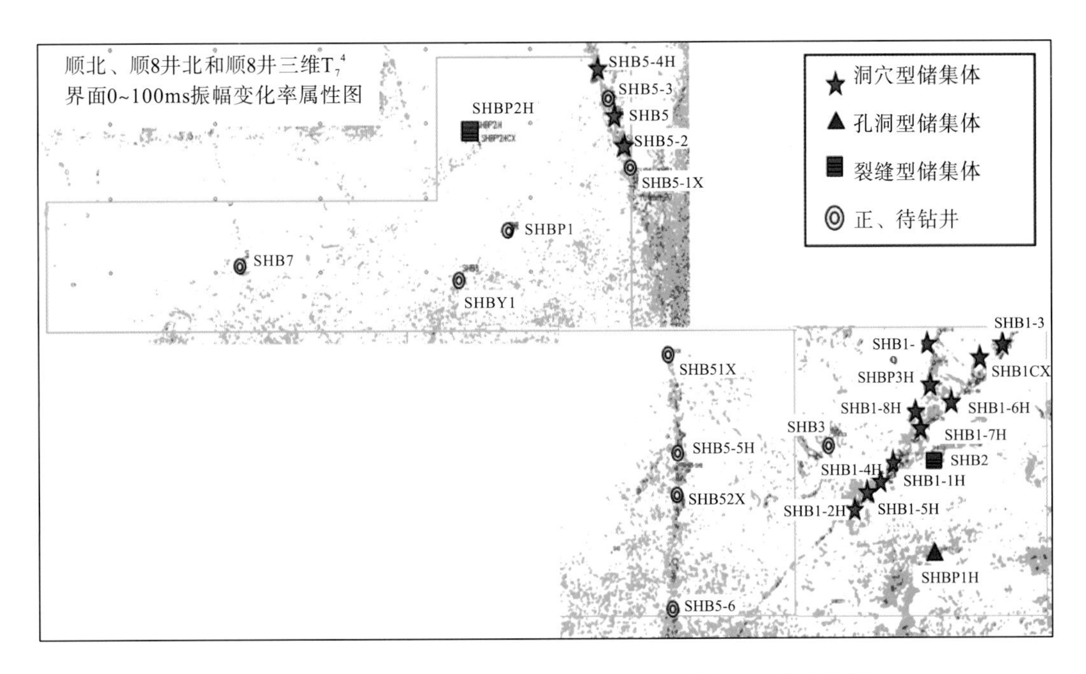

图 5-11 顺北地区奥陶系沿断裂带钻井钻遇放空、漏失分布图

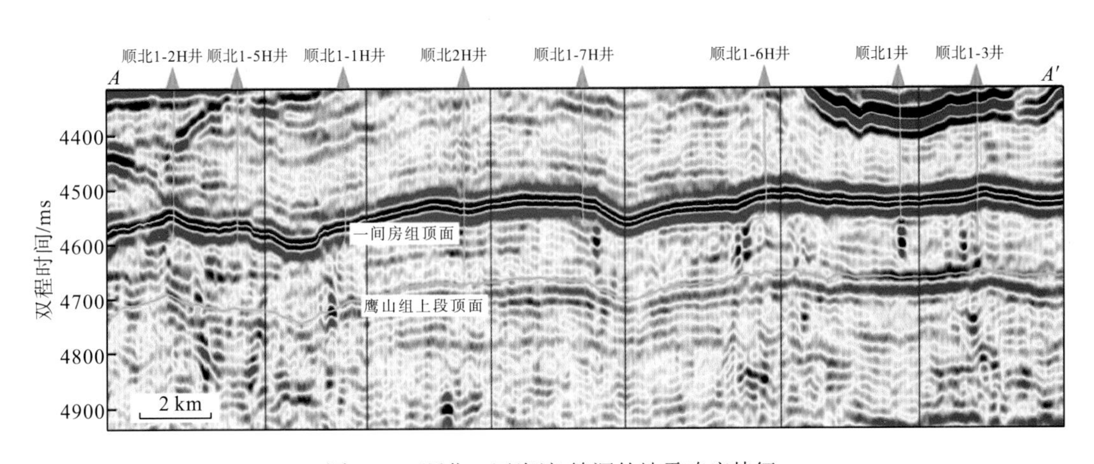

图 5-12 顺北 1 区岩溶-缝洞的地震响应特征

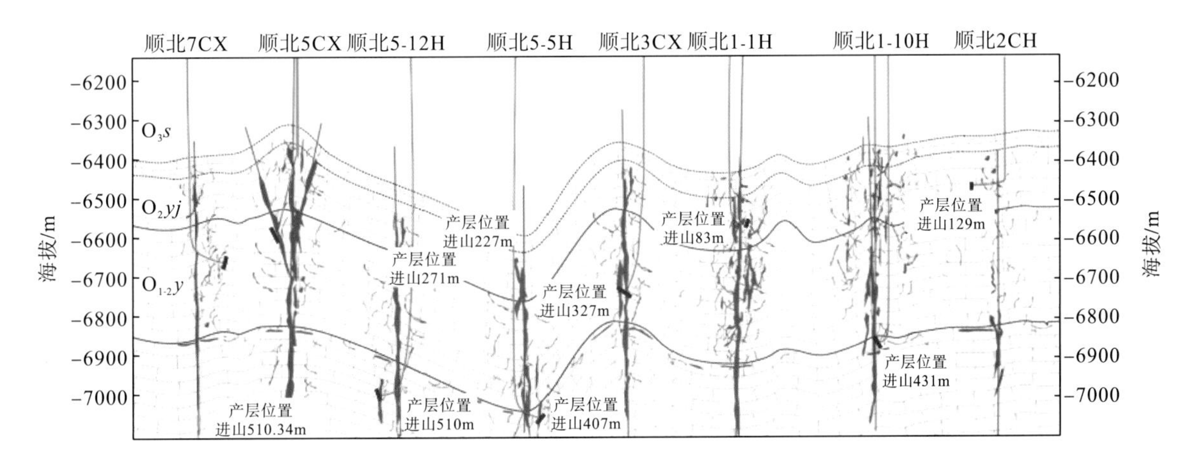

图 5-13 过顺北 7 号走滑断裂带—顺北 5 号走滑断裂带—顺北 3 号走滑断裂带—顺北 1 号走滑断裂带—顺北 2 井连井油藏剖面图

2. 裂缝

除了大型洞穴或断面空腔，受断裂破碎带控制的各类裂缝及伴生溶蚀孔隙是顺北地区又一类重要的储集空间类型。在顺北地区一间房组共识别出 3 种构造破裂作用形成的裂缝，包括破碎角砾化裂缝、高角度裂缝和水平缝以及晚期开启裂缝。

1) 破碎角砾化裂缝

这种裂缝通常见于断层核部，在顺北 5 井和顺北 1-3 井岩心中都能观察到，岩心上也非常容易识别，它将原本完整的碳酸盐岩地层切碎形成角砾岩(图 5-14)。取心段上可识别到张性断层角砾岩，其砾间缝异常发育且被沥青全充填。其主要特征如下：①产状高角度近垂直弯曲、似网状、角砾缝合状；②通常沥青或黏土混杂充填；③微观下有方解石脉填充，阴极发光显微镜下橙红色发光；④剪切性质，开度小；⑤顺北 1-3 井中裂缝密度为 0.4 条/m。

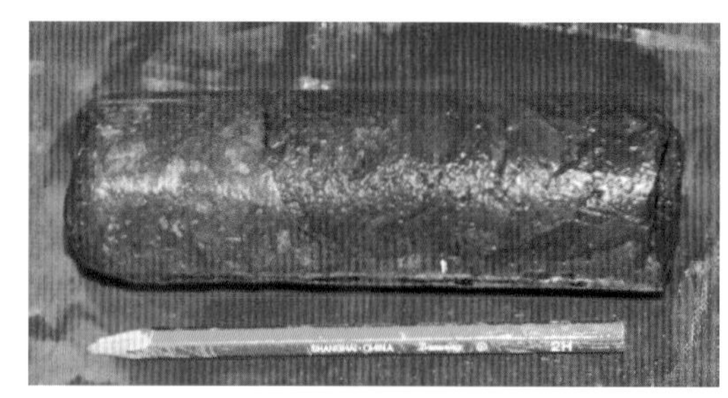

(a) 顺北1-3井，7272.85m，一间房组溶洞内充填沥青

(b) 顺北1-3井，7273.60m，一间房组，砾间缝被沥青全充填

图 5-14　破碎角砾化裂缝

2) 高角度裂缝和水平缝

根据取心井观察，顺北地区一间房组和鹰山组中，主要发育高角度裂缝和水平缝两种。两种裂缝中均发育有效储集空间，高角度裂缝中未-半充填的高角度裂缝、构造微裂缝及残余溶蚀孔洞是其主要的储集空间；水平缝未被充填，是有效的储集空间。在次级断裂带上部署的顺北 2 井，其侧钻显示洞穴型储层不发育，以高角度的构造裂缝为主。裂缝宽度较小，溶蚀程度较弱，成像测井资料显示裂缝在平面上具有很强的非均质性，裂缝发育带之间被致密带阻隔。裂缝发育层段与油气显示层段具有很好的对应性，表明油气富集与裂缝发育程度密切相关，同时发育少量溶蚀孔洞和孔隙(图 5-15)。从顺北评 3H 井的成像测井特征来看，裂缝以高角度构造缝为主，但沿着裂缝面基本无溶蚀特征。在常规测井资料上，裂缝的主要特征为深、浅侧向视电阻率呈中-高值(地层真电阻率为 100.0～1000.0Ω·m)，且深、浅侧向视电阻率曲线一般呈正差异。部分高阻背景值下的相对低视电阻率层段往往为储层发育段。裂缝型储层局部略有扩径，其自然伽马曲线特征与致密灰岩段的曲线特征相近，孔隙度测井曲线与致密灰岩段的曲线差异不大。

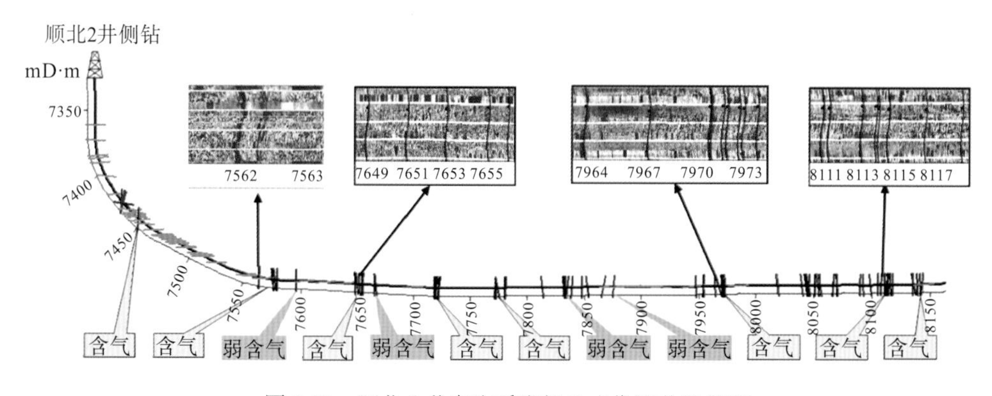

图 5-15　顺北 2 井奥陶系常规及成像测井柱状图

裂缝为有效的油气输导通道及储集空间。顺北 2CH 井在侧钻井段的成像测井中发育大量高角度裂缝，成像测井统计发育 131 条高角度裂缝，裂缝宽度为 0.01～2.446cm。地震剖面上指示裂缝密集发育段为断裂发育部位，同时见含气级别的油气显示，酸压测试后获得油气流。

不同层位裂缝的类型和发育程度存在差异，自下而上具有高角度缝逐渐减少、水平缝逐渐增多的趋势，说明深度越大，高角度断裂越发育(图 5-16)。例如，顺北 2 井一间房组钻井岩心中发育较多的低角度近水平缝(图 5-16)，开启程度较好，且在裂缝发育处见轻质原油。鹰山组高角度-近垂直裂缝与近水平缝均有发育，其中局部层段近水平缝密集发育。岩心上高角度裂缝倾角普遍大于 80°，裂缝整体规模较小，长度主要为 3～10cm，开度普遍小于 0.2mm(图 5-17)。近水平裂缝与油气的关系更为密切：鹰山组高角度裂缝发育程度较低，共识别高角度裂缝 35 条，裂缝密度为 3.2 条/m；鹰山组水平裂缝发育，共识别约 84 条，裂缝密度达 7.6 条/m，水平缝开启性好，多数可见沥青及油气充填。近水平缝的发育主要受控于层间剪切作用，在顺北 2 井第 6 回次岩心中可识别层间剪切滑动面，见擦痕、阶步，随着距滑动面距离增大，水平缝发育密度逐渐降低。

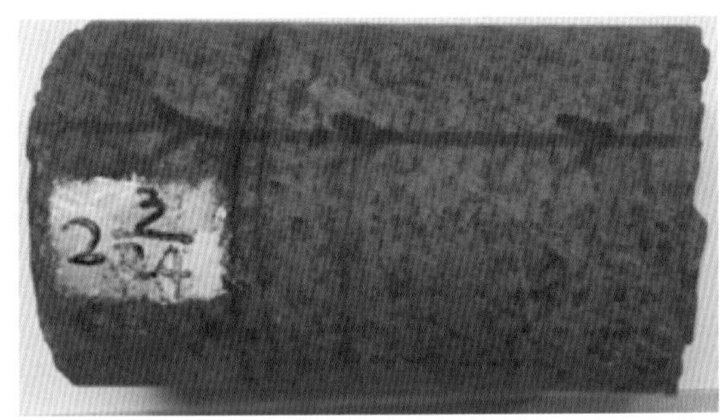

(a)顺北2井，O_2yj， 7360.69~7360.8m，低角度裂缝发育

(b)顺北2井，$O_{1-2}y$，7734.88m，高角度裂缝发育

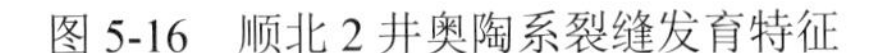

图 5-16 顺北 2 井奥陶系裂缝发育特征

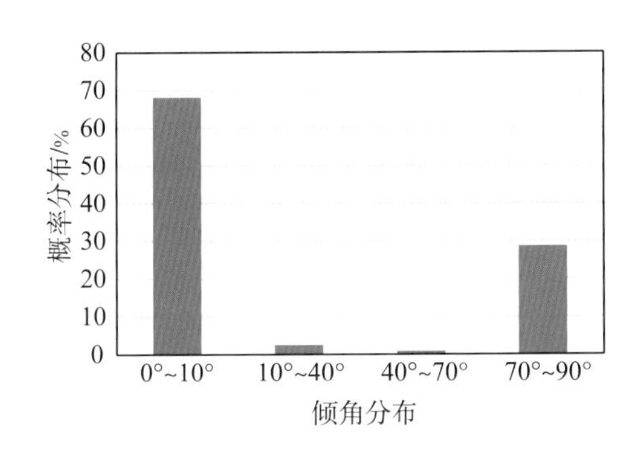

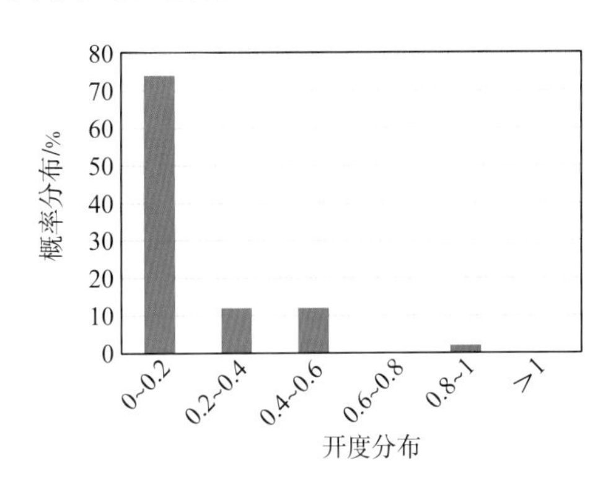

图 5-17 顺北 2 井奥陶系岩心裂缝倾角及开度统计

顺北地区裂缝在平面上发育类型和发育程度与所处断裂带位置相关。在断裂带之间的钻井(如顺北评 2 井)，以低角度近水平裂缝为主，主要受控于层间剪切作用，部分发育高角度裂缝，而在次级断裂带(或附近)的顺北 2CH 井的水平段，裂缝以高角度的立缝居多。顺北 2 井侧钻表明高导缝是主要储集空间，主要分布在一间房组底—鹰山组上段，发育密度横向有变化，次级断裂带更密集。地震雕刻体进一步表明，顺北 2 井次级断裂带的主要储层类型为裂缝型。总的来说，裂缝的发育提高和改善了本区碳酸盐岩储层的孔渗性。

3)晚期开启裂缝

晚期裂缝目前仍然保持开启状态，且切穿前期所有观察到的成岩产物和裂缝，被认为形成时间最晚。在顺北 5 井和跃进 2-3 井中见到沿着晚期裂缝的溶蚀现象，裂缝壁被溶蚀破坏后呈港湾状。通常，这种裂缝与井下造成放空、漏失的大型断裂或裂缝具有相同的特征，其特点如下：①岩心上很难见到；②仍然保持开启；③微观下期次最晚；④主要借助成像测井识别(顺北 7 井、顺北 5-3 井)；⑤从裂缝在平面上的发育程度，裂缝的发育具有很强的非均质性，局部密集发育，油气显示与裂缝型储层的发育密切相关。

3. 溶蚀孔洞

溶洞主要发育在一间房组颗粒灰岩和鹰山组下段灰质/含灰质白云岩中，个别直径大小达厘米级别，溶蚀孔洞内常为 2～3 期方解石、白云石半-全充填。以顺北 1-3 井一间房组和顺北蓬 1 井鹰山组下段取心最为典型(图 5-18)。其余岩性目前揭示的溶洞规模有限。从发育特征来看，溶洞大多是沿裂缝或微裂隙发生溶蚀作用形成的，直径一般为几百微米至 10cm，孔洞内常被方解石部分或全部充填，或密集分布或孤立发育，未充填部分为油气提供了有效的储集空间。在顺北地区溶蚀孔洞的发育多与裂缝和微裂隙有关，部分具有组构选择性。在顺北 1-3 井取心的第 4 回次一个约 1.5cm 大小的溶蚀孔洞被方解石晶簇半充填，未充填部分为油气提供了有效的储集空间(图 5-18)。顺北蓬 1 井含灰质白云岩中见大量溶蚀孔洞(图 5-19)。顺北 2 井取心中见少量未充填的溶蚀孔，成像测井上见较多沿裂缝溶蚀形成的溶蚀孔洞，为有效的储集空间。

图 5-18　顺北 1-3 井，灰黑色泥晶生屑(介屑为主)灰岩，溶洞边部方解石充填，沿方解石可见沥青环边

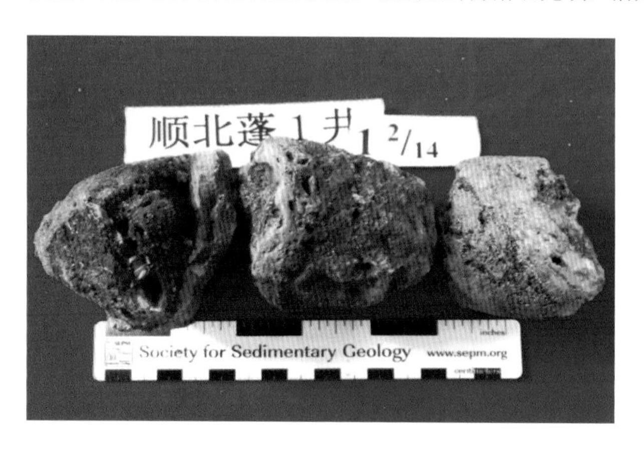

图 5-19　顺北蓬 1 井，含灰质白云岩，见大量溶蚀孔洞

根据铸体薄片观察，顺北地区奥陶系中主要的孔隙类型包括粒间溶孔、粒内溶孔、晶间孔及晶间溶孔。

(1)粒间溶孔、粒内溶孔。颗粒灰岩中被溶蚀的颗粒常为生屑、砂屑和鲕粒。该类孔隙在顺北 1-7H 井(7356.28m 井段)见粒内溶孔、粒间溶孔[图 5-20(a)和图 5-20(b)]，在顺北 2 井 7442.80m 处见与后期硅质改造作用相关的粒内溶孔，面孔率可达 2%，孔隙度可达 8.9%。

(2)晶间孔、晶间溶孔。晶间孔为晶体构架孔，多见于细-粗晶灰岩、白云岩、颗粒灰岩的胶结物，以及孔缝中充填矿物(方解石、白云石和石英等)的晶间。该类孔隙分布广泛，但孔径较小。晶间溶孔在晶间孔的基础上扩溶形成，孔径多分布在 0.001～0.01mm。它们对储渗性能的贡献较小。顺北地区晶间孔、晶间溶孔多数出现在孔、洞、缝中的充填矿物中，顺北 2 井在一间房组见较多未充填沥青及有机质的晶间及晶内溶蚀孔，部分样品还偶见充填方解石的微裂缝局部被溶形成的溶孔[图 5-20(c)]。

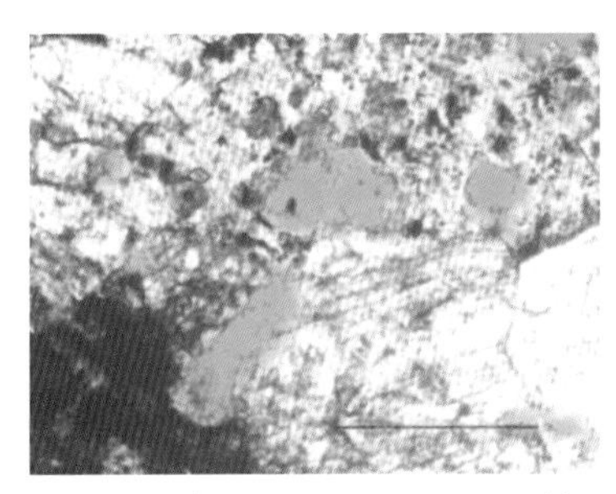

(a)顺北2井，7442.80m，O_2yj，泥晶砂屑灰岩发生硅化具残余砂屑结构，基质内溶蚀孔隙发育(−)

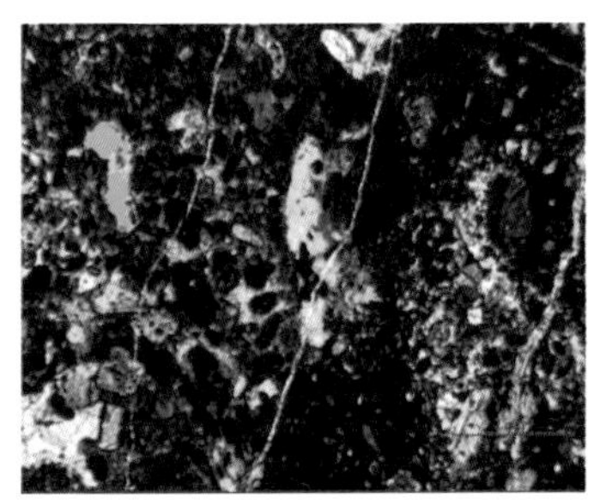

(b)顺北1-3井，7268.15m，O_2yj，溶蚀孔隙(−)

(c)晶间孔及晶间溶孔，顺北2井，7357.40m，O_2yj (+)

图 5-20　顺北地区奥陶系基质储层孔隙类型图版

二、储集体规模及评价方法

顺北地区主断裂带上单井初期产能较高，生产稳定，主次断裂带产能差异大。早期顺北一区投入试采的 16 口单井中，部署在顺北 1 号、5 号主断裂带的井，初期产能在 100t/d 以上的有 1 口，初期产能在 50t/d 以上的有 14 口，占投产总井数的 87.5%，初期平均产能达到 76t/d，初期产能较高。部署在次级断裂带上的顺北 2CX 井初期产能只有 10t/d，且地层供液不足，压力下降快，不能维持正常生产，目前已关井。通过分析，笔者认为在顺北地区主次断裂带无论是缝洞发育程度还是油气充注程度都存在很大差异，主断裂控储控藏特征明显。

顺北油田前期稳定试采井的油压随累产变化的曲线反映能量特征可分为 3 类：顺北 1 号断裂带的拉分段能量充足；顺北 1 号断裂带挤压段、分支断裂能量较充足；顺北 5 号断裂带为挤压段，能量不足，但顺北 5 井经酸化后能量较充足。压力保持程度拉分段在 95%以上，其余类型次之；单位压降采油量普遍大于 2000t，拉分段最高；顺北油田主断裂拉分段储层发育、产能高、能量充足，次级断裂产能较低，顺北 1 井三维区北东向主断裂带产能高、能量较充足，单位压差产油量较高，主干断裂带不同部位及主干断裂与次级断裂上油井产能存在差异。

通过“低频共振、高频衰减”油气检测动力学原理，对顺北油田 1 号断裂带上建产井分频地震资料进行油气检测，检测结整体高度为 300～660m，最深顺北 1-5 井区，平均油柱高度为 467.5m。顺北 5 井实钻一间房顶界面(T_7^4界面)之下 310m 测试见工业油气流；前期对各井流压静压的监测中，发现流温均大幅高于静温，平均高出 5～10℃，平均为 7.6℃左右，地温梯度为 2.34℃/100m，推测油柱高度至少达到 300m。

第四节　断控缝洞型储层发育的主控因素

一、断裂对储层的控制作用

断裂在顺北地区储层发育和演化过程中具有十分重要的作用。通过对断裂级别、断裂分段样式、断裂活动性的分析，可以解释储层沿断裂局部分布、各层位分布不均等特征，也可为储层溶蚀条件及溶蚀特征分析提供依据。

1. 断裂级别对缝洞型储层的控制

储集体规模与断裂级别相关，断裂级别越高，滑移距离越大，分段越长，储集体规模越大。根据走滑断裂级别划分，顺北 1 号、5 号走滑断裂带为主干一级断裂，顺北 7 号走滑断裂带、顺北评 3H 断裂为主干二级断裂，其余为次级断裂带。在平面上主要表现为分段走滑，延伸距离远，断裂强度大、规模较大，具有较好的通源性。

目前高产井均位于主干断裂带上(图 5-21)，将所解释的断裂处各个井位的油气生产数据进行统计，顺北 1 号走滑主干断裂是优质储层发育的主要部位，顺北 1-1H 井、顺北 1-2H 井等 9 口有油气产出的井，均位于顺北 1 号走滑断裂带上，而次级断裂带所部署的顺北 2 井、顺北 3 井等井位，无论是地震属性所显示的储层规模，还是实际钻探所提供的油气产量，都远不如主干断裂(图 5-22)。

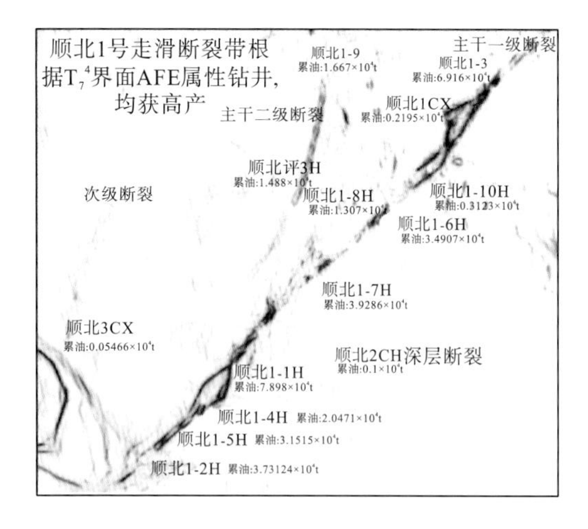

图 5-21 不同断裂带原油累产与相干叠合图

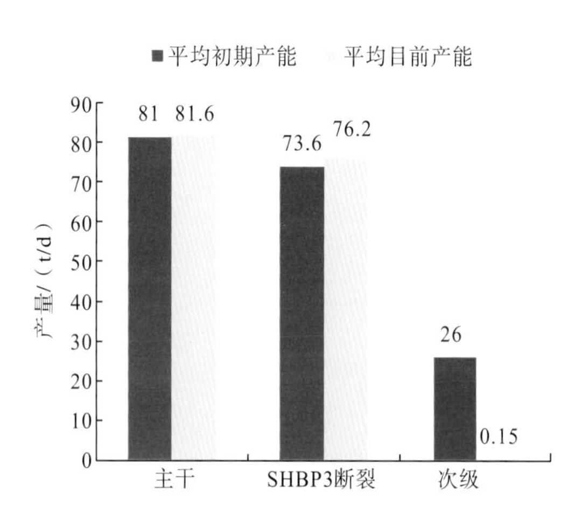

图 5-22 顺北 1 区不同断裂带原油累产柱状图

断裂带内：纵向发育深度大，储集体规模与断裂级别相关(图 5-23)。钻于主干断裂带之上的单井如顺北 5CX 井、顺北 1-3 井等，其主要储集空间类型以洞穴/断面空腔、裂缝带为主，储集体规模最大，产量最高；次级断裂带之上的单井，如顺北 3CX 井、顺北 2CH 井，其主要储集空间以高角度缝为主，储集体规模相对小，产量中等-偏低。断裂带之外：储集体欠发育，仅见微孔隙与少量裂缝发育，如顺北评 1H 井和顺北评 2H 井。

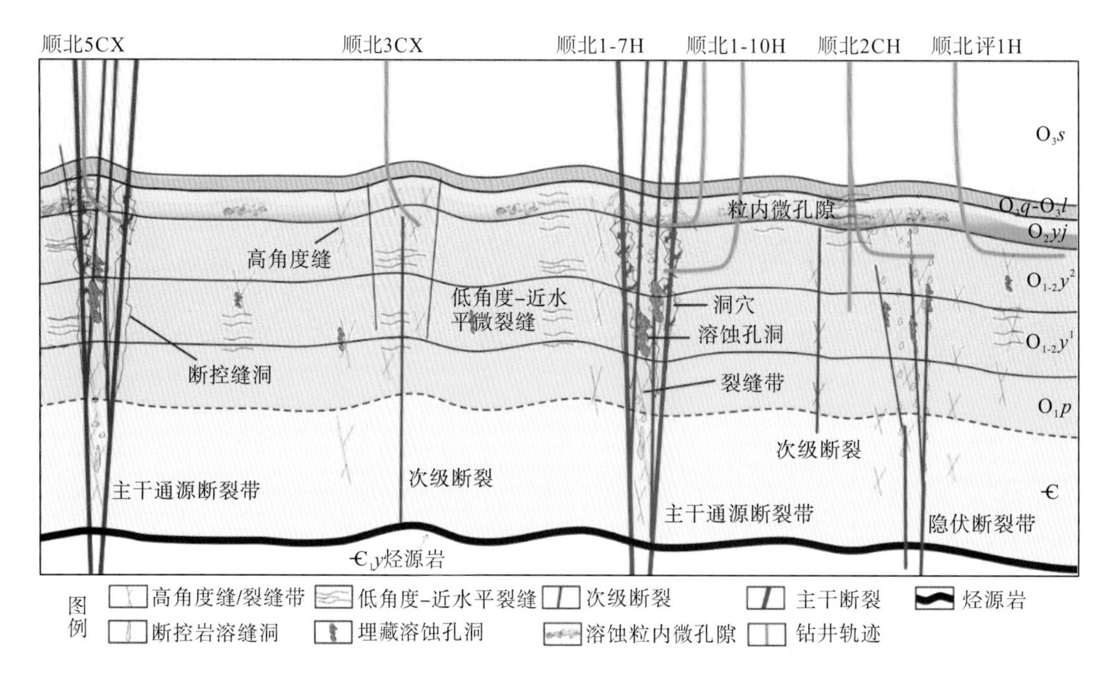

图 5-23 顺北地区中-下奥陶统主干、次级断层储层发育特征对比图

主干断裂油气富集程度高，是因为主干断裂作用更强，更易于形成对储集空间有利的断裂破碎带，后期深层溶蚀作用对裂缝进行溶蚀改造，从而形成大规模的断控型储集体，更利于规模油气聚集成藏。因此，主干断裂缝洞型储层更发育，储集体规模大；同时主干断裂断穿下伏烃源岩，更利于油气的大量聚集。在生产特征上表现为油压高、油压稳、单井日产液量高、产能稳定的特征。目前主干一级断裂带顺北 1-3 井平均日产原油 213t，顺北 3CX 井次级断裂平均日产天然气 $18.6\times10^4m^3$，断裂带之外顺北评 1 井累计产油 100t(图 5-24)。因此，走滑断裂级别控制缝洞型油气藏总体富集程度。

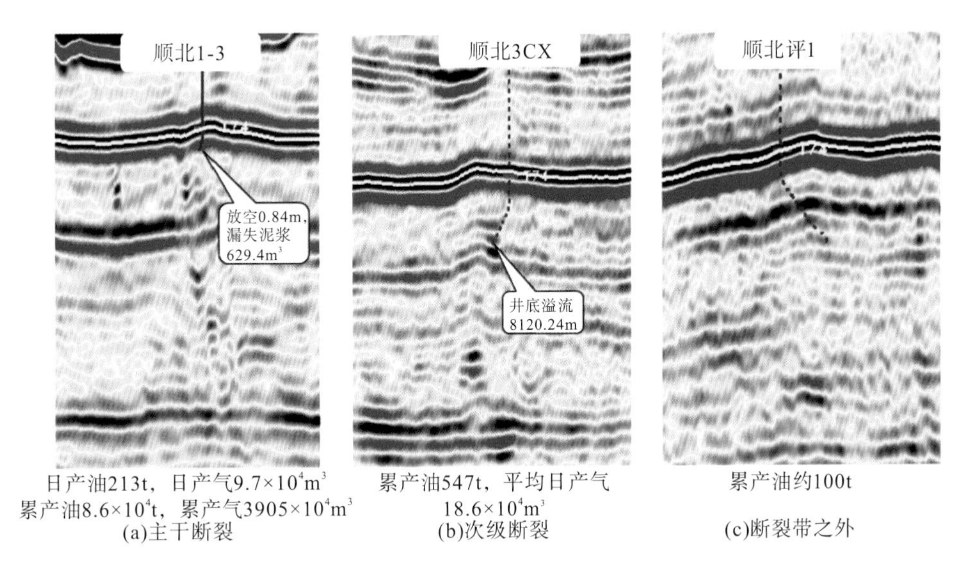

图 5-24　顺北地区中-下奥陶统主干、次级断层产油情况对比图

2. 断裂分段样式对断控型储层的控制

顺北地区断裂主要为分段走滑断裂，在剖面上断裂样式主要表现为正花状、负花状、直立走滑 3 种样式，对应的运动学特征为叠接拉分、叠接压隆和平直走滑 3 种类型(图 5-25)。断裂构造样式对油气富集程度的影响，归根到底是其对储集体规模和断裂带内部空间的影响(图 5-26、图 5-27)。

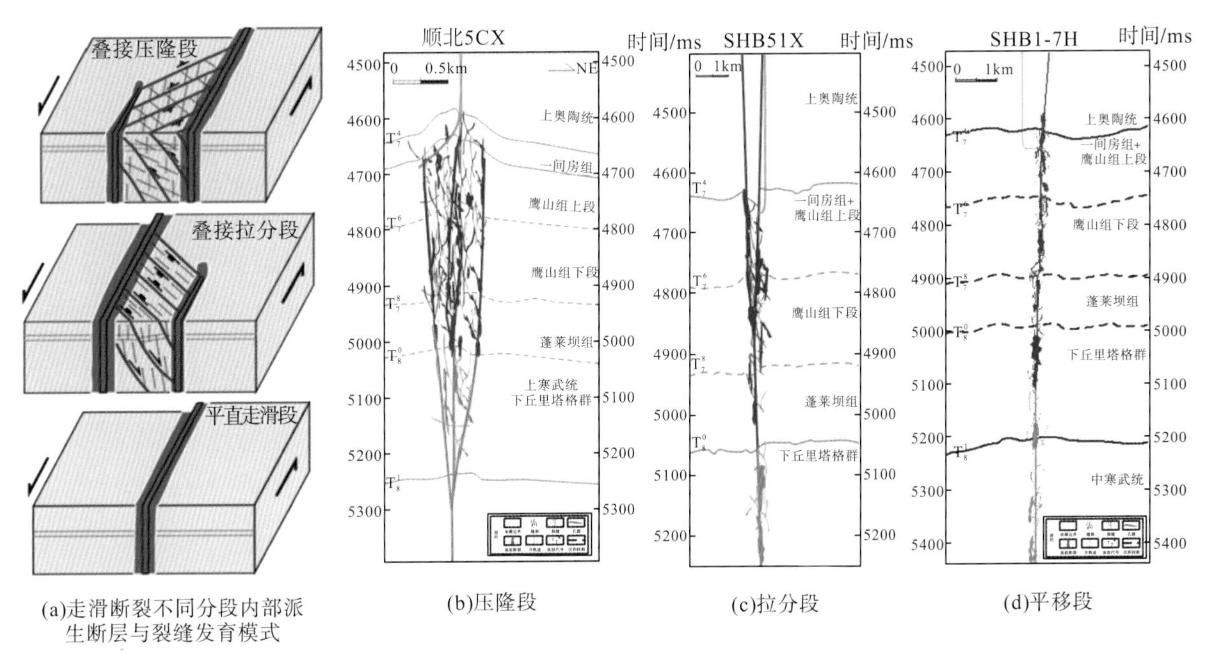

图 5-25　主干走滑断裂带不同分段储层地质模型

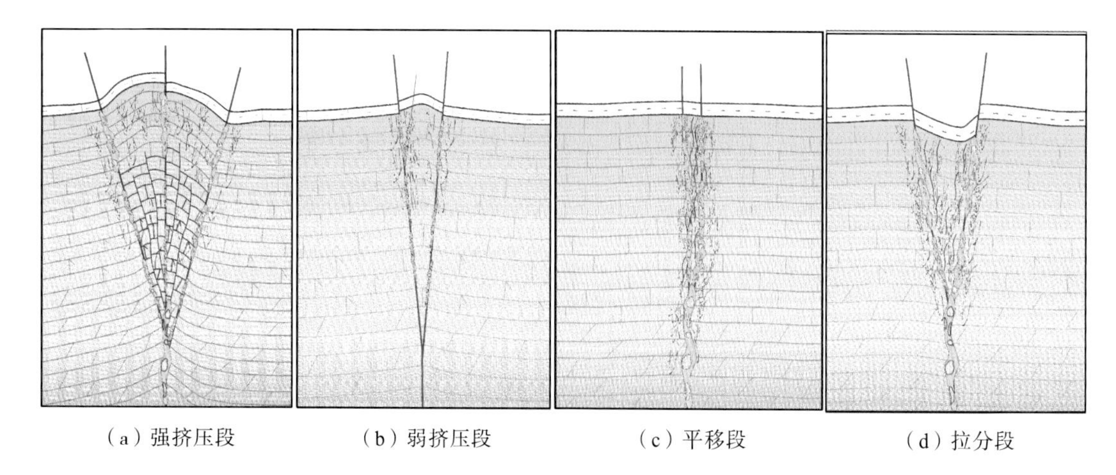

图 5-26　顺北地区不同分段样式断缝储层发育剖面模式图

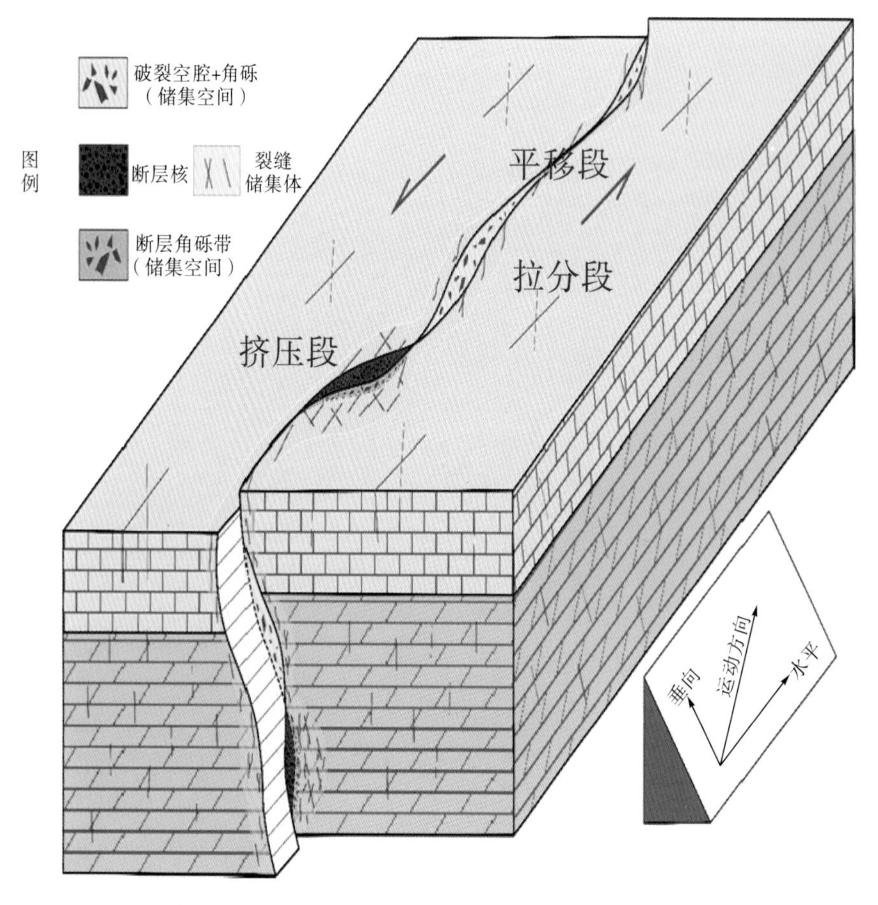

图 5-27　走滑断裂不同分段内部结构与控储立体模式图

模式实验结果(Dooley and McClay，1997；Dooley，2004)表明，拉分段和压隆段都利于形成裂缝密集发育的段，但是拉分段内部结构相对更简单，储集体规模大、连通性较好，储层非均质性更弱，因此更容易钻遇高产井和稳产井，是勘探目标的首选，目前累产 10×10^4t 的油井顺北 1-3 井就位于断裂拉分段。

压隆段也易于形成规模较大的储集空间，但是断裂内部储层非均质性强，钻遇到规模储层难，连通性较差，稳产难度较大，如在顺北 5 号走滑断裂带部署的以强压隆段为目标的顺北 5 井，经历多次轨迹调整才钻遇放空、漏失，测试高，初期自喷日产原油 82t，但生产 1 个月后产量下降到日产原油 4t，表现为连通性差，供液不足的特征。针对这种情况，采取酸洗措施后，已经稳产、累产原油 3×10^4t，充分证实了压隆段储集体规模好，内部非均质性强的特征(图 5-28)。

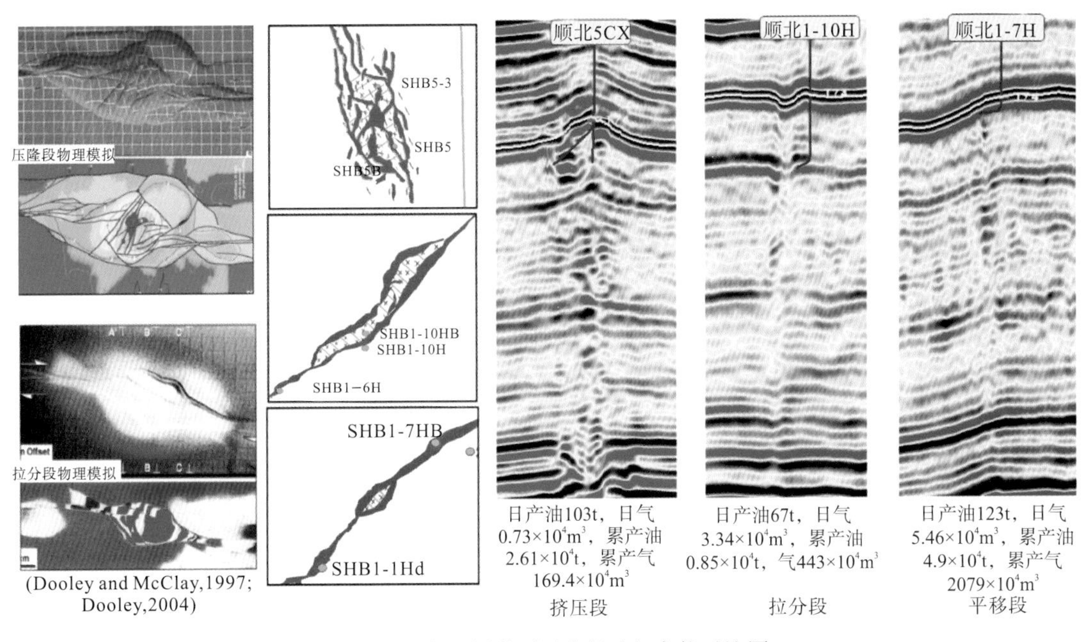

图 5-28　走滑断裂不同分段油气产能对比图

直立走滑段在平面上表现为断裂延伸相对更远，强度较大。在地震剖面主要表现为一条直立的断穿基底的断裂。直立走滑段储层受断裂控制，为典型的纵向分布，横向展布弱的储集体特征。从生产特征看，直立走滑段产能相对拉分段较弱，相对压隆段更强。从油气成藏特征分析，直立走滑段与拉分段、压隆段经历了相同的油气成藏过程。由于直立走滑段横向延伸相对较强，因此沿断裂走向储集体规模是很可观的，在纵向上断裂发育也相对较好，有效沟通了上下规模储集体，因此断穿基底的直立走滑段勘探潜力较好。

走滑断裂的分段性和储层发育及产能的关系密切，拉分/平移段储集体连通规模大，油气富集程度高；压隆段内部分割性强。

顺北地区顺 8 井、顺 8 井北、顺北 1 井三维区 1 号和 5 号走滑断裂带分段解释表明(图 5-29)，1 号走滑断裂带分为 7 段，以拉分-平移为主，拉分、平移段长度占比达到 90%；5 号走滑断裂分为 11 段，以挤压为主，挤压段长度占比达到 68%；7 号走滑断裂带分 2 段，为走滑平移性质。

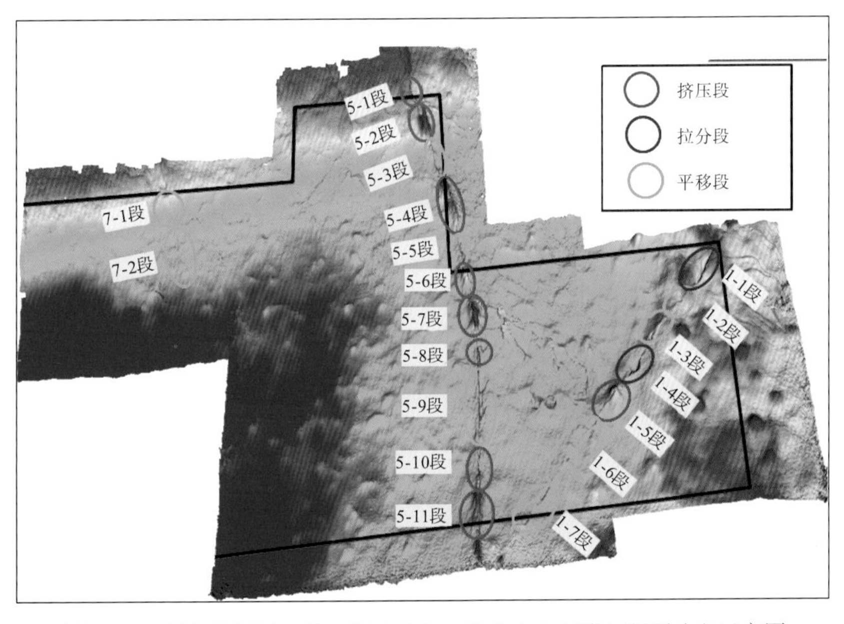

图 5-29　顺北地区顺 8 井、顺 8 井北、顺北 1 井三维区断裂分段示意图

3. 断裂活动性对储层的控制

顺北地区断裂分段性明显，构造样式多样，但相关油气产量与构造样式、断层分段性之间并无明显对应关系，这与断裂的活动、演化、岩溶作用的时期、油气充注与破坏过程都有关系。这里主要依据钻井生产数据及储层的地震响应，分析断盘的活动性以及断裂的形成对于储层发育的控制作用。

1) 断盘的活动性对储层的影响

依据走滑断裂两盘相对滑动的方位，将两盘分为左行盘和右行盘。通过对主干断裂左右两盘，相同距离(约 0.8km)、沿断裂走向的地震剖面上，代表储层的串珠、杂乱等异常体的发育密度进行对比，认为断裂两盘储层发育存在明显差异：①挤压式缝洞型，正花状、强能量、宽度大；②拉分式缝洞型，负花状、能量弱、错断明显；③平移式缝洞型，平剖为线性异常、宽度小(图 5-30)。

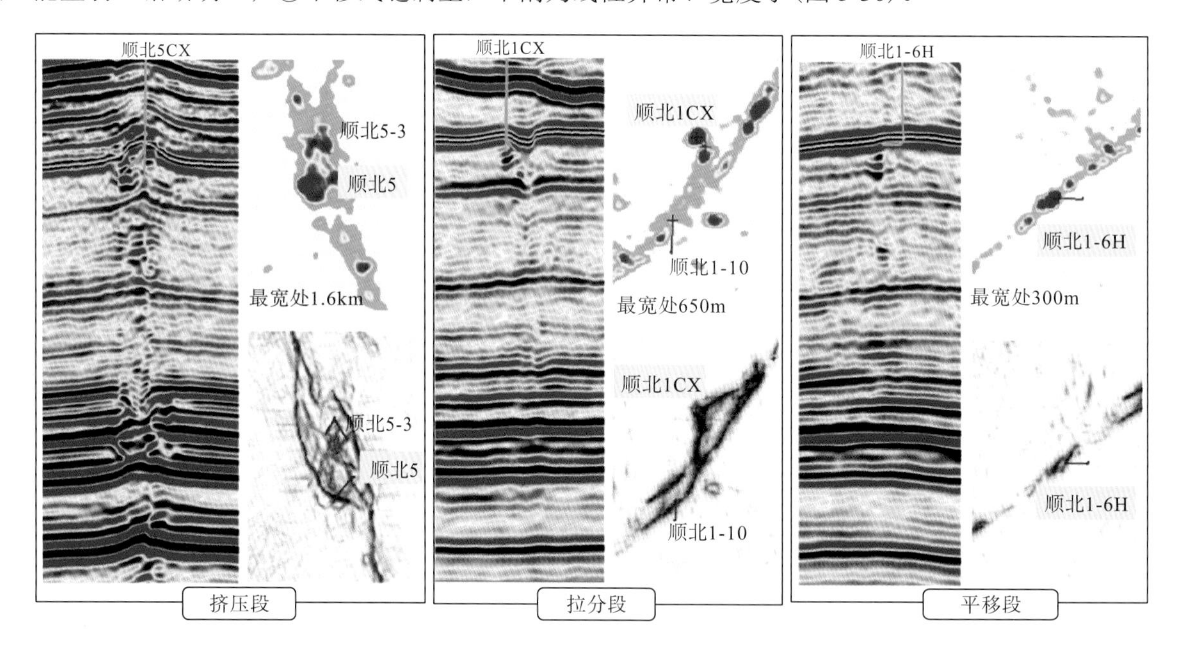

图 5-30　走滑断裂不同分段断距对比图

顺北 1 号走滑断裂带，其左行盘地震剖面上异常体发育规模更大，且断裂北段、中段、南段均发育一定规模的异常体，而其右行盘则仅在断裂中段及北段发育规模相对较小的异常体(图 5-31、图 5-32)。对于顺北 5 号走滑断裂带，其右行盘发育规模更大的地震异常体，且多以杂乱反射为主，而左行盘主要发育单个的串珠反射体(图 5-33、图 5-34)。

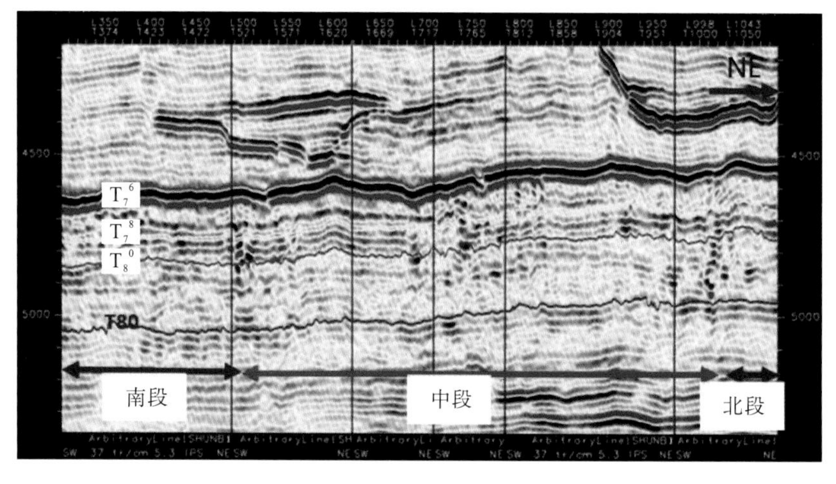

图 5-31　顺北 1 号走滑断裂带左行盘(西北盘)沿断层走向地震剖面

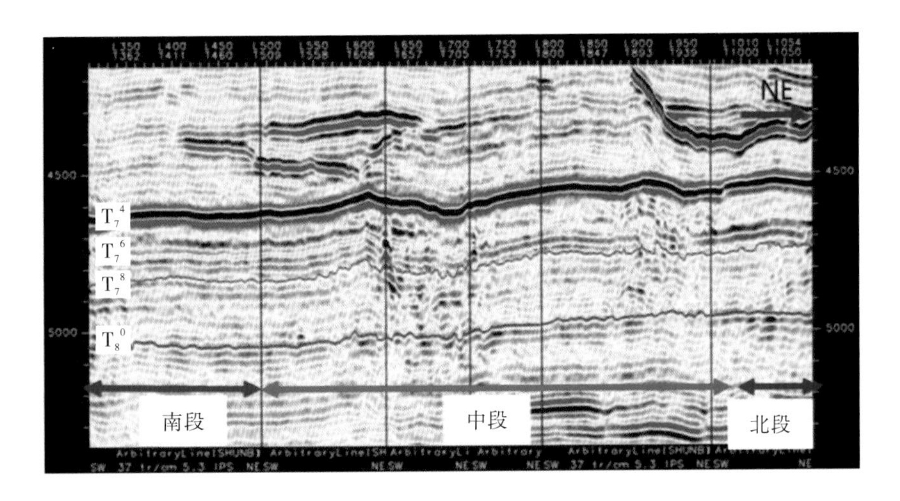

图 5-32　顺北 1 号走滑断裂带右行盘（东南盘）沿断层走向地震剖面

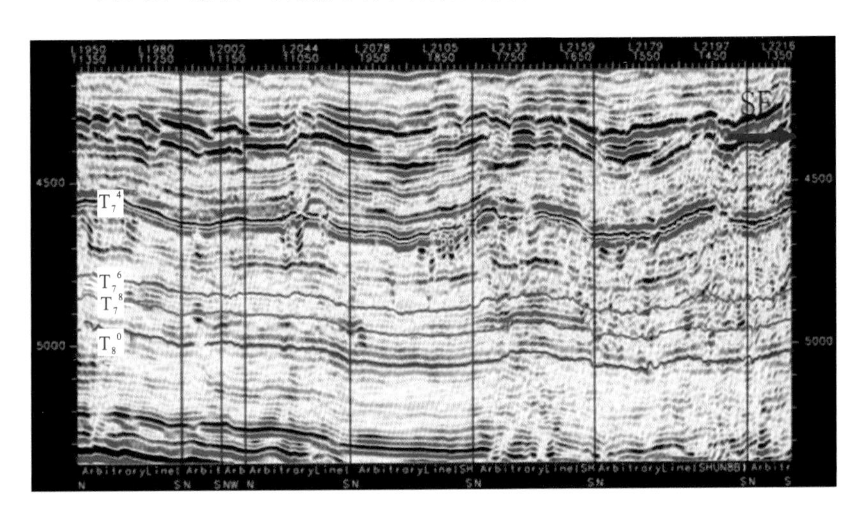

图 5-33　顺北 5 号走滑断裂带右行盘（断裂西侧）沿断层走向地震剖面

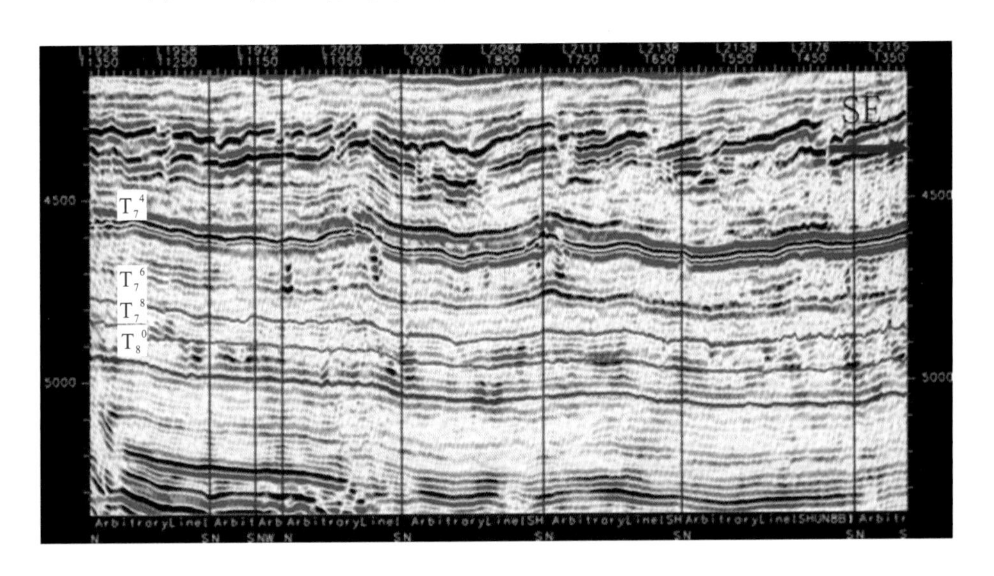

图 5-34　顺北 5 号走滑断裂带左行盘（断裂东侧）沿断层走向地震剖面

顺北 1 号、顺北 5 号两条走滑断裂带的左右两盘体现出不同的储层发育特征，是因为断层两盘的活动性存在差异，具体体现在两盘中次级断层的发育密度、滑动方向等。

从 T_7^4 界面断裂的平面组合样式来看，顺北 1 号、顺北 5 号走滑断裂带均为雁列式走滑断层。邓尚等(2018)结合雁列式走滑断裂叠接段的拉分、挤压特征，认为顺北 1 号走滑断裂带表现为左行走滑特征，而顺北 5 号走滑断裂带表现为右行走滑的特征。考虑到顺北地区西北部位邻近的顺北 7 号走滑断裂带和顺北 9 号走滑断裂带均保持了与顺北 5 号走滑断裂带相同的右行走滑性质，笔者认为顺北 5 号、顺北 7 号、顺北 9 号走滑断裂带属于同一应力背景，而顺北 1 号走滑断裂带则遭受与之相异的构造应力。因此，顺北 5 号、顺北 1 号走滑断裂带之间的块体，其活动性应该相对滞后，也就是说，对于顺北 5 号走滑断裂带，断裂西侧的右行盘为其主活动盘，该盘相比断层东侧的断盘，遭受了更强的构造应力，因此在靠近断裂带处，该盘发育有更为广泛的破碎带，以及相关的伴生构造。对于顺北 1 号走滑断裂带，断裂东南侧的断盘为其主要活动盘，但相比顺北 5 号走滑断裂带，它的延伸长度及活动强度都较弱，因此两盘地震异常差异并不明显，反而因顺北 1 号走滑断裂带左行盘处形成了次一级的顺北 3 号走滑断裂带，使得顺北 1 号走滑断裂带靠近北部，左行盘处地震异常体更为发育。

综上所述，顺北 5 号、顺北 1 号走滑断裂带作为顺托果勒整个走滑断裂体特征的一个过渡带，其活动盘的判断较为复杂，不仅与主干走滑断裂自身的滑移性质有关，还受周边其他走滑断裂、次级断裂活动的影响。而断层两盘活动性的差异，又是两盘储层发育规模的直接影响因素。

2)断裂的形成演化对储层的影响

本书对顺北地区断裂系统的纵向特征进行了分析，认为顺北 1 号、顺北 5 号走滑断裂带的主要活动时期为加里东早期、加里东中晚期—海西早期、海西晚期(图 5-35)。其中加里东早期与加里东中晚期—海西早期活动所形成的断裂以 T_9^0 地震反射层为构造界限，而加里东中晚期—海西早期与海西晚期构造活动所形成的断裂，则以 T_7^4 地震反射层(中奥陶统一间房组顶面)为界限。海西晚期构造活动所形成的断裂，则止于 T_5^0 地震反射界面。

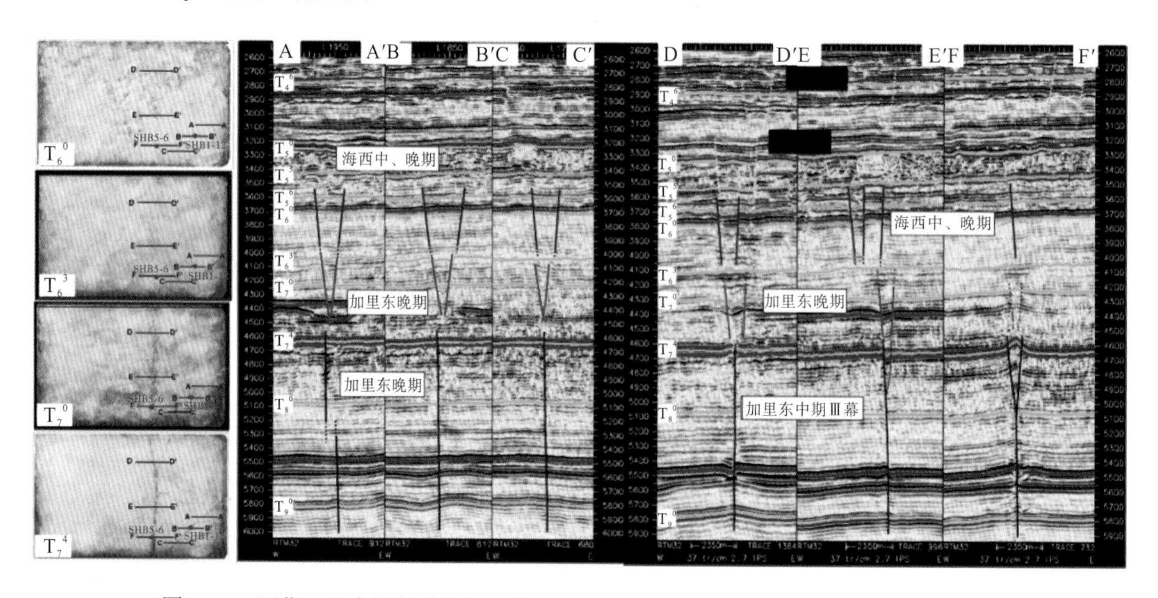

图 5-35　顺北 1 号走滑断裂带与顺北 5 号走滑断裂带(顺 8 井三维)活动期次分析图

进一步对加里东构造期内幕期次研究区断裂活动差异进行分析，顺北 5 号走滑断裂带在加里东中晚期(中上奥陶统地层中)先后发育了左阶右行走滑断裂和雁列式正断裂，且二者所反映的应力背景发生了变化(压扭至张应力)；而顺北 1 号走滑断裂带在加里东中晚期发育左阶左行走滑断裂及上覆地层的雁列式正断裂，则显示了类似的应力背景(张扭至张应力)。因此，本书认为顺北 5 号走滑断裂带先于顺北 1 号走滑断裂带形成，而顺北 1 号走滑断裂带地区的走滑断裂和正断裂发育于同一时期，具有较为良好的继承性。

也就是说，顺北 5 号走滑断裂带于加里东早期已经开始活动，而顺北 1 号走滑断裂带则在加里东中晚期作为其次级断裂开始活动。顺北 1 号、顺北 5 号走滑断裂带均在加里东中晚期发生最强烈的构造变动，形成了两条断裂带的主要构造规模和特征。在海西早期至晚期，两条断裂的活动则以继承性活动为主，未遭受过于强烈的应力变动，其断裂连通性也不会遭受破坏。

在明确了断裂活动期次及活动特征的基础上，结合各时期储层的埋藏暴露情况，以及当时的岩溶发育条件，认为断裂在不同活动期次对储层的影响程度和方式有一定的差别。

加里东早期，顺北 5 号走滑断裂带断层活动较为强烈，以压扭性活动为主。顺北 1 号走滑断裂带断层则尚未进入主要的活动时期，可能表现为局部发育的小型雁列式走滑断层。结合地震剖面上断层的通源特征、平面上断层的叠接方式，本书认为加里东早期顺北 5 号走滑断裂带断层活动的储层意义体现在两个方面。首先是确保了断层的通源性，因为早期活动性较强的断层往往是整个断层中通源性最好的部位，考虑到研究区烃源岩主要分布于目的层位之下的寒武系地层，这种早期活动的断层部位可以作为最佳的油气传输通道；其次是早期断层通过雁列叠接的方式在后期形成了完整的走滑断层，而叠接段的压扭、张扭性质，也就决定了这些断裂的分段点及各段的张扭、压扭性质，也就是说，顺北 5 号走滑断裂带断层的雁列叠接特征，决定了其分段点的位置及各个分段的构造样式，是其分段性的根本原因(图 5-36)。

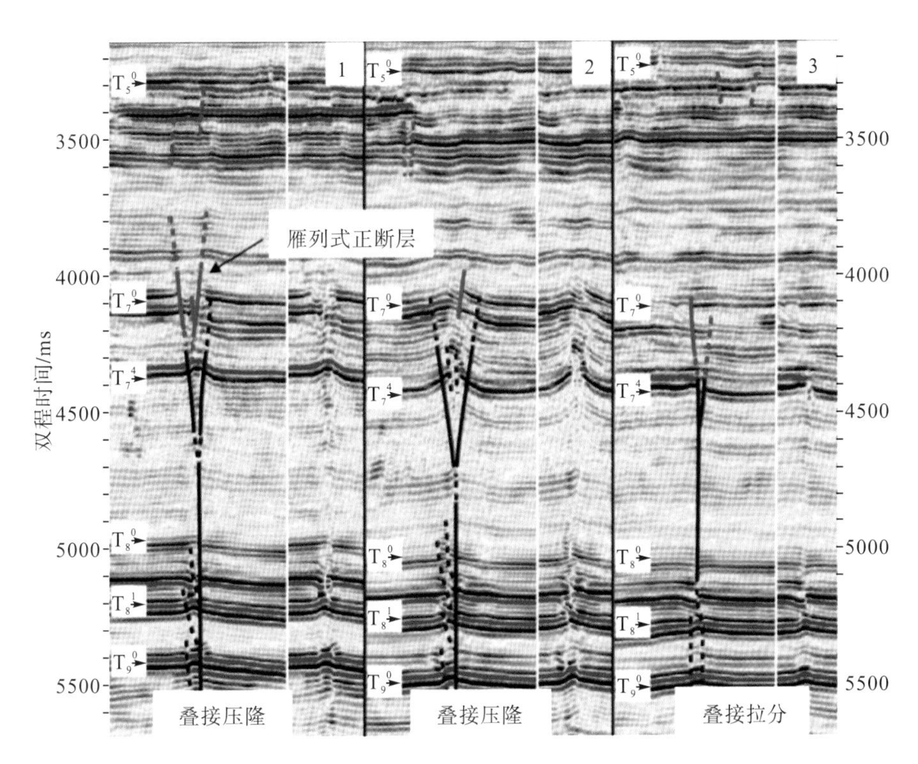

图 5-36　顺北 5 号走滑断裂带雁列式断层叠接特征

在断裂的主活动期，也就是加里东中晚期。研究区处于逐步海侵的沉积环境，自西南向东北研究区奥陶系一间房组在加里东 I 幕经历了一定时期的暴露，以 T_7^4 界面为标志，经历了一定程度的暴露剥蚀，储层遭受的大气淡水岩溶作用，在局部高点发生同生期岩溶作用，而其余地区大气淡水的表生岩溶作用并不强烈。此时期顺北 5 号走滑断裂带已经形成，而顺北 1 号走滑断裂带则进入主要活动期。且顺北 1 号走滑断裂带的活动演化方式，也遵循与顺北 5 号走滑断裂带类似的早期发育的小型雁列式走滑断层、后期叠接分段形成整条走滑断层。只是其叠接点的部位及叠接段的力学特征与顺北 5 号走滑断裂带有所不同。

该时期顺北 1 号走滑断裂带的活动对于储层的意义，除确保了断层的通源性、决定了分段的部位及压扭、张扭及平移的构造样式外，还体现在对于岩溶的加强作用上。顺北 1 号走滑断裂带的主要活动时期是加里东中晚期，此时正好发生过一次具有重要意义的岩溶作用(一间房组顶面不整合的发育)，只是这次岩溶的作用时间和空间具有一定的局限性。

而顺北 1 号走滑断裂带此时的强烈活动，除在中下奥陶统一间房组及鹰山组内形成大规模裂缝发育带外，一定程度上也能沟通大气淡水，使其下渗并在地下一定深度汇聚，极大地加强了大气淡水岩溶的作用深度。在海西早期及晚期，构造活动虽然使塔里木盆地大部分地区发生构造抬升并接受剥蚀，但研究区并未暴露至地表，而是继续接受沉积。此时断裂的活动性相对较弱，但其活动形成以继承性活动为主，T_7^0 至 T_6^0 界面内的雁列式正断层活动强烈，且与下伏走滑断裂有一定程度的连通(图 5-37)。顺北 1 号走滑断裂带主断裂各个井的过井剖面对比显示，油气产量及储集空间较为发育的井位，均位于海西期雁列式正断层与其下伏走滑断层交汇的部位，体现了断裂后期叠加改造对储层发育的控制作用。

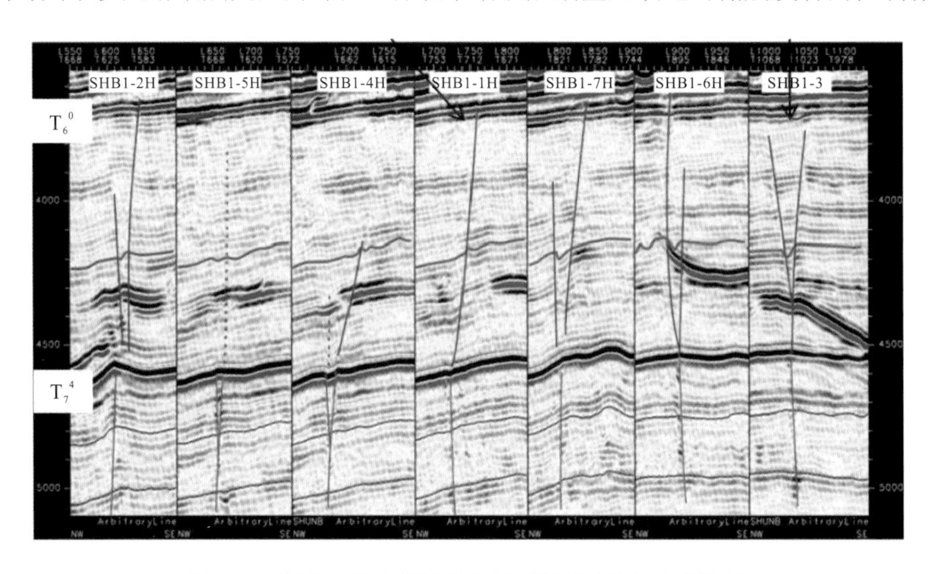

图 5-37　顺北 1 号走滑断裂带海西期断层叠加改造特征

从岩溶作用较为完整的塔河地区来看，海西早期的岩溶作用对于埋藏条件下的碳酸盐岩储层发育也具有较大的影响。此时的碳酸盐岩储层虽然已经处于较大的埋藏深度，但断裂对地表流体的沟通作用足以使该时期的大气淡水下渗，并在加里东期所形成的裂缝发育带内汇聚，对加里东期岩溶作用所形成的储集空间进一步溶蚀扩大。结合顺北地区断裂在海西期的活动特征来看，很可能也存在与塔河地区相同的断裂沟通大气淡水溶蚀的可能性，但顺北地区碳酸盐岩储层在海西期的埋藏深度和暴露时限，则是决定大气淡水溶蚀作用能否对储层产生影响的关键。

总而言之，顺北地区断裂具有分期活动的特征，且不同期次的断裂活动之间具有一定的继承性。同时，断裂活动时期储层的埋藏情况，以及对应的大气淡水岩溶背景，也是决定断裂活动对储层是否有实质性影响的关键因素。

二、溶蚀作用对储层的改造

溶蚀作用的差异改造控制了储层的发育部位，顺北地区储集空间及成岩作用特征均显示，溶蚀流体在储层储集空间形成过程中起到了十分关键的作用。因而明确储层改造流体性质是解释储层成因，建立储层发育模式进而预测储层分布规律的关键。顺北地区储集空间类型的多样性反映出其储层改造流体的复杂性。前期有学者尝试运用与大气水溶蚀改造相关的断控深缓流模式或潜水面控制的潜山大气水岩溶模式来解释顺北特深缝洞型储层的成因。然而截至目前，虽然识别到一些大气淡水的信息，如早期铸模孔和单液相盐水包裹体等证据，但还不足以支撑大气水发生规模性溶蚀这一观点。

首先，对于顺北地区来说，典型的表生型大气淡水溶蚀作用特征并不明显。淡水溶蚀作用在储层的成岩作用、漏失井段的分布特征、储层的垂向结构特征等方面均有所体现。T_7^4不整合界面之下的钻井岩心上并未形成规模性的风化壳储层，在T_7^4不整合界面附近，岩心尺度的溶蚀溶缝不是十分发育，孔渗并未增大。此外，在测井曲线上，不整合界面也并不明显，仅表现为岩性的突变，而代表孔隙度的相关测井曲线并未发生明显突变。地震剖面上，代表规模岩溶储集体的串珠、杂乱等地震反射异常，发育部位距离T_7^4不整合面还有一定距离，并非均紧贴着不整合界面分布。

1. 顺北地区主要改造流体类型

以顺北 1 区的主干断裂带为例，目前取心资料已识别到包括富硅流体、富镁流体、烃类流体，以及可能与岩浆有关的热液流体 4 类主要流体。

2013 年，位于顺南 2 区的顺南 4 井在鹰山组下段内幕灰岩中首次钻遇了一套储集性极好的硅质岩储层，研究表明为次生交代成因。此后，埋藏条件下的硅化流体就一直备受关注。顺北地区目的层从 ECS 测井、元素录井和取心段上，都识别到了大量的硅质，多以结核、团块或条带状产出[图 5-38(a)]，镜下鉴定均呈隐晶质结构[图 5-38(b)]。低阻背景下，成像测井具有唇状形态[图 5-38(c)]。与顺南地区的硅质岩有较大的差异，目前研究认为与外部来源流体关系不大(硅元素与其他微量元素在配分模式、含量及分异性方面缺乏相关性)，多属于原生沉积成因的产物；富镁流体主要表现在沿微裂隙/缝合线发育大量的粉细晶自形白云石[图 5-38(d)]，以及顺北评 1 井直井段在鹰山组取心揭示的云质灰岩，该井岩心的特别之处在于整体岩性致密但水平破碎异常严重，沿层理面大量断开[图 5-38(e)]，断口遇镁试剂可见蓝色沉淀[图 5-38(f)]，白云石镜下成层状分布且沿岩性突变面可发育裂缝[图 5-38(g)]，因此认为白云石化作用形成的岩性界面可能对研究区裂缝发育具有一定影响；顺北 1-3 井取心段揭示约 1.3m 长沥青段[图 5-38(h)]，高角度张开缝直接被沥青全充填[图 5-38(i)]，以及多口井在镜下识别到大量烃类包裹体则是烃类流体的直接证据[图 5-38(j)]。

最后，顺北 1-3 井中识别到角闪石、钾长石等热液矿物组合[图 5-38(k)]。值得一提的是，在顺北 1-3 井一间房组取心段揭示的岩溶角砾岩中，发育了大量的疑似泥质矿物，起初被推测为暴露成因泥质，或是受断裂控制的一间房组上部恰尔巴克组泥岩下渗所致。经过与恰尔巴克组泥岩进行 X 衍射全岩分析对比后发现，顺北 1-3 井的疑似泥质与上覆地层泥质成分截然不同(表 5-2)，恰尔巴克组泥质成分以黏土矿物为主，含量为 41.0%～52.5%。而顺北 1-3 井中的疑似泥质黏土矿物含量仅为 3.8%。另一个显著差异是硅质的含量，顺北 1-3 井中的疑似泥质中 66.3%为石英成分，且经过扫描电镜的微观形貌分析可见，石英为自生微晶石英集合体[图 5-38(l)、图 5-38(m)]，并可见六面体黄铁矿[图 5-38(n)]。这基本排除了顺北 1-3 井泥质陆源成因或顶部下渗的可能性，更有可能是断控背景下深部热液流体改造的结果。

2. 与烃源岩演化有关的酸性流体对储层的改造

烃源岩(或有机质)成熟过程中产生的酸性流体(有机酸、二氧化碳、硫化氨)进入地下流体体系时导致溶蚀作用的发生。酸性流体介质一般来源于干酪根热降解过程和烃类热化学硫酸盐还原作用过程。

1)干酪根热解过程中可产生酸性流体

Surdam 和 Crossey(1989)指出，烃源岩刚进入液态窗时，大量有机酸生成并排入地层水中，地温为 80～120℃时有机酸的浓度达到最高值，此阶段也是碳酸盐岩(碎屑岩)深埋成岩阶段，碳酸盐、铝硅酸盐矿物大量溶蚀；温度高于 120℃后，有机酸将逐渐分解，烃类热降解产生大量CO_2，使CO_2分压增高，碳酸盐岩(或碎屑岩)溶蚀；至 160℃，地层水中有机酸基本消失。地层水性质的这种变化直接影响到储层中的成岩作用，埋藏溶蚀作用与之密切相关。

在岩心观察的基础上开展电子探针分析表明，顺北地区岩心沿着开启的裂缝运移并溶蚀破坏裂缝壁，并伴随着沥青质、黄铁矿与方解石充填，沿着破碎角砾或裂缝运移的方解石电子探针分析属过饱和碱性流体，富含黏土矿物特征元素。推测在断缝空间形成前，可能存在烃源岩生烃后油气形成初期排出的有机酸溶蚀。

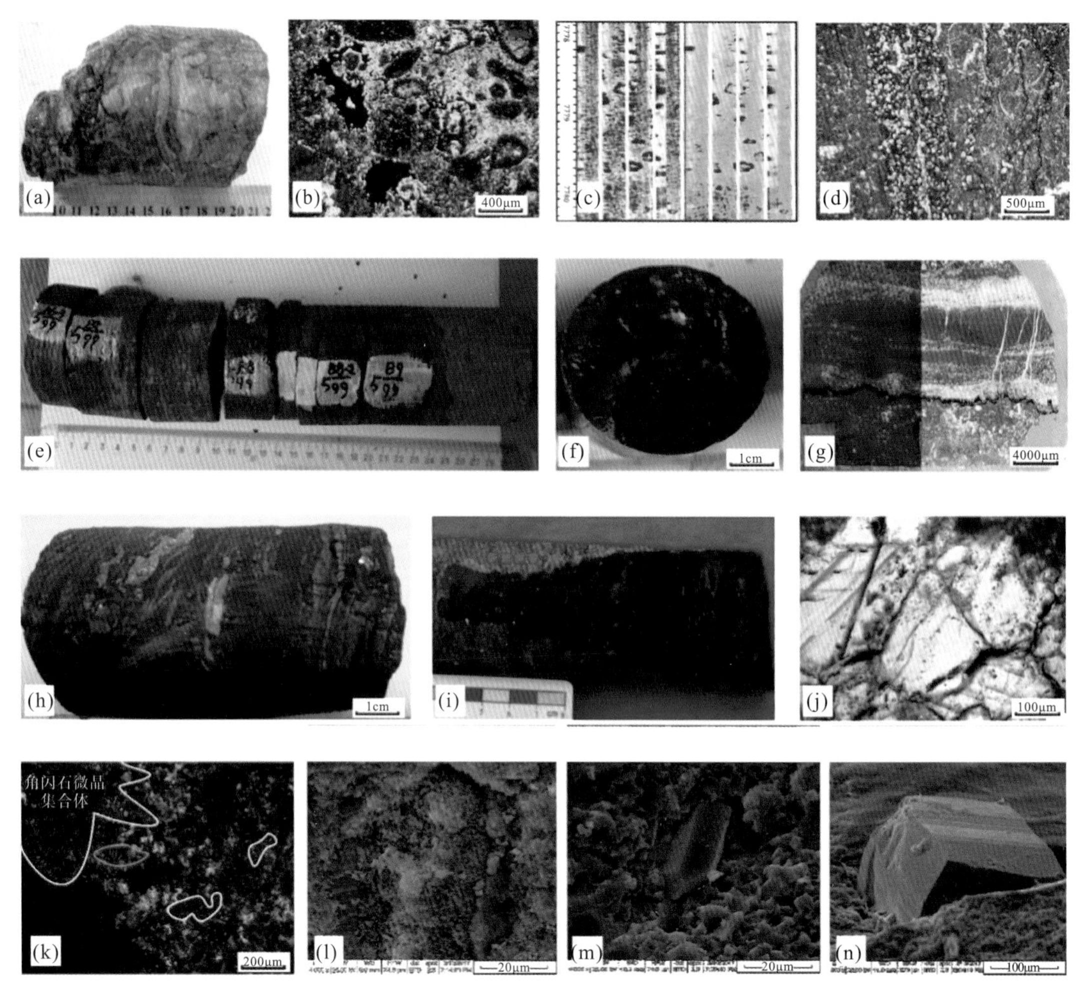

图 5-38　顺北 1 区岩相学及成岩矿物特征

(a)硅质团块，顺北评 2H 井，O_2yj，7538.49～7538.61m；(b)硅化的砂屑泥晶灰岩，硅质以隐晶质硅出现，可见交代原岩不完全而产生的砂屑残影，顺北 1-3 井，O_2yj，7782.73m；(c)顺北评 2H 井直井段硅质的成像测井特征；(d)细晶白云石晶体在缝合线或裂缝附近成片状密集分布，顺北 1-3 井，$O_{1-2}y$，7428m；(e)深灰色白云质泥晶灰岩，易沿层理面断开，断口呈贝壳状，有油脂光泽，滴镁试剂见蓝色沉淀，顺北评 1H 井，$O_{1-2}y$，7788.65～7788.95m；(f)灰色白云质含颗粒灰岩，沿泥质纹层和水平层理断面滴镁试剂见蓝色沉淀，顺北评 1H 井，$O_{1-2}y$，7781.25～7781.34m；(g)灰色云质泥晶灰岩，粉晶白云石呈层状分布，白云石与灰质基质突变接触，易形成裂缝，顺北评 1H 井，$O_{1-2}y$，7776.99m；(h)取心段为黑色沥青，内部发育大量自生黄铁矿，顺北 1-3 井，O_2yj，7265.21～7265.28m；(i)沥青质微亮晶颗粒(砂屑/生屑)灰岩，高角度缝直接被沥青充填，顺北 1-3 井，O_2yj，7268.90～7269.12m；(j)颗粒亮晶灰岩，溶洞充填方解石裂纹中检测到一期蓝绿色荧光的次生油包裹体，顺北 5 井，O_2yj，7426.30m；(k)隐晶质硅质岩内，见角闪石和长石，顺北 1-3 井，O_2yj，7272.85m；(l)疑似泥质中微晶石英集合体；(m)疑似泥质中的自形石英晶体；(n)疑似泥质中发育的六面体黄铁矿

表 5-2　顺北 1-3 井疑似泥质与恰尔巴克组泥质 X 衍射全岩分析对比表(%)

样品名称	黏土	石英	钾长石	斜长石	方解石	白云石	菱铁矿	黄铁矿	硬石膏	辉石
顺北 1-7-1	50.9	16.7	1.6	2.7	14.3	10.5	1.5	0.2	0.8	0.8
顺北 1-7-2	52.5	20.3	1.8	2.8	16.1	2.6	2.0	0.1	—	1.8
顺北 5-1	41.0	23.4	1.4	2.2	27.6	1.4	0.9	1.5	0.6	—
顺北 5-2	44.9	25.0	1.0	2.4	24.5	1.3	0.6	0.3	—	—
顺北 1-3 疑似泥质	3.8	66.3	—	—	27.8	—	0.1	2.0	—	—

2）烃类热化学硫酸盐还原作用可产生酸性流体

干酪根成熟过程中可产生一定数量的 H_2S 和 CO_2，烃类热化学硫酸盐还原作用也可使烃类发生蚀变，产生 H_2S 和 CO_2。CO_2 和孔隙流体相互作用形成碳酸；同样地，H_2S 形成了硫酸。从而引起碳酸盐（或硅铝酸盐）矿物溶蚀。

烃类热化学硫酸盐还原作用（thermochemicial sulfate reduction，TSR）是指硫酸盐在高温条件下（100～200℃）与有机物或烃类发生作用，包括甲烷气、原油、早期形成沥青的硫酸盐还原作用。甲烷气 TSR 作用生成 H_2S 和 CO_2 气体。对顺北 1-3 井沥青中黄铁矿的硫同位素分析表明其可能存在较明显的 TSR 作用。

顺托果勒地区发育寒武系原地烃源岩，加里东中晚期—海西早期是最早的主成藏期，后期演化成沥青质。与成藏演化有关的富含有机酸的流体主要发育于加里东晚期—海西早期。流体的循环方式为沿断裂带由底部向上运移，流体体系为封闭-半封闭体系。

加里东晚期—海西早期对应塔里木最早一期油气成藏时间，后期演化过程中破坏成沥青。烃源岩开始进入生油门限，有机酸和烃类进入储层，对保存下来的原生孔隙进行扩容或增加新的溶蚀孔隙。因为有机酸的酸性有限，增加的溶蚀孔隙也有限，该期形成的溶蚀孔隙多被沥青充填或半充填。

对顺北 1-3 井沥青中黄铁矿的 Ru-Sr 年龄分析表明，其形成的年龄与断裂带和主要的成藏期次相当，表明沥青演化过程中形成黄铁矿的主要时期为加里东晚期—海西早期。随着埋深继续增加温度升高，有机酸开始发生脱羧反应，产生 CO_2，腐蚀性逐渐减弱，地层水的化学性质逐渐过渡为受 CO_2 等酸性气体的控制，对断缝储集体进行进一步改造。

3. 深部热液溶蚀作用对储层的影响

基于热液矿物组合、流体包裹体和地球化学分析可以大致描述热液流体的性质和来源（Davies and Smith，2006）。顺托果勒地区发育多期火山岩活动（目前至少有两期：加里东中晚期、海西晚期），钻井取心常见热液矿物，以顺南 4 井、顺托 1 井、塔深 6 井、顺北蓬 1 井最为典型，不同钻井热液活动期次可能存在差异。例如，顺南 4 井硅化岩见（微晶）石英-方解石组合，见港湾状溶蚀，石英 Ru-Sr 年龄为中晚侏罗世；石英包体最高温度为 202.8℃，明显高于正常地温演化最高温度（现今为 191.81℃）；石英硅氧同位素与热液成因相似、稀土总量较低且较明显的 Eu 正异常、方解石明显偏负氧同位素、偏低锶同位素（有多解性），Fe、Mn 等常量元素相对富集，U、V 等元素呈低价态，相对大气水 Sr 元素含量明显偏高。石英硅氧同位素分析及石英 Fe_2O_3 与 SiO_2 含量呈一定的正相关关系，Al_2O_3 含量偏高但与 SiO_2 含量不相关，具备放射性锶同位素特征，石英稀土总量低，具较明显 Eu 正异常，晚期方解石脉碳、氧、锶同位素显示流体受到了温度和深部碎屑岩的影响，表明其来源于深部碎屑岩低温地层热卤水。

根据上述数据并结合其地质背景，其可能与海西晚期岩浆期后热液活动有关，热液流体可能来自底部前寒武系碎屑岩热水，沿断裂带向上运移过程中对下古生界碳酸盐岩进行改造（图 5-39）。

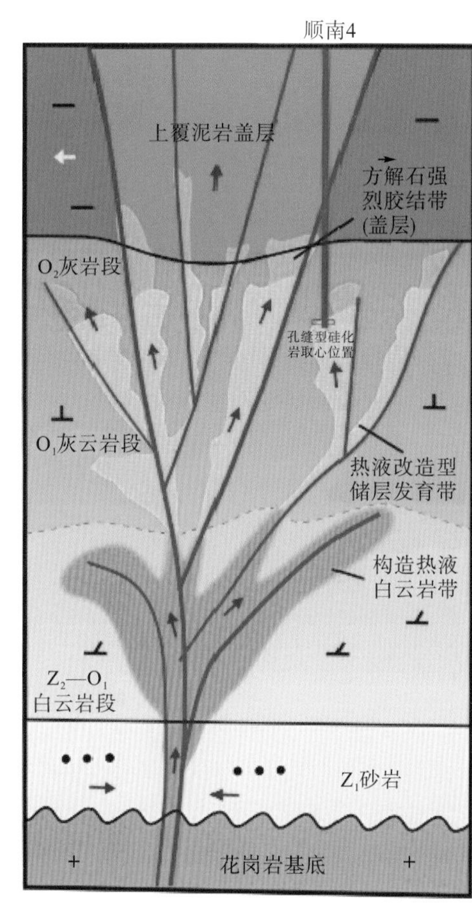

图 5-39　顺南地区深部地层富硅热液纵向差异改造储层模式

第五节　断控缝洞型储层发育地质模式

一、走滑断控规模储层发育模式

基于走滑断裂结构与变形样式、断控裂缝发育机制与规律，综合野外观察、物理模拟、地球物理反射特征及实钻储层发育特征与油气成果，总结走滑断控规模裂缝型储层发育主要有核-带模式与脱空模式两种模式，两种模式主要受控于走滑断裂规模及不同局部应力条件下派生断裂-裂缝发育规律的差异。

大型压扭走滑断裂带及走滑断裂压隆段主要以核-带模式为主(图 5-40)。受控于剪切+挤压两种应力作用，在主干断裂带附近发育断层核、断层角砾带及诱导裂缝发育带。其中，断层核沿主断面发育，断层核的形成经历了粉碎、溶解、沉淀、矿物间的反应及相关的破坏原岩结构的力学化学过程，渗透性较差，不是有效的储集空间；断层核两侧的断层角砾带，虽然部分被断层角砾充填，但其残留空间仍然可观，是最有效的储集空间；在断层角砾带外侧，还发育诱导裂缝带，由于发育大量不能完全改变原岩结构的诱导裂缝，渗透性好，也是良好的储集空间，同时在诱导裂缝带内具有随距断层核距离逐渐增大，渗透性逐渐降低的规律。主干断裂派生的次级断裂，由于其活动强度相对较低，可能不发育断层核，仅发育断层角砾带和诱导裂缝带，或者仅发育诱导裂缝带。

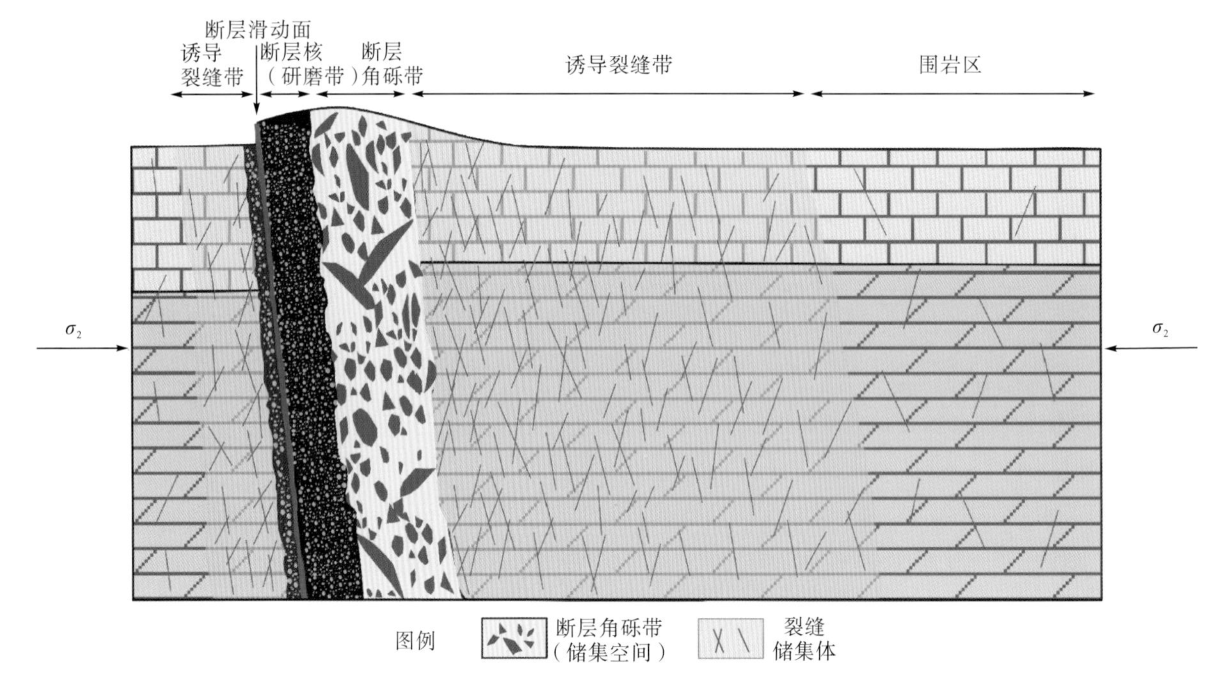

图 5-40　走滑断控裂缝型储层核-带模式图

张扭走滑断裂带及走滑断裂压拉分段以脱空模式为主(图 5-41)。受控于剪切+拉张两种应力作用，特别是在拉张应力作用下，断裂附近会产生破裂空腔，形成良好的储集空间。同时在破裂空腔两侧，也发育诱导裂缝带，这些裂缝以张性缝为主，裂缝开度大，同样具有良好的储集能力。破裂空腔及诱导裂缝带的规模也与断裂活动强度有关，断裂活动强度越大，储集体规模越大。相对于核-带模式，脱空模式下发育的断控裂缝型储层规模可能更大。

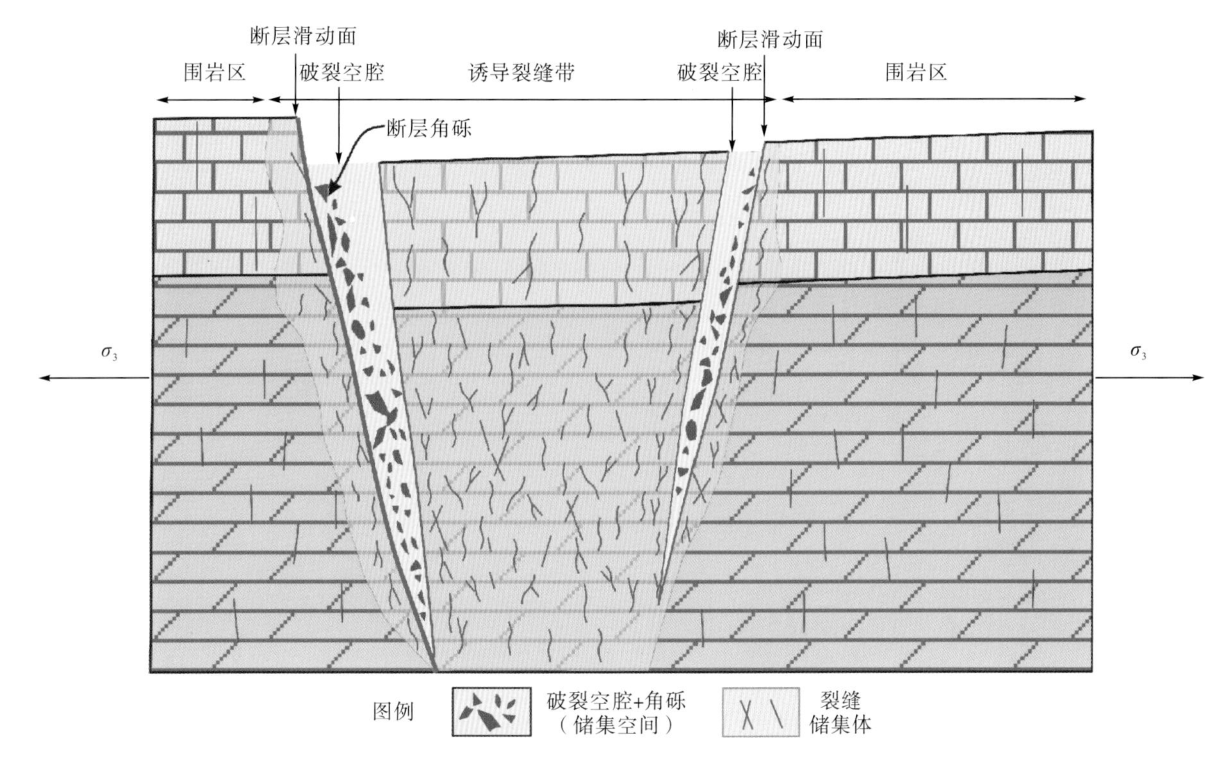

图 5-41　走滑断控裂缝型储层脱空模式图

二、走滑断裂分段性对储层的控制作用

受走滑断裂分段性控制，拉分、压隆段较平移段，断控裂缝型储集体规模更大，拉分段规模裂缝型储层发育以脱空模式为主，压隆段以核-带模式为主。根据断控裂缝型储层发育的脱空模式，拉分段内部主要有 3 种储集空间：破裂空腔、断层角砾带与裂缝储集体(图 5-42)。根据断裂精细、内部结构地球物理雕刻、物理及数值模拟表明，走滑断裂拉分段内部结构较简单，内部次级断裂、裂缝与主断面以近平

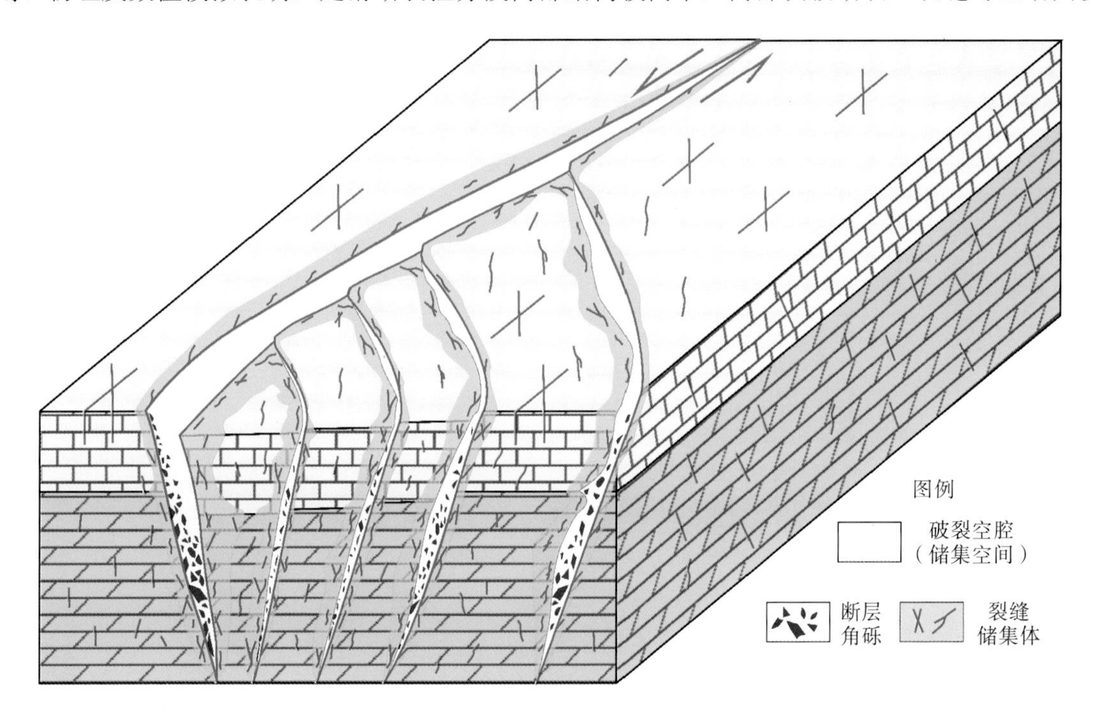

图 5-42　拉分段裂缝型储层发育模式图

行为主。野外及岩心、成像测井证据表明，走滑断裂拉分段裂缝发育密度大，且局部拉张导致在内部又以张性缝发育为主，裂缝开度大，更易于碳酸盐岩储层裂缝发育和流体活动，是裂缝-洞穴型储层发育和流体聚集的有利部位。再者，若在走滑断层活动期同时有油气活动，则拉分段出现的张应力会抵消一部分围岩压力，流体势能在拉分段区域较低，促使油气向拉分区域运移、成藏。整体上，拉分段规模裂缝型储集体主要沿主断裂及次级断裂附近发育，储集体规模大。

根据断控裂缝型储层发育的核-带模式，压隆段内部主要有两种储集空间：断层角砾带与诱导裂缝带（图 5-43）。走滑断裂压隆段内部结构复杂，次级断裂、裂缝与主断面高角度相交，裂缝类型多、密度大，但其内部的应力状态决定其逆断层和裂缝以压应力为主，其对流体的疏导能力与渗透性略逊色于拉分段。若在走滑断层活动期同时有油气活动，压隆段压应力集中，流体势能在压隆段较高，阻碍流体向压隆区域聚集成藏。但在多期活动的作用下，局部应力不会一成不变，因此，压隆段的疏导能力与渗透性会出现变化。整体上，压隆段裂缝型储层主要沿次级断裂端部、交汇部位裂缝发育，虽然也易于形成规模较大的储集空间，但是断裂内部储层非均质性强，钻遇到规模储层难，连通性较差，稳产难度较大，如在顺北 5 号走滑断裂带部署的以强压隆段为目标的顺北 5 井，经历多次轨迹调整才钻遇放空、漏失，测试高初期自喷日产原油 82t，但生产 1 个月后产量下降到日产原油 4t，表现为连通性差，供液不足的特征，针对这种情况，采取酸洗措施后，已经稳产、累产原油 3×10^4t，充分地证实了压隆段储集体规模好，内部非均质性强的特征。

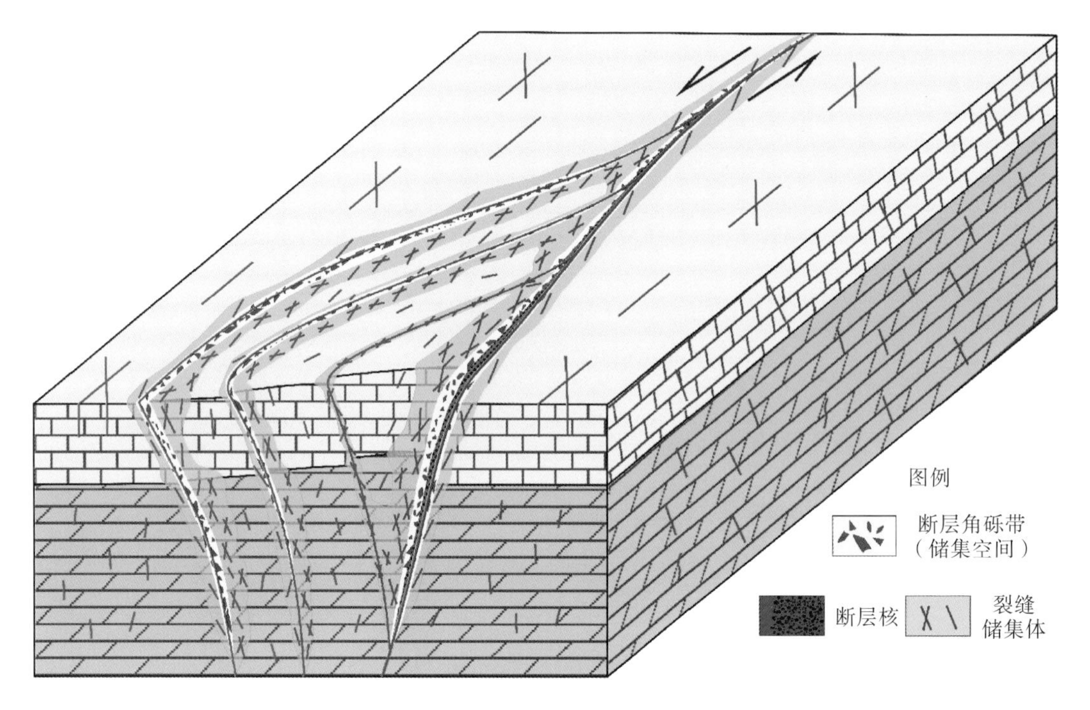

图 5-43　压隆段裂缝型储层发育模式图

根据走滑断裂平移段断裂活动的性质与强度等的差异，平移段裂缝型储层可能发育多种模式。纯走滑状态下，断裂活动以平移为主，裂缝发育以平移作用派生的剪切破裂（R 与 R′）为主，裂缝化作用影响的范围较小，密集程度不如拉分段和压隆段，储集空间主要是断裂派生的诱导裂缝发育区（图 5-44），但当断裂活动强度较大时，也可能出现断裂核与断层角砾带，此时，储集空间可能包括断层角砾带与诱导裂缝带两种；走滑+挤压应力状态下，裂缝型储层可能发育核-带模式；走滑+拉张应力状态下，裂缝型储层可能发育脱空模式。但无论是在哪种条件下，其控制的裂缝型储层规模一般都小于拉分段与压隆段。

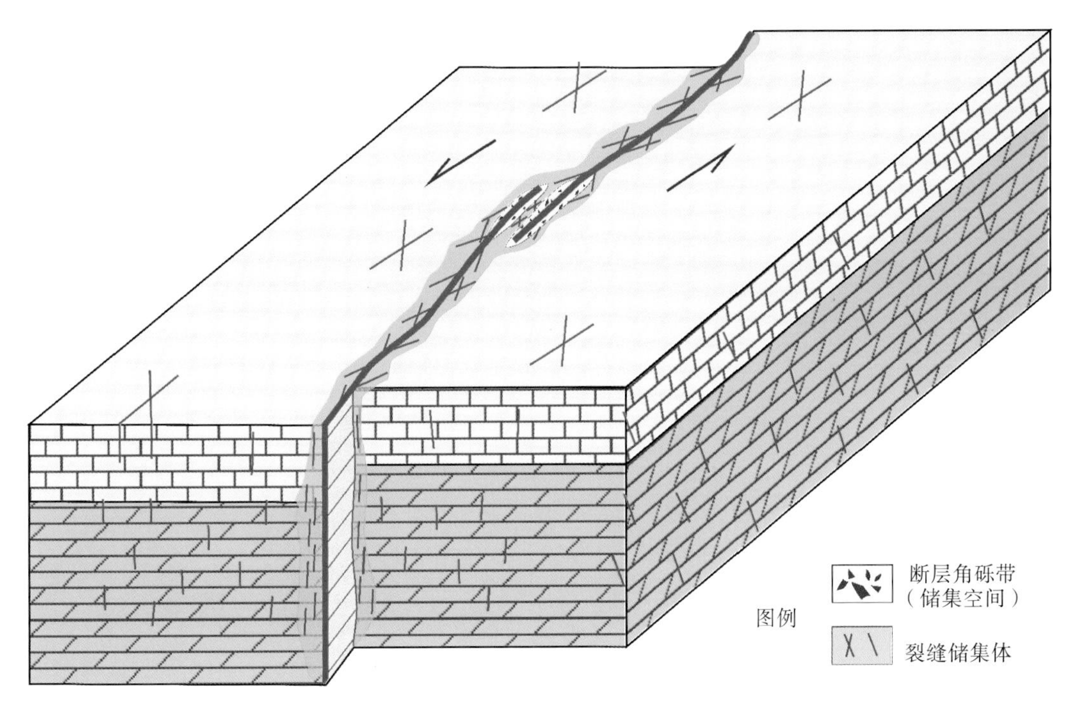

图 5-44　平移段裂缝型储层发育模式图

三、储层发育规律

由上述可以看出，顺北地区走滑断裂在储层的形成过程中占据重要位置，断层本身就可以作为储集空间，除此之外还能为流体的运移提供通道。构造断裂活动形成的裂缝可以改善储集体的储集性能。它不仅仅是储集空间，而且能够提高渗透率，为地下流体提供渗滤通道，让流体更好地在岩石中流动，充分地发生水岩反应，将闭塞的孔洞连接起来形成有效的孔洞缝系统，从而进一步提高储层的储集空间。

野外观察表明，不同尺度走滑断裂结构、规模不同，其控制的规模裂缝发育的位置不同，在现代地表水作用下形成溶蚀孔洞的位置也不同。剪切节理系、小型剪切(破碎)带附近、剪切节理的分支构造相交处、剪切节理系相互平行破裂的叠接处、小型剪切破裂带的内部、大型走滑断裂带断裂核两侧的破裂带是裂缝集中发育的有利位置，也是流体活跃、溶蚀孔洞发育的有利位置。

根据走滑断裂的发育机理，走滑断裂多发育于早期的剪切裂缝(节理)，平行于最大主应力方向的节理先于断层形成，并因节理间的应力作用在局部形成雁列节理，随着应力在雁列节理区域集中，和原生节理垂直的交错节理逐渐发育并破坏原生节理之间的岩桥，形成断层角砾岩，之后，更多的应变集中在节理带中，连续性的断层核(断层角砾带)形成。随着变形的持续，角砾岩带随着断层滑距的增大而逐渐变宽。根据这一机制，不同尺度的走滑断裂具有不同的内部结构，断裂发育早期应为剪切破裂带，破裂带内部均为裂缝密集发育区，发育成熟的断裂带可以划分为断层核与破碎带，断层核两侧的断层角砾带和诱导裂缝带，是有利裂缝型储层发育区，且随距断层距离增大，储集性能下降(图 5-45)。

顺北地区钻井实钻情况也符合这一模式。根据走滑断裂级别划分，目前将顺北 1 号、5 号走滑断裂带定义为主干一级断裂，顺北 7 号走滑断裂带、顺北评 3H 断裂定义为主干二级断裂，其余为次级断裂。目前在主干二级断裂上的顺北 7 井已获得突破，顺北 7 井原直井无漏失，后侧钻 3 次，在主断面附近累计漏失泥浆 244.62m^3，常规测试最高日产油约 30m^3，酸压前累计产油 307.33m^3。酸压测试时油嘴为 6mm，油压为 20.2MPa，日产油 85m^3，日产气 19363m^3。结合地震剖面及成像测井资料解释，认为顺北 7 井正是钻遇小型走滑断裂带破裂面的破碎角砾带，因而发生漏失，但顺北 7 井侧钻酸压后压力下降快，关井压力快速-缓慢恢复，表明近井储集体规模有限。而在一级主干断裂上的顺北 1-3 井，虽然投产 3 年时间累产原油 10×10^{4}t，但其主要储集空间位于主干断裂两侧的破碎带。

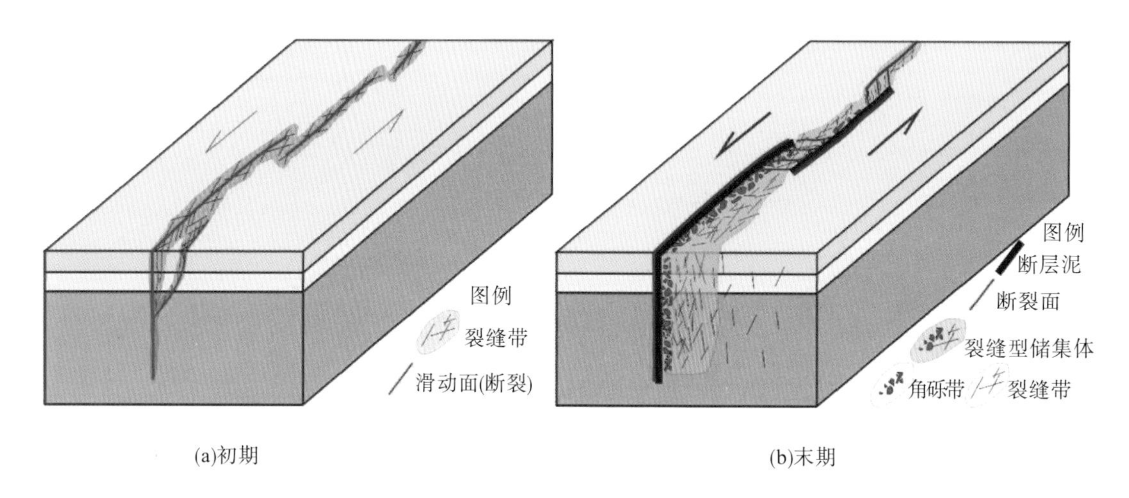

图 5-45　不同尺度走滑断裂断控裂缝型储集体发育模式

目前顺北地区高产井均位于主干断裂上，主干断裂油气富集程度高，是因为主干断裂作用更强，更易于形成对储集空间有利的断裂破碎带，更利于规模油气聚集成藏。据统计，目前主干一级断裂平均日产原油 81t，顺北评 3H 主干二级断裂平均日产原油 76t，次级断裂初期平均日产原油 26t，目前平均日产原油 0.15t。因此，走滑断裂规模控制缝洞型油气藏总体的富集程度。

第六节　储盖组合特征

一、区域储盖组合特征

储盖组合是指在地层剖面中储集层和盖层的有规律组合形式。有利的储盖组合则是指不仅二者本身具有良好的性能，而且在时空上有良好配置，有利于油气高效输导、富集、保存并形成大型油气藏。塔里木盆地寒武系膏盐岩、奥陶系泥岩、石炭系泥岩和膏盐岩是重要的区域盖层，控制了油气的分布。目前塔里木盆地台盆区发现的油气田主要分布在 5 个油气区：沙雅隆起油气区、卡塔克隆起油气区、巴楚—麦盖提油气区、顺托果勒油区及塔东油气区。台盆区油气直接盖层具有多岩性类型、多层系的特征。形成盖层的主要为三大类岩性：泥质岩类、碳酸盐岩类与盐膏岩类(图 5-46)。

以区域上看，台盆区盖层主要发育在寒武系、奥陶系、志留系、石炭系、三叠系和古近系，库车拗陷主要发育古近系膏盐岩盖层，这些区域盖层分布对油气的分布有着显著的控制作用。其中，以奥陶系鹰山组、一间房组和良里塔格组白云岩和灰岩等碳酸盐岩为储层，以上奥陶统恰尔巴克组—桑塔木组(却尔却克组)泥灰岩和泥岩夹薄层砂岩为盖层，形成了几乎覆盖整个台盆区的优质储盖组合，仅在几个隆起区构造高部位上缺失。该储盖组合是目前塔里木盆地分布最广的一套碳酸盐岩储盖组合。在塔中北坡、顺托果勒、沙雅隆起南部等地区发现了塔中 1 号带、顺北、跃进、哈拉哈塘等大型油气田，在良里塔格组、一间房组、鹰山组和蓬莱坝组都获得了工业油气流，其中鹰山组上段— 一间房组是塔里木盆地最重要的勘探层系。其下部储层段由奥陶系蓬莱坝组和鹰山组中下部的局限-半局限台地相白云岩组成，发育埋藏-热液成因的孔隙型储层和断控缝洞型储层；上部鹰山组上部、一间房组和良里塔格组发育开阔台地相灰岩储层，表现为加里东中期岩溶型储层、断控缝洞型储层、礁滩型灰岩储层及热液成因等多类型储层。

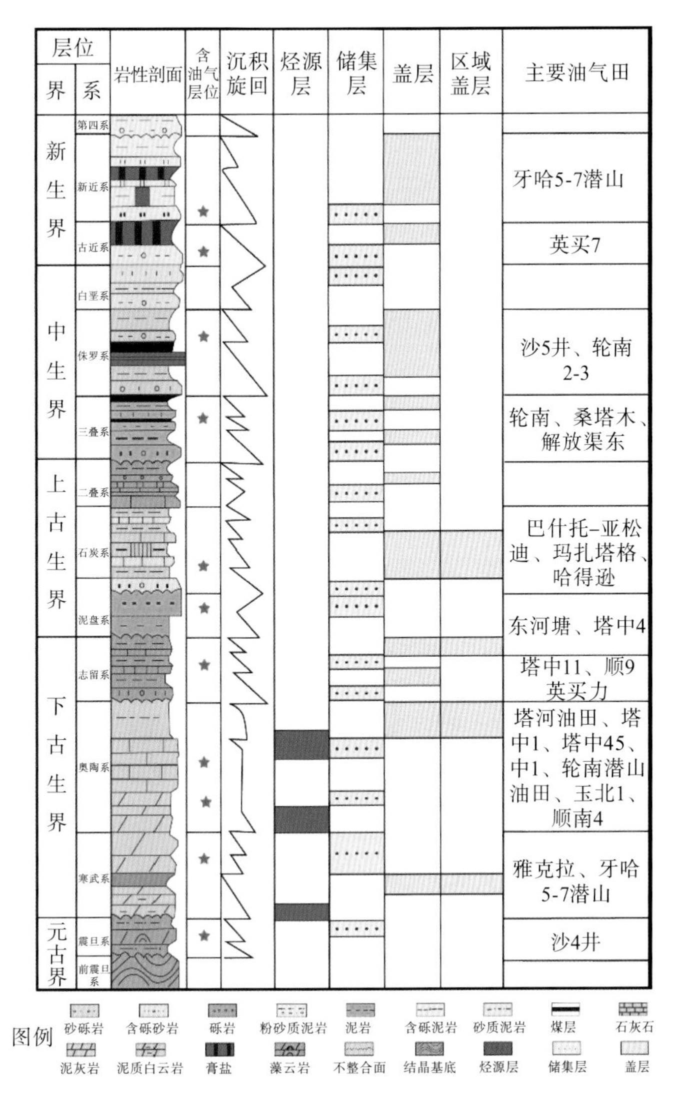

图 5-46　塔里木盆地海相油气储盖组合示意图

二、顺北油气田储盖组合特征

从油气显示来看，顺托果勒低隆起油气显示主要集中在奥陶系碳酸盐岩，志留系柯坪塔格组见油气显示，表明桑塔木组盖层封闭性很好；卡塔克隆起及沙雅隆起古生界油气显示丰富，表明这些地区断裂虽然封闭了绝大多数油气，但仍有大量油气沿断裂带向上发生二次运移；玉北地区奥陶系油气显示丰富，但上覆碎屑岩层系油气显示较差至今尚未有工业油气发现，表明该区上奥陶统盖层性能较为良好。巴楚地区由于西段缺失上奥陶统，仅在巴楚东段发育较薄桑塔木组，由于该区印支期—喜马拉雅期构造隆升且构造活动强烈，奥陶系油气显示不活跃，分析认为盖层保存条件差是其中的主要原因之一。

顺北地区同台盆区一致，发育奥陶系区域性盖层。其中上奥陶统桑塔木组为区域盖层，蓬莱坝组、鹰山组和一间房组发育由致密碳酸盐岩组成的局部盖层(图 5-47)。从塔河南部 TP2 井沉积-埋藏史分析，桑塔木组志留纪末—泥盆纪埋深达到 1500～2000m，成岩温度为 60～70℃，处于中成岩早期，根据泥质岩封闭演化模式，具有较好的封闭性能和泥岩可塑性。桑塔木组泥岩+志留系泥岩可对加里东中期奥陶系岩溶储层形成较好的封盖。结合构造演化分析认为，塔北、卡塔克隆起、巴楚隆起区盖层分布较薄(一般小于 200m)，虽然晚加里东期以来埋深一般大于 3500m，基本处于塑性阶段，但考虑到断裂多期次活动，盖层连续性遭受一定程度破坏，综合评价为 I_2 型盖层分布区，局部由于海西早期断裂构造隆升遭受剥蚀综合评价为Ⅱ～Ⅲ类盖层；顺托果勒低隆起、满加尔坳陷、唐古兹巴斯坳陷厚度巨大(达 2000m)，且埋深大于 5000m，且断裂活动相对较弱，盖层连续性基本保持良好，综合评价为 I_1 型盖层。

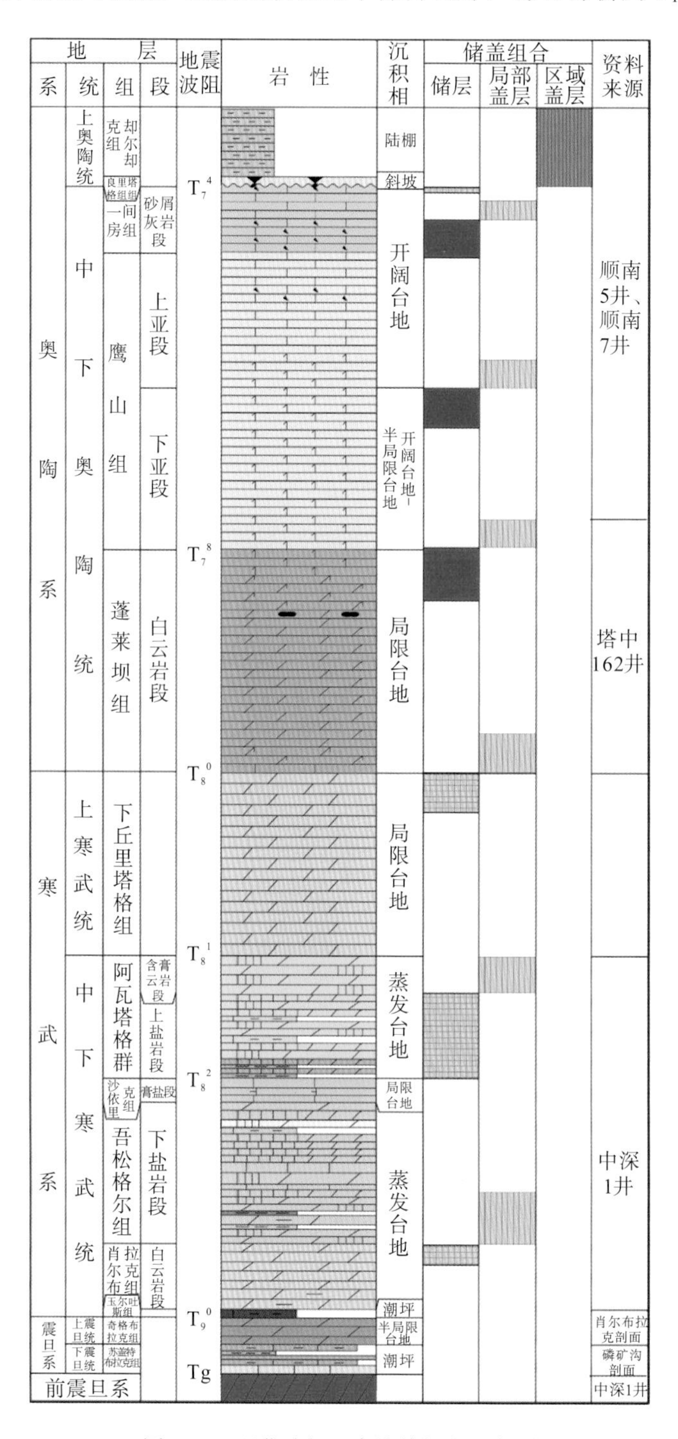

图 5-47　顺北油气田生储盖组合示意图

第六章 顺北地区奥陶系断控缝洞型油气藏成藏模式

成藏机制一直是油气成藏研究的关键。油气成藏模式能更直观、概括地反映研究区的油气成藏机制和油气成藏过程。本章系统描述顺北地区奥陶系断控缝洞型油气藏的特征，并通过典型油气藏解剖，来阐明油气藏成藏期次，进而建立该区油气成藏模式。

第一节 顺北油气成藏特征、分布及富集主控因素

顺北油气田位于塔里木盆地的中西部，地理位置隶属新疆维吾尔自治区阿瓦提县和沙雅县，自20世纪60年代，区内就已经开始了持续的勘探工作。2013年部署实施的顺北1井在奥陶系中下统钻遇井漏，测试过程中见少量油气；2015年实施的顺北1-1H井，在奥陶系一间房组中途测试获得高产工业油气流，实现了顺北1井区奥陶系重大油气突破。顺北1号走滑断裂带的勘探成果，展示出塔里木盆地深部北东向断裂带控制油气分布的重要规律性。勘探上逐次开展了对18个北东向断裂带的预探和评价部署，获得了良好的勘探成果，由此开拓了塔里木盆地顺托果勒地区奥陶系油气勘探的新领域。

一、油气藏特征

油气藏温压系统为高温、常压系统。油气藏埋藏深度大，普遍大于7000m。油气藏规模大，单井动态储量最高达300×10^4t，平面上垂直于断裂带方向的宽度普遍小于2km。

油源对比表明，顺北油气田油气来自原地下寒武统玉尔吐斯组烃源岩，沿主干通源断裂垂向运移，经历多期生排烃，以晚期成藏为主，形成了沿走滑断裂带分布、不受局部构造控制、无统一油水界面的缝洞型油气藏。主要由沿深大走滑断裂带分布的一系列断控缝洞型油气藏组成，油气藏不受构造控制，无统一油水界面。

顺北地区奥陶系油藏主要产层是中下奥陶统一间房组—鹰山组碳酸盐岩地层；纵向穿层，横向分割。储层以受走滑断裂多期活动的破碎带及沿断裂带流体溶蚀改造形成的裂缝-洞穴型储层为主；上覆上奥陶统桑塔木组巨厚泥质岩盖层，侧向由致密石灰岩形成有效封堵条件。

顺北地区已发现的油气藏主要沿断裂带分布，呈现条带状富集的特点，表现为水平井钻遇主干断裂带即发生放空、漏失现象，测试获得高产油气流，如顺北1-1H井、顺北1-3井；主干断裂带之外的钻井一般钻遇低级别油气显示，测试仅能获得少量油气，不具备工业产能。主干断裂控制的油藏平面范围集中在0.4～2km，延伸方向与断裂带一致。顺北缝洞型油藏纵向上受控于断裂破碎带，油气纵向分布不受构造位置高低的控制，无统一的油水界面，如顺北1号走滑断裂带两端目的层顶面构造高差达370m，但并未影响油气柱高度，沿断裂带分布的油藏具有纵向深度大的特点，如顺北5-12H井揭示油气柱高度达510m且未揭示油层底界。走滑断裂带储层具有横向分段、段内分隔、非均质性强的特点，内部储层不连通，使得断裂带内部油藏呈现分段性。走滑断裂发育典型的压隆段正花状、拉分段负花状及平移段走滑3种断裂样式。油气产能与走滑断裂带分段样式密切相关，拉分段的钻井单位压降产能最高，其次为平移段，压隆段产能最低。

二、油气藏类型与分布

顺北地区沟通基底的主干断裂带上的奥陶系原油物性差异非常小，密度介于 0.7895～0.8g/cm^3，但未沟通基底的次级断裂带原油物性变化较大，如位于未沟通基底的次级断裂带上的顺北 1 井，原油密度分布在 0.821～0.847g/cm^3。整体来讲顺北地区原油平面分布特征与跃参地区奥陶系原油密度分布特征类似，主干断裂带上原油相对轻，主干断裂带之外的次级断裂带上原油相对较重。

气油比与油气藏类型：顺北 1 区气油比由东南往西北变低(图 6-1)，顺北 1 号走滑断裂带由东北往西南变低，顺北 5 号走滑断裂带由西北往东南逐渐变高。顺北 1 号走滑断裂带中北段及顺北 1 号走滑断裂带分支以挥发性油藏为主，气油比东北高、西南低，普遍大于 350m^3/t，顺北 1 号走滑断裂带中南段、顺北 5 号走滑断裂带中北段及顺北 7 井为一般轻质油藏，顺北 1 号走滑断裂带中南段气油比为 320～360m^3/t，顺北 5 号走滑断裂带中北段为 51～240m^3/t，南段顺北 53X 井为 804.6m^3/t，顺北 7 井仅为 80.3m^3/t。

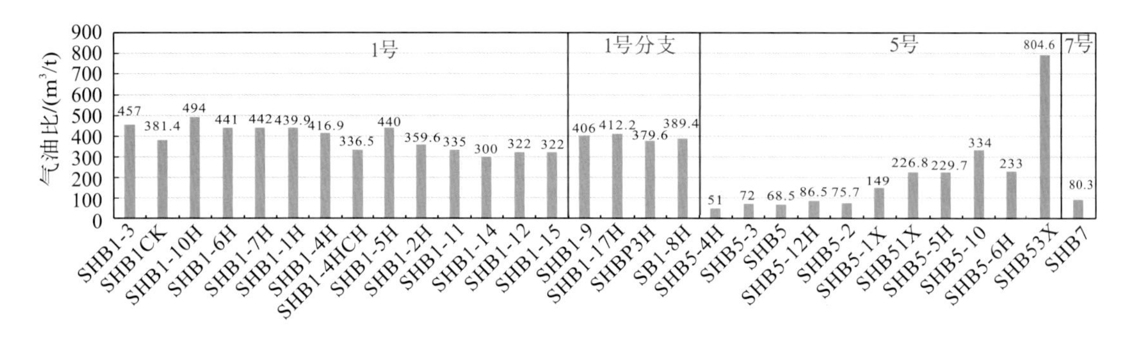

图 6-1　顺北地区不同断裂带气油比分布柱状图

地面原油密度：顺北 1 区原油密度东南低西北高，顺北 1 号走滑断裂带、顺北 3 号走滑断裂带及 1 号分支原油密度为 0.8g/cm^3 左右，顺北 5 号走滑断裂带由北往南逐渐减小，由最北端顺北 5-4H 井的 0.847g/cm^3 减小到顺北 5-6 井的 0.804g/cm^3，再往南顺北 53X 井为 0.799g/cm^3，顺北 7 号走滑断裂带顺北 7 井原油密度为 0.849g/cm^3(图 6-2)。

天然气干燥系数：顺北 1 区天然气干燥系数由东南往西北变低，顺北 1 号走滑断裂带由东北往西南变低，由顺北 1-3 井的 87.6%减小到顺北 1-16H 井的 76.6%，顺北 5 号走滑断裂带由西北往东南逐渐变高，由顺北 5-4H 井的 60.9%增大到顺北 5-6 井的 81.2%，再往南顺北 53X 井增大到 88.0%，顺北 7 号走滑断裂带顺北 7 井为 52.0%(图 6-3)。

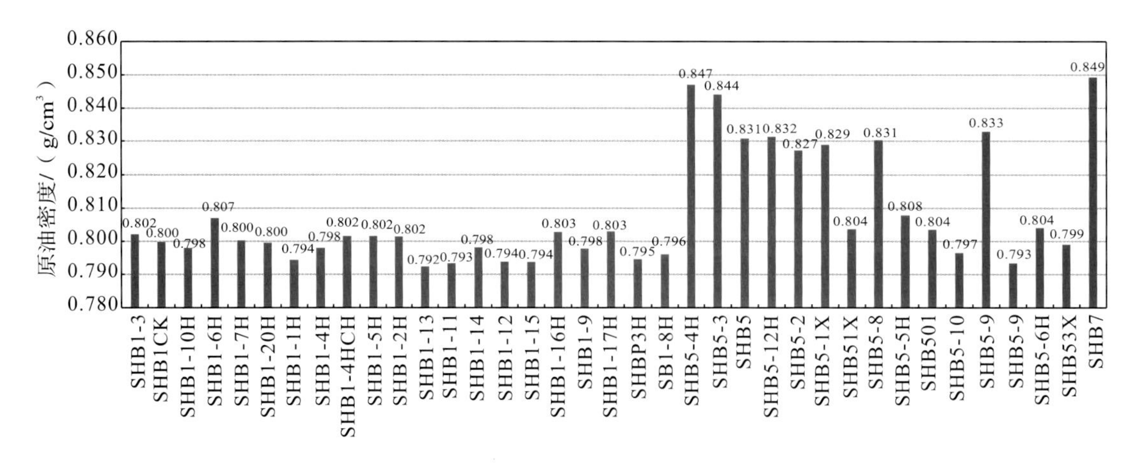

图 6-2　顺北地区不同断裂带原油密度分布柱状图

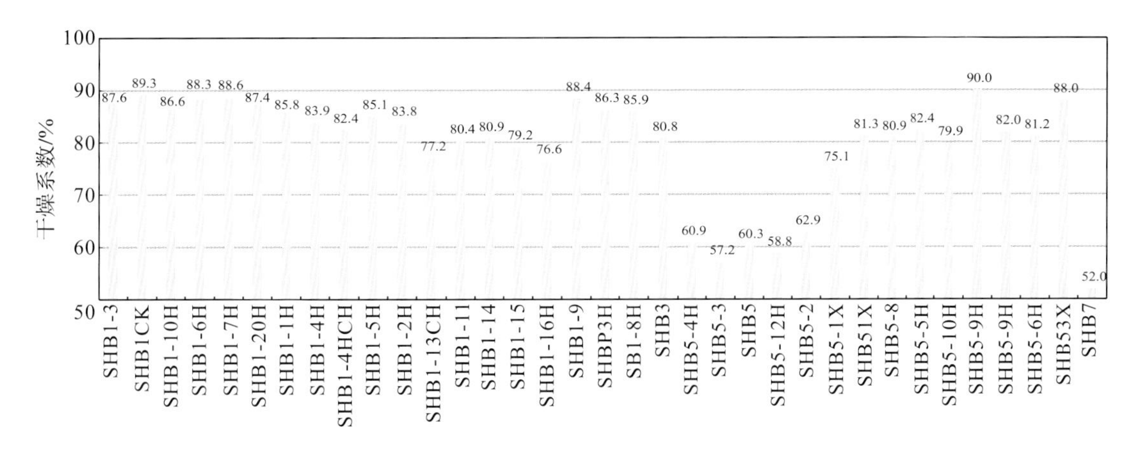

图 6-3　顺北地区不同断裂带天然气干燥系数分布柱状图

三、顺北油气藏富集主控因素

1. 烃源岩的热演化差异控制了油气性质的差异

顺北 1 区的油气主要来自顺托果勒低隆起下寒武统玉尔吐斯组烃源岩。喜马拉雅期，顺托果勒低隆起处于快速沉降期，玉尔吐斯组烃源岩虽然埋藏深度较大，但地温梯度低，短期高温、高压延缓烃源岩热演化速率，埋深超过 1×10^4m 的玉尔吐斯组烃源岩在喜马拉雅期仍处于生凝析油气阶段。同时，顺北 1 区东西部的地温梯度差异较大，顺北 1 井地温梯度为 2.08℃/100m，顺北 5 井为 1.99℃/100m，顺北 7 井为 1.96℃/100m，自东向西逐渐降低，烃源岩的热演化程度向西也随之降低，造成现今顺北 5 号走滑断裂带上的油气成熟度相对较低。

2. 断穿基底的深大断裂是油气运移的垂向通道，是油气富集的有利区带

顺北三维顺北 1 号走滑断裂带上的 7 口高产井测温压资料显示，7 口井油藏中深流、静温差较大。其中顺北 1-3 井流、静温差为 9.1℃，按照温度梯度计算，推测有来自油藏中深之下 432m 的原油进入井筒。顺北 1-1H 井组的三口井流、静温差分布在 2.9～10.2℃，推测产出深度比油层中深大 138～484m；顺北 1-2H 井组对应的三口井流、静温差分布在 5.4～6.6℃，推测产出深度比油层中深大 257～313m。以上 7 口井均位于断穿基底断裂，可见流体沿着断裂垂向运移进入井筒的特征非常明显，而且同一井组流、静温差差异很大，表明同一走滑断裂带，断裂应力、作用强度的差异导致了油藏厚度在纵向上也存在一定差异性。另外，顺北 2 井在一间房组和鹰山组获得了油迹显示，位于跃参主干断裂带的跃进 1 井志留系岩心原油抽提物分析结果表明与奥陶系原油同源不同期，以上证据也表明断裂是油气垂向运移的主要通道。因此，断穿基底的主干断裂带是油气运移的主要优势通道，油气充注能力强、富集程度高，控制了顺北地区奥陶系油藏的平面分布特征。

3. 断裂的活动演化控制了油气的差异聚集

主干断裂带油气富集程度高，产能高，次级断裂油气富集相对较弱，产量低，多表现为定容特征。

部署在顺北 1 号走滑断裂带、顺北 5 号走滑断裂带上的 9 口井在奥陶系一间房组均钻遇不同程度的放空、漏失现象，测试均获得高产工业油气流。部署在次级断裂带的顺北 1 井测试为含气水层，顺北 2CH 井测试为差油气层，顺北 1-8H 井测试获得高产工业油气流。位于顺北 1 区附近的跃参区和中石油的跃满区块，从钻井、测试、生产资料统计，高产井和稳产井基本上都位于断穿基底的主干断裂带，顺北评 3H 二级主干断裂产能次之，独立的次级断裂产量较差，表现为定容特征。因此，顺北地区奥陶系油藏主干断裂带油气富集程度高、产能高，是油气富集有利区。

与顺北 1 号走滑断裂带的油井相比，顺北 5 号走滑断裂带上原油物性相对较差，天然气中甲烷含量

和干燥系数偏低，成熟度也较低，这种成藏差异目前分析可能是断裂的活动演化不同造成的。顺北 5 号走滑断裂带纵向上断穿 T_9^0～T_6^0 界面，断裂活动强度及规模均较大，为油气的运移成藏提供了有利条件。但从过井的地震剖面上看，该断裂带定型较早，晚期活动弱，喜马拉雅晚期生成的高成熟油气充注改造较弱，也是现今油气性质差异的一个重要控制因素。

4. 储层发育程度是影响油气富集的重要因素

顺北地区奥陶系油藏充注强、整体含油，一般只要发育优质储层就能成藏。顺北地区奥陶系主要发育碳酸盐岩缝洞型储层，储集空间为裂缝和溶蚀孔洞。勘探实践证实，顺北奥陶系储层的发育程度及规模主要受加里东期走滑断裂控制。主干断裂上、断裂交汇处及断裂多期活动部位是储层发育的良好部位，储集体的规模大，地震剖面上断裂破碎程度大，钻井多钻遇放空、漏失或溢流，储层的发育程度高；而次级断裂带及相对孤立、与深大断裂连通性不好的串珠或异常体，储集体规模较小，多具有定容特征。例如，顺北 1-1H 井位于研究区北东向主干断裂带上，钻至一间房组井深 7613.05m 处发生井漏，累计漏失泥浆 1810m^3，常规测试获高产工业油流。位于近南北向主干断裂的顺北 5 井侧钻至断裂面时放空 3.69m，漏失泥浆 1313.43m^3，常规测试获得日产原油 82t。总体来看，储层的发育程度是研究区奥陶系油藏的重要控制因素，储集体的发育规模决定了油气的富集程度，储集体规模越大，则初始产能和累计产量越高。

顺北 5 井原直井未钻遇规模储集体，向西南主断面侧钻后钻遇两段放空(厚 3.69m)，累计漏失泥浆 1313.43m^3，测试获高产油气流，压力恢复测试显示未探到边界，酸化后生产较平稳，供液能力好，储集体规模较大，说明主干断裂带控制了储集体发育程度、主断面破碎带是油气最有利的富集部位。

5. 断裂早期和晚期活动强度是储层发育和油气富集的重要影响因素

顺北地区油藏以晚期油气充注为主，早期断裂活动强度和晚期继承性活动强度直接关系到油气运移疏导体系和储层发育情况。根据目前顺北油田 1 区高产井断裂发育特征分析，均具有断穿基底、断裂早期活动强、晚期继承性发育却相对早期弱，断裂具有明显的连通 T_9^0～T_7^4 界面的特征。早期沟通基底断裂的活动强度大，非常利于油气垂向运移，晚期继承性活动利于储层发育，并有效沟通了油源与储层的连通，因此油气富集程度高。而位于顺北 1 号走滑断裂带附近的顺北 2 井，在地震剖面上可见断裂早期活动强度非常强，但是晚期继承性活动非常弱，导致 T_9^0～T_7^4 界面断裂连通性较差，一间房组储层发育较差，测试为差油气层。因此，断裂晚期继承性活动较差的断裂带储层发育程度较差、油气富集程度较差。

第二节　典型油气藏解剖

顺北地区不同构造带由于构造活动和改造的不同、储层类型和油气成藏期次的差异，造成不同构造带油气藏性质及油气藏类型的差异。本书选取不同油气类型(油气性质、成藏期)顺北 1 号走滑断裂带、顺北 5 号走滑断裂带、顺北 7 号走滑断裂带和不同储层类型的顺北隆 1 井油气藏分别解剖断裂和油气藏特征。

一、顺北 1 号走滑断裂带油藏

1. 顺北 1 号走滑断裂带特征

顺北 1 号走滑断裂带具有直线平移、压隆与拉分的特征，断开层位为 T_5^0～T_9^0，目的层最大垂直距离为 15～50m，倾向为 NW 或 SE，倾角为 75°～85°，工区内延伸长度为 28km，西南延伸至顺北 5 号走滑断裂带，并与其相交。在局部受拉分或挤压程度影响较大，走滑断裂形成规模较大的破碎带，在地震剖面上常常表现为明显的杂乱强或杂乱弱的地震响应特征。顺北 1 号走滑断裂带可以分为挤压、拉分、走滑断裂样式。

顺北 1 区主干断裂根据平面相干特征、趋势面分析、振幅变化率发育情况等因素，将顺北 1 区 1 号走滑断裂带分为7个小段，分别为弱挤压段A（平面长度为1.1×10^4km、平面宽度为0.27×10^4～0.35×10^4km）、拉分段A（平面长度为3.6×10^4km、平面宽度为0.4×10^4～0.8×10^4km）、弱挤压段B（平面长度为1.65×10^4km、平面宽度为0.3×10^4～0.6×10^4km）、平移段A（平面长度为5.14×10^4km、平面宽度为0.25×10^4～0.37×10^4km）、拉分段B（平面长度为2.43×10^4km、平面宽度为0.25×10^4～0.9×10^4km）、强挤压段（平面长度为4.59×10^4km、平面宽度为0.4×10^4～1.1×10^4km）、平移段B（平面长度为8.25×10^4km、平面宽度为0.2×10^4～0.35×10^4km）。

顺北 1 号走滑断裂带具有明显的分段性，可以分为 3 个井组，即使相互连通的同一井组在干扰试井过程中，压力传播速度差异也是非常大的，如顺北 1-1H 井组的 SHB1-6 井与 SHB1-7H 井压力传播速度为46m/h，而 SHB1-7H 井与 SHB1-1H 井压力传播速度为 254m/h，表明即使是连通的断裂带储集体规模、连通性差异也非常大。另外，从同一井组的静温与流温温差资料来分析，油藏的底界和厚度也有较大差异，因此，走滑断裂的分段性控制了油气分布的分段性。

2. 油气藏特征

1）地面流体特征

顺北 1 号走滑断裂带原油密度总体分布在 0.7895～$0.7990g/cm^3$，平均为 $0.7950g/cm^3$，属挥发原油。而顺北 1 井直井原油密度较大，为 0.8210～$0.8467g/cm^3$，属轻质原油，与向主干断裂带侧钻后顺北 1CX 井获得的原油物性（密度为 $0.7973g/cm^3$）有所差异，这是原油沿不同级别断裂差异充注的结果。原油的动力黏度基本分布在 2.18～2.82mPa·s，平均为 2.58mPa·s，凝固点在−27～−6℃，平均低于−17.2℃，含硫量为 0.097%～0.129%，平均为 0.11%。整体属于低黏度、低凝固点、低含硫的原油。

顺北 1 号走滑断裂带上一间房组的天然气相对密度分布在 0.68～0.75，平均为 0.71；地面天然气 CH_4 含量分布在 75.6%～83.2%，平均为 79.58%；N_2 含量分布在 2.00%～4.09%，平均为 3.28%；CO_2 含量分布在 1.74%～2.67%，平均为 2.15%，为油藏伴生气。而顺北 1 井在鹰山组测试见少量天然气，干燥系数偏大，达到 96.0%，为干气，表现出下气上油的特征，反映出油气多期充注的特征。

目前顺北 1 号走滑断裂带油井均未见地层水，顺北 1 号走滑断裂带附近的次级断裂带上的顺北 1 井在奥陶系一间房组—鹰山组 7269.54～7407.08m 井段进行油管测试为水层。反排率超过 100%后获得 4 个水样，总矿化度平均为 67577.75g/L，远低于邻区的地层水矿化度。由于顺北 1 井具有定容特征，因此并不能代表主干断裂带上的地层水特征。

2）油藏类型

从顺北 1 号走滑断裂带上顺北 1-1H 井高压物性分析结果看，地层原油体积系数为 2.1706，地层原油密度为 $0.5401g/cm^3$，单脱气油比为 $423m^3/m^3$，气体溶解系数为 $12.1221m^3/(m^3 \cdot MPa)$。从顺北 1-1H 井地层流体相态图（图 6-4）看，临界压力为 21.25MPa，临界温度为 297.2℃；地层温度位于临界温度左侧，远离临界点。地饱压差为 52.01MPa，说明地下仅以液相原油状态存在，属未饱和油藏；从该井井流物分析及分类三角图（图 6-4）上看，地层流体性质属于未饱和挥发油油藏。

3）油气地化特征

从顺北 1 号走滑断裂带上 7 口井油气的轻烃组成、饱和烃色谱、色质、芳烃色谱综合分析，顺北 1 号走滑断裂带奥陶系油气母质类型为以 I 型腐泥型为主，相对而言，顺北地区原油母质类型优于哈拉哈塘及托甫台地区。奥陶系原油饱和烃的正构烷烃序列均比较完整，碳数分布范围为 nC_9～nC_{36}，主峰碳分布在 nC_{11}～nC_{16}，显示原油原始母质基本是以藻类有机质为主，只是由于成熟度的差异，主峰碳的分布有一定差异。顺北 1 号走滑断裂带奥陶系原油 $5\alpha\alpha\alpha$(20R)-C_{27}、C_{28}、C_{29} 规则甾烷分布呈不对称的“V”字形分布，为海相原油特征。轻烃和芳烃成熟度指标指示为高成熟油气，原油成熟度相对跃参和托甫台地区更高。原油对比结果表明顺北 1 号走滑断裂带奥陶系原油油源为寒武系玉尔吐斯组烃源岩。

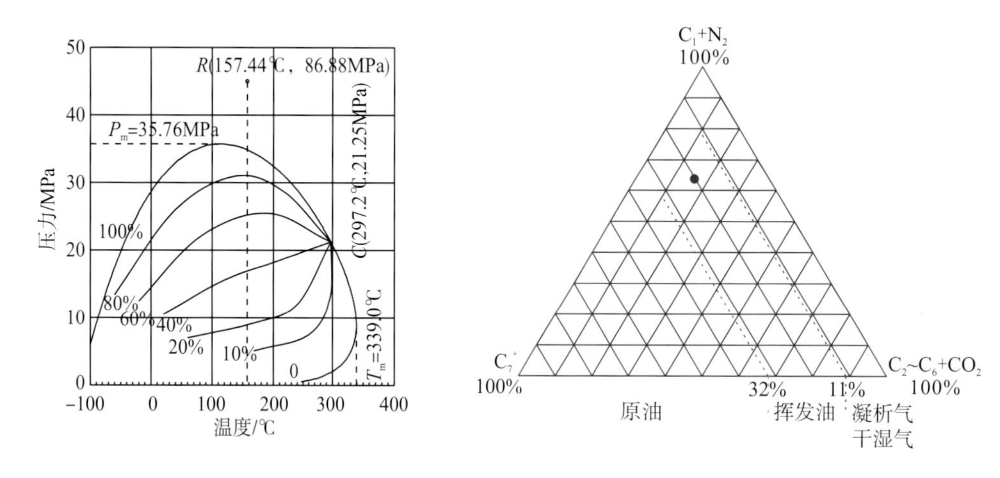

图 6-4　顺北 1-1H 井油藏烃类流体相态及类型三角图

二、顺北 5 号走滑断裂带油藏

1. 顺北 5 号走滑断裂带特征

顺北 5 号走滑断裂带为一条近南北向的走滑断裂，该断裂向下断入基底，向上断穿 T_6^0 界面，断裂活动强度强且规模较大，延伸长度近 200km，为顺北 1 区一级走滑断裂，工区内延伸长度为 27km。基于分段变形特征的不同，将顺北 5 号走滑断裂带分为 11 段，其中矿权内分为 9 个小段。

2. 油气藏特征

1) 地面流体特征

顺北 5 号走滑断裂带上目前有 4 口井建产：顺北 5 井、顺北 5-2 井、顺北 5-4H 井及跃满 20 井。4 口井的原油物性见表 6-1。原油性质和顺北区块奥陶系总体相似，属于低凝固点、较高初馏点、低黏度、低硫的轻质原油。但与顺北 1 号走滑断裂带上的原油(密度多低于 0.80g/cm^3)相比，顺北 5 号走滑断裂带上原油密度相对较高，分布在 0.833～0.842g/cm^3，平均为 0.835g/cm^3，这与断裂的活动差异和油气差异充注聚集有关。

顺北 5 号走滑断裂带上的天然气相对密度分布在 0.84～0.88；地面天然气中 CH_4 含量较低，为 48.97%～56.58%；乙烷以上重烃气含量多大于 15%；天然气干燥系数为 62.0%～67.0%（表 6-2），为油藏伴生气。和顺北 1 号走滑断裂带相比，顺北 5 号走滑断裂带上的天然气甲烷含量降低，干燥系数也相应减小，同样反映了油气在不同断裂带上的差异充注聚集。非烃气体主要为 N_2、CO_2、H_2S。其中，N_2 含量较高，分布在 13.84%～19.04%；CO_2 含量分布在 1.39%～2.33%；硫化氢含量分布范围较宽，为 109.26～1511.09mg/cm^3，均为低含硫化氢天然气。

表 6-1　顺北 5 号走滑断裂带地面原油物性分析表

井号	密度/(g/cm^3)	黏度/(mPa·s)	含硫/%	含蜡/%	凝固点/℃	初馏点/℃
顺北 5	0.833	6.39	0.20	—	−22	58.2
顺北 5-2	0.838	5.41	0.18	—	−30	57.1
顺北 5-4H	0.842	9.86	0.19	—	−32	78.1
跃满 20	0.825	1.15	—	—	—	—

表 6-2　顺北 5 号走滑断裂带上实钻井天然气组分对比表

井号	C_1(甲烷)/%	C_2(乙烷)/%	C_3(丙烷)/%	iC_4(异丁烷)/%	nC_4(正丁烷)/%	iC_5(异戊烷)/%	nC_5(正戊烷)/%	N_2/%	CO_2/%	相对密度	干燥系数/%
顺北 5	52.51	16.43	7.9	0.82	1.62	0.34	0.29	17.61	2.33	0.85	66.0
顺北 5-2	56.58	15.98	7.76	0.91	1.76	0.38	0.32	13.84	2.28	0.84	67.0
顺北 5-4H	48.97	17.47	8.93	1	2.15	0.49	0.35	19.04	1.39	0.88	62.0

目前顺北 5 号走滑断裂带上均未取到合格的地层水样，因此不能判断该断裂带上的地层水特征。

2) 油藏类型

根据顺北 5 井的高压物性分析结果，顺北 5 井油气藏为轻质油藏(图 6-5)。地层条件下该油藏的原油密度高于顺北 1 号走滑断裂带上的顺北 1-1H 井，同样的原油体积系数、单次脱气气油比、气体平均溶解系数要远低于顺北 1-1H 井。从井流物的组成看，顺北 5 井油藏中轻质组分含量(C_1+N_2、C_2～C_6+CO_2)降低，重质组分含量(C_7^+)明显升高。

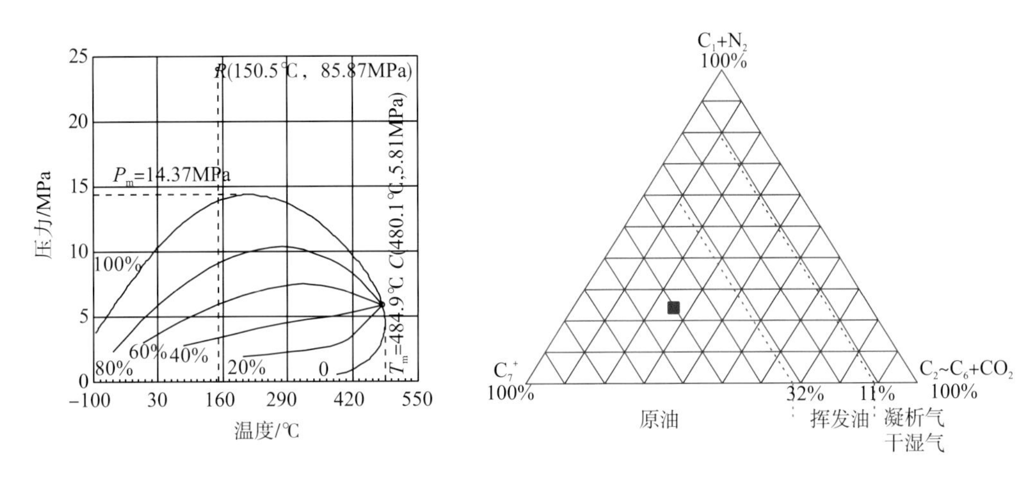

图 6-5　顺北 5 井油藏烃类流体相态及类型三角图

3) 油气地化特征

顺北 1 区 5 号走滑断裂带上原油的部分全烃色谱如图 6-6 所示。从全烃色谱图可看出，顺北 5 号走滑断裂带上原油普遍较轻，主峰碳均为 C_7。从碳原子分布来看，比较完整的为 C_2～C_{34}，但基本上以 C_{20} 之前的碳数为主。C_{25} 之后的化合物含量非常低。

顺北 5 号走滑断裂带轻质原油饱和烃色谱图中检测出 UCM 鼓包并有完整的正构烷烃系列，同时生物标志化合物碎片离子(m/z=191)特征图显示，藿烷系列化合物含量低且分布不完整，检测到少量降藿烷系列化合物，且表征生物降解程度的化合物参数(A512/512、A516/516)比值低，显示原油至少经历两期不同的油气充注过程，且早期充注原油经历弱改造作用，晚期又接受了成熟度高的新的油气充注，且顺北 5 号走滑断裂带晚期的油气充注要早于顺北 1 号走滑断裂带晚期的油气充注(图 6-6)。由此证实了顺北 5 号走滑断裂带轻质原油为早期遭受弱改造作用后油气再充注的多期混合成藏过程。

将单个样品中与油包裹体同期的盐水包裹体进行投点(图 6-7)。综合分析认为，顺北 5 号走滑断裂带经历过两期油气充注，分别为加里东晚期(441～450Ma)、海西晚期—印支期(202～303Ma)，主成藏期为海西晚期—印支期。

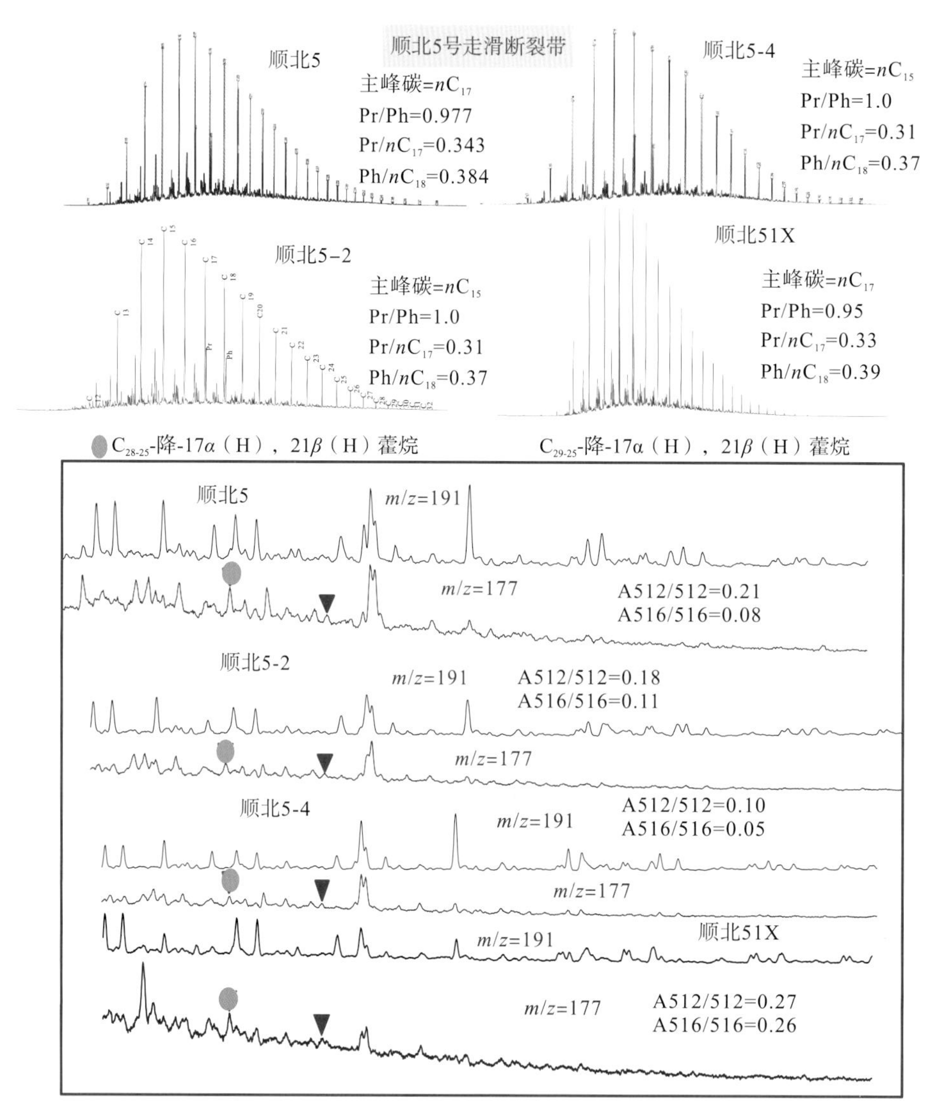

图 6-6　顺北 5 号走滑断裂带奥陶系原油饱和烃色谱及饱和烃碎片离子($m/z=191$)特征图

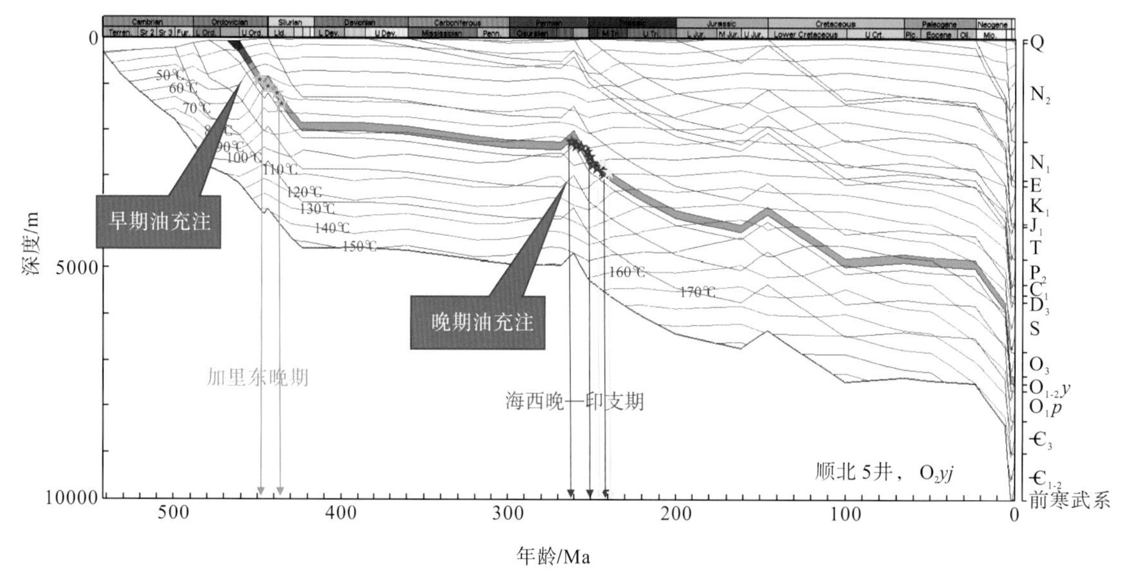

图 6-7　顺北 5 井 O_2yj 油气充注时间

三、顺北 7 号走滑断裂带油藏

1. 顺北 7 号走滑断裂带特征

顺北 7 号走滑断裂带走向以北北西向为主。走滑断裂在剖面上为高角度断裂，在地震剖面上主干走滑断裂表现为直立的平移断层，水平位移量不大，断裂往往成对出现，两条主干断裂与内部分支断裂组合在一起构成正花状构造或负花状构造，主干走滑断裂构造样式分为单支状、花状两类，其中花状断裂包括半花状、正花状、负花状。

顺北 7 号走滑断裂带共发育两组走滑断裂，断层走向分别为北东向和北北西向。北北西向走滑断层发育于奥陶系和寒武系中晚期(在 T_7^4、T_7^6 和 T_8^0 界面比较落实)；北东向走滑断层发育于寒武系早期(T_8^3 界面比较落实)，多数断层未切穿寒武系底界(T_9^0 界面)。顺北 7 号走滑断裂带整体而言活动强度弱，经历多期构造断裂活动。通过地震剖面的变形特征，再结合区域构造变形背景，认为加里东中期其构造变形程度与海西期一致，但是，也存在断裂部分区段加里东中期构造变形程度与海西早期及海西晚期变形程度不一致的情况，故分析认为顺北 7 号走滑断裂带 NE 向走滑断裂在加里东中期活动，与区域其他断裂带比较，顺北 7 号走滑断裂带活动强度弱。顺北 7 井、顺北 71X 井实钻证实主干二级断裂仍发育规模储集体，受断裂带控制，非均质性强。

2. 油气藏特征

1) 地面流体特征

顺北 7 井原油密度总体分布在 0.8112～0.8663g/cm³，平均为 0.8463g/cm³，原油密度变化大(表 6-3)，但属于一般正常原油。2020 年在该断裂带完钻的顺北 71X 井原油密度为 0.84g/cm³，也属于一般正常原油。

表 6-3　顺北 7 号走滑断裂带地面原油物性分析表

井号	密度/(g/cm³)	黏度/(mPa·s)	凝固点/℃	含硫/%	含蜡/%	初馏点/℃
顺北 7	0.8516	14.68	<-34	0.150		60.0
顺北 7	0.8485	14.02	<-34	0.155		70.1
顺北 7	0.8663	17.49	-8	0.128		97.7
顺北 7	0.8551	10.24	<-34	0.071	2.42	57.3
顺北 7	0.8430	11.14	<-34	0.077	1.47	52.7
顺北 7	0.8603	14.22	<-34	0.084	1.63	88.7
顺北 7	0.8591	18.72	-16	0.159		85.7
顺北 7	0.8501	13.27	<-34	0.120	5.88	53.6
顺北 7	0.8422	11.31	<-34	0.089	3.46	58.7
顺北 7	0.8464	7.15	<-34	0.134	2.04	52.6
顺北 7	0.8486	10.59	<-34	0.073	3.65	52.4
顺北 7	0.8112	5.48	<-34	0.130		45.3
顺北 7	0.8477	14.4	<-34	0.083		62.3
顺北 7	0.8490	10.81	<-34	0.089	2.52	47.4
顺北 7	0.8548	15.31	<-34	0.158		68.1
顺北 7	0.8491	12.73	<-34	0.076		56.2
顺北 7	0.8522	15.12	<-34	0.092		83.4
顺北 7	0.8538	10.54	<-34	0.069		59.6

2）油藏类型

根据顺北 7 井的高压物性分析结果，顺北 7 井油气藏为一般原油油藏（图 6-8）。与顺北 5 井相似，地层条件下该油藏的原油密度高于顺北 1 号走滑断裂带上的顺北 1-1H 井，同样的原油体积系数、单次脱气气油比、气体平均溶解系数要远低于顺北 1-1H 井。从井流物的组成看，顺北 7 井油藏中轻质组分含量（C_1+N_2、$C_2\sim C_6+CO_2$）降低，重质组分含量（C_7^+）明显升高。

3）油气地化特征

顺北 7 号走滑断裂带顺北 7 井原油三环萜烷化合物分布完整，C_{20}TT 含量较少，呈现 C_{23}TT 萜烷优势，藿烷系列化合物含量丰富，且高碳数升藿烷系列化合物分布完整。

轻烃组成中异庚烷值[*I*]（石蜡指数 1）和庚烷值[*H*]（石蜡指数 2）（Thompson，1983；1987）随着演化程度的加深而逐渐增大。前人建立了有效的判别油气成熟度的图版（图 6-9），顺北地区奥陶系原油整体处于高成熟演化阶段，且顺北 7 号走滑断裂带原油成熟度最低，其次是顺北 5 号走滑断裂带北段和 1 区次级断裂带，顺北 53X 井原油成熟度最高；天然气成熟度变化范围较大，整体处于成熟-高成熟演化阶段，顺北 7 号走滑断裂带、1 区次级断裂带和顺北 5 号走滑断裂带北段成熟度较低，处于成熟演化阶段，顺北 1 号走滑断裂带和顺北 5 号走滑断裂带中段天然气成熟度较高，处于高成熟演化阶段。

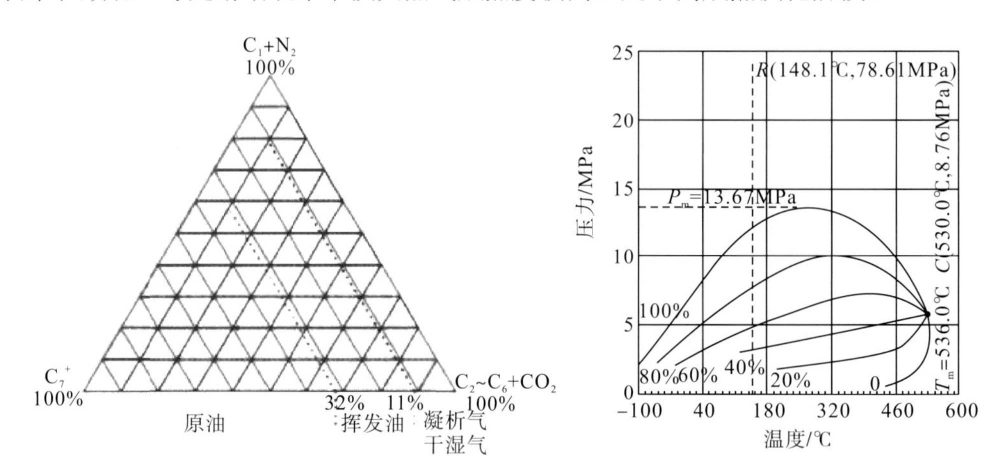

图 6-8　顺北 7 井油藏 6 烃类流体相态及类型三角图

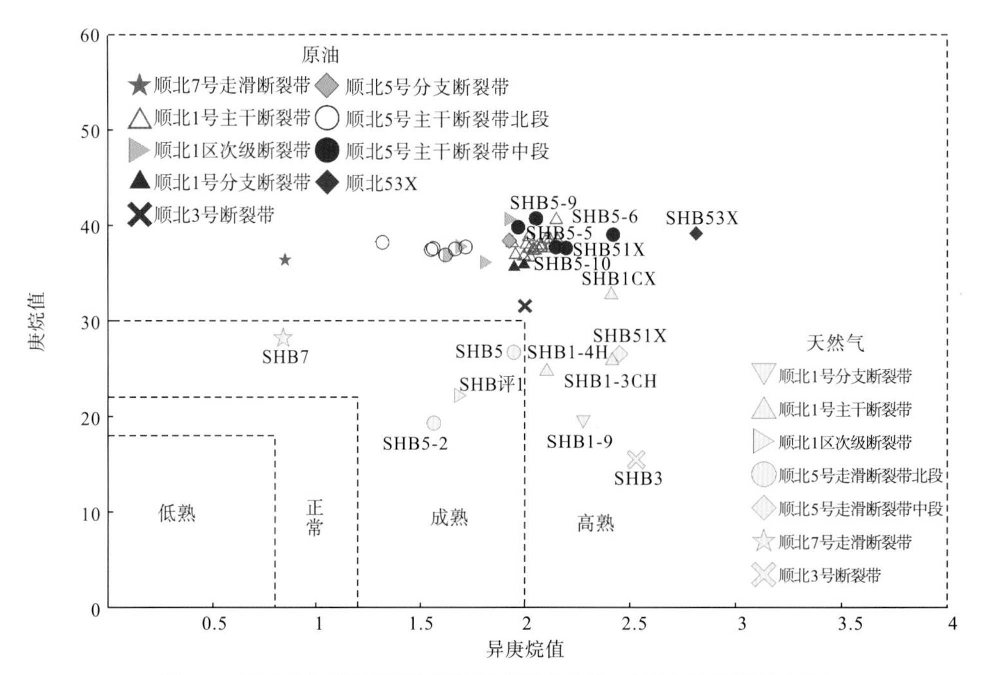

图 6-9　顺北地区不同断裂带油气轻烃庚烷值-异庚烷值相关关系图

将单个样品中与油包裹体同期的盐水包裹体进行投点(图 6-10)。综合分析认为，顺北 7 号走滑断裂带经历过两期油气充注，分别为加里东晚期(441～450Ma)、海西晚期—印支期(202～303Ma)，主成藏期为海西晚期—印支期。

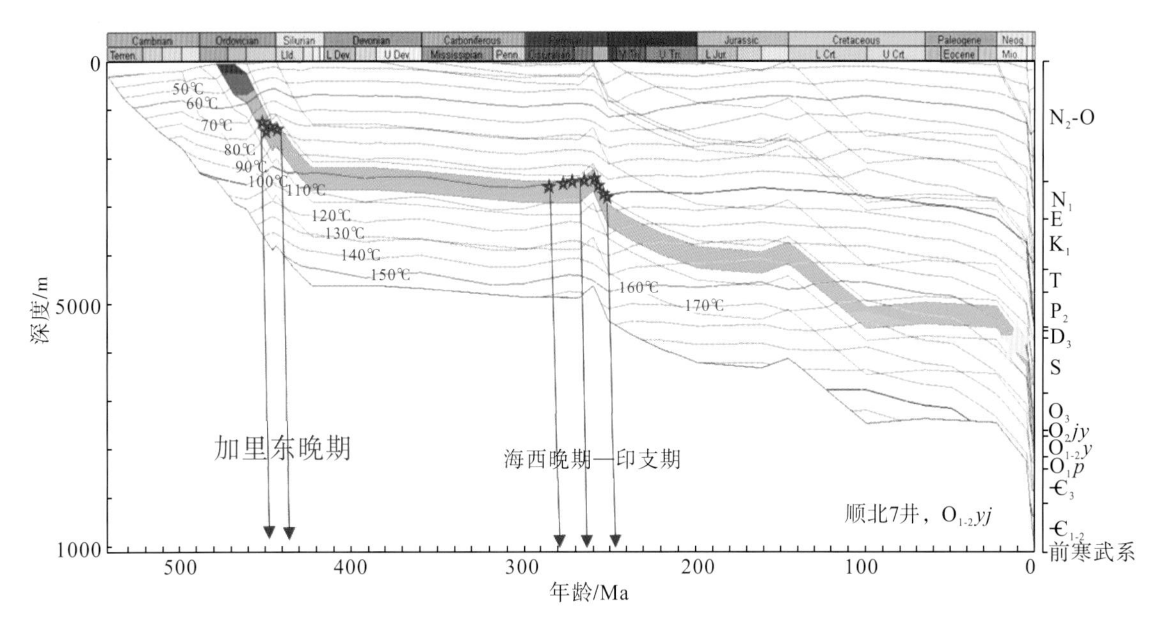

图 6-10　顺北 7 井 O_2yj 油气充注时间

四、顺北隆 1 井油藏

1. 断裂特征

区内断裂体系主要由北西、北东向两组断裂构成，其中阿北区块西部以北西向断裂为主，阿北区块东部和顺北区块以北东向断裂为主，平面上断裂延伸距不远、被后期断裂切割改造，一般以基底卷入为主，岩体周围以盖层滑脱为主，断距在 T_5^0 界面以下较大，之上断距几乎消失，顺北地区由于受到应力相对较小，主要断裂发育在桑塔木组之下，产状近直立，平面呈 X 分支断裂数量较多，地层变形较弱，断距较小，后期活动弱，保留加里东中期断裂构造特征；其他几个构造带的断裂具平面延伸距离较短、垂直断距较小的特点。

顺北隆 1 井位于顺北三维工区东南部的穹隆构造上，奥陶系穹隆+断裂+串珠反射异常明显，振幅趋势差大，“褶曲”高正地形，断层断距大，通源条件好。早期高陡断裂/破裂，深部热液沿断裂运移，底辟作用“拱而不破”，形成丘型突起，进入褶曲内部密集显示和裂缝发育，邻区相似条件下钻井未钻遇放空、漏失，可能表明褶皱内发育裂缝型储层，但总体发育程度低破而不断。顺北隆 1 井属于部署在断裂带之外的穹窿+断裂新类型，从顺北隆 1 井奥陶系取心看，立缝、平缝发育。由于位于“褶曲”部位，处于张性拉伸环境，“褶曲”部位小断裂发育，控制了储层发育。

2. 油气藏特征

1)地面流体特征

从顺北的勘探成果和研究认识看，顺北地区奥陶系油藏具有从北向南，原油密度减小、气油比升高的趋势。顺北 1 井原油密度为 0.821～0.846g/cm^3，其余分布在主干断裂上的井原油密度分布在 0.79～0.80g/cm^3，均属于高蜡、低凝固点、低黏度挥发原油；顺北 5 号走滑断裂带北段顺北 5 井、顺北 5-4 井、顺北 5-2 井等的原油密度分布在 0.8260～0.8443g/cm^3，向南至中段顺北 51X 井密度有所降低，为 0.8043g/cm^3，均为轻质油藏，但由北往南原油密度减小。总体上，顺北 5 号走滑断裂带中段及北段的地面原油属于低密度、低凝固点、高初馏点、低黏度、含蜡、低含硫的挥发-轻质原油。顺北隆 1 井位于顺北 1 号井断裂带附近，综合预测顺北隆 1 井的奥陶系油气藏为挥发性油藏。

2) 油藏类型

顺北区块仅顺北 1-1H 井、顺北 5 井、顺北 51X 井和顺北 7 井取得了 PVT 样(表 6-4)。从 PVT 分析结果看，顺北 1 号走滑断裂带(顺北 1-1H 井)、顺北 5 号走滑断裂带的北段(顺北 5 井)及中段(顺北 51X 井)的油藏流体均具有轻质含量多、挥发性较弱的特征，在流体类型三角图上都落在了挥发性油藏的范畴。顺北 7 号走滑断裂带(顺北 7 井)油藏中轻质组分略有降低，落在轻质油范畴。而在流体相态图上，油藏温度位于临界温度左侧，偏离临界点，为未饱和一般原油流体特征。从顺北隆 1 井所处构造位置看，油气藏应该以轻质-凝析油为主，放喷火焰呈现橘黄色，而甲烷燃烧产生明亮的蓝色火焰，乙烷燃烧产生明亮的淡蓝色火焰，丙烷燃烧为亮黄色(有烟)火焰，丁烷燃烧外焰为明亮的橘黄色，因此油气藏应该是轻质油气藏。根据顺北区块 4 口井 PVT 分析结果和 14 口井原油物性分析，本区油气藏为低黏度、低硫、高蜡、低凝固点、高初馏点的未饱和挥发性轻质油藏。

表 6-4　顺北区块 PVT 样分析结果

井号	生产井段/m	层位	油藏压力/MPa	温度/℃	初始油压/MPa	气油比/(m^3/m^3)	单次脱气体积系数	收缩率/%	饱和压力/MPa	临界压力/MPa	临界温度/℃
顺北 1-1H	7458.00～7613.05	O_2yj	86.88	157.44	43	249～629	2.1706	53.93	34.87	21.25	297.2
顺北 51X	7553.64～7876.00	O_2yj	83.04	157.3	24	79	1.6752	40.30	29.14	14.29	353.6
顺北 5	7315.00～7950.06	O_2yj+$O_{1-2}y$	85.87	150.5	26.2	64	1.2116	17.46	13.9	5.81	480.1
顺北 7	7568.46～8121.00	O_2yj+$O_{1-2}y$	78.61	148.1	36.23	59	1.2072	17.17	12.08	5.76	530.1

3. 油气地化特征

因顺北隆 1 井正在测试评价中，油气地化分析还没返回。预计地化特征与顺北 1 号走滑断裂带类似。

第三节　油气成藏期次

流体包裹体成分与古压力恢复等综合分析技术、稀有气体氦氩同位素方法、矿物(U-Th)/He 定年分析及 Re-Os 同位素直接定年方法、饱和压力法等是油气成藏定年研究的重要技术方法。Re-Os 同位素等时线年龄反演法不适用于顺北，因为该方法主要应用于固体沥青、干酪根和稠油。Pb-Pb、Sr-Nd 法要求样品为新鲜的沥青及干酪根样品，U-Th/He 法是对磷灰石或锆石进行测试，因此也不适用于顺北。储层中与烃类包裹体同期形成的盐水包裹体均一温度代表油气进入储层时的温度，根据此温度及在恢复单井埋藏史和热史的基础上，将给定今埋深样品的各期次同期盐水包裹体均一温度“投影”到标有等温线的埋藏史图上，对应于时间轴上的年龄即代表油气充注储层的年龄(Haszeldine and Samson，1984；陈红汉等，2003，2010；Feng，2010)。与烃包裹体伴生的盐水包裹体均一温度与埋藏史图结合是确定油气成藏期次的常用方法，但是该方法存在不确定性及多解性。油气藏饱和压力法是指由油气藏的饱和压力推断油气藏形成时的埋藏深度，进而换算出对应的地质时代来确定油气藏形成的大致时间。在构造相对稳定、充注期次单一且无压力异常的单旋回盆地效果较好。对于多旋回叠合盆地，其确定的成藏时间则为最晚的油气藏形成时间。

一、储层岩相学与方解石 U-Pb 定年

储层流体包裹体薄片的成岩作用观察及成岩序次确定是进行流体包裹体系统分析的基础，流体包裹体宿主矿物的成岩序次从宏观上约束流体充注的时间，从而为利用流体包裹体确定油气成藏期次和成藏时期提供可靠的成岩方面的依据。

顺北地区顺北 5 井、顺北 1-3 井、顺北 7 井、顺北评 2H 井和顺北 51X 井等 11 口典型取心井岩心及铸体薄片系统观察分析可以看出，顺北地区一间房组—鹰山组上段岩性主要为灰岩，夹少量云质灰岩(仅在鹰山组地层局限分布)和硅质灰岩(一间房组中上部)，硅质分条带状和团块状两种。岩石结构组分含少量生屑和砂屑，生屑分布局限，多为腕足类，大多破碎，少量完整，大小约为 2mm×5mm，砂屑成分为方解石，偶见砾屑，粒径为 0.5～2.0mm，分布不均匀，局部富集，呈次圆状至棱角状，分选较好，白云岩不发育。根据邓哈姆碳酸盐岩分类方案(Dunham，1962)，研究区岩石类型主要为砂屑灰岩和泥晶灰岩，含少量生屑，生屑以介形、棘皮、腕足和三叶虫为主，总体含量较低，低于 20%，生屑灰岩不发育。砂屑含量变化较大，变化区间为 10%～70%。

从宏观岩心观察来看，顺北地区奥陶系储层储集空间(孔隙和裂缝)充填物类型主要为方解石、有机质和硅质石英，且方解石充填最为常见、分布广泛。阴极发光鉴定和综合分析表明，顺北地区发育的多期次方解石脉体，第一期不发阴极光或暗蓝色阴极光，第二期发棕黄色阴极光，第三期发亮黄色阴极光(图 6-11～图 6-13)，阴极发光片显示缝洞内充填方解石存在多期胶结，颜色呈不发光—棕黄色光—亮黄色明亮环带，指示成岩介质存在变化，成岩过程复杂。储层发生不同程度的白云石化作用，常见白云石晶体或白云石脉体，发玫瑰红色阴极光。有机质仅充填在裂缝系统内，主要是缝合线和少量水平缝，表明裂缝是油气运移通道，且缝合线多为成岩作用改造的结果，其充填物特征对油气充注相对时间有一定的指示意义。

奥陶系储层普遍发育的多期次方解石脉体，是重要的成岩地质事件产物，也是烃类包裹体发育的主要宿主矿物。储层岩相学分析结果也表明顺北地区方解石脉的形成时间可以作为多期油气充注的时间分界线。因此，确定方解石脉体发育期次和相对时序，测定不同期次方解石脉体形成的绝对年龄，能有效减少常规流体包裹体成藏定年技术的多解性，对碳酸盐岩油气藏成藏研究具有较大的实用价值。基于岩

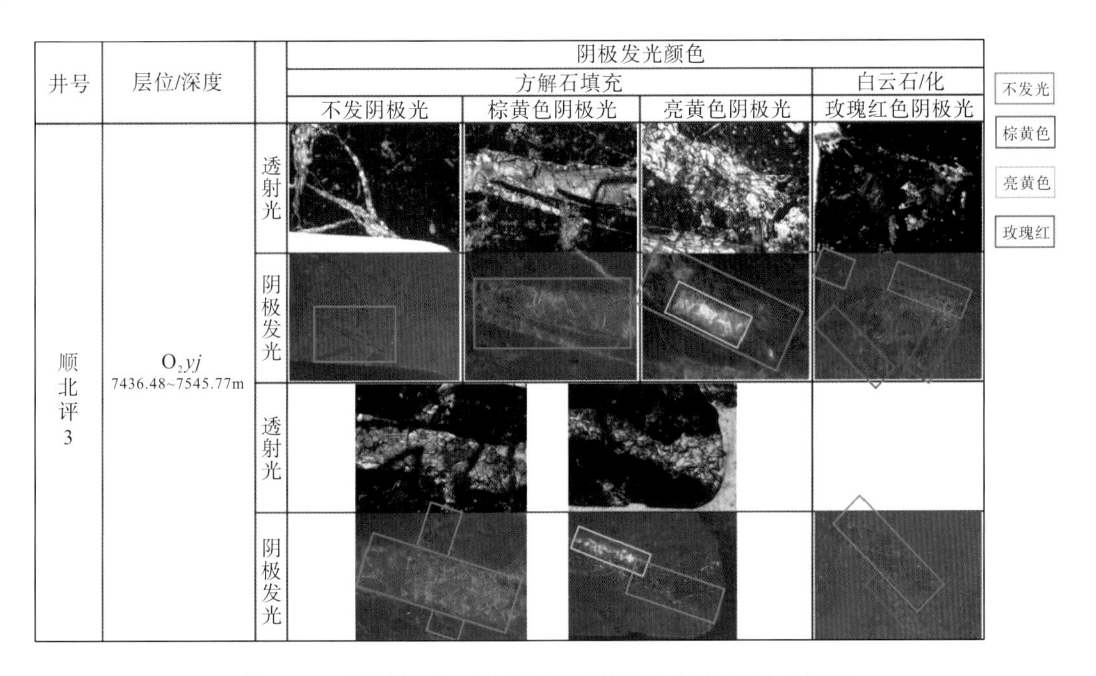

图 6-11　顺北评 3 井一间房组缝洞充填物典型阴极发光特征

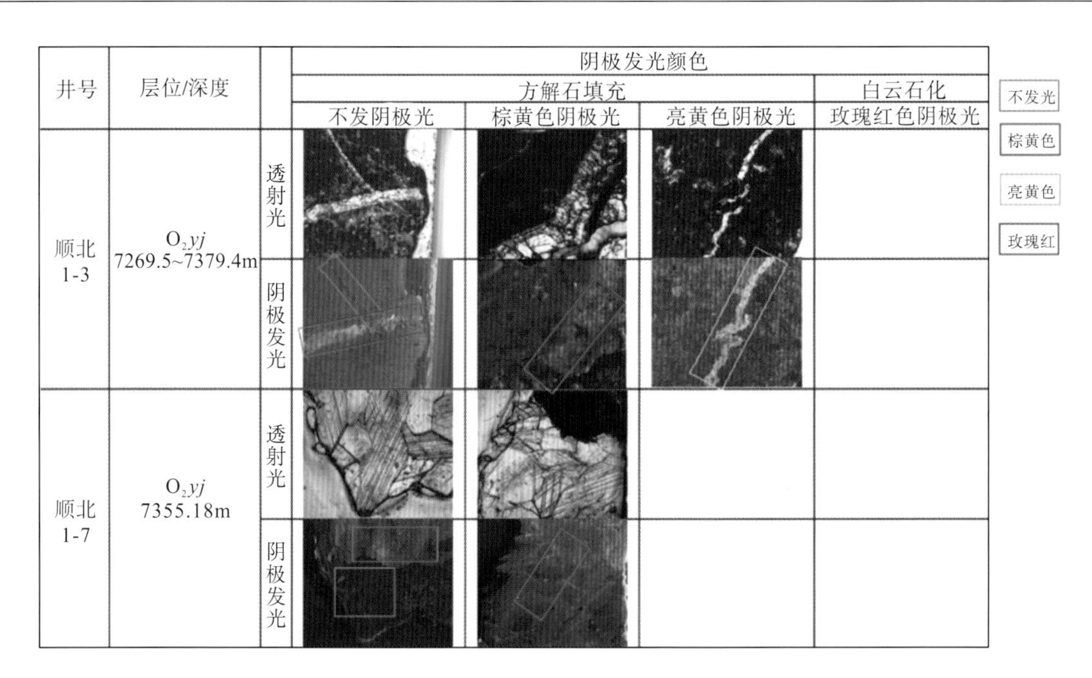

图 6-12　顺北 1-3 井和顺北 1-7 井一间房组缝洞充填物典型阴极发光特征

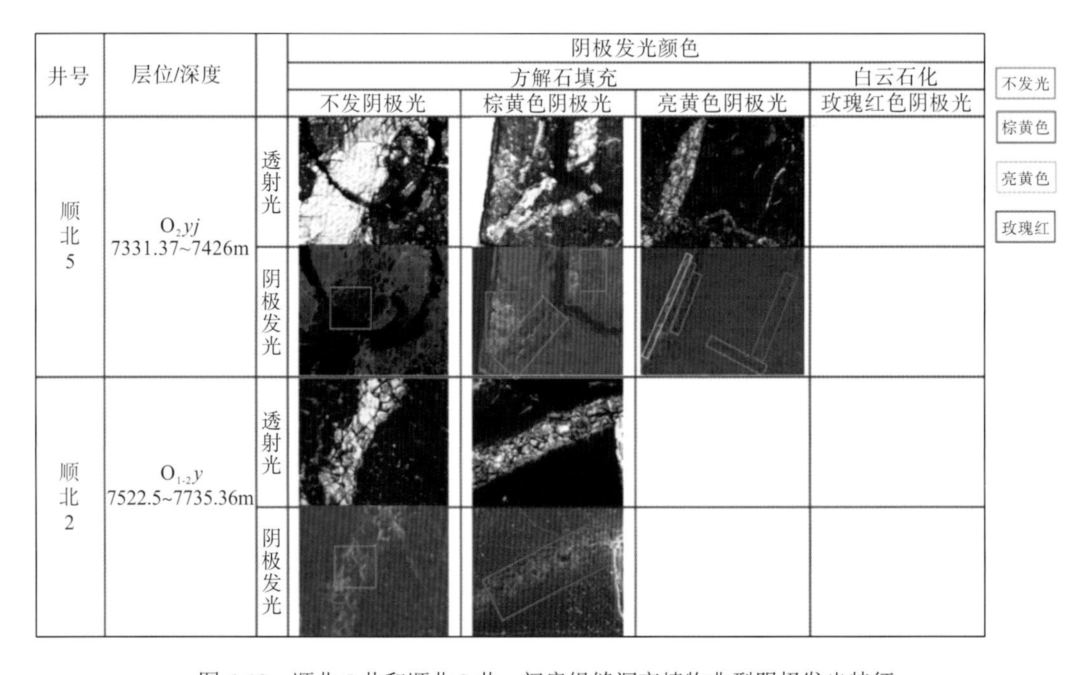

图 6-13　顺北 5 井和顺北 2 井一间房组缝洞充填物典型阴极发光特征

心观察、薄片鉴定、阴极发光分析和元素分析结果，确定方解石脉体发育期次和相对时序，选取不同断裂带顺北评 2 井、顺北 5 井、顺北 1-7 井和顺北 2 井典型样品采用 U-Pb 同位素定年方法确定不同期次方解石脉体形成的绝对年龄。

研究结果(图 6-14)表明，顺北 1-7 井一间房组高角度裂缝充填不发阴极光的方解石形成于加里东中期，绝对时间为(466.8±8.0) Ma；顺北评 2 井一间房组裂缝充填不发阴极光的方解石形成于加里东中期，绝对时间为(470.6±4.5) Ma；顺北 5 井一间房组发棕黄色阴极光的裂缝充填方解石形成于加里东晚期，绝对时间为(419±38) Ma；顺北 2 井一间房组孔洞充填发棕黄色阴极光的方解石形成于加里东中期，绝对时间为(442±16) Ma。分析认为奥陶系发育 2～3 期方解石脉体。第 1 期表现为高角度裂缝充填，不发阴极光或暗蓝色发光。裂缝宽、开启尺度大，绝对年龄为(466±8) Ma，形成于加里东中期，也揭示了加里东中期断裂活动强烈；第 2 期表现为微细裂缝裂缝充填，棕黄色阴极光。裂缝小、开启尺度小，形态不规则，绝对年龄约为 420Ma，形成于加里东晚期(志留纪末)，揭示了加里东晚期断裂有活动，不如第 1 期强烈。

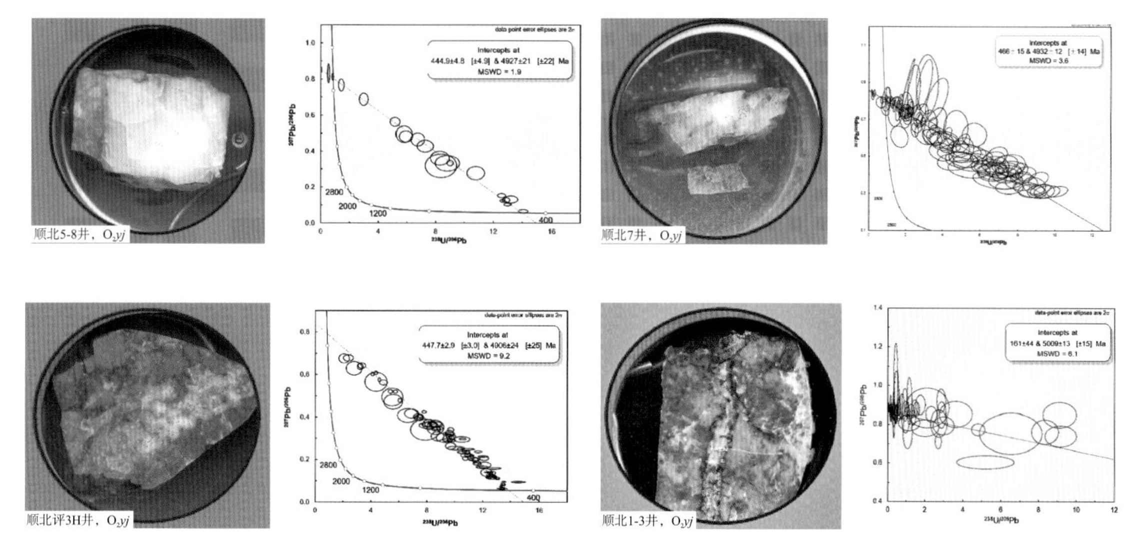

图 6-14　顺北地区典型钻井一间房组方解石脉体 U-Pb 同位素定年结果

二、流体包裹体系统分析法

通过对顺北地区顺北 5 井、顺北 1-3 井和顺北评 1H 井等 11 口典型取心井岩心观察及铸体薄片系统观察，主要成岩作用有胶结、硅化、重结晶、构造破裂、溶蚀、白云石化、压实压溶作用等。其中主要的破坏性成岩作用为胶结作用和压实压溶作用，主要的建设性成岩作用包括构造破裂作用和硅化作用。通过成岩作用与流体的相互关系，明确了顺北地区成岩-成藏演化序列为早期成岩胶结→硅化交代作用(硅质不发阴极光)→角砾化破碎裂缝(F1)→早期油气充注→沥青&黏土& Cal(C5)→垂直层面构造裂缝(F2)→充填方解石 C6(不发阴极光)→硅质胶结→构造破裂 F5→晚期油气充注。

1. 包裹体赋存产状

采集顺北地区顺北 5 井、顺北 1-3 井和顺北评 1H 井等 11 口钻井 76 件流体包裹体薄片样品，镜下观察和阴极发光测试显示，奥陶系储层中固态沥青和发荧光烃类包裹体在顺北地区奥陶系一间房组—鹰山组上段大量发育。沥青主要赋存在颗粒粒间孔中，烃类包裹体主要宿主于裂缝充填亮晶方解石脉或溶洞(孔)充填的亮晶方解石中，同时也检测到大量不发荧光的气包裹体。烃类包裹体相态上单一相与多相态并存；成分上既有油、气、盐水单一相，同样存在油、气、水相互混合的两相或者多相。显微观察揭示一间房组—鹰山组上段地层中烃类包裹体可划分为以下几种类型(图 6-15)：①单一液相油包裹体；②气液两相油包裹体；③气液两相(含烃)盐水包裹体；④单一液相(含烃)盐水两相包裹体；⑤三相烃类包裹体(气+液+沥青)；⑥单一纯气相包裹体。其中，以①②两种类型有机包裹体为主。包裹体形态主要有椭圆形、方形、条形、不规则状，其中以椭圆形和条形为主。大丰度油包裹体的存在，证实了顺北地区奥陶系经历过较强的油气演化-充注过程。

2. 有机包裹体荧光及光谱特征

对顺北 5 井、顺北 7 井、顺北评 2 井、顺北评 3 井等钻井奥陶系储层流体包裹体薄片进行了显微荧光观察。顺北 5 井奥陶系 14 件样品流体包裹体薄片荧光观察显示，方解石中油包裹体丰富，荧光颜色主要为黄绿色和蓝绿色，少量蓝白色荧光(图 6-16)，透射光下大多呈褐色。同时也检测到大量不发荧光或弱荧光的富气相和纯气相包裹体，透射光下为黑色。顺北 5 井奥陶系一间房组包裹体薄片在镜下同一视域检测到大量发黄绿色和蓝白色荧光的油包裹体沿微裂缝分布，代表了两种不同成熟度的油包裹体，且均一温度不同，大约相差 10℃，推测存在两幕油充注(图 6-17)。

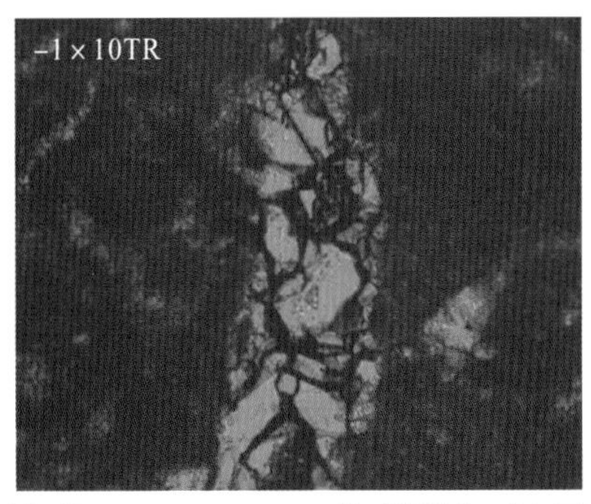

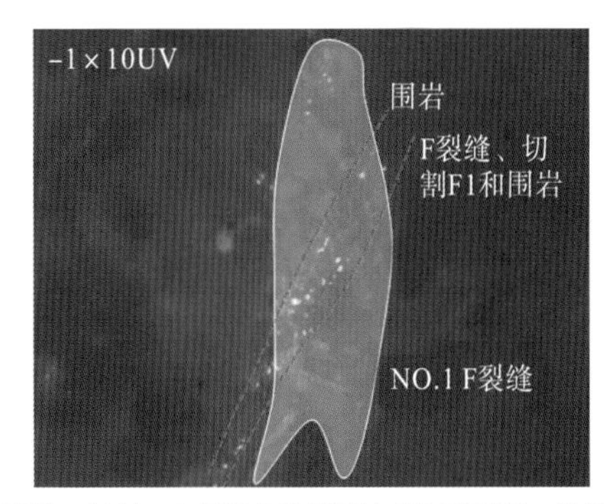

(a)顺北5井，O_2yj，7428.00m，镜下检测到F1方解石，F裂缝、切割F1和围岩中检测到大量气液两相、液相油包裹体

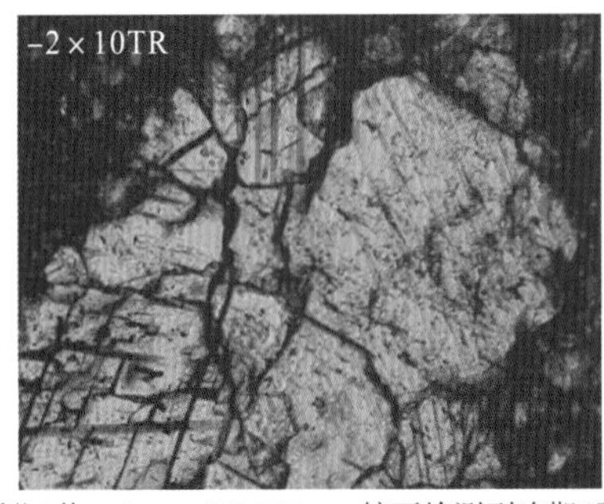

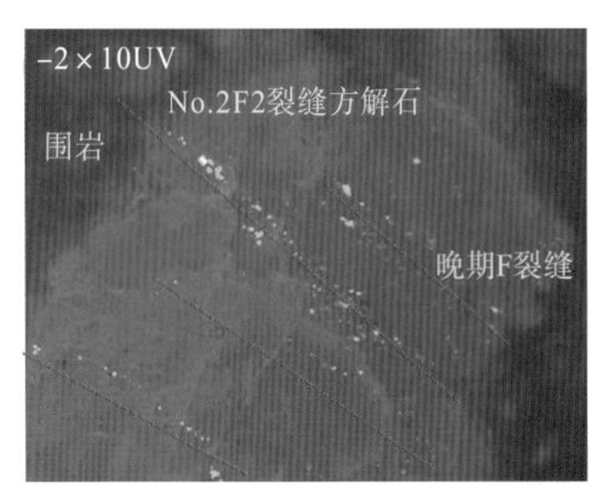

(b)顺北5井，O_2yj，7426.93m，镜下检测到晚期F裂缝，切割方解石和围岩中检测到大量气液两相、液相油包裹体

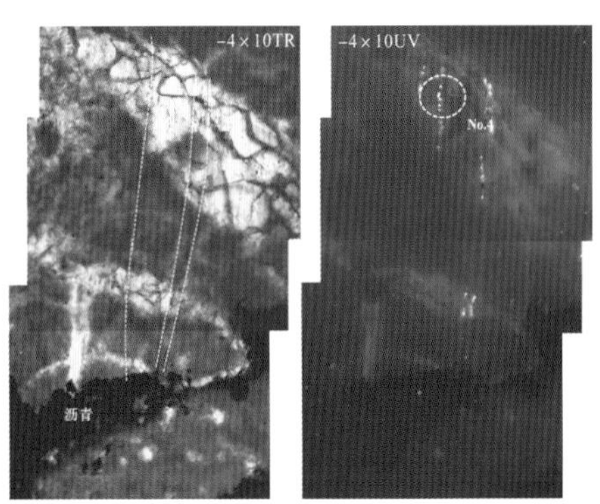

(c)顺北评2井，O_2yj，7520.34m，晚期裂缝（切割裂缝方解石、围岩）中检测到大量气液两相、液相油包裹体

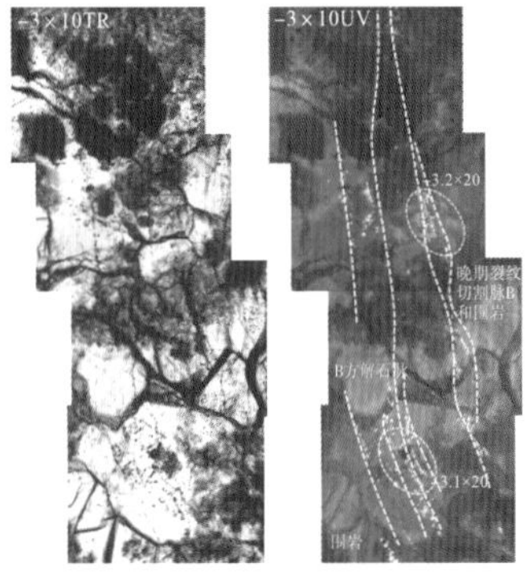

(d)顺北评2井，O_2yj，7541.89m，晚期裂缝（切割裂缝方解石、围岩）中检测到大量气液两相、液相油包裹体

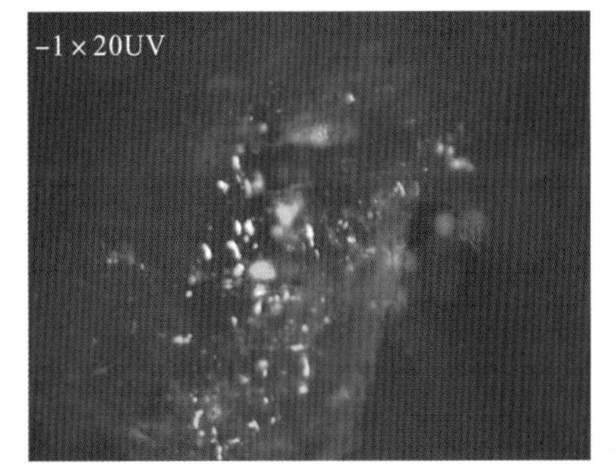

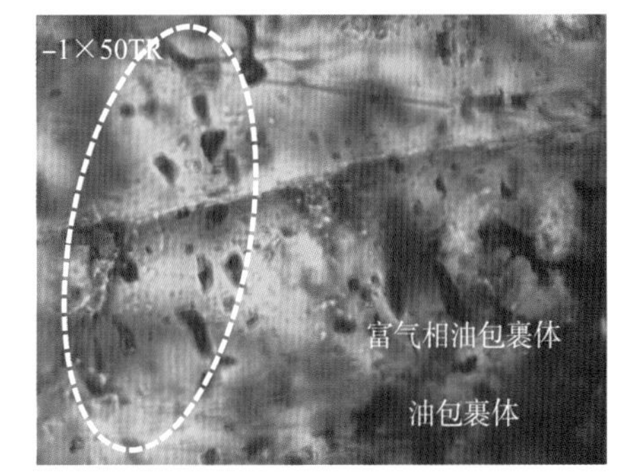

(e)顺北评3井，O_2yj，7423.6m，裂缝充填方解石中检测到大量发蓝绿色荧光油包裹体（气液两相、富气相）

图 6-15　顺北奥陶系储层油气包裹体赋存产状(TR 为透射光，UV 为荧光)

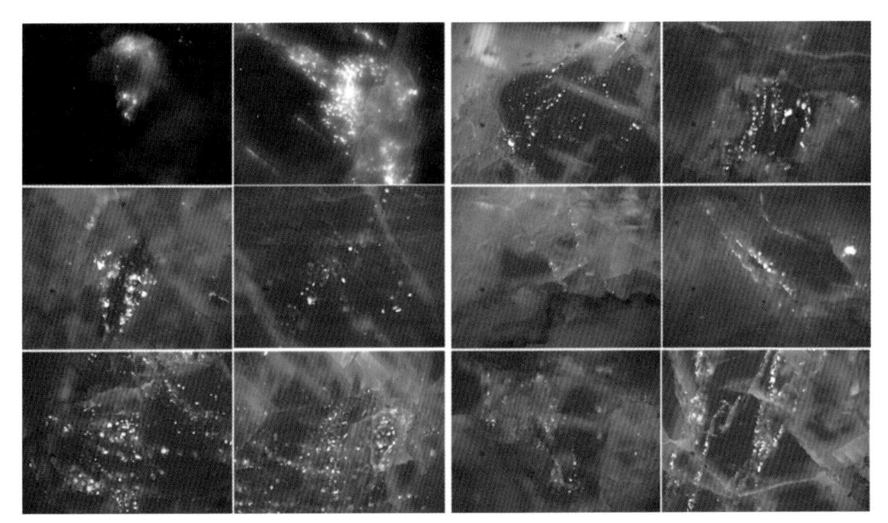

顺北5井，第二回次，O_2yj，×20UV，镜下检测到大量发黄绿色和蓝绿色荧光的油包裹体沿裂缝分布

图 6-16　顺北 5 井一间房组油气包裹体荧光特征(UV 为荧光)

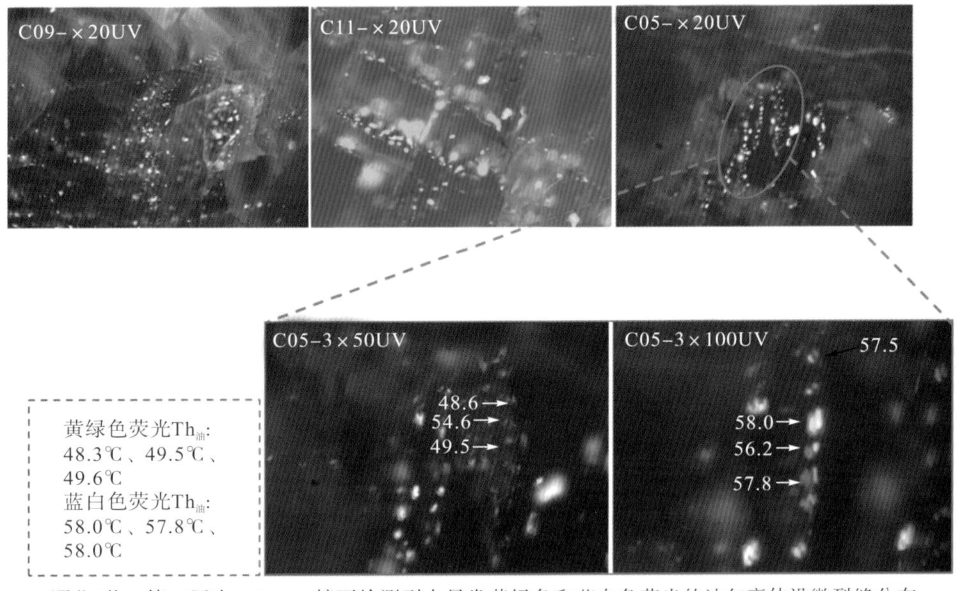

顺北5井，第二回次、O_2yj，镜下检测到大量发黄绿色和蓝白色荧光的油包裹体沿微裂缝分布

图 6-17　顺北 5 井一间房组油气包裹体荧光特征(UV 为荧光)

3. 油包裹体显微荧光光谱特征

根据油包裹体光谱图(图略)、λ_{max}、红绿熵值及 QF-535 关系(图 6-18)，可以将该区油包裹体分为 4 类：①发(橙)黄色荧光油包裹体；②发黄绿色荧光油包裹体；③发蓝绿色-蓝色荧光油包裹体；④发蓝色荧光油包裹体。同时，可见大量不发荧光的黑色纯气相包裹体，激光拉曼检测为甲烷气。单个烃类包裹体的微观分析揭示整体上至少存在两期油充注，一期天然气充注。

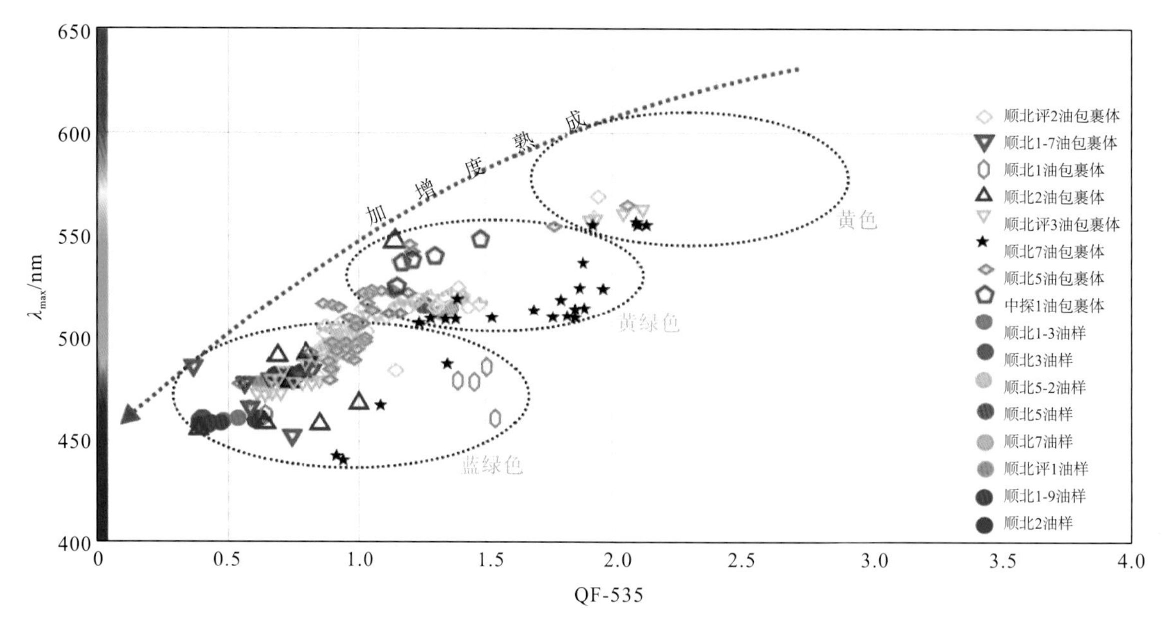

图 6-18　顺北地区奥陶系油包裹体 λ_{max} 与 QF-535 关系图

顺北 1 号走滑断裂带及周缘次级断裂奥陶系储层油包裹体荧光光谱特征显示，烃类包裹体荧光颜色以蓝白色-蓝绿色为主，极少量为黄绿色。根据油包裹体 λ_{max} 与 QF-535 关系图(图 6-18)，可以将顺北 1 号走滑断裂带及周缘次级断裂奥陶系油包裹体分为两类：①发蓝绿色-蓝色荧光油包裹体，λ_{max} 分布范围为 446～500nm，QF-535 分布范围为 0.42～1.51；②发黄绿色荧光油包裹体，λ_{max} 分布范围为 545～557nm，QF-535 分布范围为 1.10～1.17。由此可见，该断裂带可定量识别出两期不同成熟度油充注，并且以发蓝绿色荧光油包裹体高成熟度的油充注为主。

顺北 1 号走滑断裂带及周缘次级断裂上顺北 1-3 井、顺北 3 井、顺北评 1 井、顺北 1-9 井和顺北 2 井原油荧光光谱特征显示，荧光颜色基本都为蓝绿色，与包裹体荧光分布对比看，推测顺北 1 号走滑断裂带目前采出的原油与发蓝绿色荧光油包裹体为代表的高成熟度的油充注同期。

顺北 5 号走滑断裂带及周缘次级断裂奥陶系储层油包裹体荧光光谱特征显示，烃类包裹体荧光颜色以黄绿色为主，部分为蓝绿色。根据油包裹体 λ_{max} 与 QF-535 关系图(图 6-18)，可以将顺北 5 号走滑断裂带及周缘次级断裂奥陶系油包裹体分为两类：①发黄绿色荧光油包裹体，λ_{max} 分布范围为 510.7～550nm，QF-535 分布范围为 0.82～1.51；②发蓝绿色-蓝色荧光油包裹体，λ_{max} 分布范围为 472.43～500nm，QF-535 分布范围为 0.78～1.11。由此可见，该断裂带可定量识别出两期不同成熟度油充注，充注原油的成熟度比顺北 1 号走滑断裂带要低。

顺北 5 号走滑断裂带和周缘次级断裂上顺北 5 井、顺北 5-2 井原油荧光光谱特征显示，荧光颜色基本都为黄绿色，与包裹体荧光分布对比看，推测顺北 5 号走滑断裂带现采出的原油与发黄绿色荧光油包裹体为代表的高-中等成熟度的油充注同期。

4. 流体包裹体显微测温分析

在成岩序次、有机包裹体荧光观察研究的基础上，对油气包裹体及与其伴生的(含烃)盐水包裹体进行了均一温度和冰点温度的测定，数据整理过程中，剔除同一产状中温差大于 20℃的数据对。在有机包裹体荧光观察的基础上，对具有代表性的样品进行了显微测温、测盐分析，测定结果见表 6-5。

表 6-5　顺北地区奥陶系不同产状包裹体均一温度分期表

井号	深度/m	层位	产状	盐水包裹体平均均一温度/℃				含烃盐水包裹体均一温度/℃		油包裹体平均均一温度/℃			
				TH1	TH2	TH3	TH4	TH1	TH2	TH1	TH2	TH3	TH4
顺北 1	7302.50～7302.84	O_2yj	裂缝充填方解石		93.5	110.4	131.9			42.3	67.2	96.2	
顺北 1-7	7302.50～7302.84	O_2yj	溶孔/裂缝充填方解石	75		104.2				51.8			
顺北 5	7425.46～7428.00	O_2yj	裂缝充填方解石		90.9	113.8					61.1	88.6	
顺北评 1	7756.55～7806.70	$O_{1-2}y$	裂缝充填方解石	69.8	88.4	103.9							
顺北 2	7525.65～7736.90	$O_{1-2}y$	溶孔充填方解石	75.7		105.6				49.2		96.7	
	7357.26～7441.40	O_2yj	溶孔充填方解石		98.5	101.8				42.2			174.1
顺北评 2	7509.10～7545.16	O_2yj	裂缝充填方解石	62	87.2	113.5	138.7			42.2	65.3	99.3	123.3
顺北 7	7728.45～7733.25	$O_{1-2}y$	沥青裂缝充填方解石		98.3					53.7	83.6	111.3	
		$O_{1-2}y$	远离裂缝充填方解石	81.3		103.7	139.9						

5. 油气成藏期次确定

通过对包裹体测温数据与埋藏史、热史图进行投点，以消除不同样品之间的深度误差及更准确地确定油气充注时间。综合分析认为，顺北、跃进地区经历过 3 期油气充注，分别为加里东晚期（441～450Ma）、海西晚期（303～202Ma）和燕山期，主成藏期为海西晚期、燕山期。

其中顺北 5 井、顺北 7 井奥陶系一间房组油气主要充注时期为海西晚期（图 6-7、图 6-10），跃进、顺北 1 号走滑断裂带一间房组油气主要充注时间为海西晚期—燕山期。目前，仅从流体包裹体测温来看，顺北 1 号走滑断裂带显示出较早的成藏期，以海西晚期为主，但从相似原油成熟度的跃进地区来看，其流体包裹体测定出海西晚期、燕山及喜马拉雅三期成藏，油包裹体以海西晚期—燕山期为主，推测顺北 1 号走滑断裂带出油层位往往是断裂破碎带或放空带，缺少代表性储层样品而导致的。虽然包裹体测定未发现燕山期成藏证据，也不能完全否定该期是可能的成藏期，有待继续测定。

6. 石油包裹体荧光寿命分析

原油荧光颜色及其与 API° 的关系作为热成熟度的定性指标，被延伸应用于单个油包裹体热成熟度，进而运用显微荧光光谱特征参数来划分油气充注期次。然而，以往根据石油包裹体荧光颜色和荧光光谱判别原油和石油包裹体的热演化的精度不高，原油/石油包裹体的荧光是分子吸收能量后其基态电子被激发到单线激发态后由第一单线激发态回到基态时所发生的，而荧光寿命是指分子在单线激发态所平均停留的时间。荧光物质的荧光寿命不仅与自身的结构有关，而且与其所处微环境有关。通过石油包裹体的荧光寿命的分布特征，可以探讨油气的形成期次和变化历史。Owens（2012）对比研究了原油的平均荧光寿命与原油 API° 值和原油极性组成的关系，实验结果表明原油 API° 值越小的重质油中极性组成含量越高，其原油平均荧光寿命越短，反之 API° 值越大的轻质油的平均荧光寿命越长，原油 API° 值与荧光寿命有一定的线性关系。

刘德汉等（2016）采用该技术方法，在相同的实验条件下精确测定了塔中地区各种地面原油和各类石油包裹体的荧光寿命，并建立了塔里木塔中地区地面原油密度与平均荧光寿命的相关关系，其线性回归方程为 $Y=-0.0319X+0.9411$，其中 Y 为石油包裹体捕获原油对应地面原油的密度，X 为石油包裹体的平均荧光寿命。考虑到塔中主体原油与顺北地区原油具有同源性，可以应用该方法开展石油包裹体荧光寿命分析，并估算顺北地区地面原油的密度。对顺北 1-3 井 7267.1～7269.85m 储层的碳酸盐矿物的石油包裹体采用上述方法进行了研究。

顺北 1-3 井储层中含荧光石油包裹体较多但一般都比较细小，主要分布在方解石细脉和碳酸盐矿物中，以发绿色光荧光为主，可大致划分为黄绿色和亮黄色荧光两类(图 6-19)。在部分荧光强度较弱的石油包裹体中可见气液比较大[图 6-19(f)]，反映捕获温度较高。

根据塔中地区不同钻井地面原油密度与平均荧光寿命的关系公式，估算了顺北 1-3CH 井储层含油包裹体荧光寿命对应的地面原油密度。两类油包裹体的平均荧光寿命为 4.7693～5.994ns。发黄绿色荧光的 I 类石油包裹体的地面原油的密度为 0.787～0.778g/cm^3(图 6-20)；发亮黄色的 II 类油包裹体的地面原油的密度为 0.764～0.747g/cm^3(图 6-21)，换算出来的密度和顺北 1 区钻井地面原油密度相近(表 6-6)，表明这些油包裹体的捕获与目前油藏原油密度具有良好的相关性，油包裹体捕获期即目前油藏的成藏期。

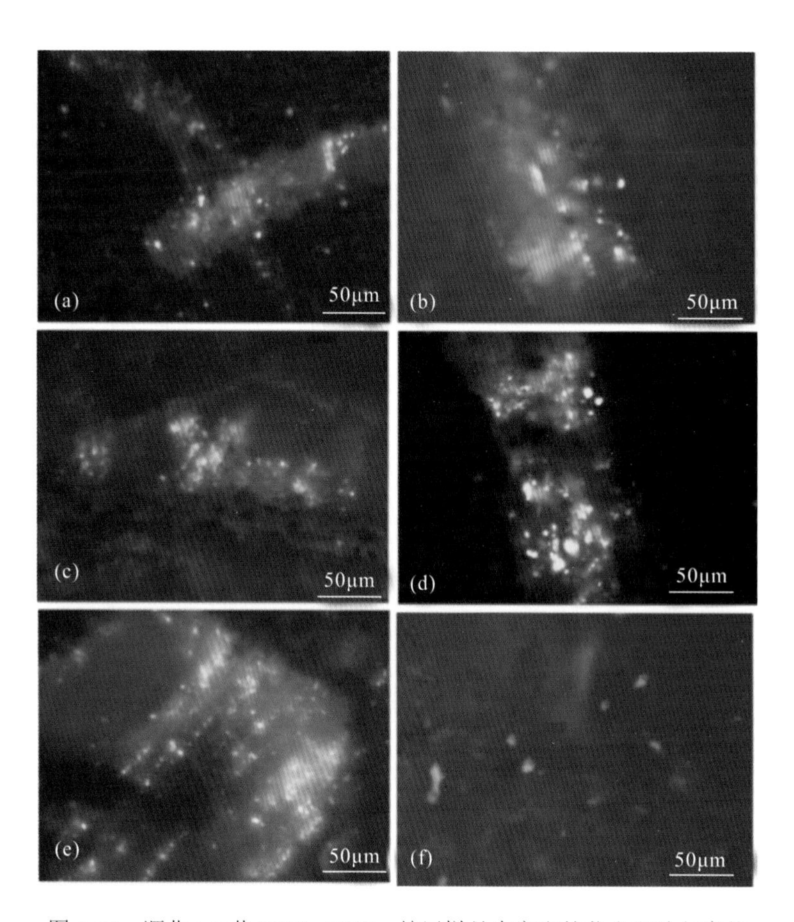

图 6-19　顺北 1-3 井 7267～2769m 储层样品中产出的荧光石油包裹体

(a)碳酸盐细脉中发黄绿色荧光的油包裹体；(b)碳酸盐矿物中发亮黄色荧光的油包裹体；(c)碳酸盐细脉中发黄绿色荧光的油包裹体；(d)碳酸盐细脉中发亮黄色荧光的油包裹体；(e)方解石节理中发浅黄绿色荧光的油包裹体；(f)碳酸盐矿物荧光强度较弱的烃包裹体中气液比较大

表 6-6　顺北地区钻井测试情况表

分区	井号	油压/MPa	原油密度/(g/cm^3)	气油比/(m^3/m^3)	初产/(t/d)
南部	顺北 1-2H	34.05	0.8088	396	134.0
	顺北 1-5H	32.27	0.7730	399	128.0
	顺北 1-4H	26.90		293	97.5

续表

分区	井号	油压/MPa	原油密度/(g/cm³)	气油比/(m³/m³)	初产/(t/d)
中部	顺北 1-1H	38.15	0.8028	398	87.0
	顺北 1-7H	34.36	0.8060	376	96.0
北部	顺北 1-6H	39.73	0.7896	391	115.0
	顺北 1-3	42.94	0.7950	388	210.0

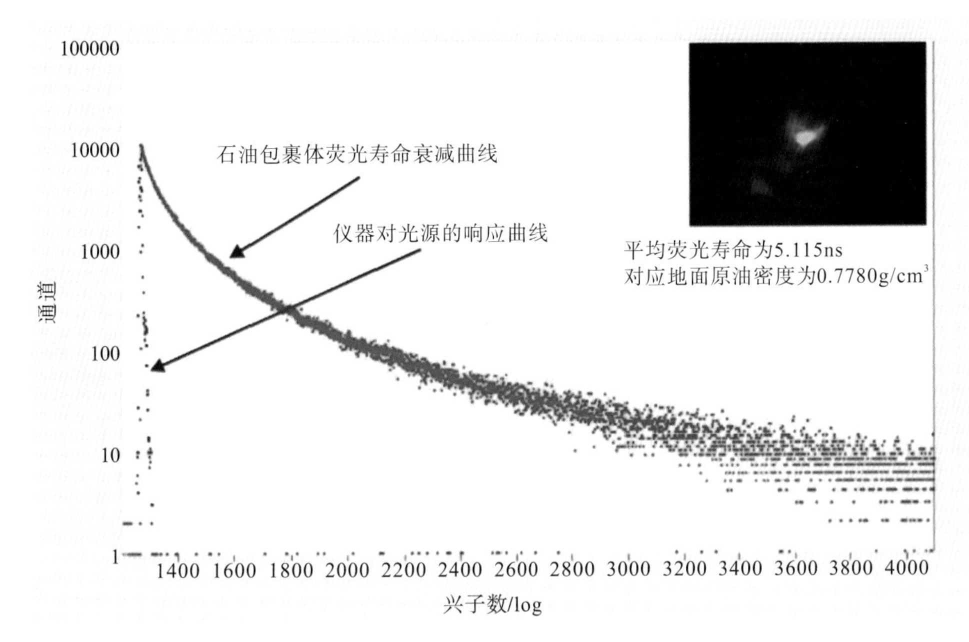

图 6-20　Ⅰ类石油包裹体荧光寿命曲线图

注：t_1=6.929ns(b_1=38%)，t_2=2.622ns(b_2=5%)，t_3=1.812ns(b_3=56%)，平均荧光寿命为 5.115ns，对应的地面原油密度为 0.7780g/cm³。

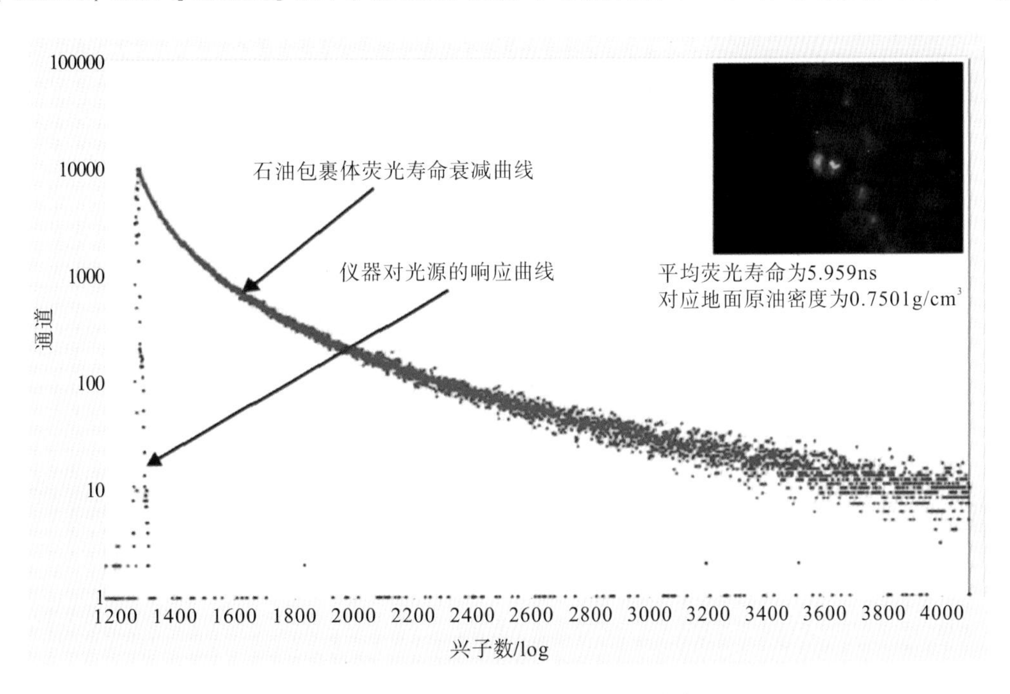

图 6-21　Ⅱ类石油包裹体荧光寿命曲线图

注：t_1=7.446ns(b_1=39%)，t_2=2.131ns(b_2=54%)，t_3=2.767ns(b_3=7%)，平均荧光寿命为 5.989ns，对应的地面原油密度为 0.7501g/cm³。

三、油气成熟度参数法

塔里木盆地海相原油成熟度大部分已达高成熟阶段，并开发了新的适用于高成熟度的萜烷类成熟度指标 $C_{19}/C_{21}TT$、$C_{20}/C_{23}TT$。对于高成熟度原油来说，芳烃类成熟度指标相对适用，如芳烃菲系列、萘系列参数。从甲基菲成熟度指标(MPI-1、MPI-2)(图 6-24)来看，所表示的不同地区原油成熟度差异比甲基萘成熟度指标(TMNr、TeMNr)(图 6-25)要好。甲基萘指标对于高成熟的顺北 1 号走滑断裂带、顺托 1 井与稍低成熟度的顺北 5 号走滑断裂带原油判识较差。

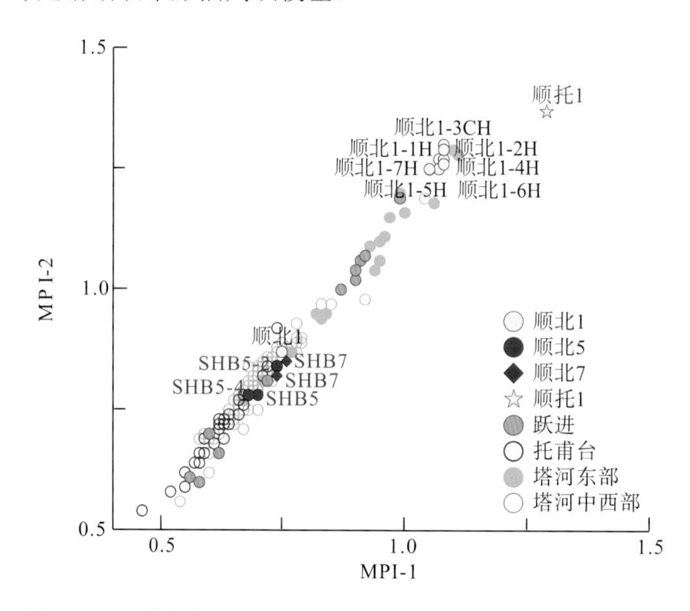

图 6-22　顺北与塔河油田奥陶系原油芳烃甲基菲成熟度指标对比

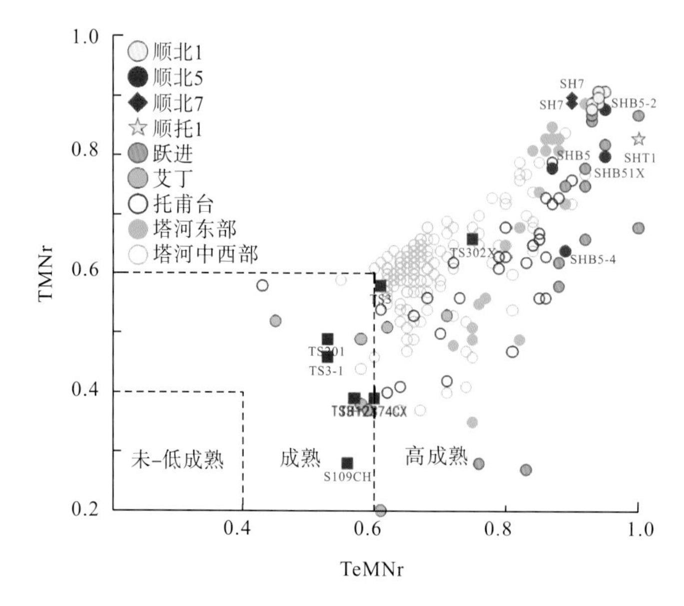

图 6-23　顺北与塔河油田奥陶系原油芳烃萘成熟度指标对比

同样，与塔河及邻区奥陶系油气成熟度一体化研究相似，我们把顺北天然气单体碳同位素比值放入塔河及邻区奥陶系天然气碳同位素类型曲线(图 6-24)，顺北地区奥陶系天然气乙烷碳同位素显示出两种类型，顺北 1 号走滑断裂带奥陶系天然气与塔河东部、顺托 1 井天然气乙烷碳同位素相似，表现出成藏期晚(燕山期)的特征，而顺北 5 号、7 号走滑断裂带奥陶系天然气乙烷碳同位素与塔河主体区奥陶系天然气乙烷碳同位素相似，显示出海西晚期成藏特征。而顺北 1 号走滑断裂带天然气甲烷碳同位素明显低于塔河主体区以燕山期为主要成藏期的天然气，前文已述为压力抑制油气产物的响应。

因此，顺北地区奥陶系油气成藏期次整体上与塔河油田奥陶系具有很大的相似性，不同断裂带主要成藏期不尽相同。顺北 1 号走滑断裂带以燕山期成藏为主，而顺北 5 号、7 号走滑断裂带则以海西晚期成藏为主，其成藏主控因素与不同断裂带的活动时期差异及强度有关。

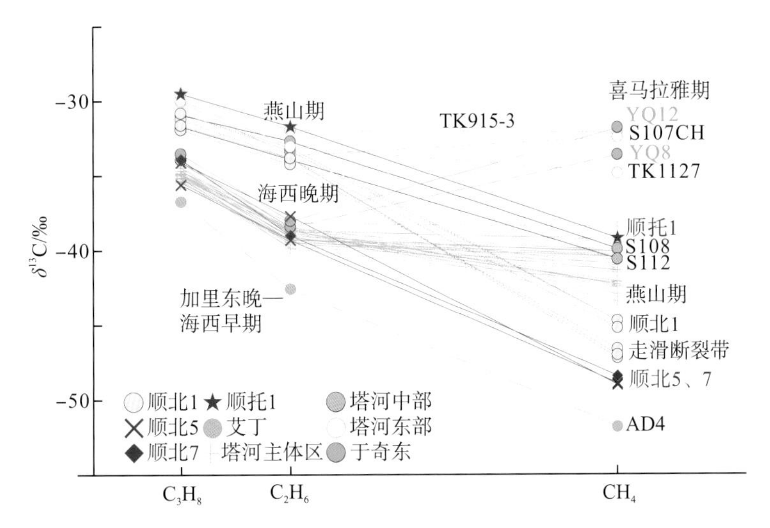

图 6-24　顺北与塔河奥陶系天然气碳同位素类型曲线对比

四、油气藏饱和/露点压力

应用油气藏饱和/露点压力估算了顺北、顺南地区油气藏的成藏时期(表 6-7)，顺北地区奥陶系油气藏主要成藏定型期为海西晚期—印支期。需要说明的是，对于后生变化较大或者超深层轻质油气藏，由于油气饱和压力的变化或高压抑制生气引起的原始气油比低，如顺北 1 号走滑断裂带低气油比油气藏，运用该方法估算的成藏定型期偏早。估算顺南气田气藏的成藏定型期是喜马拉雅期。

表 6-7　顺北、顺南油气藏饱和/露点压力法计算主成藏期

地区	代表井	产层	层段/m	油气藏深度/m	相态	原油密度/(g/cm³)	原始气油比/(m³/m³)	原始地层压力/MPa	饱和/露点压力/MPa	原始成藏深度/m	成藏表面目前深度/m	成藏期	
												定型期	主成藏期
顺北	SHB1-1H	O_2yj	7458.00～7613.05	7458.00	挥发油	0.7973	410	86.88	34.59	2969.29	4488.71	T_1k	印支期
	SHB1-2	O_2yj	7469.00～7778.11	7469.00	挥发油	0.8088	323	84.15	31.36	2783.46	4685.54	P	海西晚期
	SHB1-3	O_2yj	7255.70～7356.00	7255.70	挥发油	0.7972	457	85.69	36.03	3050.8	4204.9	T_2a^4	印支期
	SHB1-5H	O_2yj	7474.52～7745.52	7474.52	挥发油	0.7978	437	86.32	35.48	3072.24	4402.28	T_1k	印支期
	SHB1-6H	O_2yj	7288.16～7789.07	7288.16	挥发油	0.7964	440	85.31	36.11	3084.93	4203.23	T_2a^4	印支期
	SHB1-8H	$O_{1-2}y$	7315.00～7950.06	7315.00	挥发油	0.8004	409	86.35	34.41	2914.99	4400.01	T	印支期
	SHB1-9	O_2yj+$O_{1-2}y$	7327.74～7630.00	7327.74	挥发油	0.7988	442	86.24	35.6	3024.9	4302.84	T	印支期
	SHBP3H	O_2yj+$O_{1-2}y$	7395.52～7842.93	7395.52	挥发油	0.8008	407	79.48	34.31	3192.5	4203.02	T	印支期
	SHB51X	O_2yj	7553.64～7876.00	7553.64	挥发油	0.8079	235	83.04	29.14	2650.69	4902.95	P	海西晚期

续表

地区	代表井	产层	层段/m	油气藏深度/m	相态	原油密度/(g/cm^3)	原始气油比/(m^3/m^3)	原始地层压力/MPa	饱和/露点压力/MPa	原始成藏深度/m	成藏表面目前深度/m	成藏期	
												定型期	主成藏期
	SHB7	O_2yj+$O_{1-2}y$	7568.46～8121.00	7568.00	轻质油	0.8419	59	78.61	12.08	1162.97	6405.03	S_1k^3	加里东晚
顺南	SHN4	$O_{1-2}y$	6612.02～6681.88	6612.02	干气			80.83	84.2	6887.69	−275.67		喜马拉雅末期
顺南	SHN7	$O_{1-2}y$	7019～7276	7019.00	干气			94.12	99.78	7441.09	−422.09		喜马拉雅末期
顺南	SHN5-2	$O_{1-2}y$	6918.43～7141.43	6918.43	干气			97.24	99.95	7111.24	−192.81		喜马拉雅末期

第四节　顺北地区奥陶系断控缝洞型油气藏成藏模式

顺北地区奥陶系断控缝洞型油气藏属于碳酸盐岩孔隙型与岩溶缝洞型油气藏之外的一种新的油气藏类型。

一、断控缝洞型油气藏特征

1. 地质结构

塔里木盆地的显生宙主要经历了震旦纪—中泥盆世开合旋回、晚泥盆世—三叠纪开合旋回和侏罗纪—第四纪构造旋回 3 个一级构造旋回，并可以细化为 6 个二级构造阶段：①震旦纪—早奥陶世为克拉通内裂陷盆地阶段，以正断层活动为主；②中晚奥陶世—早中泥盆世为克拉通内挤压盆地阶段，加里东中期为顺托果勒低隆起北东向和北西向走滑断裂体系的形成期，其纵向上表现为直立断层或花状构造，向下断穿寒武系，向上断至中-下奥陶统，消失于上奥陶统泥岩中，平面上多呈线性延伸或雁列式分布，加里东晚期—海西早期，盆地处于持续挤压环境，其北东向和北西向走滑断裂继承性发育，垂向上断穿至中-下泥盆统，平面上延伸长，宽度变大，断裂带附近发育一系列撕裂构造、羽状构造，碳酸盐岩缝洞体储层规模进一步扩大；③晚泥盆世—早二叠世为弧后裂陷盆地阶段，全盆地处于拉张构造活动期，呈现初始裂谷弱拉张构造环境，走滑断裂系统继承性伸展-走滑运动，垂向上沿断裂走向伴生雁列构造，断裂的弱伸展-走滑机制进一步改善缝洞体储集性能；④晚二叠世—三叠纪为弧后前陆盆地阶段，顺托果勒低隆起进一步抬升，广泛发育二叠系火成岩，前期断裂持续活动并叠加改造；⑤侏罗纪—古近纪为前陆盆地阶段，顺托果勒地区一直处于陆内坳陷的沉积格局，持续深埋，后期多幕次的构造运动未造成大的构造变动；⑥新近纪—第四纪在塔里木前陆盆地性质更加明显。从时间演化序列看，塔里木盆地演化不同阶段盆地性质具有拉张-挤压交替转化的特征。

顺北地区地层发育齐全，早寒武世早期塔里木板块周缘快速拉张裂陷，发育了一套斜坡-陆棚相的玉尔吐斯组优质烃源岩。寒武纪—中奥陶世，顺北地区地层作为塔里木盆地西部统一克拉通碳酸盐台地的一部分，发育厚约为 3000m 的寒武系—中奥陶统碳酸盐岩地层，为多层系、多成因类型的碳酸盐岩储层发育提供了物质基础。其中，寒武系岩性以白云岩为主，厚度约为 1800m，中-下寒武统发育膏质白云岩，上寒武统以晶粒白云岩为主；中-下奥陶统厚度约为 1200m，自下往上可划分为下奥陶统蓬莱坝组（O_1p）、中-下奥陶统鹰山组（$O_{1-2}y$）、中奥陶统一间房组（O_2yj），总体以厚层石灰岩为主，在蓬莱坝组和鹰山组下部发育白云岩。晚奥陶世，该区碳酸盐台地建造结束，转变为混积陆棚，沉积巨厚泥岩地层，形成广泛分布的优质区域盖层，形成完整的生储盖组合，是油气成藏有利地区。

2. 烃源岩分布及其演化特征

塔里木盆地寒武系—奥陶系发育中-下寒武统、中-下奥陶统和上奥陶统3套海相烃源岩的认识已得到广泛认可，但哪个层系是主力烃源岩的问题经历了长期的争论。中石化西北油田分公司一直坚持寒武系、中-下奥陶统烃源岩是主力烃源岩，但其分布规律与成烃规模不清(尤其是玉尔吐斯组)，制约了勘探部署决策。近几年，利用覆盖全盆地近3×10^4km的二维地震资料、野外露头与少量钻井资料分析，逐渐认识到下寒武统玉尔吐斯组发育优质烃源岩，且在盆地大范围内广泛分布。顺北地区普遍发育该套烃源岩，有机碳含量高、生烃潜力大。顺北与塔北、塔中等地区多口钻井的原油地球化学特征表现为饱和烃色谱呈单峰前峰态分布，Pr/Ph值均较低，三环萜烷呈$C_{21}TT<C_{23}TT$分布，C_{27}、C_{28}、C_{29}规则甾烷呈V字形或反L字形分布，与肖尔布拉克野外剖面玉尔吐斯组黑色页岩的地球化学特征相似，确定了下寒武统玉尔吐斯组烃源岩为塔里木台盆区主力烃源岩，顺北地区原油主要来自玉尔吐斯组烃源岩。顺托果勒低隆起在“大埋深、高压力”环境下，玉尔吐斯组烃源岩具有长期生烃、多期供烃的特点。顺北地区多口井取心见大量沥青分布，在溶洞充填方解石和裂纹中检测到发蓝绿色、蓝白色、黄绿色荧光的原生油包裹体。根据与油包裹体伴生的盐水包裹体均一温度和原油显微荧光光谱、原油成熟度等资料，结合古构造与断裂演化、烃源岩热演化、埋藏史等综合分析表明，顺北地区奥陶系油气藏存在加里东晚期—海西早期、海西晚期—印支期、燕山期—喜马拉雅期3期油气成藏过程。加里东晚期，顺北地区玉尔吐斯组烃源岩开始成熟生油，生成的油气沿着走滑断裂向上运移；海西早期受强烈的构造抬升作用，油气遭受一定破坏；海西晚期，烃源岩进入生高成熟油、凝析油气阶段，顺北地区大面积聚集成藏；燕山期—喜马拉雅期，地层持续深埋，但在“大埋深、高压力”及低地温梯度背景下，玉尔吐斯组烃源岩在燕山期以来仍处于生高成熟液态油-凝析油气阶段，其石油实际生成量和资源量远高于传统理论计算值。东部满加尔拗陷寒武系—中下奥陶统烃源岩持续快速埋藏，海西期处于生、排烃高峰期，提供以原油为主的油气资源；而喜马拉雅期则已达过成熟阶段，以生干气为主。顺托果勒地区下寒武统玉尔吐斯组烃源岩和满加尔拗陷寒武系—中下奥陶统盆地相烃源岩，为顺北地区大型油气藏的形成提供了巨大的资源潜力。

3. 走滑断裂带特征

塔里木盆地台盆区自北向南发育多个走滑断裂体系，塔北地区的断裂体系具有X形似共轭的特点，向南至顺北地区主要发育顺北1号、5号走滑断裂体系。塔北的X形断裂体系发育至顺北1号走滑断裂带附近逐渐减弱并终止。顺北5号走滑断裂带的东部和西部地区，发育的走滑断裂带在走向上呈现明显差异，顺北5号走滑断裂带以西主要发育北北西向走滑断裂体系，顺北5号走滑断裂带以东主要发育北北东向走滑断裂体系。顺北地区走滑断裂带为克拉通内走滑断裂带，滑移距小，多在千米尺度，其发育位置远离板块边界，由先存断裂/破裂在板内应力集中下再活动形成。走滑断裂带在空间结构样式上具有“纵向分层变形、主滑移带平面分段，垂向多期叠加”的特征，纵向分为下伏陡直走滑段(主滑移层)与上覆雁列式正断层(雁列层)；上覆雁列走滑正断层主要发育在上奥陶统—中下泥盆统构造层、石炭系—二叠系构造层、中-新生界构造层，分别对应走滑断裂带下伏主滑移层在加里东晚期—海西早期、海西中晚期及喜马拉雅期的继承性滑移活动；下伏陡直走滑段主要发育在基底面至中下奥陶统顶面附近。走滑断裂带的多期活动与中小滑移距形成纵向分层结构，为缝洞型油气藏纵向分隔创造了条件。走滑断裂在中奥陶统一间房组顶面表现出明显的沿走向平面分段特征，包括走滑拉分段、走滑压隆段和走滑平移段3种基本类型的分段。顺北及邻区北东走向的走滑断裂带，在主要活动期均表现为左行走滑，北西走向的走滑断裂带均表现为右行走滑。从长期演化来看，多条断裂带还出现反转走滑现象。中小滑移距背景下平面叠接分段，为油气藏横向分段创造了条件。

4. 储层特征与成因

顺北地区奥陶系一间房组—鹰山组上段主体以潮下带沉积为主，水体较深，且中下奥陶统顶面岩溶作用不发育，不具备发育类似塔河油田表生岩溶缝洞型储层的地质条件。顺北地区一间房组—鹰山组储层的原生储集空间多已破坏殆尽，基质物性较差。根据全直径岩心分析，71 块样品实测孔隙度主要分布在 2%～9%，平均孔隙度为 2.07%，其中孔隙度低于 2%的样品占总样品的 56.76%；渗透率主要分布在 0.01～5.52mD，且 71.83%的样品实测渗透率小于 1mD，基质基本不具备有效储集空间。现今有效的储集空间主要是洞穴、构造缝及沿缝溶蚀孔洞等次生储集空间，其中洞穴与规模裂缝带主要表现为钻井过程中普遍钻遇放空或失返性漏失。顺北地区与塔河地区奥陶系储层虽然都是碳酸盐岩缝洞型储层，但缝洞结构与成因机制存在明显不同。塔河地区岩溶缝洞型储层发育主要受不整合面与岩溶作用控制，平面上沿不整合面总体呈准层状分布，纵向可呈现多期缝洞层状叠置，且岩溶缝洞单元横向规模大，表现为直井实钻见多达数十米的放空，且取心沿裂缝溶蚀特征明显，常见砂泥岩充填、岩溶角砾等现象。而顺北地区断控裂缝-洞穴型储层中，洞穴、裂缝的分布主要受断层控制，主要表现为侧钻井在断面附近普遍钻遇放空或规模漏失，储层沿断裂纵向呈条带状分布，且顺北地区空腔型洞穴横向宽度较小，目前所有钻遇放空斜井估算其洞穴宽度一般小于 5m，大多数在数十厘米至 2m，直井直接钻遇放空少或规模漏失率低。顺北地区奥陶系储层形成主要与走滑断裂带剪切-走滑活动有关，构造活动产生物质挤压或拉张作用，形成横向宽度小而垂向深度大的空腔型洞穴；顺北地区裂缝带以构造裂缝为主，裂缝多呈高角度-近垂直状，延伸远，缝壁较平直，溶蚀现象不明显，缝壁常被沥青直接充填，并伴随泥质条带或硅质、黄铁矿等次生矿物半-全充填，并伴生少量溶蚀孔洞与孔隙发育，表明后期流体沿断裂破碎带对储集体的溶蚀胶结改造较弱。

5. 盖层与侧向封挡特征

顺北地区处于塔里木盆地两大古隆起构造鞍部，显生宙以来一直稳定沉降，保存了最完整的叠合型盆地地层序列。自加里东中期Ⅰ幕开始，塔里木板块处于持续汇聚背景，碳酸盐岩克拉通消亡，盆地沉积深水浊流沉积物和陆棚沉积物。顺北地区加里东中期Ⅲ幕隆升剥蚀程度低，残留的巨厚(500～2500m)泥质岩形成了优质的区域盖层。

走滑断裂在不同构造时期的汇聚(或拉伸)应力场中，在多个构造层发育雁列构造，成为同期走滑断裂活动的地质记录信息。雁列构造以浅层被动撕裂形成为主，呈 V 字形收敛，并隐没于构造层内，鲜有雁列式正断层与断层主滑移带连接。因此，走滑断裂无法断穿上覆泥质岩盖层，垂向上能够形成封盖而聚集油气。断控缝洞型储层形成于巨厚碳酸盐岩内部，储集体轮廓主要受断裂带控制，宽度较窄，横向上由构造破碎系统快速过渡到致密的碳酸盐岩围岩。由于顺北地区奥陶系地层序列完整，沉积相带类型单一，基岩整体致密，呈现高排替压力特征，可以形成有效的侧向封挡。断裂带内部核-带结构发育，并经历了深埋或地表流体的溶蚀-沉淀作用改造，导致储层内部结构复杂化，连通孔隙系统的构成条件发生快速变化，形成缝洞体内部的侧向非均质性分隔，具备沿断裂方向侧向封挡条件。

6. 油气藏类型

顺北超深断控缝洞型油藏属于常温、常压未饱和挥发性轻质油藏，地层压力分布在 83～88MPa，地层压力系数为 1.085～1.161，油藏中部温度为 148～167℃，地温梯度分布在(1.88～2.88℃)/100m。其中顺北 1 号走滑断裂带和顺北 5 号走滑断裂带中部为未饱和挥发性油藏，顺北 5 号走滑断裂带北部和顺北 7 号走滑断裂带为轻质油藏。

二、断控缝洞型油藏油气富集主控因素

将顺北不同走滑断裂带上的 32 口开发井的生产动态资料与单井初期油藏静压和生产动态油藏静压相结合，计算单井油藏压力下降 1MPa 对应的累计产油量-单位压降产油量，来衡量单井所控制的油气富集程度。单位压降产油量越高的井，可采规模越大，油气富集程度越高。在此基础上，开展单位压降产油

量与单井对应的断裂断穿基地强度、分段样式、地应力方向的拟合，表明走滑断裂断穿基底强度、断裂构造样式、现今地应力方向是控制油气富集的主控因素。

1. 通源走滑断裂带有利于油气垂向输导

主干断裂带相对次级断裂带原油成熟度更高和沿断裂带在奥陶系上部的志留系见到成熟度较低的亲源海相原油表明，顺北地区油气疏导以垂向运移为主，通源走滑断裂是油气垂向运移的主要通道。因此，断裂通源性和断穿基底的强度，直接决定了不同断裂带油气充注强度和富集强度的差异，目前顺北地区的高产井均位于断穿基底特征明显的主干断裂带上。

2. 一间房组顶面平缓构造背景有利于形成厚层油气藏

顺北地区一间房组顶面 T_7^4 为一非常平缓的整合界面，不具备大规模油气侧向运移的条件。顺北 1 区构造平缓，奥陶系一间房组顶面 T_7^4 东西向坡度角为 0.13°，南北向坡度角为 0.1°。对于顺北地区北东向和近南北向延伸较远的深大断裂带来讲，坡度越小油气沿断裂带侧向疏导的动力越小，越利于油气原地富集。另外，顺北地区极为平缓的构造部位，加上大气淡水溶蚀作用欠发育，导致沿分段走滑叠接部位储集体整体不连通，油气横向调整小，而构造破裂导致垂直断裂带方向储集体连通好，纵向规模大，这就为油气垂向疏导和形成极富顺北特色的厚度较大的原生油气藏提供了绝佳的地质条件。

3. 断裂分段样式控制缝洞型油气藏内部油气甜点富集

顺北走滑断裂分段性非常强，在剖面上断裂样式主要表现为正花状、负花状、直立走滑断裂 3 种样式，对应的运动学特征为叠接拉分、叠接压隆和平移 3 种类型。走滑断裂带断裂面附近形成的断层核及断层角砾带储层最发育，往两边过渡为诱导裂缝带，破碎程度逐渐减弱，且走滑断裂的主动盘、被动盘断裂密度发育同样存在明显差异。根据目前顺北地区走滑断裂不同构造样式单井平均生产单位压降产油量统计，拉分段油气富集程度最高，其次为平移、挤压段。

三、顺北 1 井区不同断裂带奥陶系油气差异控富模型

顺北奥陶系油气成藏受断裂控制作用明显，以上不同断裂带油藏特征差异及富集规律综合研究表明，次级断裂带与断穿基底主干断裂带油藏的差异，主要是由断裂带活动差异导致不同阶段油气充注程度差异作用形成的，进而建立了顺北油气田深大断裂带“控储、控藏、控富”油气富集模式(图 6-26)。

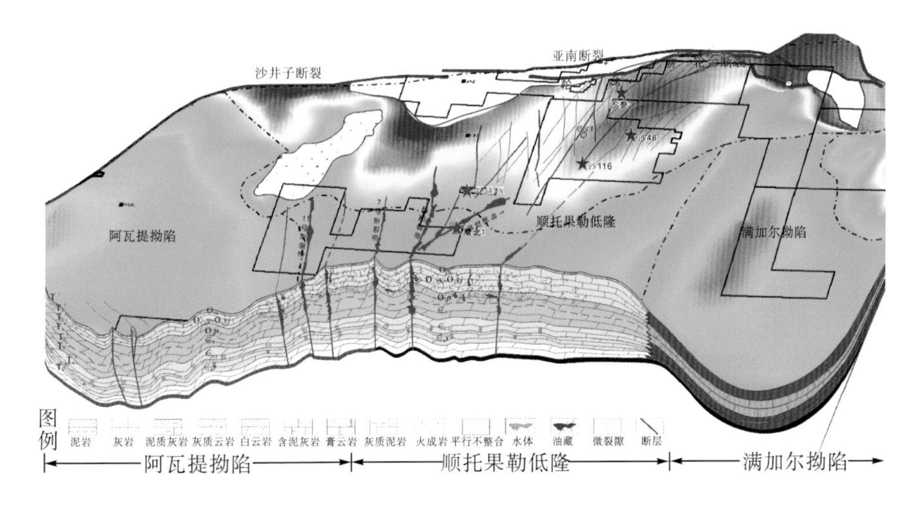

图 6-26　顺北油气田深大断裂带“控储、控藏、控富”油气富集模式

断穿基底的主干断裂带油气富集差异主要是因为断裂活动强度、断裂应力特征导致储层发育程度存在差异。因此，进一步根据油气富集规律及主控因素研究，分别建立了主干断裂带、次级断裂带以及主干断裂带拉分段、压隆段、直立走滑段的油气富集模式。

1. 次级断裂带、主干断裂带拉分段油气富集模式的建立

次级断裂为主干断裂带的派生断裂，断裂在平面上的主要特征为延伸距离较短，在剖面上主要表现为未断穿基底，断穿层位为 T_7^0～T_7^6。从钻井、测试和油气分析资料综合分析，以顺北 1 井为代表的次级断裂，主要表现为定容体储集体，原油密度高于主干断裂，原油成熟度低于主干断裂带。表明主干储集体和次级断裂带储集体经历不同阶段成熟度油气的不同程度的差异充注。顺北 1 号主干断裂带早期活动非常强，派生次级断裂带，且通过裂缝建立连通体系，早期油气充注对次级断裂带储集体进行了侧向运移充注。但是顺北 1 号走滑断裂带晚期继承性活动相对早期明显减弱，对次级断裂带的影响较小，早期裂缝无法开启起到连通作用，导致晚期垂向运移的高成熟度油气不能或者很弱地对次级断裂带进行充注，形成了目前的油藏分布特征。综合以上分析建立了顺北 1 井—顺北 1CX 井的油气富集模式图(图 6-27)。

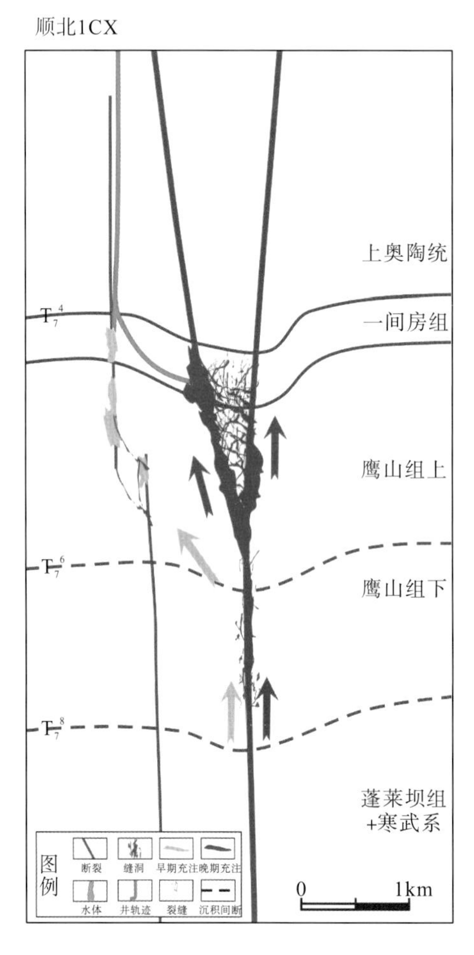

图 6-27　顺北 1 井—顺北 1CX 井主干断裂带拉分段油气成藏模式图

主干断裂带拉分段是油气富集程度较好的目标区。断裂在横向上延伸距离较远，在剖面上表现为负花状特征。从钻井、测试资料综合分析，主干断裂带拉分段储层以纵向分布为主，横向展布面积较小，储集体受断裂面控制较强，断裂之间发育多个断裂面，断裂面之间的沟通主要靠裂缝。通过断裂强度与裂缝发育关系研究表明，拉分段断裂发育强度大，断裂内部空间连通性相对较好，原油表现为保存条件较好的多期原油均有贡献的特征。综合以上分析，建立顺北 1 号走滑断裂带拉分段油气富集模式图。

2. 主干断裂带压隆段油气富集模式的建立

顺北 1 号走滑断裂带压隆段在地震剖面上表现为正花状的断裂组合特征。压隆段与拉分段、直立走滑段的油气特征和成熟度基本一致，表明经历的成藏过程是基本一致的。压隆断裂储集体仍是以纵向为主，横向面积较小，储层仍受断裂面控制，断裂间发育断裂面，但是压隆作用段裂缝发育程度较弱，且裂缝开启程度相对较差，导致断裂内部储集体非均质性强，在生产上表现为生产压力下降相对较快，压灰过程中压力恢复速度较慢。根据以上综合分析建立了以顺北 1-2H 井为代表的主干断裂带压隆段油气成藏模式(图 6-28)。

3. 直立走滑段油气富集模式的建立

主干断裂带直立走滑段在平面上表现为断裂延伸相对更远，强度较大。在地震剖面主要表现为一条直立的断穿基底的断裂。直立走滑段储层受断裂控制，为典型的纵向分布，横向展布弱的储集体特征。从生产特征看，直立走滑段产能相对拉分段较弱，相对压隆段更强。从油气成藏特征分析，直立走滑段与拉分、压隆段经历了相同的油气成藏过程。由于直立走滑段横向延伸相对较强，因此沿断裂走向储集体规模是很客观的，在纵向上断裂发育也相对较好，有效沟通了上下规模储集体，因此断穿基底的直立走滑段勘探潜力较大，根据以上综合分析，建立以顺北评 3H 井为代表的直立走滑段油气富集模式(图 6-29)。

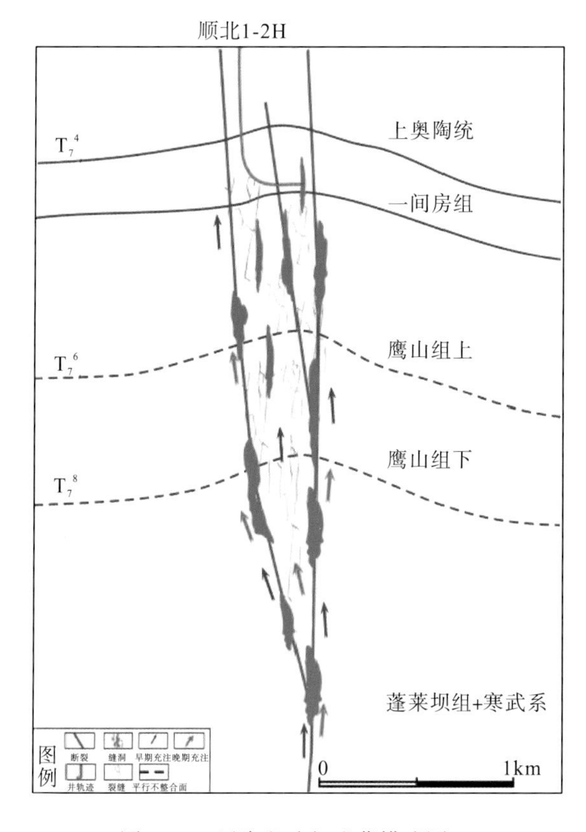

图 6-28 压隆段油气成藏模式图

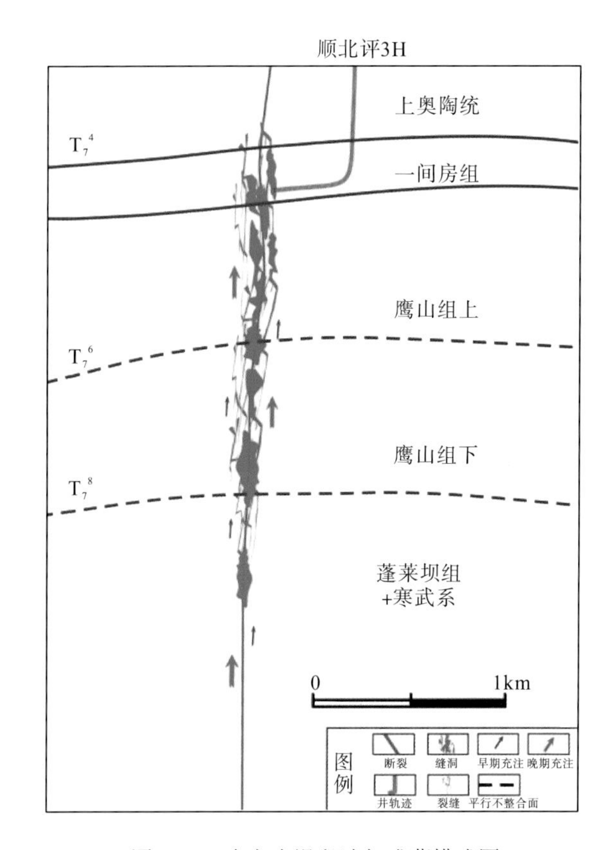

图 6-29 直立走滑段油气成藏模式图

四、顺北地区断控缝洞型油气藏成藏模式

基于顺北油气藏油气来源、储层成因与分布、输导体系及成藏期次的研究，首次构建了顺北缝洞型油气藏成藏模式，主要表现为“寒武多期供烃、深埋断溶成储、原地垂向输导、晚期成藏为主、走滑断裂控富”的油气成藏特征。具体特征如下。

1. 寒武多期供烃

顺北地区多口井原油地化特征表现为饱和烃色谱呈单峰前峰态分布、Pr/Ph 值均较低，三环萜烷呈 C_{21}TT＜C_{23}TT 分布，C_{27}、C_{28}、C_{29} 规则甾烷呈 V 或反 L 字形分布，与肖尔布拉克野外剖面玉尔吐斯组黑色页岩地化特征相似，分析认为顺北地区原油主要来自下寒武统玉尔吐斯组烃源岩。顺北地区普遍发育该套烃源岩，盆地内星火 1 井、孔探 1 井 TOC 分析认为该套烃源岩为优质烃源岩，有机碳含量高、生烃潜力大。

顺北地区下寒武统玉尔吐斯组烃源岩具有长期生烃、多期供烃的特点。加里东晚期，烃源岩开始成熟生油，生成油气顺走滑断裂向上输导，顺托果勒低隆起捕获了第一期油气充注，在海西早期强烈的构造抬升作用下，油气遭受调整破坏形成沥青，如顺北 1-3 井取心见大量黑色沥青。海西晚期，烃源岩进入生高熟油、凝析油气阶段，顺北地区大面积聚集成藏。燕山期—喜马拉雅期，地层持续深埋，烃源岩在顺北地区东南部总体处于高-过成熟阶段，以生天然气为主，而西北部由于地温梯度较低仍处于生凝析油气阶段。

2. 深埋断溶成储

顺北地区钻井揭示奥陶系碳酸盐岩主要储层发育段为一间房组—鹰山组，储层原生储集空间多已破坏殆尽，现今有效储集空间主要是与走滑断裂相关的洞穴、构造缝及沿缝溶蚀孔洞为主。洞穴（钻井放空）主要发育在断裂带附近，高角度缝以北东走向为主、与主断裂走向一致，说明洞穴和高角度缝发育与走滑断裂多期活动有直接关系。

走滑断裂带的多期持续活动及构造破裂作用是储层发育的主控因素，断裂带多期活动形成了大型洞穴-裂缝系统，也为后期大气水渗流及沿缝扩溶、埋藏溶蚀改造提供了有利通道，有利于洞穴及溶蚀孔洞的形成。

3. 原地垂向输导

顺北地区以走滑断裂为主，室内油气运移模拟实验证实，油气沿走滑断裂优势输导通道为垂向运移输导。一方面，顺北地区位于巨厚上奥陶统泥岩覆盖的向斜区，构造坡度角小（0.1°～0.5°），断裂带之间储层发育程度差，储层非均质性强，不具备油气侧向运移的构造地质条件。另一方面，钻井揭示不同断裂带间油气性质差异大，如顺北 1 号走滑断裂带以挥发性油藏为主，顺北 5 号走滑断裂带北段以轻质油藏为主；同一断裂带浅部与深部揭示油气藏特征一致，如顺北 1 号走滑断裂带深层的顺北 1-10H 井和浅层的顺北 1-3 井等，两口井的原油密度、天然气干燥系数基本一致，上述证据证实顺北地区以原地烃源沿深大通源断裂垂向输导成藏为主。

4. 晚期成藏为主

顺北地区多口井取心见大量沥青分布，如顺北 1-3 井、顺北 5 井等，荧光薄片下在溶洞充填方解石和裂纹中检测到发蓝绿色和蓝白色荧光的原生油包裹体，但不同条带有差异，顺北 1 号走滑断裂带以蓝白色和蓝绿色荧光为主，顺北 5 井和顺北 7 井以黄绿色为主。通过与油包裹体伴生盐水包裹体均一温度和原油显微荧光光谱、原油成熟度等资料，结合古构造与断裂演化、烃源岩热演化、埋藏史等认识综合分析，认为顺北奥陶系油气藏存在加里东晚期—海西早期、海西晚期—印支期、燕山期—喜马拉雅期三期油气成藏过程，顺北 7 井和顺北 5 井以海西晚期—印支期成藏为主，顺北 1 号走滑断裂带以海西晚期—印支期和燕山期—喜马拉雅期成藏为主。

5. 走滑断裂控富

走滑断裂级别控制缝洞型油气藏总体富集程度，断裂变形强度越大，分段越长，储集体规模越大。顺北地区钻井揭示主干断裂带油气富集，钻井油气产能高，而断裂带之间钻井油气富集程度弱，钻井多表现为低产或干井，如顺北 1 号主干一级断裂顺北 1-1H 井，稳产时间长，动态储量高达 231×10^4t，顺北 7 号主干二级断裂顺北 7 井动态储量为 6×10^4t，顺北 2 号次级断裂顺北 2CH 井初期产能为 26t/d，目前平均产能为 0.15t/d，位于断裂带之间的顺北评 1 井、顺北评 2 井在钻井过程中无放空、漏失，测试为干井。

第七章　顺北地区超深层断控缝洞型油气藏三维地震勘探关键技术

顺北地区超深层断控缝洞型油气藏是不同于塔河大型不整合风化壳岩溶缝洞型油气藏的特殊油气藏，前期在塔河油田形成的地震关键技术已经不能适应顺北油气田勘探开发的现实需求。经过近几年的地震勘探技术攻关，超深层断控缝洞型油气藏三维地震勘探技术取得重要进展，对顺北油气田的勘探开发井位部署、圈闭评价、储量计算、开发方案编制提供了重要技术支撑。

第一节　断控缝洞型油气藏储集体发育特点及相关对策

一、断控缝洞型油气藏储集体发育特点及技术难点

1. 储集体发育特点

顺北地区奥陶系断控缝洞型油气藏储集体发育主要具有以下特点。

(1) 埋藏超深：埋藏深度超过7000m，地表地下地震地质条件复杂，地表为沙漠区，地下有喷发岩。

(2) 线性展布：平面上断控线性特征非常明显，优质规模储集体基本上沿断裂呈线性展布。

(3) 规模较小：相对岩溶洞穴型储集体，缝洞体储集体单个储集体发育规模相对较小，但沿断裂方向发育较长，纵向上发育厚度较大，且表现为狭长的立体结构。

2. 技术难点

1) 地震成像技术难点

(1) 地表类型复杂，主要分为盐碱浮土区、垄状沙丘区、蜂窝状沙丘区3种类型，沙漠和浮土地表对地震波吸收衰减严重，次生干扰发育，深层信噪比低。

(2) 二叠系喷发岩岩相多样，厚度、速度纵横向变化大，上奥陶统侵入岩非常发育，分布复杂，对其下伏中下奥陶统断裂和断控缝洞体成像有一定影响。

(3) 目的层埋藏深(大于7000m)，主频低，频宽窄，分辨率低，主干断裂成像基本满足勘探需求，但是主干断裂带内幕结构、次级断裂、小尺度缝洞体成像精度仍然较低，不能满足勘探开发需求。

2) 地震预测技术难点

(1) 断溶体油藏储集体相对岩溶洞穴储集体，单个洞穴规模小，走滑断裂分支及次级断裂规模较小，造成准确成像及预测困难。

(2) 受走滑断裂拉伸、挤压、平移作用的控制，存在横向和纵向的分段特征，走滑断裂储集体内幕裂缝-洞穴结构复杂，非均质性极强，且地震分辨率较低，给缝洞体的精细刻画造成了困难。

(3) 走滑断裂控制的裂缝-洞穴型储集体预测及刻画精度低，造成缝洞体圈闭描述及储量计算精度较低，不能满足勘探开发的需求。

二、断控裂缝-洞穴型储集体地震响应特征

走滑断裂控制的裂缝-洞穴型储集体地震波场特征复杂、储集体在地震剖面上表现出多样性的地震响应特征。通过大量的数值正演模拟、物理正演模拟及井震标定统计，归纳总结出了 3 类典型储集体的地震响应特征，洞穴类储层主要对应串珠状强反射，孔洞类储层主要对应杂乱反射，裂缝类储层主要对应线性弱反射。

1. 串珠状强反射特征

缝洞体内空间较大的洞穴类储集体在地震剖面上表现为串珠状强反射特征，断控洞穴型储集体相对岩溶洞穴型储集体单个洞穴规模较小，但沿断裂方向形成串珠群，依然可以形成较大的空间，实际钻探的井产能也较高，通过顺北地区钻井统计，这类储集体与地震标定吻合率为 73%(图 7-1)。

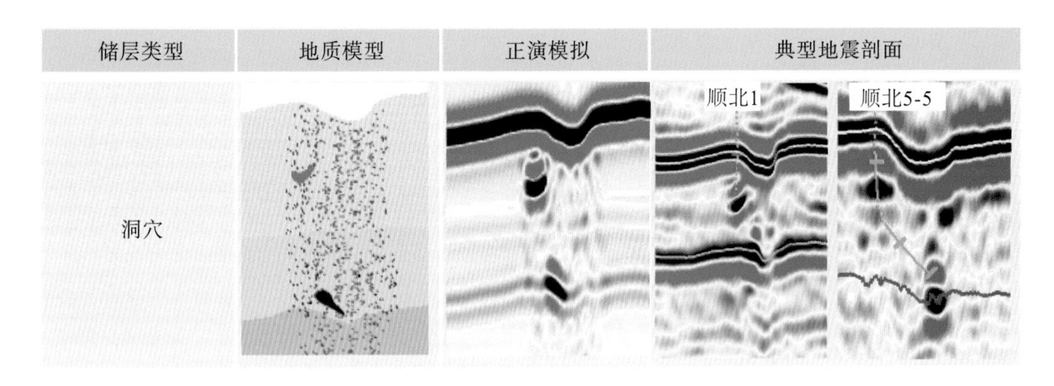

图 7-1　断控洞穴型储集体地震响应特征图

2. 杂乱反射特征

缝洞体内空间规模相对较小的孔洞型储集体由于规模较小且分布不均匀，在地震剖面上表现为杂乱反射，通过顺北地区钻井统计，这类储集体与地震标定吻合率为 75%(图 7-2)。

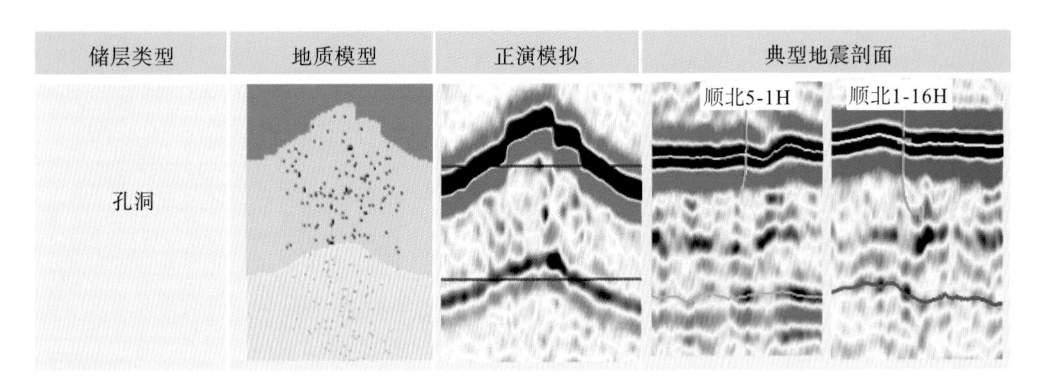

图 7-2　断控孔洞型储集体地震响应特征图

3. 线性弱反射特征

裂缝型储集体在缝洞体内广泛分布，由于裂缝型储集体单位体积内规模相对较小，沿断裂较为集中发育，在地震剖面上表现为线性弱反射特征，通过顺北地区钻井统计，这类储集体与地震标定吻合率为 80%(图 7-3)。

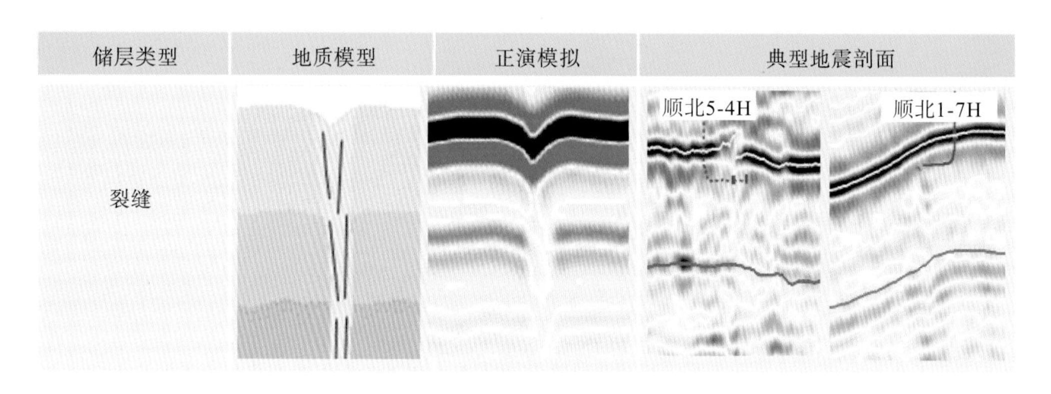

图 7-3　断控裂缝型储集体地震响应特征图

三、针对性技术对策

针对顺北地区奥陶系缝洞型油气藏储集体发育特点，面对地震成像和地震预测技术难点，有针对性地开展攻关和综合研究，形成了有针对性的技术对策。

1. 面向断控缝洞体目标的三维地震处理技术

针对顺北地区存在的处理成像难点，面向断控缝洞体目标开展了“三层一带”(三层：二叠系火成岩、奥陶系目的层、寒武系地层，一带：断裂带)速度建模、各向异性逆时偏移成像技术的研究。建立了塔里木盆地复杂地质条件下(沙漠地表、火山岩体发育区等)碳酸盐岩断裂体系、缝洞体及沉积结构为主要目标的三维地震成像技术，提高了断裂带及断裂带内部小尺度缝洞体的识别精度，提高了次级断裂及分支断裂的成像精度，为断控缝洞型油藏后续预测研究工作提供了高质量的基础地震资料。

2. 面向断控缝洞体目标的三维地震预测技术

针对顺北地区存在的储集体预测的难点，面向断控缝洞体目标开展了储集体分类预测、多属性融合量化雕刻、缝洞体圈闭描述、储量计算技术的研究。创新形成了“三元一体”缝洞体量化描述技术、形成了超深碳酸盐岩缝洞体圈闭描述与目标优选技术。这些技术在顺北油田进行了广泛试验和推广应用，主干断裂上实钻井与预测储集体的吻合率达 100%，已成为井位优化部署的核心技术，为顺北油田储产量的快速增长提供了技术支撑。

第二节　断控缝洞体处理成像技术

随着勘探领域从塔河走向顺北，地震资料处理的重点和难点问题主要体现在：①地表和地下地质条件发生了变化，顺北地区以沙漠地表覆盖为主，火山岩分布广、范围大，目的层埋深大，地震资料信噪比低品质差，储层目标成像处理难度大；②从地震反射特征上看，不同于塔河油田喀斯特岩溶作用下的串珠状反射特征，顺北油气田以断控缝洞体的地震响应特征为主，勘探目标由洞穴型储集体转向以断裂带、裂缝为主的多成因裂缝-洞穴型储集体，成像目标的精度要求高；③随着宽方位、高密度、可控震源采集资料的增加，对现有地震资料处理技术的适应性提出了新的挑战。

一、火山岩速度建模技术

顺北地区二叠系火山岩地层分布广、范围大，火山岩的岩性(英安岩、玄武岩、凝灰岩、火山碎屑岩)、厚度(0～400m)、速度(3800～5200m/s)纵横向变化快，加之火山岩地层对地震波能量和频率的吸收衰减作用，降低了深部地层地震资料的品质。此外，由于速度误差的累积和传递效应，在火山岩速度模型不准确时，会造成下伏地层的构造形态发生畸变并出现假断层，影响奥陶系缝洞体及断溶体的准确成像（图 7-4）。

受照明孔径和采集信噪比等因素的影响，地下速度的长波长低频分量可利用常规射线层析较好地恢复，高波数反射系数可由偏移成像进行刻画，而中波数段的高精度速度模型难以被准确获得(图 7-5)。随着“两宽一高”（宽频、宽方位、高密度)地震采集和层析反演方法取得突破性进展，传统的地震成像分辨率得以向低波数和中高波数扩展。

目前，基于射线理论的层析速度反演方法技术相对成熟，然而射线理论的固有问题限定了该方法的反演精度及适用范围；波动方程偏移速度分析方法克服了射线理论的高频近似假设，但该方法的计算量巨大，且实际数据振幅信息往往受到噪声污染，在应用中存在反演稳定性问题，因而有必要进一步发展更加实用高效的波动类走时层析反演方法。为此，在实际处理中，从高斯束偏移角度道集出发，在波动方程的一阶 Born 近似和 Rytov 近似下，构建成像域反射波走时层析方程，并利用高斯束传播算子高效计算走时层析核函数，提供了一种新的成像域射线束层析反演思路。

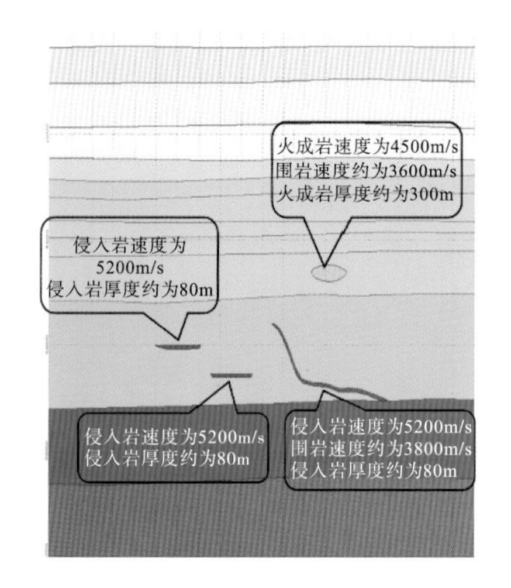

(a)包含火山岩的地震地质模型

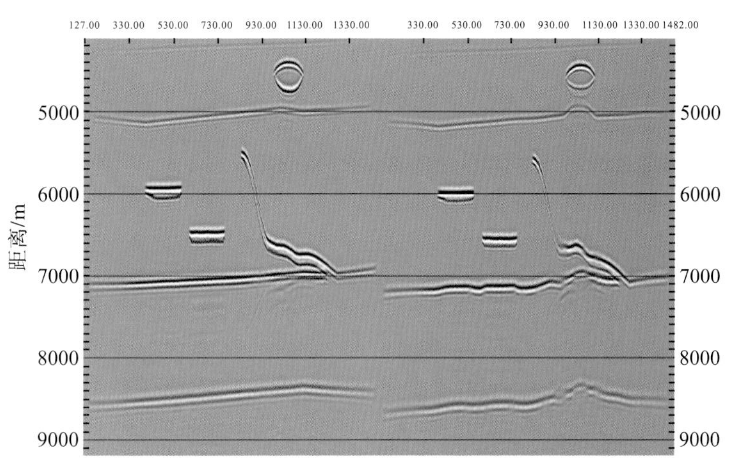

(b)准确速度模型深度偏移成像与平滑速度模型深度偏移成像

图 7-4　火山岩对下伏地层构造成像的影响

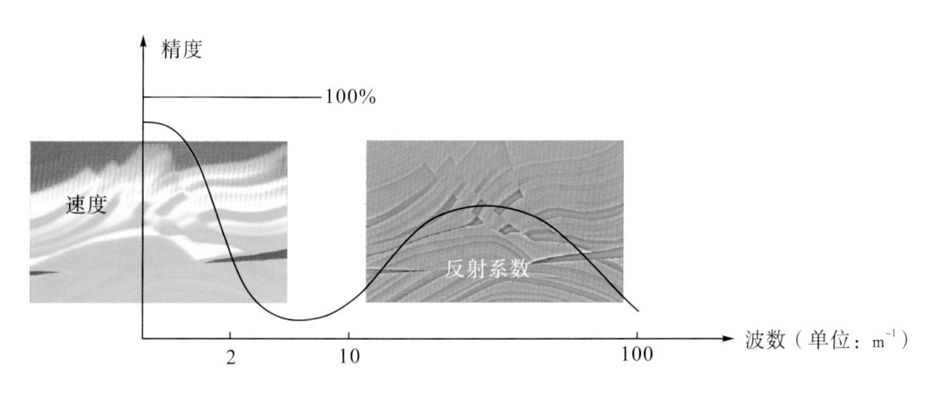

图 7-5　地震成像中不同波数段的分辨率

1. 高斯束层析速度反演

常规射线层析速度反演方法所采用的射线理论基于高频近似假设，与真实地层介质中地震波的波场传播过程并不完全相符，射线层析反演的精度往往无法满足波动方程[如逆时偏移(reverse time migration，RTM)]成像的需求。顺北地区二叠系火山岩岩性、速度、厚度的剧烈变化，对速度模型的分辨能力要求更高，因此需要高精度的层析速度反演方法。

高斯束层析反演基于波场传播理论，在菲涅耳带范围内进行速度投影，能够较好地刻画速度对地震波走时的影响，成像域带限走时扰动与速度扰动的关系式为

$$\Delta t(x,\theta,\varphi)=\int_{V_S}K_S^T(y;x,p,x_S)\Delta v(y)\mathrm{d}y+\int_{V_R}K_R^T(y;x,p,x_S)\Delta v(y)\mathrm{d}y \tag{7-1}$$

其中，$\Delta t(x,\theta,\varphi)$为高斯束偏移走时扰动；$K_R^T$、$K_S^T$为单频带限走时核函数，可表示为

$$K_R^T(y;x,p_R,x_S)=\int W(w)\,\mathrm{Im}\left[\frac{2w}{v_0^3(y)}\frac{G_R(x;p_R,w,y)G_0^*(y;p_R,w,x_S)}{G_0^*(x;p_R,w,x_S)}\right]\mathrm{d}w$$

$$K_S^T(y;x,p_S,x_S)=\int W(w)\,\mathrm{Im}\left[\frac{2w}{v_0^3(y)}\frac{G_S(x;p_S,w,y)G_0(y;p_S,w,x_S)}{G_0(x;p_S,w,x_S)}\right]\mathrm{d}w$$

式中，$G(x;p,\omega,y)$为高斯束表达的从点y到点x的格林函数。

从模型正演中可以看出，相对于传统的射线层析速度反演结果，高斯束层析速度反演方法可以提供更加丰富的速度细节信息，所获得的速度场的精度更高(图 7-6)。

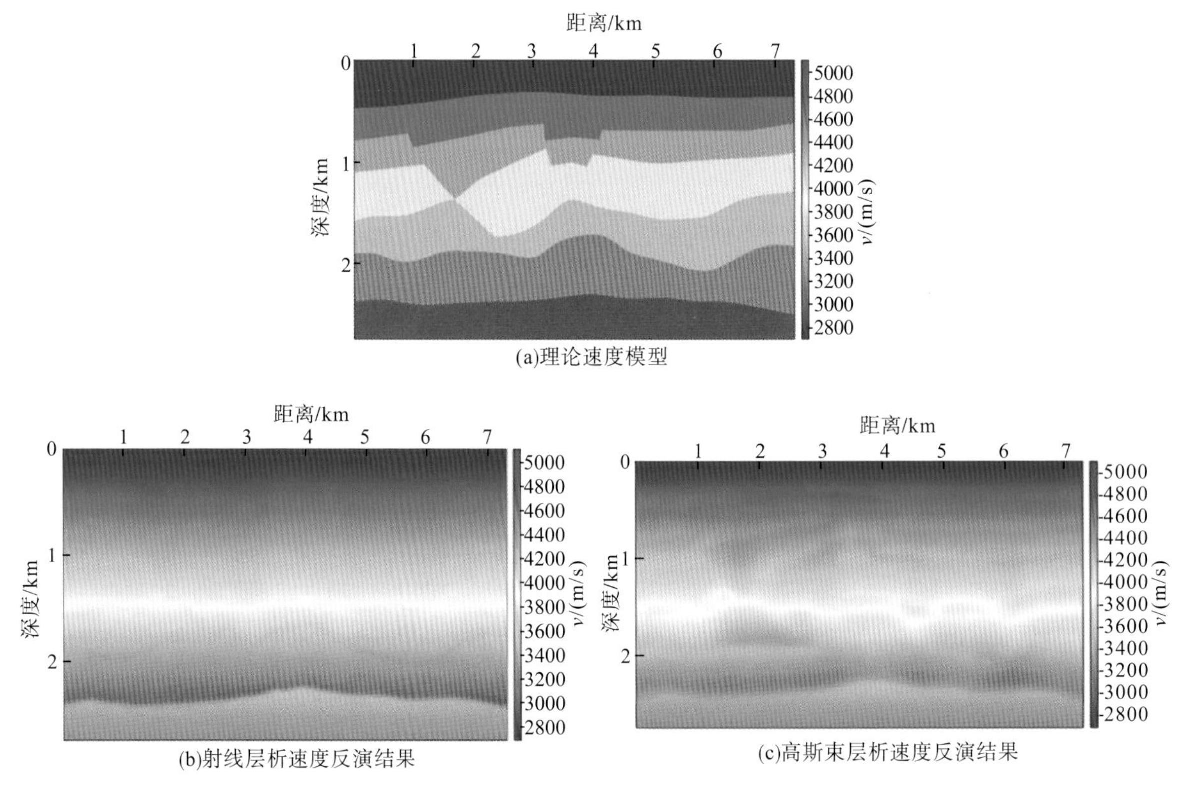

图 7-6　不同层析速度反演方法结果对比

2. 地质层位约束的多尺度火山岩速度建模技术

顺北地区二叠系火山岩速度异常体对深部断裂成像结果的影响大(图 7-7)，火山岩速度建模的难点主要体现在：①火山岩速度异常体的尺度小，超越了传统射线类层析速度反演的分辨率极限；②火山岩的厚度、速度横向变化剧烈，不满足常规层析理论假设。

传统的层析速度反演方法采用了自下而上进行全局反演的方式，对局部突变异常体的反演分辨率不足，速度异常体难以准确描述，造成下伏地层构造畸变。为此，通过基于层位约束的局部层析反投影技术，构建新的地质异常体高分辨率层析目标函数[式(7-2)]，加大地质异常体发育区速度更新权重，从而实现对速度异常体的精细刻画(图 7-8、图 7-9)。

图 7-7　二叠系火山岩对构造成像的影响

$$S(m)=\left\|z^{\text{true}}-z^{\text{pick}}\right\|_2^2+\varepsilon_1\left\|\Delta z_{\text{local}}\right\|_2^2 \tag{7-2}$$

式中，$\left\|z^{\text{true}}-z^{\text{pick}}\right\|_2^2$为道集拉平项；$\varepsilon_1\left\|\Delta z_{\text{local}}\right\|_2^2$为添加的局部层析反演项，加大了局部层位约束下的局部构造反演权重。

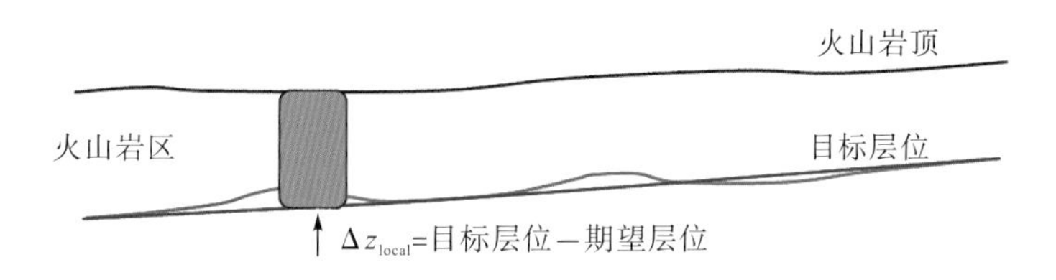

图 7-8　层位约束局部层析示意图

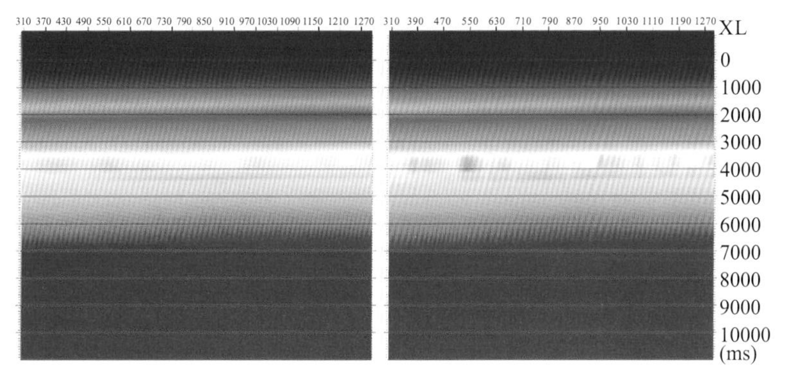

图 7-9　层位约束局部层析反演前后速度模型

此外，通过引入变尺度正则化技术实现了对不同尺度火山岩的速度更新，提高了层析反演结果的稳定性，通过调整约束尺度因子的权重[式(7-3)]实现了局部速度异常体精细反演的量化控制。

$$S(m)=\left\|z^{\text{true}}-z^{\text{pick}}\right\|_2^2+\varepsilon_1\left\|\Delta z_{\text{local}}\right\|_2^2+\varepsilon_2\left\|D\Delta v\right\|_2^2 \tag{7-3}$$

式中，$\varepsilon_2\left\|D\Delta v\right\|_2^2$为约束尺度因子。

另外，借鉴图形图像学中的变尺度思想构建了构造导向平滑算子，通过调制平滑算子的特征值和特征向量实现了沿不同方向的多尺度平滑[式(7-4)]，从而实现了从低波数到高波数逐步逼近准确的火山岩速度模型，在增强反演过程稳定性的同时，使反演结果更加符合已有的地质认识。

$$\boldsymbol{D}=\frac{\lambda_{\min}}{\lambda_u}\boldsymbol{u}\boldsymbol{u}^{\mathrm{T}}+\frac{\lambda_{\min}}{\lambda_v}\boldsymbol{v}\boldsymbol{v}^{\mathrm{T}} \tag{7-4}$$

基于地质层位约束的多尺度高斯束局部层析速度建模技术实现了对顺北地区火山岩岩性速度异常体的高分辨反演，通过多尺度反演策略提高了火山岩速度建模的精度和合理可靠性(图 7-10、图 7-11)。

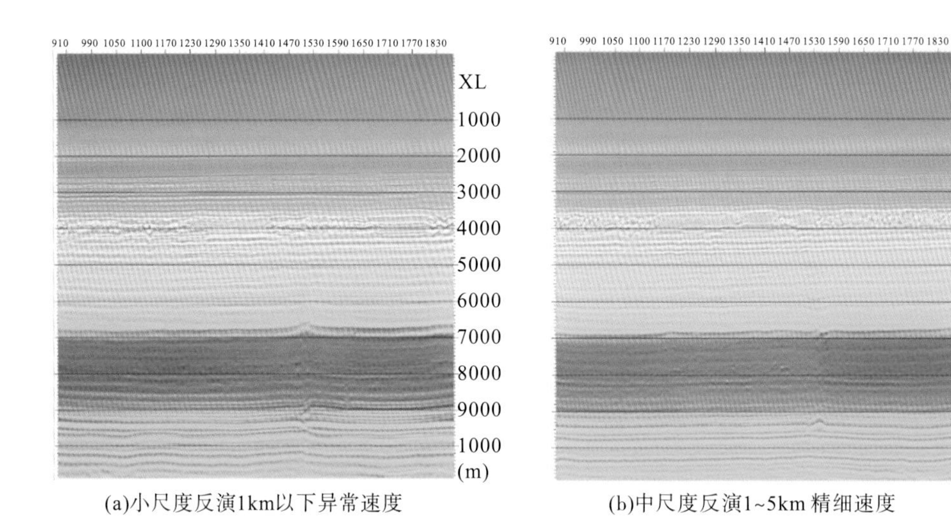

(a)小尺度反演1km以下异常速度　　(b)中尺度反演1~5km 精细速度

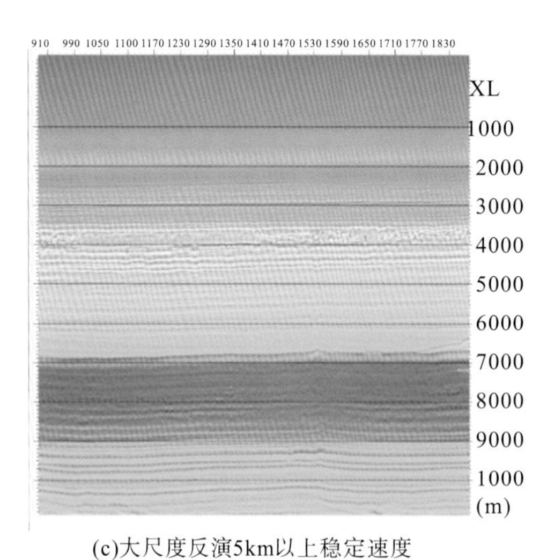

(c)大尺度反演5km以上稳定速度

图 7-10　多尺度局部层析火山岩速度建模

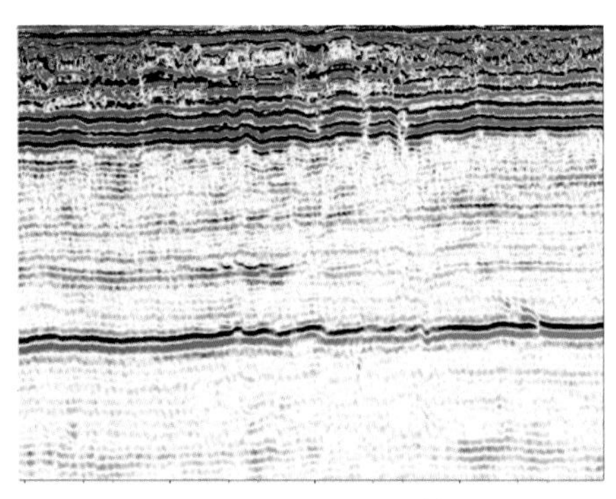

(a)多尺度局部层析速度建模前

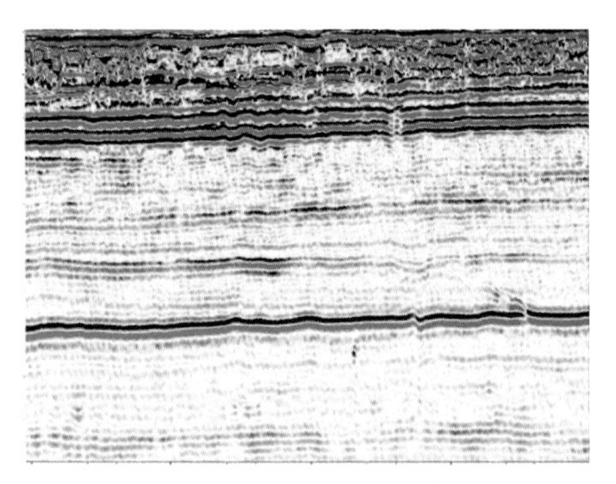

(b)多尺度局部层析速度建模后

图 7-11　火山岩速度建模成像对比

二、深大断裂速度建模技术

塔里木盆地顺北地区奥陶系碳酸盐岩储层的发育程度受控于多期活动的走滑断裂，形成了以走滑断裂控制为主的多种成因叠加改造的混合型储集体，勘探目标主要围绕“深大断裂带”和“规模储集体”两大主要控藏因素的落实与评价，规模储集体的发育程度受控于走滑断裂带的活动强度，不同走向走滑断裂带的叠加部位储集体发育规模较大。因此，对于地震资料处理来说，提高奥陶系—寒武系目的层特别是深层走滑断裂和断裂带的成像质量，有助于降低勘探风险，为圈闭落实和井位部署奠定资料基础。

对深层走滑断裂系统来说，由于常规层析速度反演中并未考虑断裂的速度控制因素，与时间域速度建模类似，存在速度模型的横向“粗化”问题。为了解决这个问题，在速度建模中利用地震属性、断裂解释成果等先验地质信息作为构造约束加入层析反演方程中(图 7-12)，采用基于图像学的断控约束方法来提高断裂带速度模型的精度和分辨率：

$$\begin{gathered} K\Delta v = KP\Delta w = \Delta t, \\ f(x) = \alpha\left[g(x) - \beta\nabla \boldsymbol{D}(x)\nabla g(x)\right] \end{gathered} \tag{7-5}$$

式中，K 为层析核函数；Δv 为速度更新量；Δt 为走时残差；P 为预条件算子；Δw 为预条件解；$f(x)$ 为输入数据；$g(x)$ 为输出数据；α 为断控约束算子；β 为平滑控制算子；$\boldsymbol{D}(x)$ 为扩散张量。

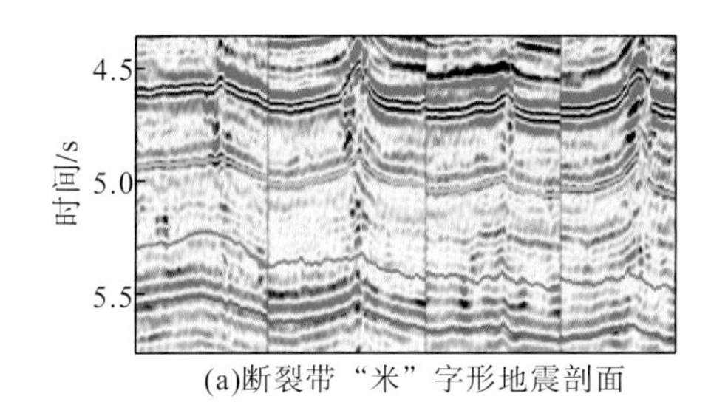

(a)断裂带“米”字形地震剖面

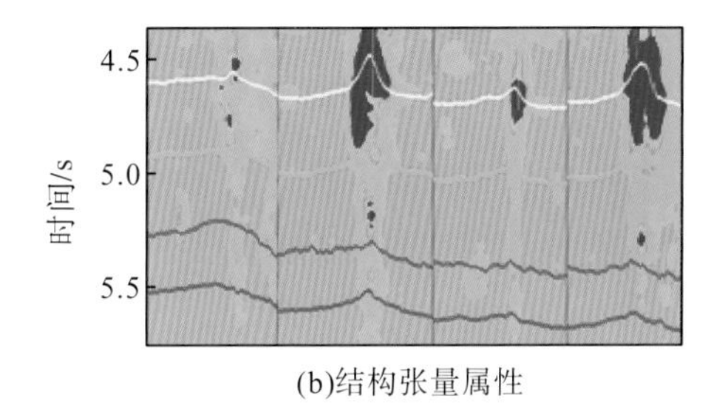

(b)结构张量属性

图 7-12　基于地震属性的断控约束速度建模

针对复杂断裂系统的断控高斯束层析反演技术，充分利用了成像数据中包含的断裂信息，结合反演正则化方法来约束地下速度模型的构造特征，有效提高了断裂边界处的速度建模精度，进而提高了断裂发育区的成像质量(图 7-13、图 7-14)。

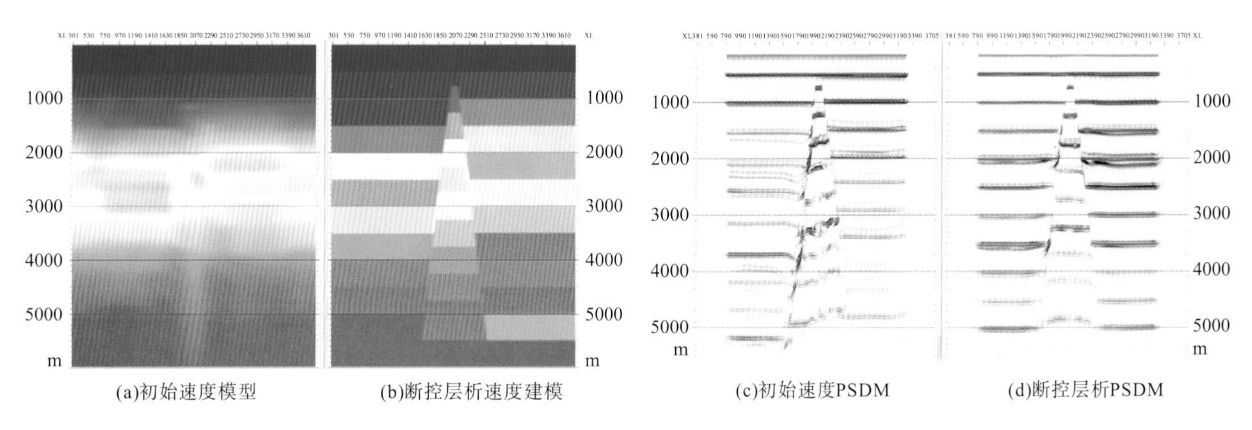

(a)初始速度模型　(b)断控层析速度建模　(c)初始速度PSDM　(d)断控层析PSDM

图 7-13　理论模型测试

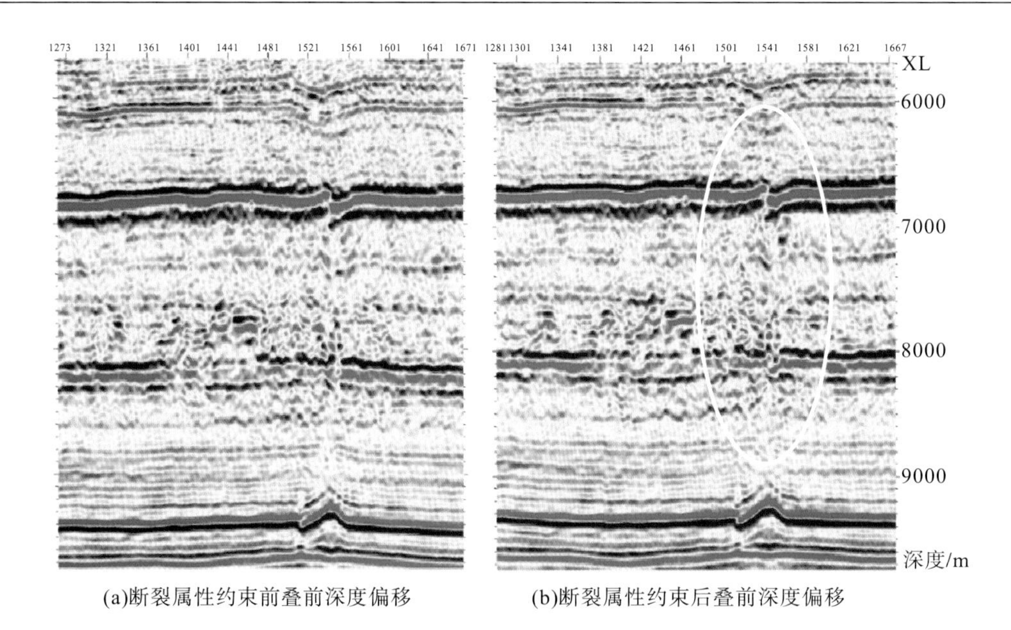

(a)断裂属性约束前叠前深度偏移　　(b)断裂属性约束后叠前深度偏移

图 7-14　断裂属性约束前后叠前深度偏移对比

三、各向异性速度建模技术

地下的各向异性是地层固有的特性，各向异性反映了地下地层岩性、产状及应力的变化。在各向同性介质中，地震波传播的波前面是个圆，而在各向异性介质中，地震波的波前面是个椭圆。在地震资料处理中，现有的诸多理论和技术方法多是基于地下地层的各向同性假设，但地下的各向异性是普遍存在的，无论是地层层序界面还是溶洞、裂缝等都会产生各向异性问题，对超深碳酸盐岩储层和断裂体系来说，在地震资料处理中采用各向同性的方法来解决地下的各向异性问题，会造成偏移结果中地下地质目标纵横向空间位置的不准确(图 7-15)。

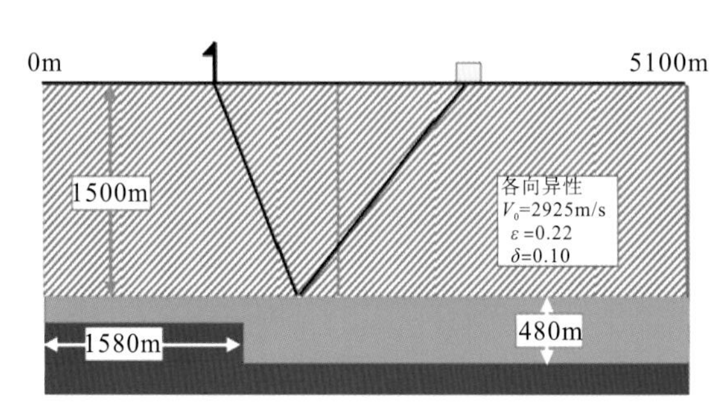

(a)包含垂直断裂的地震地质模型

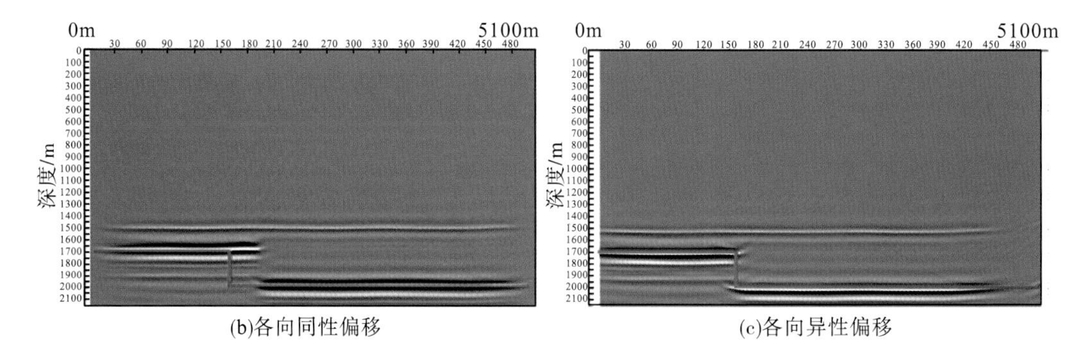

(b)各向同性偏移　　(c)各向异性偏移

图 7-15　各向同性与各向异性偏移对比

针对顺北超深层缝洞体成像，从正演模拟结果中可以看出，相较于各向同性 RTM 结果，各向异性 RTM 中地下缝洞体的能量关系准确、串珠的收敛性也更好(图 7-16)。

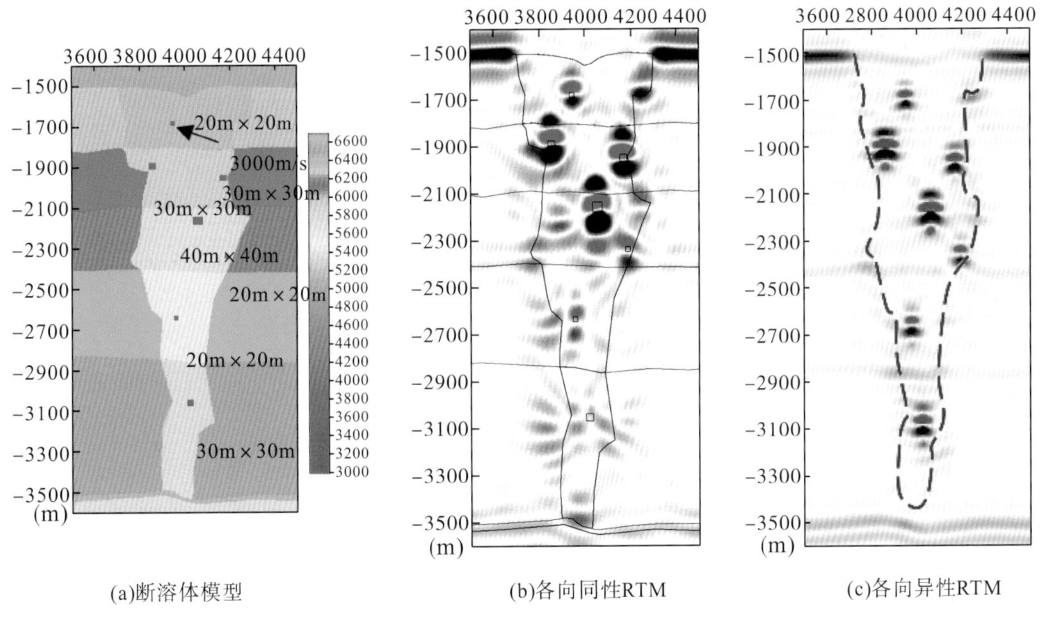

图 7-16　各向同性和各向异性偏移对比

各向异性网格层析速度反演从地下成像点向地表进行射线追踪，将在成像道集上拾取的剩余延迟沿着该射线路经进行反投影从而获得各向异性参数和速度的更新量，各向异性网格层析方程为

$$\Delta t_{\text{ray}} = f\left(\Delta v, \Delta\varepsilon, \Delta\delta\right) \tag{7-6}$$

式中，Δt_{ray} 为 CIP 成像道集延迟的剩余延迟；Δv 为各向异性速度；$\Delta\varepsilon$、$\Delta\delta$ 为汤姆森各向异性参数。

各向异性速度建模中，利用已有井资料建立各向异性初始速度模型，采用网格层析速度反演更新各向异性速度和各向异性参数场，通过井震匹配的循环迭代减少井震误差，获得最终的各向异性速度模型(图 7-17)。

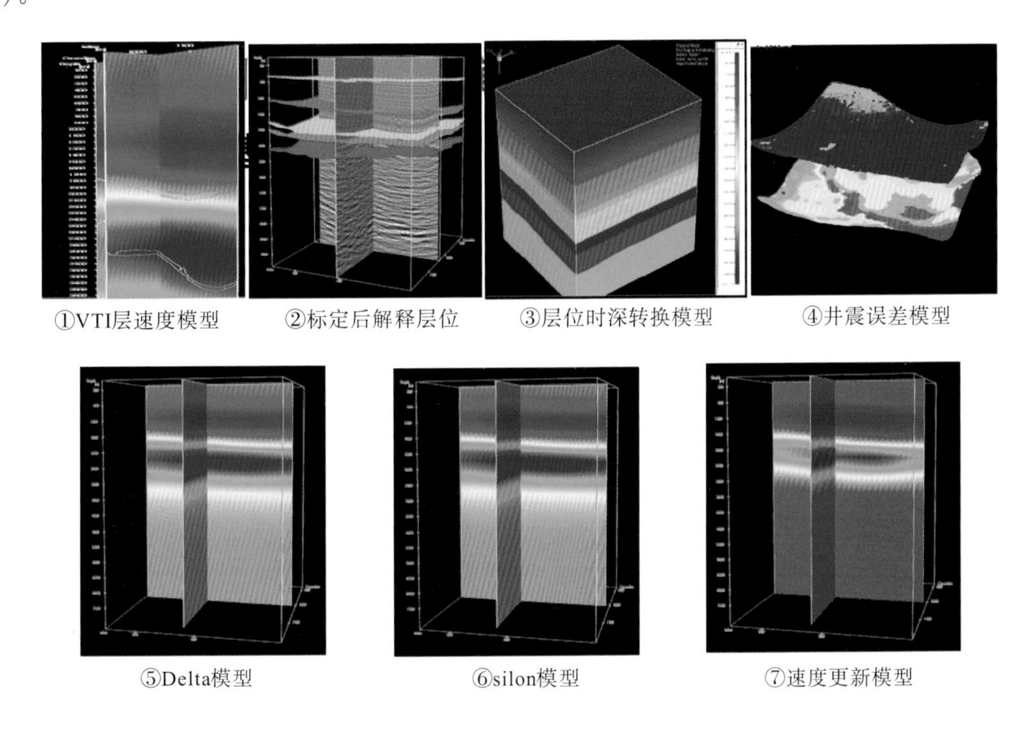

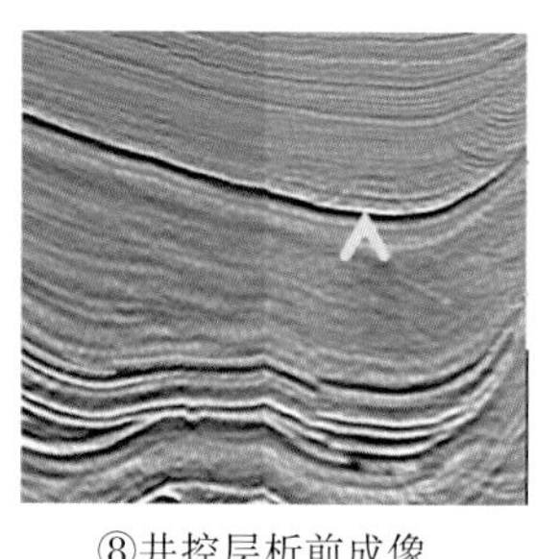

⑧井控层析前成像

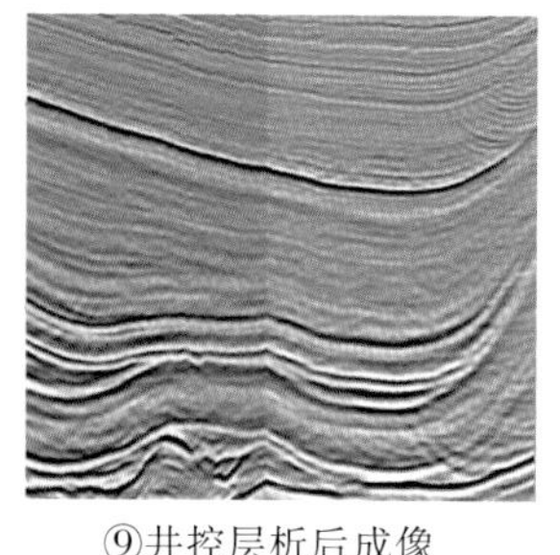

⑨井控层析后成像

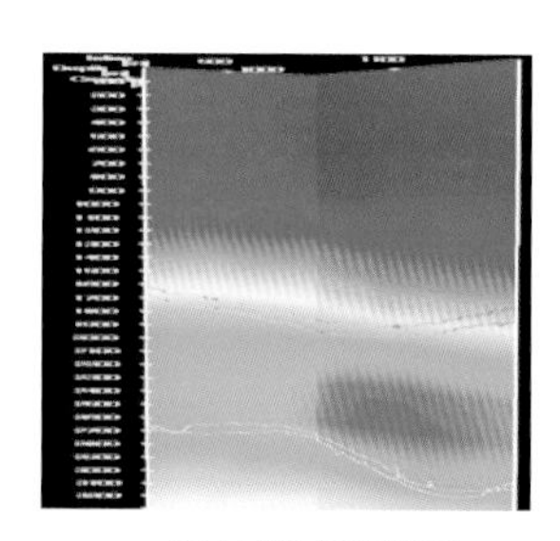

⑩最终速度模型

图 7-17　各向异性速度建模技术流程

四、逆时偏移成像技术

逆时偏移(RTM)成像采用全声波方程同时延拓炮点和检波点波场，集克希霍夫射线和单程波动方程方法的优点于一身，主要体现在以下几点：①有效解决了地震波传播的多路径问题，适用条件宽松，适应能力强，有助于对陡倾角、复杂构造区及特殊地质体的成像；②可以利用回转波、多次波进行成像；③不受倾角限制及速度横向变化的影响；④基于波动方程求解，保幅性好，利于后续的岩性研究。RTM成像技术在提高地震资料信噪比、提高断裂系统成像精度、突出奥陶系缝洞型储层地震反射特征方面具有优势。

常规 RTM 在偏移成像后没有考虑低频信息的保护，通常认为低频信号是偏移过程中产生的成像噪声，并采用拉普拉斯滤波进行低频噪声压制，虽然地震资料的视分辨率得到了提高，但造成的后果一是对低频端有效信号的能量进行了大幅削弱，降低了地震资料的保幅保真性；二是使地震资料的主频向高频方向移动，地震资料的频带变窄；三是突出了高频端噪声和成像假象，不利于后期的地震资料解释。

为了解决常规 RTM 对低频信号的压制问题，在波场处理中引入解析波场，实现频率-波数域的波场多方向分解[式(7-7)]，选择对成像结果有贡献的波场进行成像，从而减少低频噪声干扰，提高地质目标的成像精度(图 7-18)。

$$\begin{cases} U_{\text{down}}(k_z,\omega)=\begin{cases} U(k_z,\omega), & \omega k_z<0 \\ \dfrac{U(k_z,\omega)}{2}, & \omega k_z=0 \\ U(k_z,\omega), & \omega k_z>0 \end{cases} \\ U_{\text{up}}(k_z,\omega)=\begin{cases} U(k_z,\omega), & \omega k_z>0 \\ \dfrac{U(k_z,\omega)}{2}, & \omega k_z=0 \\ U(k_z,\omega), & \omega k_z<0 \end{cases} \end{cases} \tag{7-7}$$

式中，$U_{\text{down}}(k_z,\omega)$为下行波场；$U_{\text{up}}(k_z,\omega)$为上行波场；$k_z$为空间波数；$\omega$为角频率。

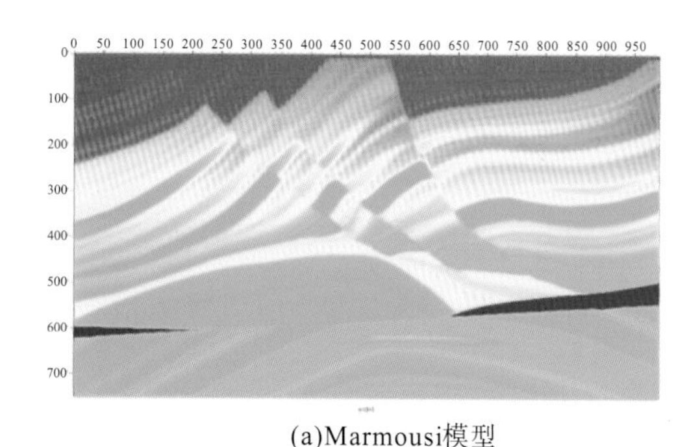

(a)Marmousi模型

(b)常规RTM

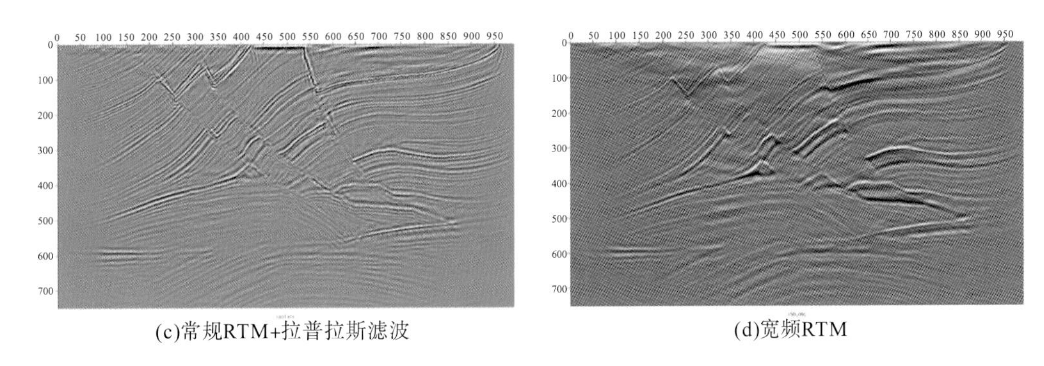

(c)常规RTM+拉普拉斯滤波
(d)宽频RTM

图 7-18　常规 RTM 和解析波场宽频 RTM 成像对比

地下照明描述了由于采集观测系统炮检点的地面分布、复杂构造、岩性异常体等因素，造成采集数据中地下反射信号有效采样的非均匀性。相对于常规成像条件而言[式(7-8)]，照明补偿则是利用新的成像条件[式(7-9)]来压制浅层成像能量，凸显深层的内幕成像细节。

$$\text{Image}(x,y,z)=\sum_{S_{\min}}^{S_{\max}}\frac{\sum_{t=0}^{t_{\max}}s(x,y,z,t)r(x,y,z,t)}{\sum_{t=0}^{t_{\max}}r^{2}(x,y,z,t)+\sigma} \tag{7-8}$$

$$\text{Image}(x,y,z)=\sum_{S_{\min}}^{S_{\max}}\sum_{t=0}^{t_{\max}}s(x,y,z,t)r(x,y,z,t) \tag{7-9}$$

图 7-19 是模型数据试验结果，可见照明补偿后 RTM 成像提高了断裂带的成像精度，可以消除火山岩对下伏地层振幅的影响。

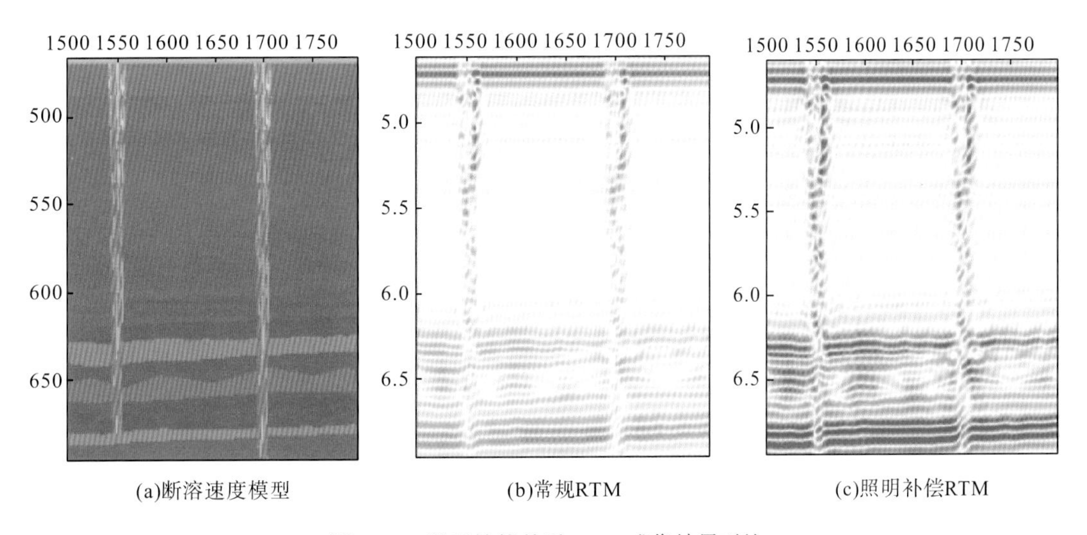

图 7-19　照明补偿前后 RTM 成像结果对比

从实际资料(图 7-20)中可以看出，由于解析波场 RTM 实现了频率-波数域的多方向波场分解，避免了零值附近频率信号的切除，地震资料中的低频成分更加丰富，走滑断裂的成像效果更好。

通过面向深层隐蔽断裂及复杂缝洞体成像的叠前预处理技术研究、“三层一带”高精度速度建模技术、火山岩复杂条件下隐蔽断裂和缝洞体成像技术等的探索和攻关，创新了相控、断控高斯束波动层析速度建模、各向异性 RTM 高效成像技术，获得了可支撑生产的处理成果。

火山岩速度建模精度提高，基本消除了火山岩影响所造成的断裂构造假象，超深碳酸盐走滑断裂体系成像质量显著提高(图 7-21)。

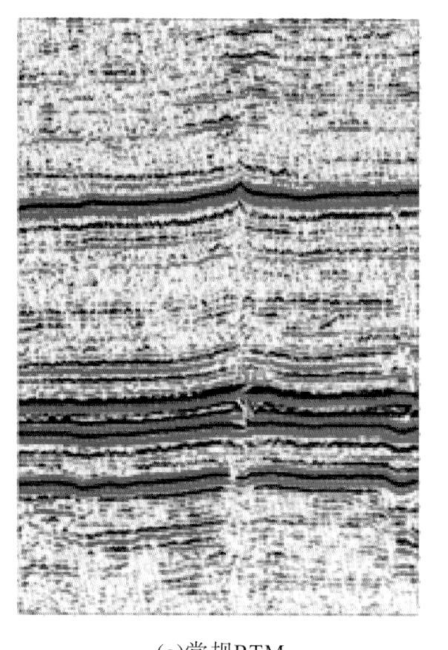

(a)常规RTM

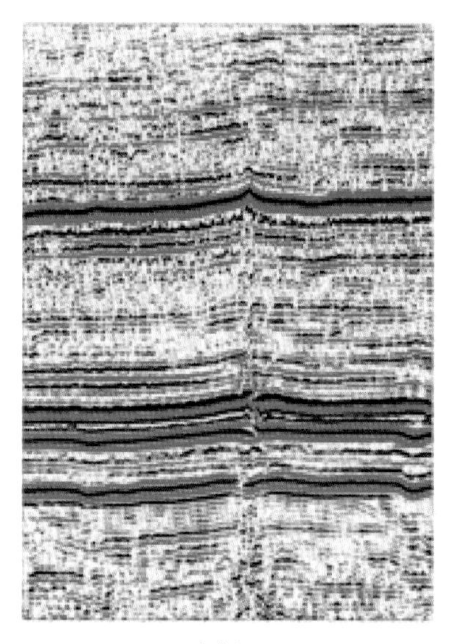

(b)宽频RTM

图 7-20　常规 RTM 和解析波场宽频 RTM 成像对比

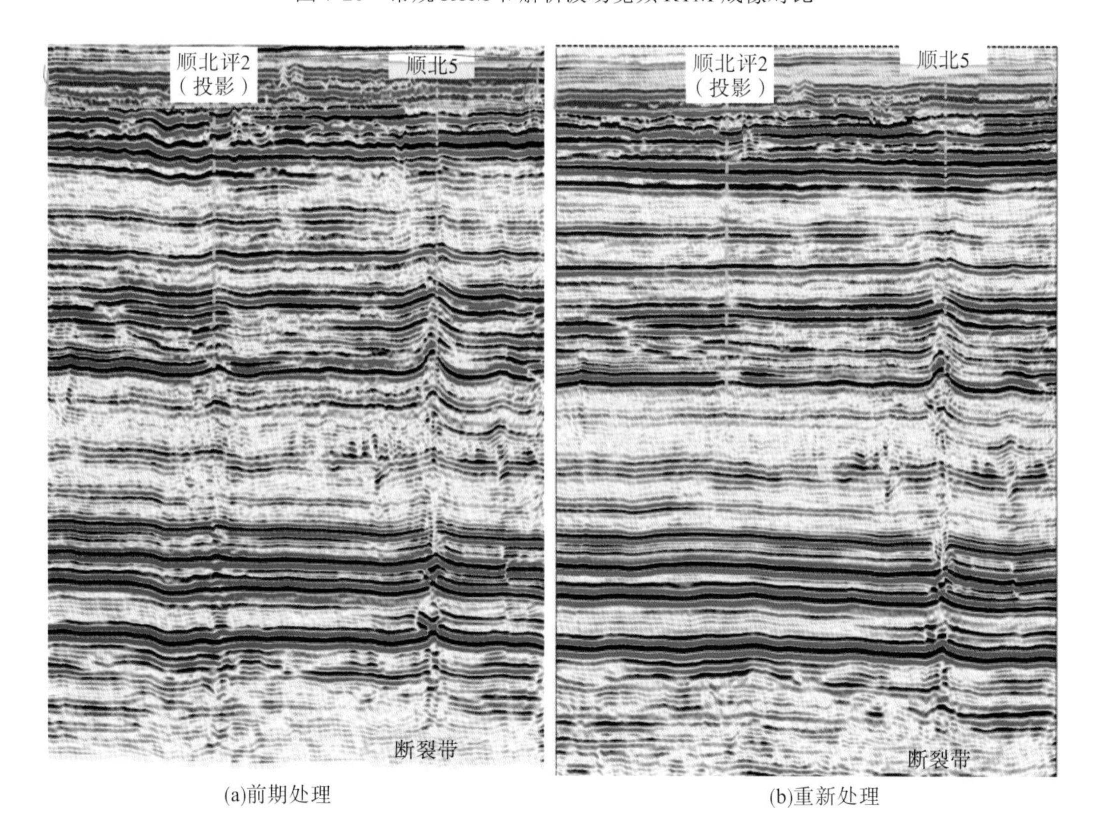

(a)前期处理　(b)重新处理

图 7-21　走滑断裂带成像结果对比

顺北 7 井实钻断裂带发育裂缝-洞穴型储层，测试获得日产 80m^3 工业油气流，9m 宽的裂缝-洞穴型储层具有明显的响应特征(图 7-22)。

从顺北 5-12H 井实钻结果看，前期采用各向同性 RTM 成果进行了井位部署，但在钻进过程未见放空、漏失，利用各向异性 RTM 结果对实钻井轨迹进行了重新标定，表明钻井未直接揭示规模缝洞体，通过储层酸压改造获得高产，表明各向异性 RTM 对储集体空间位置的定位更加精准(图 7-23)。

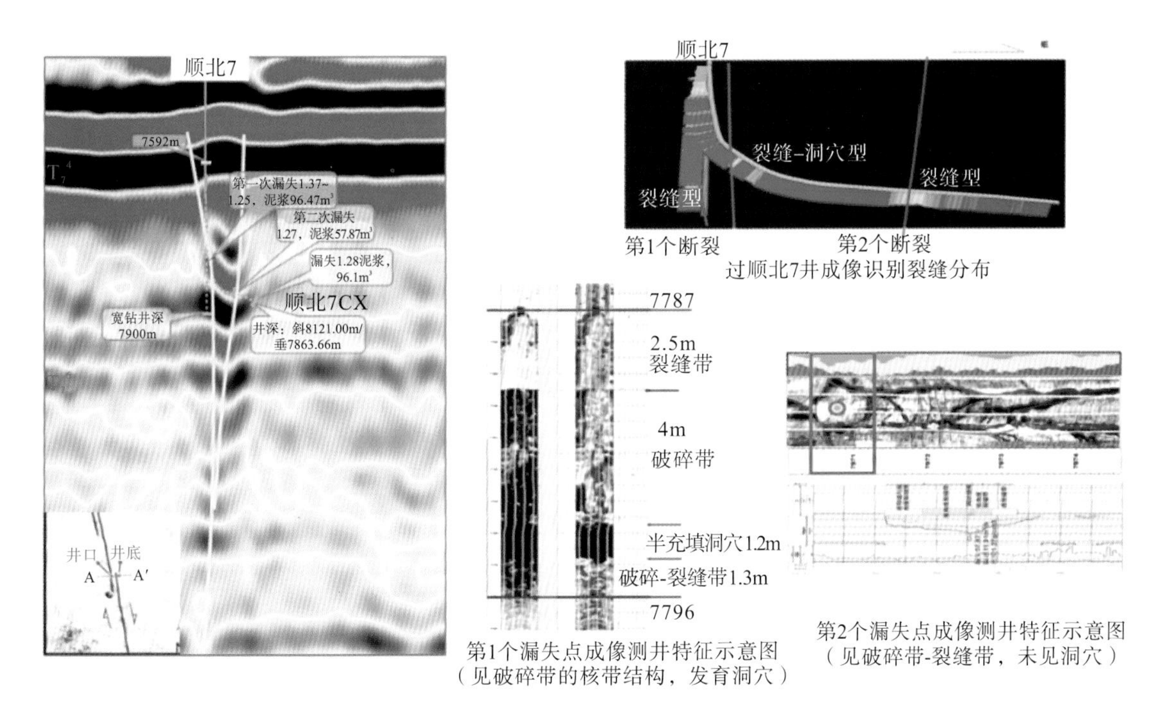

图 7-22　顺北 7 井实钻结果

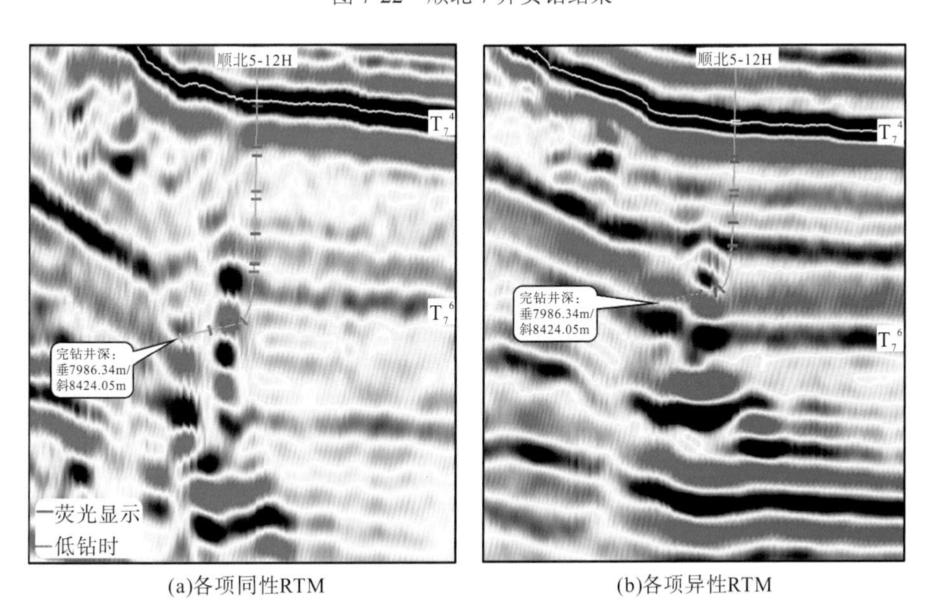

图 7-23　顺北 5-12H 井实钻结果

第三节　断控缝洞型储集体预测技术

受走滑断裂带活动强度、规模、岩溶作用程度等因素影响，碳酸盐岩断控缝洞型储集体特征十分复杂，走滑断裂带之外岩石基质较为均匀、致密，孔隙度低，渗透性差，而断裂带内幕缝洞发育部位、发育程度、空间分布极不均匀，同时缝洞连通性、充填状态和性质也各不相同，因此，断控缝洞储集体地震预测一直是顺北超深缝洞体勘探的一大难点。

在断控缝洞体高精度成像资料的基础上，本节主要详细介绍断控缝洞型储集体分类预测技术、多属性融合雕刻技术、缝洞体圈闭描述技术、储量计算技术等地震预测技术，基于这一系列预测关键技术，完成顺北地区超深走滑断裂带解释、储层预测、圈闭描述、目标优选评价工作，丰富和发展了碳酸盐岩缝洞储层三维地震预测技术。

一、走滑断裂带识别检测技术

在模型正演与断裂带地震剖面综合对比分析研究的基础上，结合生产评价及部署应用需求，既考虑断距和变形，也考虑因断裂破碎而控制的储层规模，按照 T_7^4 界面和内幕反射特征差异将断裂带分为大、中、小不同尺度。当 T_7^4 界面同相轴明显错断或发生较大变形，内幕杂乱强反射、串珠类强反射较多时，断裂带定义为大尺度；当 T_7^4 界面同相轴明显褶曲，内幕有杂乱反射，偶见串珠类强反射时，断裂带定义为中尺度；当 T_7^4 界面同相轴表现为小褶曲，内幕可见杂乱反射时，断裂带定义为小尺度。在此基础上，结合断裂特征增强解释性处理地震资料，通过实际应用对比分析，最终确定利用趋势面和高分辨率相干检测大尺度的断裂构造带和大断层；倾角、曲率等属性刻画中小尺度派生断裂和隐蔽断层；相干蚂蚁体、断裂最大似然体刻画碳酸盐岩内幕小尺度的小断层发育区系列断裂分尺度识别检测技术。

1. 断裂增强解释性处理

通过倾角导向增强技术可以进一步提高地震横向信噪比增强断裂带断点、断面清晰度，为断裂带的准确解释定位和描述评价奠定了基础。本区原始 RTM 剖面断裂虽清晰，但反射同相轴的错断并不干脆［图 7-24(a)］，通过采用线平滑半径 3 和 5，道平滑半径 3 和 5，相关时窗(单位为采样点)21 和 15 两组参数试验，断裂反射同相轴的错断均有较为明显改善［图 7-24(b)和图 7-24(c)］。最终选择倾角导向滤波增强软件里 5_5_15 参数开展地区三维断裂解释增强处理，为后续断裂识别奠定较好基础。

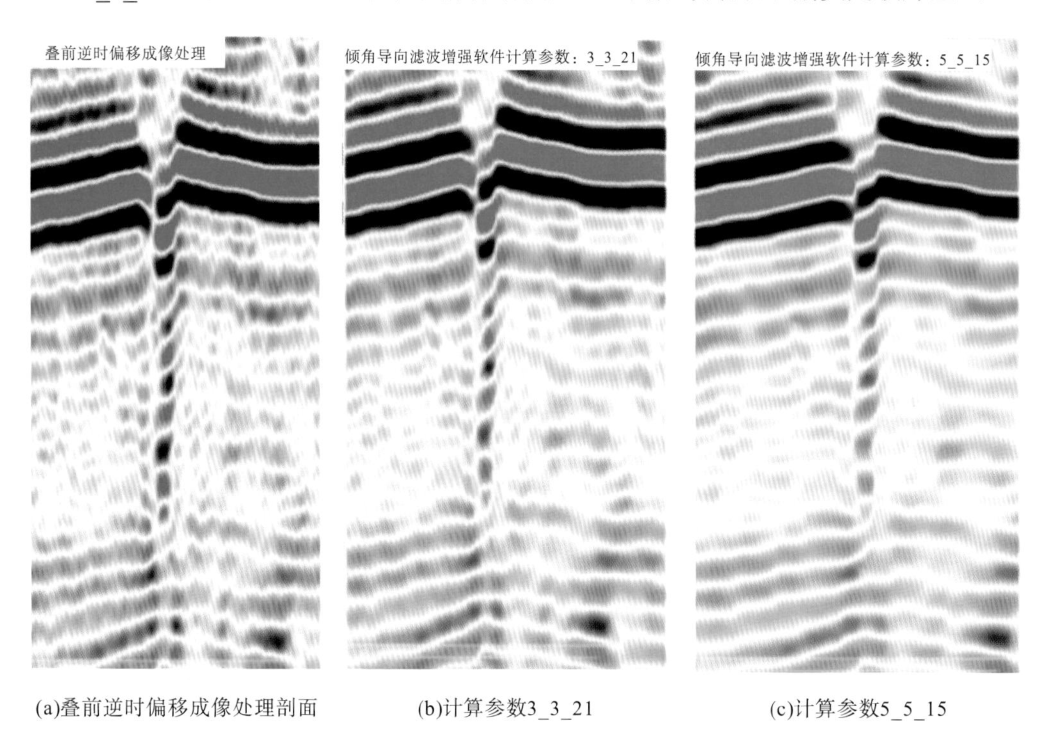

图 7-24　不同参数倾角导向滤波断裂特征增强地震剖面对比图

2. 大尺度断裂检测技术

顺北地区勘探研究实践表明趋势面和高分辨率相干体技术是大尺度断裂检测的常用方法。

趋势面是将原始解释层位与经过平滑后的层位相减得到的时间差进行成图，用来反映局部构造起伏特征。趋势面能够较好地刻画断裂带细节，可以表征出断裂变形强度、水平幅度及断裂分段性特征。通过趋势面平面图与地震剖面特征对比［图7-25(a)］，平剖结合可以表明，红色等值线代表地层上拱凸起，蓝色等值线表示地层下掉，绿色等值线代表地层相对平缓地，趋势面等值线越密，说明地层凸起或者下掉的幅度越大，断裂变形强度越大；断裂的水平幅度可直接用外圈等值线的短轴表示并测量出来。

高分辨率相干体技术利用本征值算法，能更好地区分出断层细节变化特征。相干属性数值大小不仅能定性反映断裂断距的大小与构造变形的强弱，而且还能定量反映断裂带在横向上的变形宽度[图 7-25(b)]。

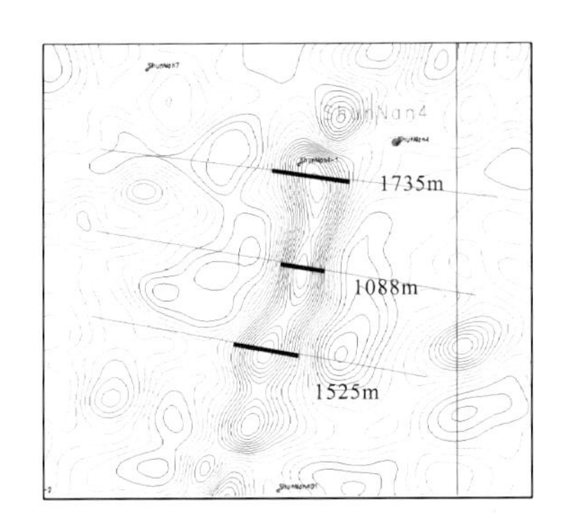

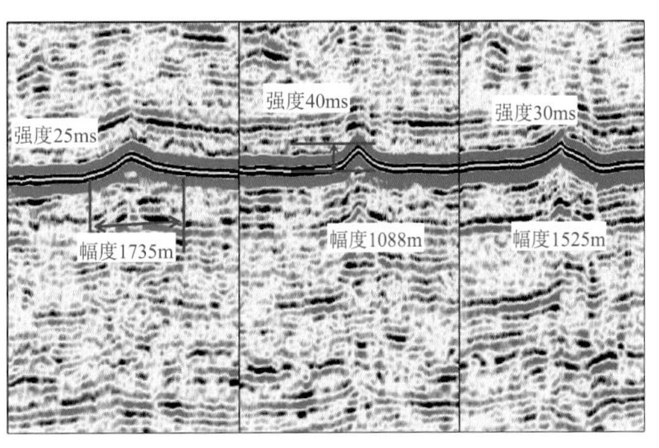

(a) 断裂带去趋势面等值线图与不同位置地震剖面

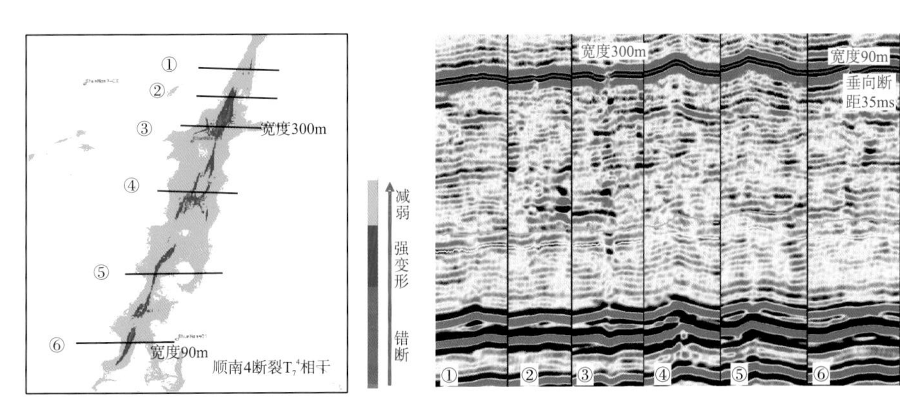

(b) 相干属性平面图与不同位置地震剖面

图 7-25　断裂带趋势面、相干属性与地震剖面特征对比图

3. 中尺度断裂检测技术

研究区中尺度断裂通常表现为地震同相轴明显褶曲，不同参数的曲率属性则成为有效的识别预测手段。

将曲率与构造变形中挠曲、褶皱等结合起来预测古应力和天然裂缝分布，一般背斜特征定义曲率值为正值，向斜特征定义曲率值为负值。调整曲率属性计算参数能够较为清晰地识别预测中小尺度断裂和微幅度构造，为中小尺度断裂的精细研究提供了可靠的参考依据。大型走滑断裂带两侧常会伴生一系列小断层，同相轴错断迹象不明显，解释难度大，而从 T_7^4 界面曲率属性图[图 7-26(a)，红色箭头标注平面雁列式断层位置]可以看出，走滑断裂旁伴生一系列雁列式断层，从垂直雁列式断层的地震剖面来看，T_7^4 界面表现为不同程度的褶曲变形[图 7-26(b)，黄色箭头标注平面雁列断层对应的剖面褶曲位置]。从地质理论上也能证实这种小褶曲就是断裂的一种响应，碳酸盐岩刚性地层受到外力的挤压变形形成褶曲，在褶曲上应力集中容易产生断裂与裂缝，从而更有利于碳酸盐岩缝洞储层发育。

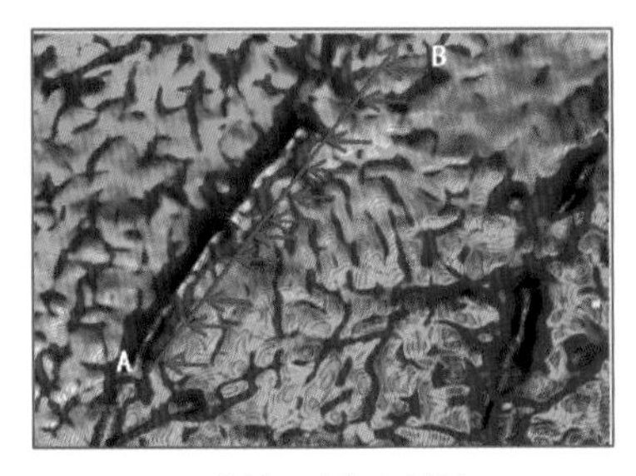

(a)局部T_7^4曲率属性

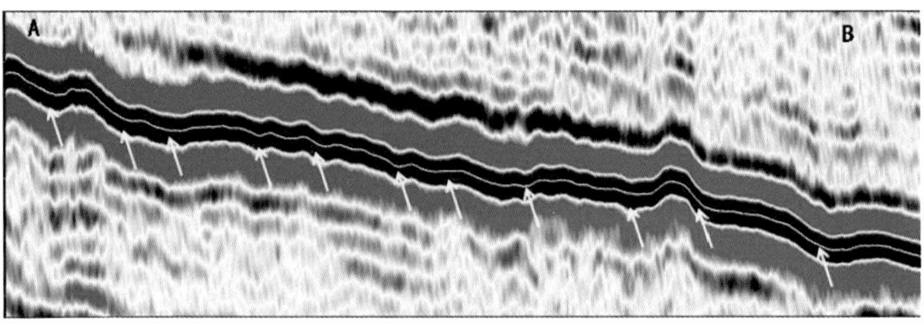

(b)三维任意线地震时间偏移剖面

图 7-26　三维区局部 T_7^4 曲率与地震剖面对比图

4. 小尺度断裂、裂缝检测技术

小尺度断裂在地震上检测难度更大，主要表现为变形较微弱的小褶曲、小的振幅能量横向差异等特征，但小尺度断裂对储层改造和油气沟通有着较为重要的作用，因此，检测小尺度断裂发育特征也是勘探研究不可或缺的重要内容，实际工作中主要采取蚂蚁追踪技术。

蚂蚁追踪技术以蚁群算法为原理，是一种基于种群的启发式仿生算法，能突出地震数据的不连续性，是一种强化断裂特征的属性。在蚂蚁追踪检测结果中，一般会表现为裂缝呈网状分布，错综复杂，这是因为蚂蚁追踪结果会受到地震数据体分辨率的影响而具有多解性，应用中需要结合地震剖面特点，以及其他断裂检测技术进行综合分析判别。顺北地区某三维局部沿 T_7^4 界面沿层蚂蚁追踪属性如图 7-27 所示，密集的小裂缝连续成大的断裂带，与其他方法检测的大断裂保持一致，同时，在大断裂带之间也能检测到发育密集程度不等的裂缝发育带，裂缝密集带与大中尺度断裂关系密切，与地质理论中断裂带附近、多组断裂交汇处裂缝发育相吻合。

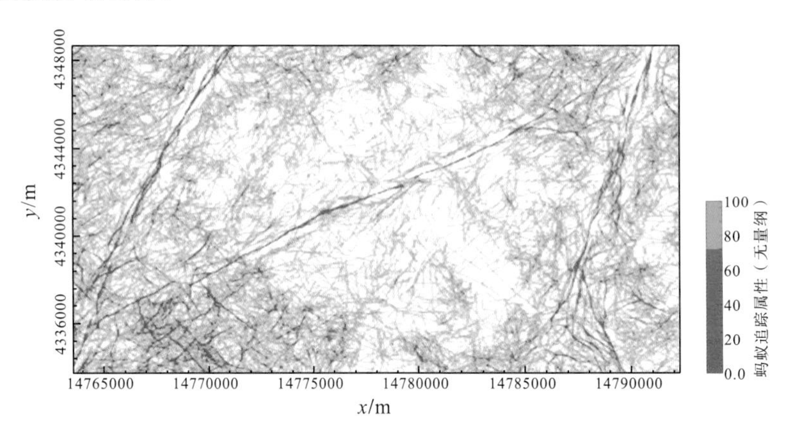

图 7-27　三维区局部 T_7^4 沿层蚂蚁追踪属性平面图

二、储集体分类预测与圈闭描述技术

1. 断控缝洞型储集体分类预测技术

对顺北已钻井对应地震反射特征进行分析后表明，串珠和杂乱反射主要对应走滑断裂带内幕洞穴和孔洞储层，但波形分类和频谱成像技术识别对比表明，地震属性具有多解性，不同地质背景及地震资料品质差异，会导致奥陶系碳酸盐岩缝洞型储层的串珠和杂乱相反射的振幅强弱及杂乱程度有所差异，同一地震属性不能有效描述所有地质背景下的储层特征，但碳酸盐岩缝洞型储层的地震识别思路是一致的。

根据地质和钻井认识，缝洞体边界内储层较发育，而缝洞体外储层不发育。因此，为了更有效准确预测三类储集体发育带在纵向和横向上的变化，首先采用梯度结构张量(gradient structure tensor，GST)属性识别缝洞体的边界。缝洞体边界内部，串珠相以强能量团识别为主，杂乱相以波组不连续识别为主，主要反映断裂带破碎特征。而线性弱反射相则主要反映油气的通道及本身的储集空间特性，地震反射较弱。根据上述分析，本次提交区主要优选瞬时能量、频谱不连续性属性及蚂蚁体属性刻画串珠、杂乱和线性弱反射地震相，通过实钻井分析确定梯度结构张量属性门槛值为47，能量属性门槛值为4.8，杂乱属性门槛值为0.14，蚂蚁体属性门槛值为-0.4。

1）梯度结构张量属性刻画断溶体轮廓

首先，根据地质和钻井岩石物理参数分析，建立断溶体正演地质模型。通过模拟实际的观测系统，炮间距为50m，道间距为50m，CDP间距为25m，采用20Hz主频雷克子波开展基于波动方程的正演，利用正演得到的地震剖面开展断溶体轮廓描述属性优选研究（图7-28）。通过属性对比发现，梯度结构张量属性对断溶体的边界轮廓描述效果最好，首先梯度结构张量属性去掉了地层结构对断溶体边界的影响，其次梯度结构张量属性对断溶体边界识别的精度更高，符合断溶体纵向上的地质特征。

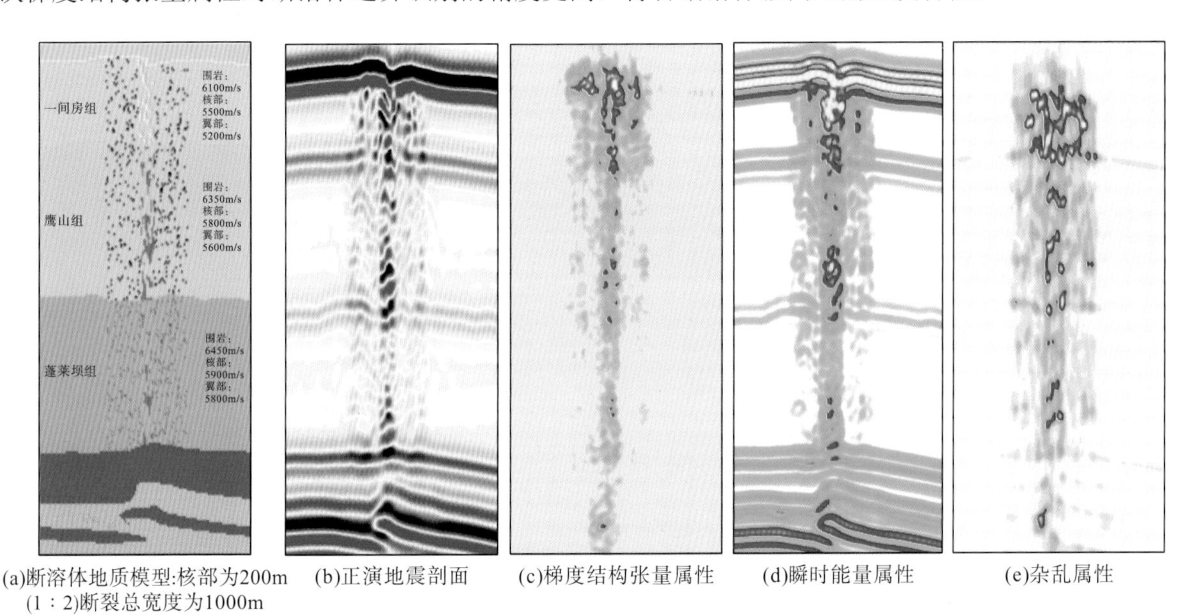

(a)断溶体地质模型:核部为200m（1：2)断裂总宽度为1000m　(b)正演地震剖面　(c)梯度结构张量属性　(d)瞬时能量属性　(e)杂乱属性

图7-28　正演地震剖面不同属性断溶体轮廓识别对比图

梯度结构张量（GST）分析是近年来从图像处理领域引入地震解释中的一种新的属性分析方法。其实质是将地震数据视为图像，通过识别地震图像中的不同结构特征或纹理单元（如层状纹理、杂乱纹理等），而图像中纹理变化实际上代表地质目标中的异常体，如断层、缝洞等。本次研究利用GST处理地震异常体，实现对断溶体边界的刻画。计算过程大致分以下几步：①计算三维地震数据体每一点梯度矢量（方向导数），建立梯度结构张量；②计算梯度结构张量值 $\boldsymbol{T}$；③利用高斯窗对梯度结构张量的每一个成分进行平滑；④计算梯度结构张量的特征值和特征向量；⑤计算GST值对于缝洞体，在三维空间上与邻近地震道有明显反射差异，因此3个方向上的特征值 λ 均不同，由此取其和作为GST的计算结果。其值越大，反映出3个方向的混沌性越强，越有可能是缝洞体的反映。在GST计算结果的基础上进行边界增强处理，可有效刻画出断溶体边界。结构张量属性能较好刻画断溶体空间结构，平面纵向上呈“鸡蛋”结构，“蛋清”是过渡带、“蛋黄”是核部。

同时，在水平井较多的情况下，钻时曲线在进入断溶体边界后，钻时会明显降低。因此，利用钻时曲线标定能较好地表征从围岩到断溶体的变化，从而确定门槛值作为储量起算边界。图7-29中，右侧为顺北1-6H井钻时曲线与梯度结构张量属性标定的结果，可以看出，钻时曲线在7543m处钻时明显降低，与属性边界对应较好。根据顺北三维及顺8井三维钻遇缝洞体井标定结果，确定梯度结构张量门槛值大于47。

2) 能量体地震属性刻画串珠地震相

将经常应用到的地震属性进行了总结，具体如下。

层间能量：识别振幅异常或层序特征，有效识别岩性或含气砂岩的变化；区分整合沉积物、丘状沉积物、杂乱的沉积物等；预测含油气性的常用属性。

瞬时振幅：所选样点上各道时间域的振动幅值即为地震道数据的隐含表示。

瞬时相位：表示在所选样点上各道的相位值，以度或弧度表示。主要用于增强油气藏内的弱同相轴，对噪声也有放大作用，最终成图的彩色色标应考虑结果的周期性。

瞬时能量：为瞬时振幅的平方，具有与瞬时振幅类似的地球物理意义和作用。

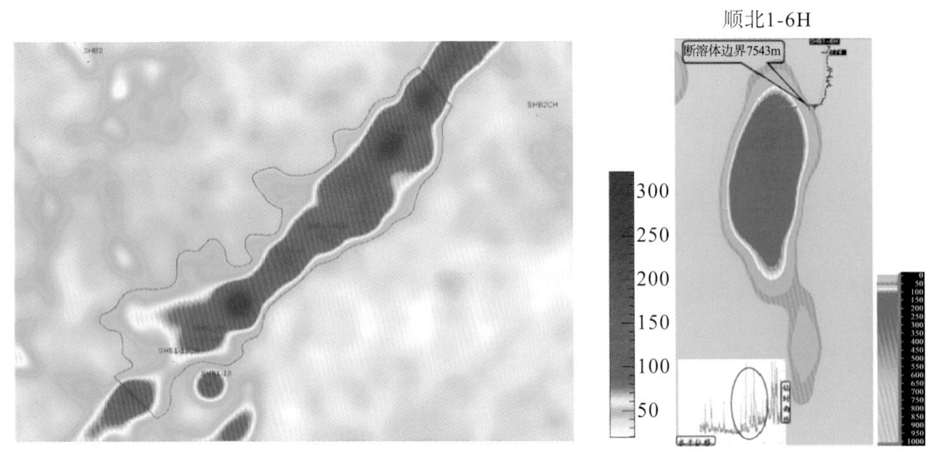

图 7-29　顺北 1-6H 井区 T_7^4 界面下 32～143ms 缝洞体边界刻画图

通过实钻井钻遇串珠相地震反射特征分析，瞬时能量地震属性体对串珠形态刻画效果较好，与地震剖面串珠形态吻合较好(图 7-30)。单井钻遇串珠相边界，发生放空、漏失，在放空、漏失段，能量属性有明显的响应特征，与钻井情况吻合。

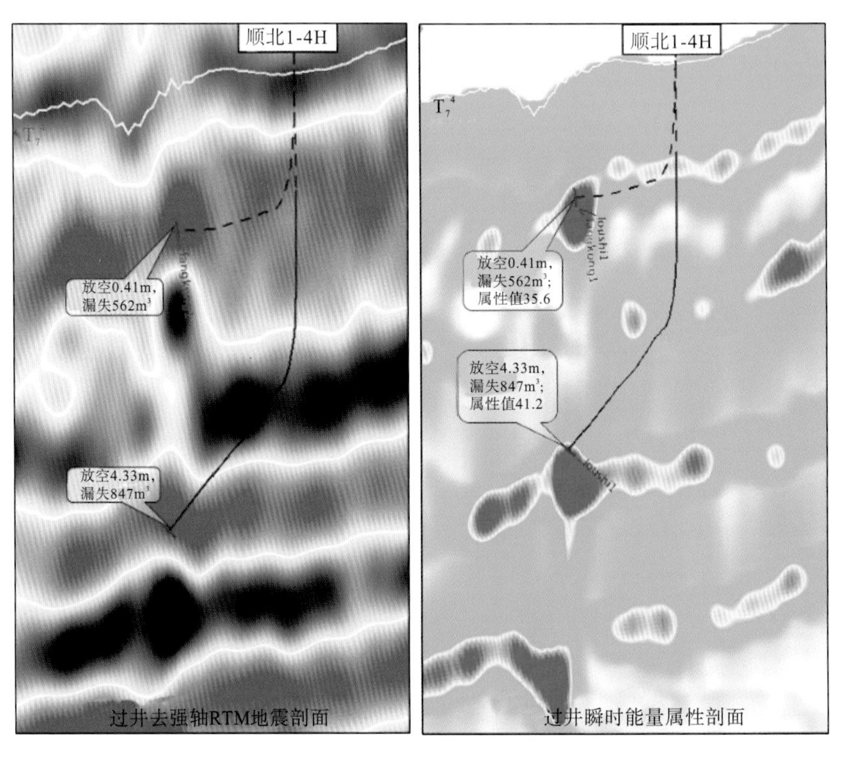

图 7-30　过井地震剖面与能量属性体剖面对比图

放空、漏失点是钻井确定性的储层，因此通过统计研究区内所有钻井串珠相单井放空、漏失点的瞬时能量值，以能量最小值为下限，边界门槛值应该小于此最小值，确定串珠相敏感属性能量体的门槛值为4.8(表7-1、图7-31)。

表7-1 钻遇串珠相单井放空、漏失点能量值统计表

序号	井号	类型	瞬时能量值
1	SHB1	漏失	18.8
2	SHB1-20H	漏失	18.5
3	SHB1-4H	放空	35.6
4	SHB1-4HCH	放空-漏失	41.2
5	SHB1-2H	放空-漏失	5.5
6	SHB1-13CH	漏失	36.1
7	SHB1-11	漏失3	8.6
8	SHB1-14	漏失1	5.2
9		漏失2	16.3
10		漏失3	18.5
11	SHB1-15	漏失	13.9
12	SHB1-16H	漏失	4.8
13	SHB1-8H	漏失1	5.0
14		漏失2	26.7
15	SHB1-17H	漏失	26.0

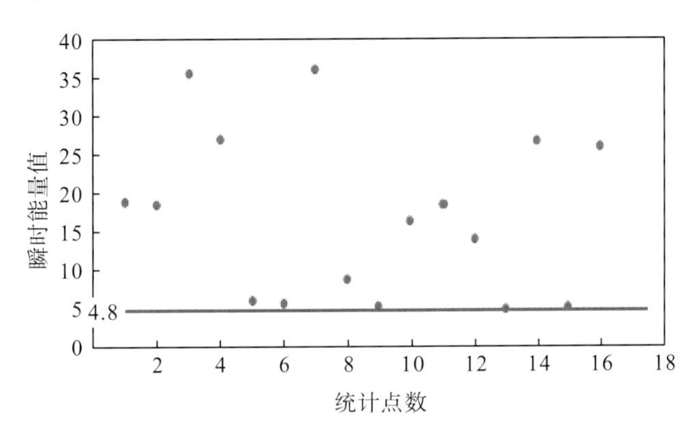

图7-31 钻遇串珠相单井放空、漏失点能量值统计散点图

3)非连续性属性刻画杂乱地震相

杂乱相反射波组在地震剖面上主要表现为不连续特征，杂乱相在地震剖面上都表现为波组不连续的杂乱反射特征，通过属性优选杂乱属性能较好反映出缝洞体内部杂乱强、弱储层分布特征。

杂乱属性在地震信号中估算局部方差的方法。可以应用垂向平滑进行去噪处理，对于边界探测非常有用。滤波长度控制着水平方向上用来估算方差的地震道数，其值越大，地震道数越多，一般情况下，Inline和Crossline方向上的滤波长度设定为同样的值。最大值为11，最小值为1，默认值为3。垂向平滑(ms)：垂向平滑控制了进行水平方差计算的上连通程度。大值(大于80)可以有效减少噪声，但是同时对于边界清晰度的涂抹较为严重。其最优长根据数和目标体的不同而不同，但一般32～64是一个比较理想的起始

值，最小值为0，最大值为200，默认值为15。倾角校正：方向性参数可以添加到差体的计算当中。这应用主成分分析功能(PCA)，而其主成分为倾角估计方法。其值越大，结果越平滑。最小值为0，最大值为5，默认值为1.5。平面可信度控制：倾角度到的算法会沿着某一平面计算方法，并估其相应的倾角的可信度，计算出来的可信度高于所设定值的地方应用倾角督导，低标设定值的地方应用标准的水平方向方差计算方法。杂乱属性可以用于探测边界，如水平向上同相轴振幅的不连续性。如果应用短计算窗口，则杂乱属性对于一些地层沉积特征具有良好反映，如礁相、河道、决口扇等。在碳酸盐岩里能较好地反映破碎带内部的破碎程度。

通过实钻井钻遇杂乱相地震反射特征分析，频谱不连续检测属性对杂乱相的刻画效果较好，与地震剖面吻合较好(图7-32)。单井钻遇杂乱相边界，易发生漏失，测井解释为Ⅱ类储层，频谱不连续检测属性有明显的异常响应特征。

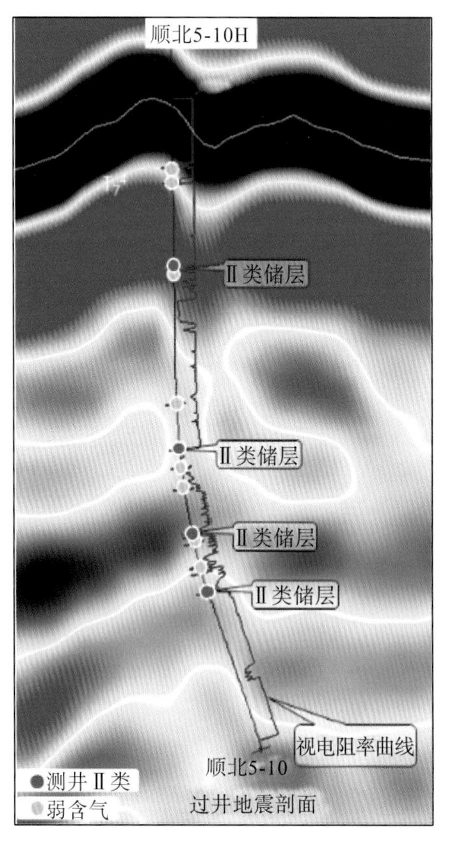

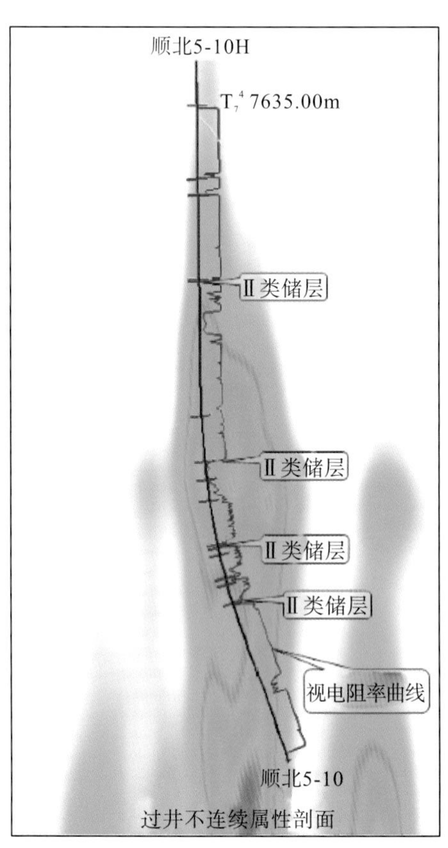

图7-32　过井地震剖面与频谱不连续检测属性剖面对比图

通过钻井漏失段精细标定，统计提交区所有钻井杂乱相单井漏失点的频谱不连续检测属性最小值，边界门槛值应该小于此最小值，确定杂乱相敏感属性的门槛值为0.14(表7-2、图7-33)。

表7-2　钻遇杂乱相单井漏失点频谱不连续检测属性值统计表

序号	井号	类型	不连续检测值
1	SHB1-3	漏失1	0.18
2		漏失2	0.20
3		漏失3	0.23
5	SHB1CX	漏失	0.24

序号	井号	类型	不连续检测值
6	SHB1-10H	漏失 1	0.16
7		漏失 2	0.21
8	SHB1-5H	漏失	0.22
9	SHB1-6H	漏失	0.37
10	SHB1-7H	漏失 1	0.26
11		漏失 2	0.33
12	SHB1-1H	漏失	0.14
13	SHB1-13	漏失	0.15
14	SHB1-11	漏失 1	0.16
15		漏失 2	0.15
16	SHBP3H	漏失	0.24
17	SHB1-9	漏失	0.15

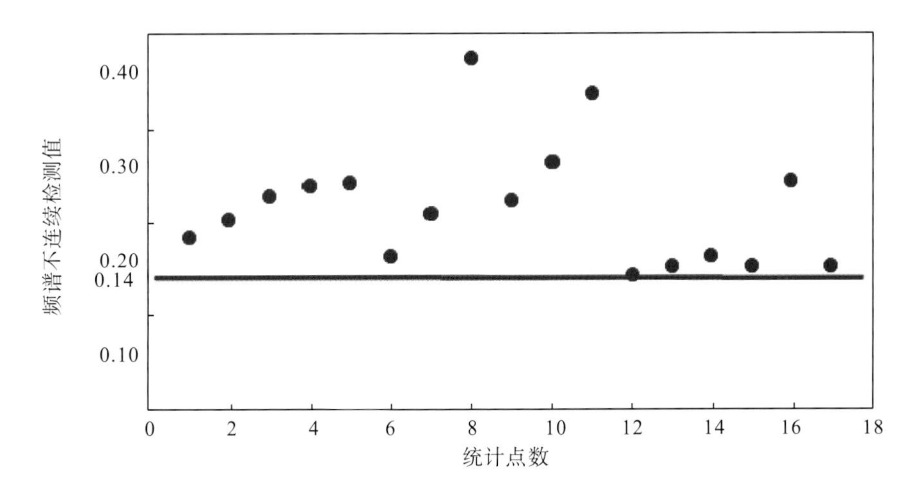

图 7-33 钻遇杂乱相单井漏失点频谱不连续检测值统计散点图

4）蚂蚁追踪属性刻画线性弱反射地震相

蚂蚁追踪技术以蚁群算法为原理，是一种基于种群的启发式仿生算法，能突出地震数据的不连续性，是一种强化断裂特征的属性。蚂蚁追踪技术使得人工地震断层解释有迹可循，能够快速了解区域内断层发育和平面展布，大大降低了人工主观性，并提高了断层解释精度，充实了地质构造细节。在大尺度裂缝预测与描述中，蚂蚁追踪技术能够预测裂缝的平面分布及产状特征。纵向地震剖面上肉眼无法识别的裂缝，蚂蚁追踪技术也可精细刻画，从而为研究区断裂系统的全面认识和后期裂缝储层模型的建立提供资料基础。

蚂蚁追踪基本步骤包括：对原始地震体进行构造平滑，降低噪声影响，增强地震有效反射的连续性；利用构造平滑后的数据生成方差体或相干体，对地震数据不连续点进行探测，并对其进行强化；设计对照试验，优选适合研究区的蚂蚁追踪属性，并提取合理的参数；控制裂缝产状，消除层位痕迹；系统描述研究区裂缝的空间展布特征，交互解释，确定裂缝发育有利区。

蚂蚁追踪技术的关键是确定蚂蚁追踪过程中参数的合理取值，计算涉及的主要参数包括蚂蚁边界、蚂蚁追踪偏差、终止条件。

蚂蚁边界，该参数作为每只“蚂蚁”的控制半径(用样点数定义)，决定“蚁群”的初始分布状态。初始半径是 1 只蚂蚁在 1 次搜索中所能涉及的范围，决定了采样点数。采样点数对运算时间影响很大，同时也控制了蚂蚁的分布密度，密度越大，精度越高。若在某区域内，蚂蚁没有搜索到断层加强值，则该蚂蚁消亡。边界值越大，得到的蚂蚁体越稀疏。由此得出，研究小断裂或裂缝时，蚂蚁边界值要小(3～4 个采样点)；研究大断层时，蚂蚁边界值要大(6～7 个采样点)。当蚂蚁边界值大于 7 或小于 3 时，表征意义不大，不能很好地呈现断裂的发育。

蚂蚁追踪偏差，该参数控制追踪时局部极大值的最大允许偏差，最多只能偏离初始方位 15°(用采样点数 0～3 定义)。蚂蚁追踪过程中不是按照单一直线进行，而是存在一定角度(0°～15°)的搜索面。若在这个搜索面范围内找到了边界加强点，则该信号会以合法步记录下来；若偏差太大，则蚂蚁将不能继续追踪，此时会记录一个非法步。因此，在平面图上看到的蚂蚁追踪线是一条条的断裂趋势线，而不是折线。偏差值越大，蚂蚁前进过程中搜索的范围越大，会搜索到更多的断层加强点来记录成合法步，则蚂蚁追踪剖面越密集。

终止条件，该参数是指每只蚂蚁在追踪过程中允许的总非法步数百分比(0～50%)。当非法步数达到该参数限制值时，蚂蚁追踪停止。该值越大，蚂蚁体越密集。

经参数取值试验，最终确定蚂蚁追踪的参数合理取值。“消极的蚂蚁”参数如下：蚂蚁边界为 7，蚂蚁追踪偏差为 2，终止条件为 5%。“积极的蚂蚁”参数如下：蚂蚁边界为 5，蚂蚁追踪偏差为 2，终止条件为 10%。从蚂蚁体剖面上看，“积极的蚂蚁”追踪出来的断裂更多，且断裂在纵向上更连续，延伸更远。总体上，蚂蚁体计算得到的断裂相对较多，对断裂的识别效果较好，对断裂内部细节刻画较丰富，但是需要进一步去伪存真。

裂缝相在地震剖面上主要表征为线性弱反射，目前单井钻遇裂缝相且有测井解释成果数据的井只有顺北 2 井，因此裂缝相门槛值主要统计了顺北 2 井测井解释III类储层段相应蚂蚁体属性的值(图 7-34)，确定门槛值为-0.4。

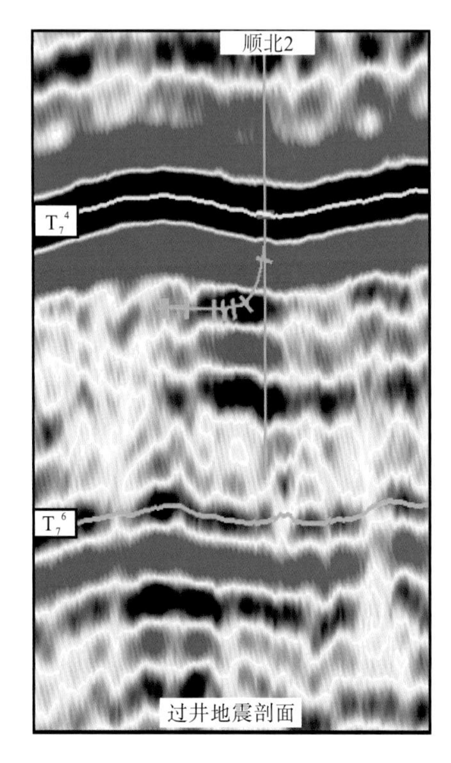

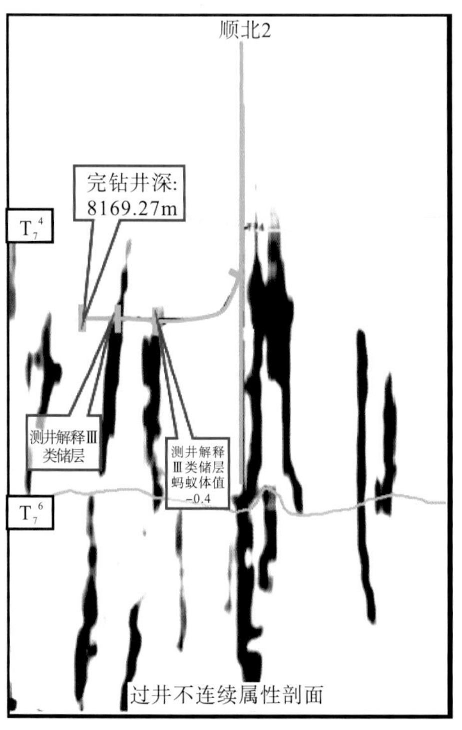

图 7-34　过井地震剖面与频谱不连续检测属性剖面对比图

2. 断控缝洞体圈闭描述技术

顺北地区缝洞体圈闭是指因受断裂带控制，以构造破碎为主，经流体改造形成的缝洞型储集体被致密岩层封盖和侧向遮挡而形成的圈闭，同一断裂带内，在相同或相似应力背景下，具有相同流体作用机制和相似成藏条件的缝洞体圈闭划分为一个三级圈闭。三级圈闭内具有相同的构造样式且储集体连通的次级圈闭，即为四级圈闭。

圈闭评价包括圈闭刻画、含油气性评价、资源量计算及经济评价 4 个方面的内容，其中圈闭刻画是油气勘探中最基础的环节，其可靠性和形态直接影响着探井的成功率及勘探效益。

现有的碳酸盐岩圈闭描述主要基于储层发育控制因素分类、分层系、分区块进行圈闭边界刻画、厚度描述，较多考虑构造分区、断裂分块、敏感属性定边界、能量体描述储层厚度等。这些受层系、构造控制的圈闭描述方法难以满足对缝洞体这种特殊圈闭的描述和刻画。

断控缝洞体的特点和成因决定了走滑断裂体系和溶蚀形成的缝洞体系是圈闭描述的核心，那么与层控碳酸盐岩岩溶缝洞圈闭相比，缝洞体圈闭不再适用层控的描述方式，需要从三维空间角度来进行圈闭描述。下面主要对缝洞体圈闭边界刻画进行论述。

(1) 断裂带分段：走滑断裂带具有剖面、平面样式差异分段的特点，不同段由于应力背景不同，破碎程度不同，储层发育程度也不同，利用趋势面、相干体等技术结合地震剖面断裂样式进行分段，不同段作为缝洞体圈闭在同一断裂带走向上圈闭的边界（图 7-35）。

(2) 储层发育区预测：断溶体包含不同溶蚀程度的缝洞型储集体，在地震上表现为杂乱、异常强反射、空白反射等响应特征，利用重点目的层系振幅变化率等属性，结合钻、测井统计的储层门槛值，划分纵向不同层断裂带两侧储层延伸发育的边界（图 7-35）。

(3) 圈闭边界的空间校验：缝洞体纵横向非均质性强，利用结构张量体刻画的缝洞体轮廓约束 Likelihood 最大似然体检测的断裂破碎带范围，最后与振幅变化率属性刻画的储层发育边界在立体空间交互验证，利用结构张量体和最大似然体重叠区域约束振幅变化率属性综合确定缝洞体纵横向圈闭边界（图 7-35）。

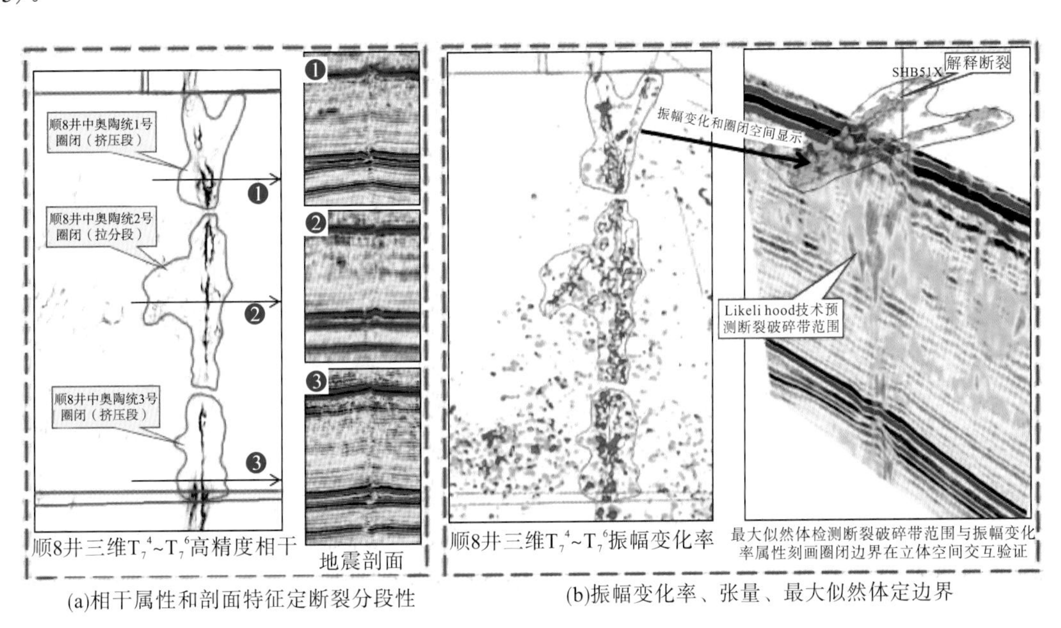

(a)相干属性和剖面特征定断裂分段性　　(b)振幅变化率、张量、最大似然体定边界

图 7-35　断控缝洞体圈闭平面边界刻画方法图

三、量化雕刻与储量计算技术

1. 多属性融合量化雕刻技术

前期虽然也应用多种地震方法对碳酸盐岩储层进行平面展布规律预测，也在洞穴型储层预测上开展过三维雕刻描述研究，但并没有一套非常成熟的技术，能在三维空间全方位分类剖析断控储集体多种类型储层发育规律、空间结构及不同储层相互之间的空间关系，在上述断控缝洞型储集体分类预测的基础上，通过不同类型储集体属性分类预测融合雕刻，建立三维断控储集体空间量化雕刻技术，为断控缝洞系统定量地震描述，储层地质控制因素研究提供指导和帮助。

在洞穴型、孔洞型、裂缝型储集体分类地震相刻画的基础上，应用上述地震属性门槛值，完成相应地震相雕刻，并开展不同地震相雕刻属性融合。以梯度结构张量属性刻画断控储集体轮廓，在此基础上利用瞬时能量属性刻画串珠相(洞穴、主干断裂)，利用不连续性属性刻画杂乱相(孔洞)，利用蚂蚁体或AFE 属性刻画线性弱反射相(主干断裂、裂缝)，最终用“瞬时能量、不连续性属性、AFE、张量”参数开展“三元(洞穴、断裂、裂缝)一体(缝洞体)”综合立体雕刻，建立缝洞体三维构造网格模型，依据洞穴优先、主干断裂次之、裂缝最后的原则，将 3 类储集体融合显示。

通过多属性融合立体显示，可以较细致地描述洞穴、主干断裂、裂缝等各类储层在三维空间上的几何轮廓形态和展布特征(图 7-36)。图中，红色代表洞穴型储层，绿色和蓝色分别代表孔洞型和裂缝型储层。不同类型储层在空间上相互独立，同时又互相关联，符合缝洞体储层发育地质认识。

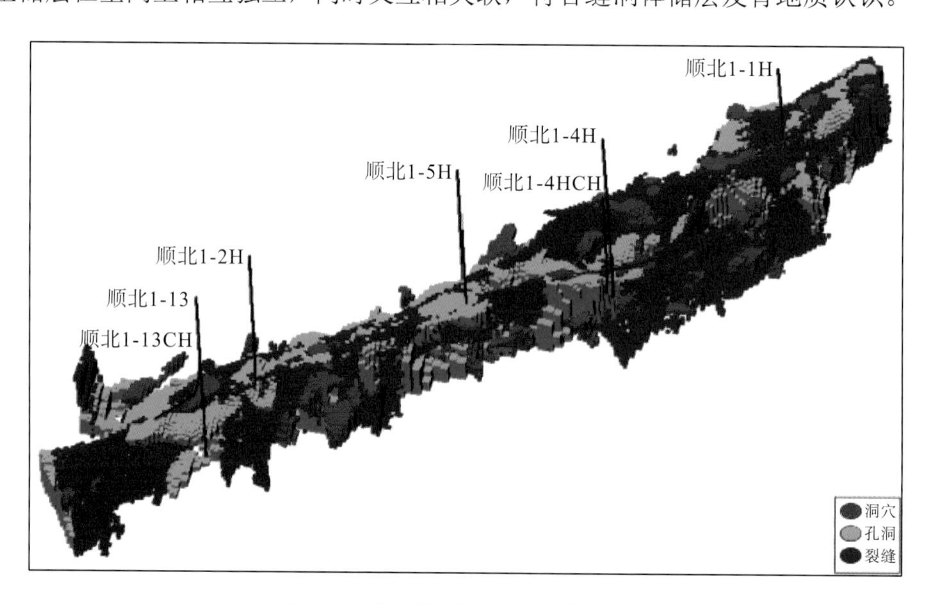

图 7-36　缝洞体储层三维立体雕刻图

2. 储量计算技术

由于断控储集体的特殊性，储量计算方法不采用容积法，而是采用地质建模的地震缝洞雕刻方法，该方法是将地质建模思路引入地震缝洞雕刻中，雕刻流程(图 7-37)如下。

(1)依据保真地震数据体，结合储层井震标定，识别出有效储层的地震反射特征并进行分类。

(2)在地震敏感属性优选与雕刻门槛值测试的基础上，雕刻出不同类型地震相的三维几何形态。

(3)利用不同类型地震相约束地震数据建立断控储集体相控初始模型，开展井震联合地震反演，求取地震波阻抗体。

(4)在单井波阻抗-孔隙度量版建立的基础上，将地震波阻抗体转换成孔隙度体。

(5)在不同类型储层孔隙度范围划分的基础上，利用孔隙度体划分不同类型储层，在地质建模思路指导下，将不同储层类型三维几何形态转变成缝洞体三维几何结构模型，得到缝洞体有效孔隙度地质模型。

(6)依据储量计算单元划分结果，利用分类储层有效孔隙度体求取储量计算单元内不同储集空间的有效体积、含油面积、有效厚度及有效孔隙度，结合储量参数计算地震储量，编制图件。

缝洞体雕刻法实现了地质储量估算从平面到三维空间、从碾平到立体刻画不同储集体类型的储量规模，波阻抗反演孔隙度体约束下的地震异常体更加接近真实的地质体，估算结果更加可靠合理。

前文技术内容中已经对储层分类预测、三维储集体雕刻进行了论述，下面重点针对流程中第(4)、(5)、(6)步中最为关键的相控波阻抗反演、波阻抗-孔隙度量版确定进行论述。

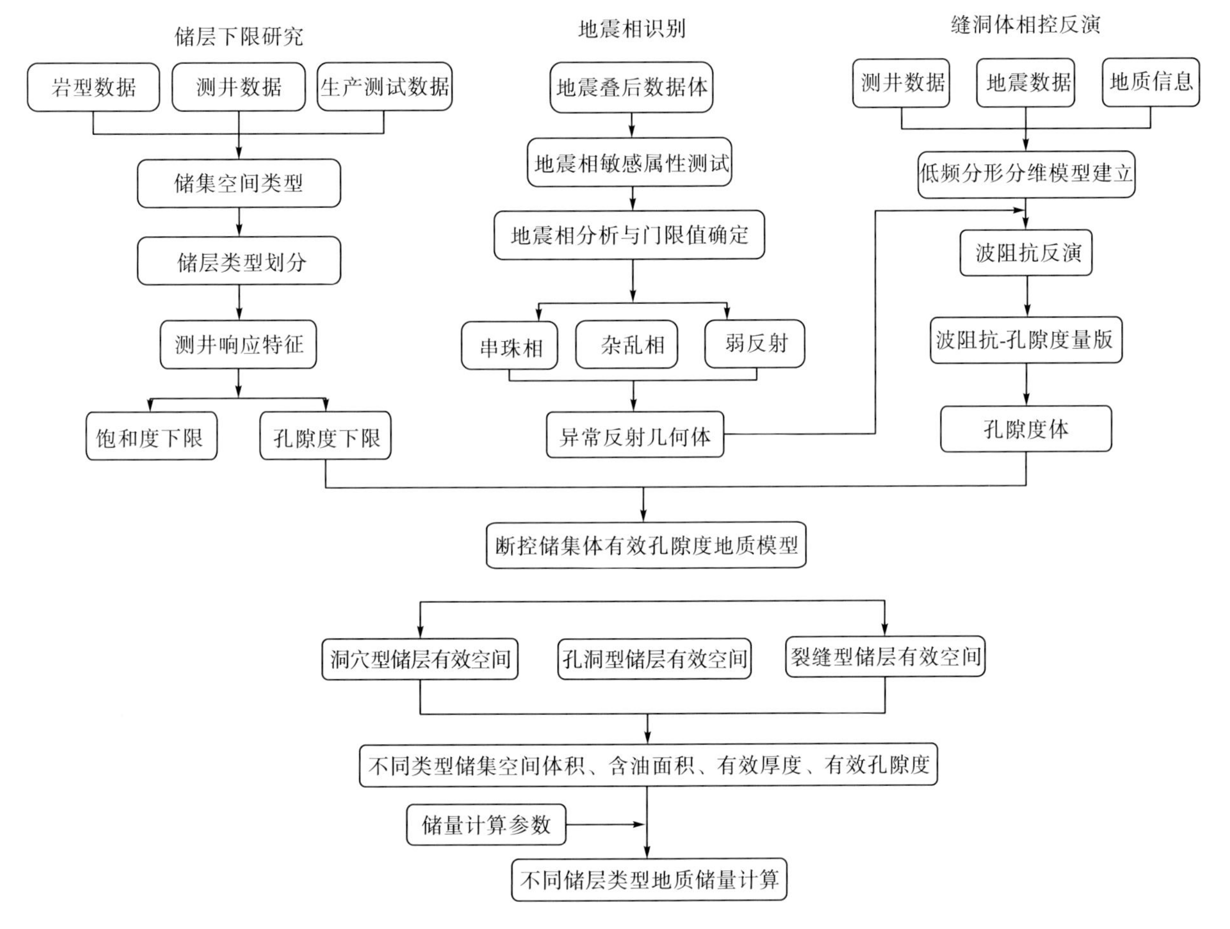

图 7-37 基于地质建模的体积雕刻法研究思路

1)缝洞体相控波阻抗反演

碳酸盐岩缝洞型储层具有超强非均质性，储层段通常由于放空、漏失等钻井异常导致测井资料难以获取，储层特征难以通过测井准确刻画，而顺北缝洞体以杂乱弱反射为主，地震反射强度普遍较弱，常规的统计学反演和以确定性反演在顺北地区效果不佳。经过反复试验，本次储量提交工作主要利用缝洞体相控波阻抗反演技术进行波阻抗反演，进而求取孔隙度数据，为顺北缝洞体体积雕刻计算储量奠定基础。

缝洞体相控波阻抗反演属于基于模型的确定性叠后反演的范畴，其基本思路是以断溶体结构刻画为基础，利用分形分维算法兼顾测井和地震信息，构建断溶体反演初始模型，反映缝洞体空间强非均质性，最终获得缝洞体波阻抗和速度等信息，用以估算断溶体储层参数，总体研究思路如图 7-38 所示。

缝洞体相控反演主要分为断溶体地震相识别、多属性融合断溶体模型建立和基于模型反演 3 个步骤，其中缝洞体模型建立是相控反演的最关键部分。

常规声波反演的方法原理和反演技术以层状介质为基础，其研究目标多是层状储层。碳酸盐岩溶洞型储层具有非规则形态、非均匀散布的特征，常规声波反演技术有其不适应之处。为了解决这一问题，在地震反演过程中使用了缝洞体相控分形建模的方法，可用多次迭代建模刻画复杂形状，其原理如下。

分形插值采用设置插值点法，即已知点 x_1 和 x_2 处的函数值为 $f(x_1)$、$f(x_2)$，则 x 处的函数值 $f(x)$ 可用如下公式计算：

$$f(x)=f(x_1)+\frac{[f(x_2)-f(x_1)]\|x-x_1\|}{\|x_2-x_1\|}+\mathrm{RAN} \tag{7-1}$$

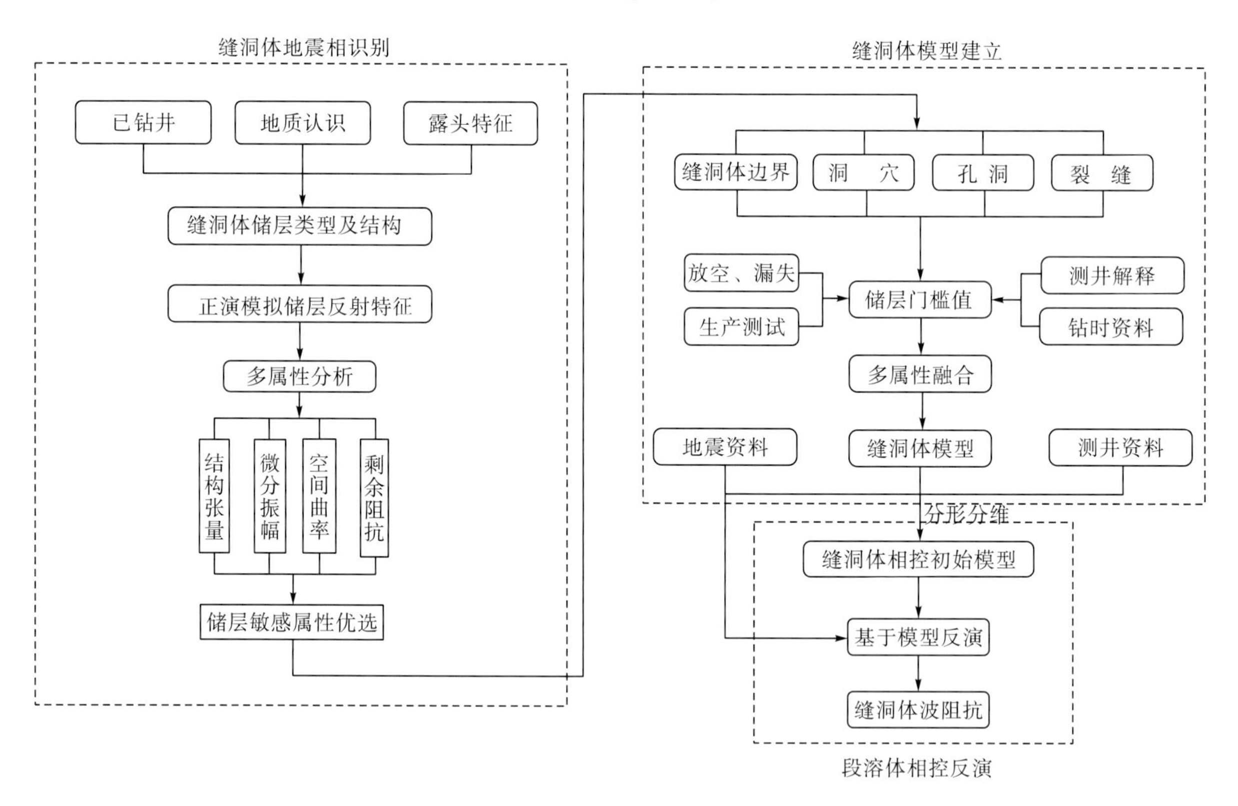

图 7-38　缝洞体相控反演流程图

式中，RAN 为一随机增量，其值为

$$\mathrm{RAN}=\sqrt{1-2^{2H-2}}\|x_2-x_1\|H\sigma G\cdot \mathrm{rate} \tag{7-2}$$

式中，H 为 Hirst 指数；σ为离差；G 为高斯随机变量，服从 $N(0，1)$ 分布；$\|x_2-x_1\|$ 为样本距；rate 为标定系数。

分形建模方法通过横向上根据地震振幅的变化控制模型的微观特征，非常适合顺北地区非均质性很强的碳酸盐岩缝洞型储层，在缝洞体相控建模过程中，要加强地震相控因子，突出缝洞体储层空间不规则强非均质特征，反演初始模型建立时最关键的参数是分形能量值的选取，在分形建模过程中，其值越大，测井曲线数据对内插结果影响越大；其值越小，地震数据对内插结果影响越大。在反演过程中采用的是测井的低频趋势约束，高频信息主要来源于地震数据体，如顺北三维地震资料品质相对较好，因此选取相对较大分形能量(为 0.46)更满足区域背景下的碳酸盐岩缝洞型储层非均质性强的特点(图 7-39)。

顺北地区断控储集体相控反演的具体方法如下：将结构张量属性与已知井的阻抗进行交汇分析，建立结构张量属性与波阻抗体的关系式，利用该关系式把结构张量体转换成波阻抗体，作为波阻抗反演低频模型，再将该低频模型作为约束条件，应用到反演流程中。如图 7-40 所示，最右侧的剖面为结构张量约束得到的相控反演波阻抗剖面，中间的剖面是常规反演得到的波阻抗剖面，通过对比可以看出，常规和缝洞体相控的反演结果中，地层趋势都符合地震展布，但结构张量约束的反演结果更能体现断溶体储层纵向展布的地质特征。

在缝洞体相控反演的基础上，通过实钻井精细标定，得到洞穴型和孔洞型储层的波阻抗值范围，分别描述洞穴型和孔洞型储层。图 7-41 所示为洞穴型和孔洞型储层典型井波阻抗剖面，左图中井钻遇洞穴型储层，右图中井钻遇孔洞型储层。

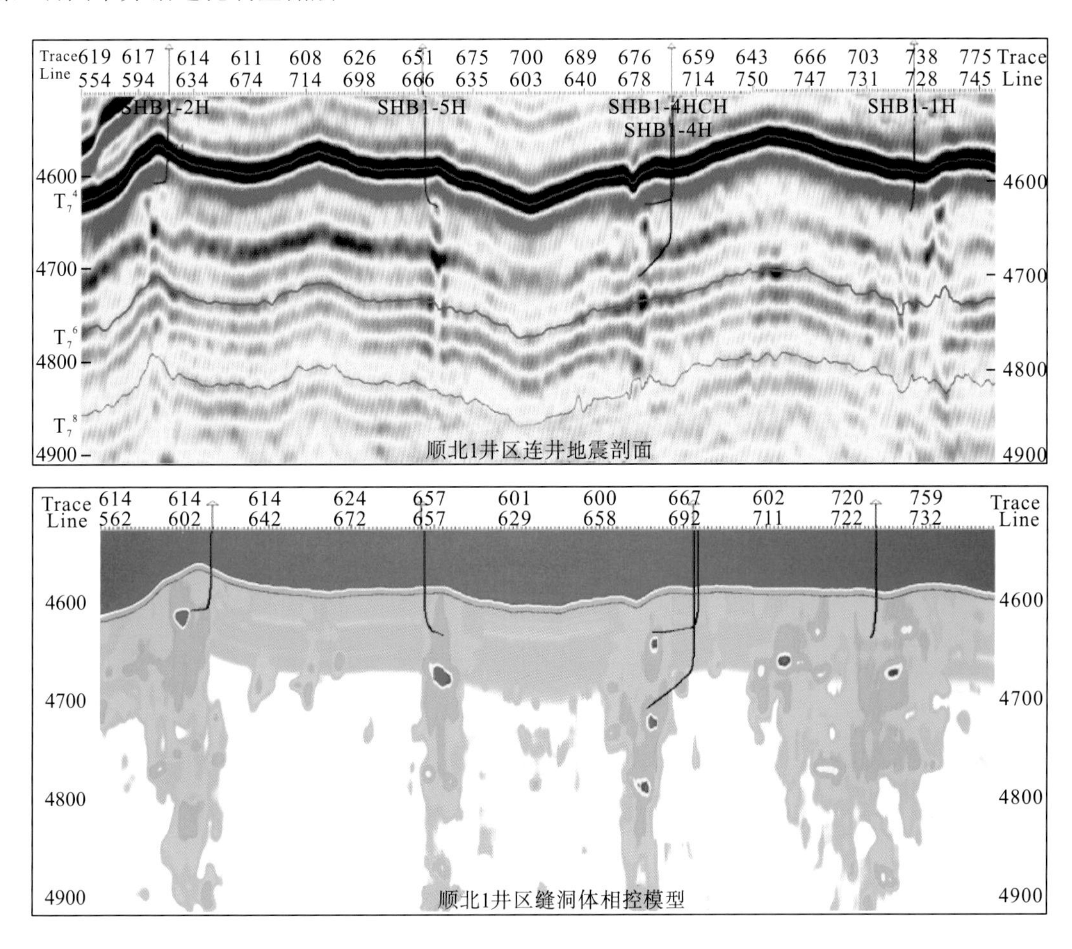

图 7-39 顺北 1 井区典型连井缝洞体相控模型剖面图

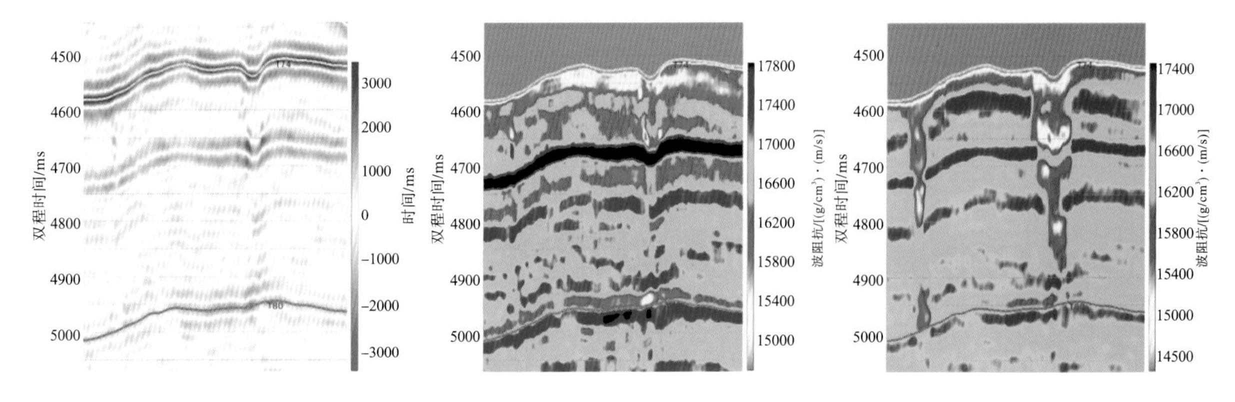

图 7-40 结构张量约束反演剖面与常规反演剖面对比

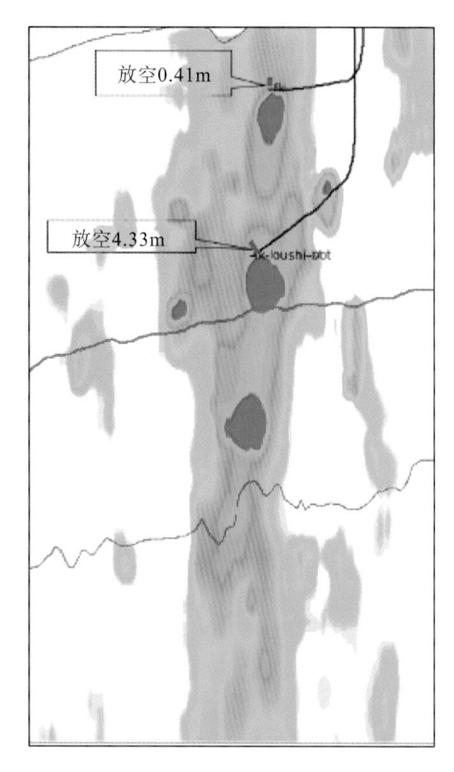

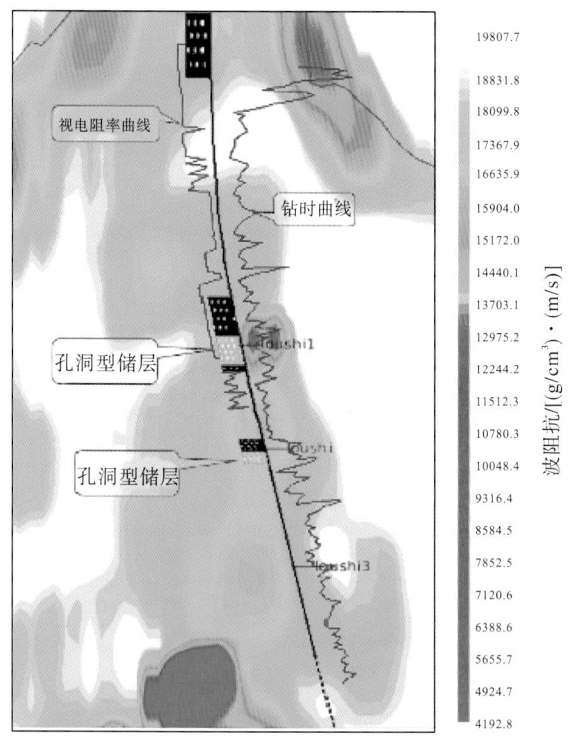

图 7-41　利用不同波阻抗值分别描述洞穴型和孔洞型储层

2）断控缝洞型储集体孔隙度-波阻抗量版确定

在洞穴型、孔洞型、裂缝型 3 类储集体融合的基础上，以缝洞体相控反演得到的波阻抗为统一参数，建立波阻抗-孔隙度量版得到孔隙度体，开展缝洞体储层量化研究。

缝洞体储层的孔隙度主要通过建立孔隙度-地震反演波阻抗模板进行估算。在顺北及塔河地区，针对缝洞型储集体，多数井发生放空、漏失现象，无法获得合格的测井资料并计算得到孔隙度数据，只有少数井获得了实测数据，并应用到波阻抗和孔隙度拟合量版中。

为了验证波阻抗-孔隙度量版的可靠性，本书设计了一组 15 个大小相同的洞穴型储集体的理论模型，洞穴的孔隙度从 0 变化到 100%，洞穴孔隙中流体为油，原始地层条件下，油的速度为 1250m/s、密度为 0.54g/cm^3。围岩为灰岩，根据实钻井测井统计，灰岩速度为 6060m/s、密度 2.7g/cm^3，通过威里（Wyllie）公式 $1/V=\varphi/V_f+(1-\varphi)/V_r$，其中 V 为综合波速、V_f 为油的波速、V_r 为灰岩的波速，算出综合等效波速，从而得到波阻抗值。同时利用塔河与顺北背景相似实钻井和顺北地区实钻井作为样本点，求取不同井的波阻抗值与孔隙度值。利用上述样本点建立顺北地区缝洞体波阻抗-孔隙度量版图（图 7-42），图 7-42 中红色

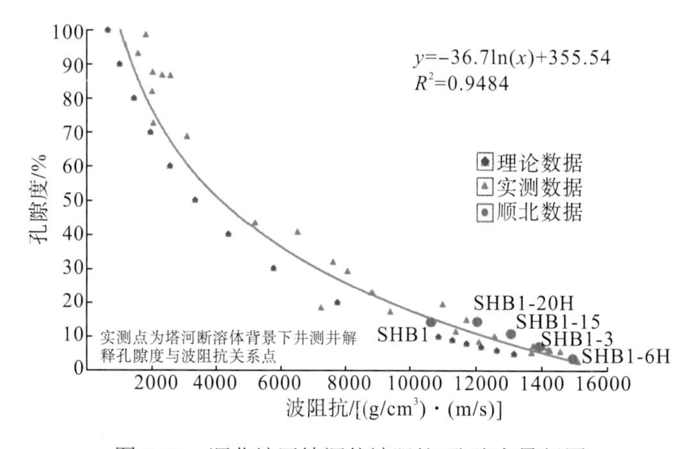

图 7-42　顺北地区缝洞体波阻抗-孔隙度量版图

点为邻区塔河缝洞体钻遇放空、漏失井实测的测井数据点，蓝色点为理论数据点，粉色点为顺北地区实钻井样点。通过正演和已钻井孔隙度与地震反演波阻抗样点值，最后拟合出波阻抗与孔隙度的理论关系式：

$$y=-36.7\ln(x)+355.54$$

式中，x 为地震反演波阻抗，$(\mathrm{g/cm^3})\cdot(\mathrm{m/s})$；$y$ 为缝洞体储层孔隙度，%。

利用获得的波阻抗-孔隙度量版，将波阻抗体转化成孔隙度体。

3）断控储集体量化描述与储量计算实例简析

以顺北 1 号走滑断裂带为目标区，对超深缝洞体空间雕刻及量化描述技术进行应用，并利用储量计算、单井产量及动态储量对量化结果进行验证。

(1)缝洞体边界与不同类型门槛值确定。

根据实钻井水平井段上钻时曲线的变化，选取钻时由高变低明显变化处(经统计分析钻时一般小于 10min/m)作为缝洞体边界(图 7-43)，图中钻时变低点对应的结构张量值确定为门槛值，利用该门槛值刻画缝洞体边界。针对缝洞体内裂缝型储层，根据钻井精细标定裂缝型储层确定 AFE 属性门槛值范围。针对洞穴型和孔洞型储层，利用钻遇洞穴型和孔洞型储层实钻井与波阻抗体进行标定，确定洞穴型和孔洞型储层波阻抗门槛值。

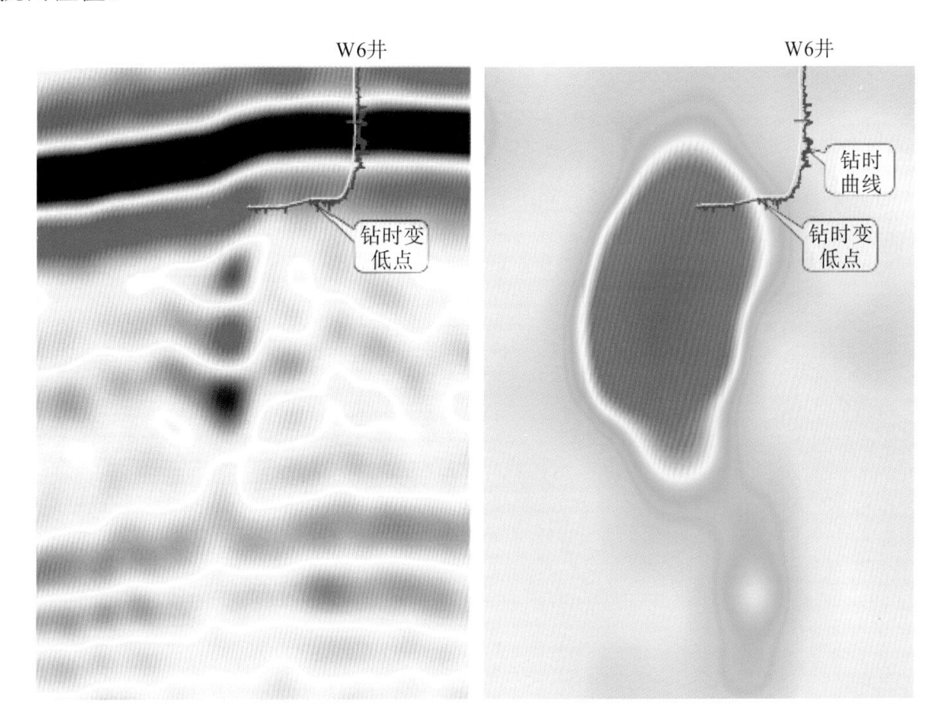

图 7-43　实钻井钻时曲线确定结构张量门槛值

(2)缝洞体储层空间雕刻与储量计算。

在确定不同类型储层属性门槛值的基础上，对不同类型储层进行雕刻，融合得到顺北 1 号断溶体三维立体雕刻模型(图 7-44)。

利用波阻抗-孔隙度量版将波阻抗体转化成孔隙度体。同时测井资料确定的不同类型储层孔隙度范围(洞穴型储层孔隙度范围为$\phi>5\%$，孔洞型储层孔隙度范围为$2\%\leqslant\phi\leqslant5\%$，裂缝型储层孔隙度范围为$0.05\%<\phi<2\%$)。在缝洞体雕刻边界内，分别利用不同类型储层的孔隙度范围值，结合速度体，利用网格积分法分别计算出顺北 1 号走滑断裂带洞穴型、孔洞型和裂缝型储层的有效体积，同时结合含油饱和度、原油密度、体积系数、气油比等储量参数计算储量。

对顺北 1 号走滑断裂带上单井进行了雕刻，并计算了静态储量。同时，利用试井模型，计算了顺北 1

号走滑断裂带单井动态储量。将雕刻法计算得到的静态储量与动态储量(图 7-45)进行对比发现，单井静态储量与动态储量计算结果大体一致，同时 W8 井目前累计产量达到 1.6×10^5t，按照 10%采收率计算，单井储量约为 1.6×10^6t，与试井法和雕刻法计算的储量结果也较符合。

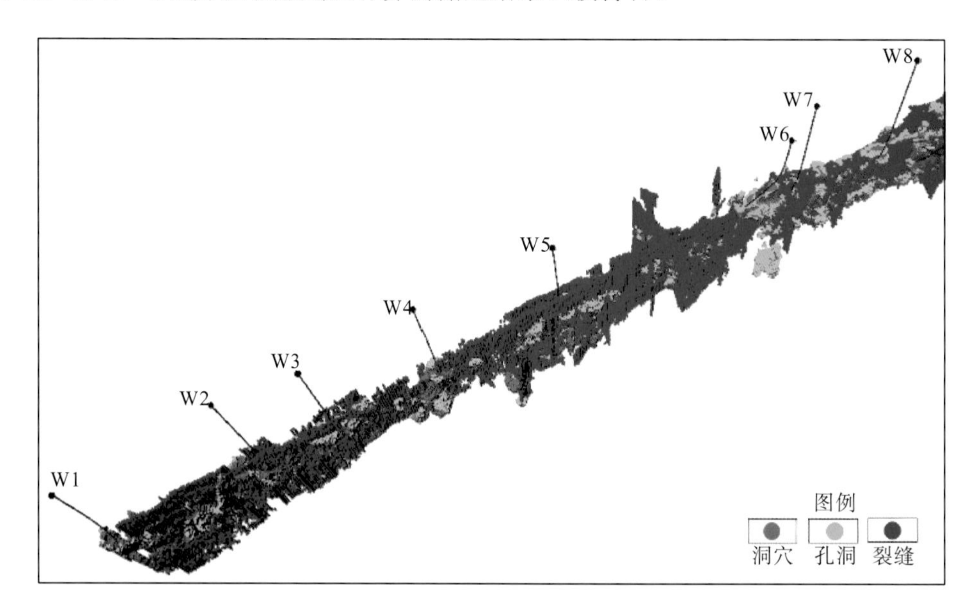

图 7-44　缝洞体三维立体雕刻图

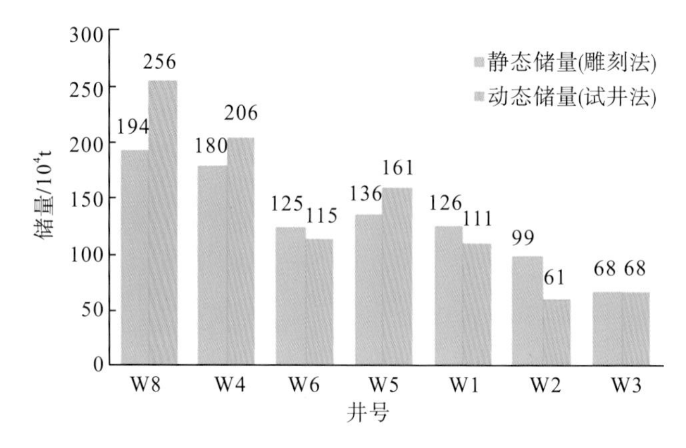

图 7-45　顺北 1 区单井静动态储量对比柱状图

第四节　缝洞体目标优选与效果分析

一、缝洞体目标优选思路

在缝洞体模式指导下，围绕钻井生产高产、久产、稳产目标，以规模储层(大裂隙或洞穴)、储层之间具有较好的连通性为导向，寻找垂向具有多层异常反射+通源断裂发育的地震响应特征作为有利目标区。

针对这种有利的缝洞体目标，形成了“断裂通源、异常多层、断缝连通、围断选异”的目标优选技术，缝洞体目标优选是建立在缝洞体储层预测描述的基础之上的，关键在于断裂带尤其是主断面的预测，核心是在断裂带主断面周围寻找可靠异常反射。

二、缝洞体目标实例及勘探效果

1. 走滑断裂带挤压段缝洞体目标

在顺北5号走滑断裂带北段典型压隆段优选顺北5CX井，该井断裂通源特征清晰，从一间房组顶面（T_7^4地震反射波）到寒武系顶面（T_8^0地震反射波）之间多套奥陶系目的层异常反射发育[图7-46(a)]，鹰山组局部放大剖面可见断裂破碎明显，地震剖面表现为明显的杂乱相[图7-47(a)]，平面属性表现为缝网交织的弱相干特征[图7-47(b)]，钻井轨迹设计过清晰断面兼顾断裂带杂乱相中强串珠状异常反射[图7-47(c)]。该井在一间房组+鹰山组上段酸压测试获高产工业油气流，自2017年7月25日投产至今(2020年6月)已累计产油超过5×10^4t。

2. 走滑断裂带平移段缝洞体目标

在顺北5号走滑断裂带北段典型平移段优选顺北5-4H井，该井从浅到深断裂通源特征清晰，异常反射分布具有多层楼结构[图7-46(b)]，鹰山组局部放大剖面断裂周边表现为杂乱相特征[图7-48(a)]，断裂断面较为清晰，平面属性表现线性弱相干[图7-48(b)]，钻井轨迹设计过清晰断面[图7-48(b)和图7-48(c)]。该井在一间房组断面处发生井漏，自然投产，该井产量保持较为稳定，拓展了顺北5号走滑断裂带北部平移段产建阵地。

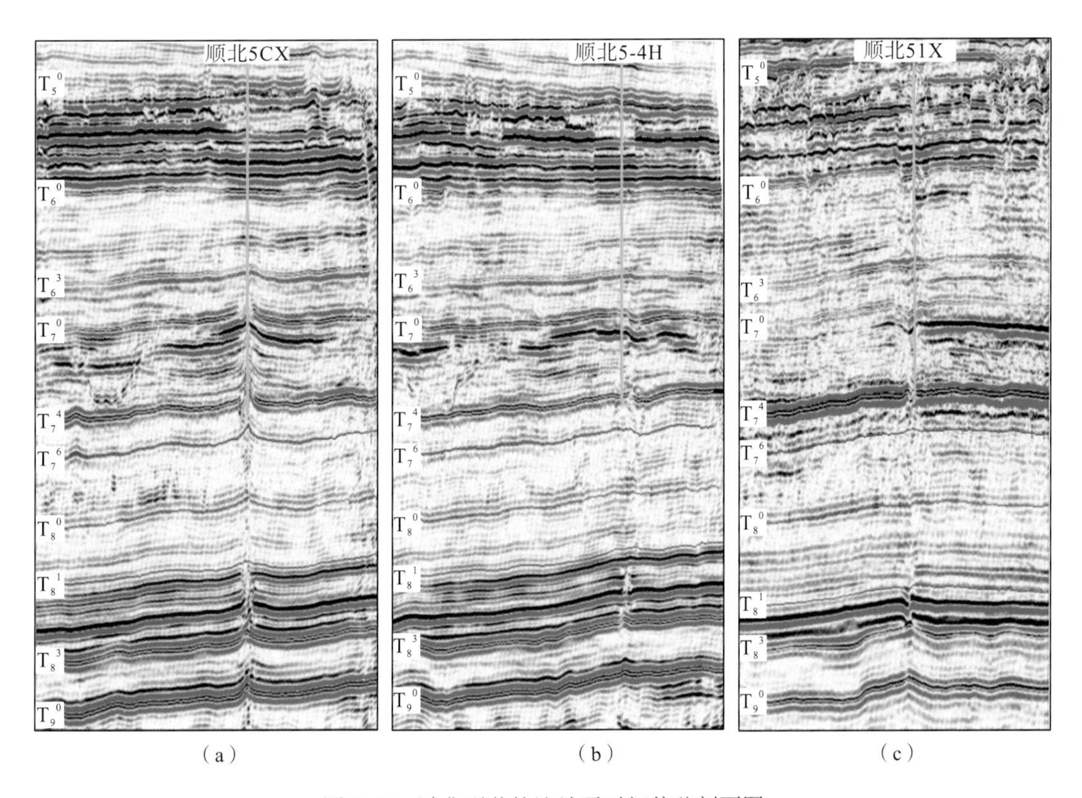

图7-46　过典型井轨迹地震时间偏移剖面图

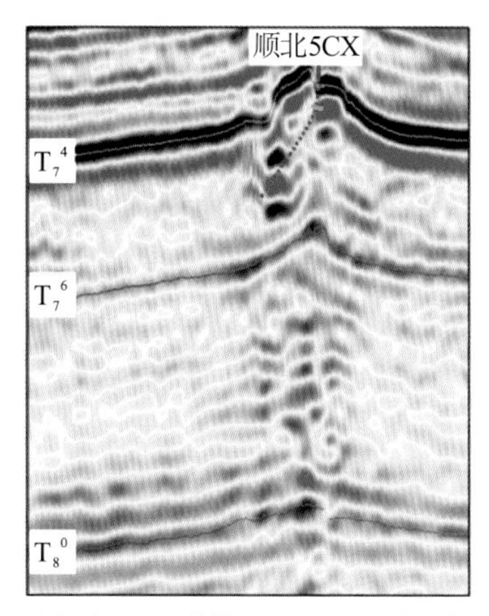

(a)沿顺北5CX井轨迹地震时间偏移剖面

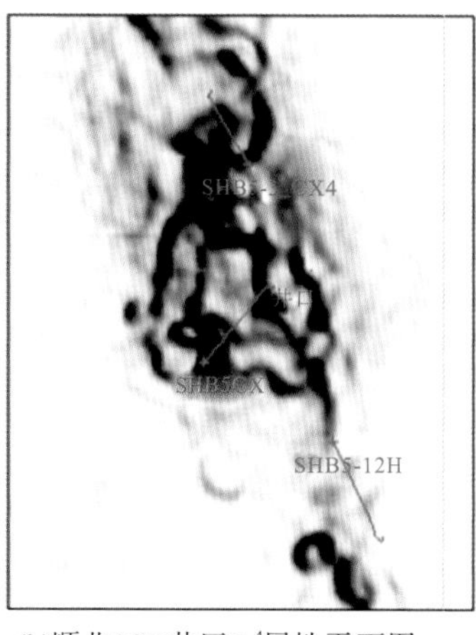

(b)顺北5CX井区T_7^4属性平面图

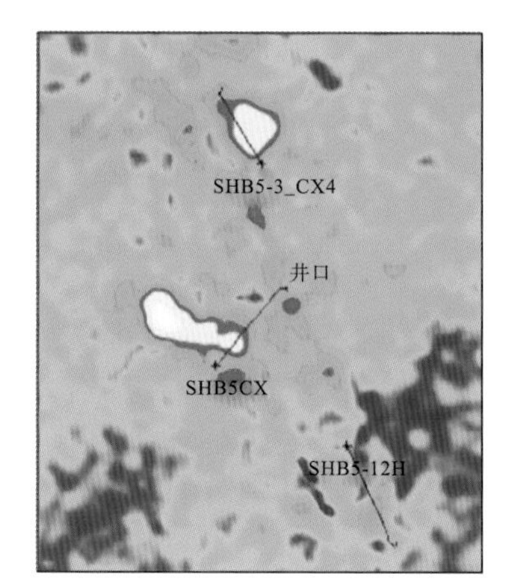

(c)顺北5CX井区T_7^5~T_7^6均方根振幅属性平面图

图 7-47　过顺北 5CX 井轨迹地震时间偏移剖面与目的层属性平面图

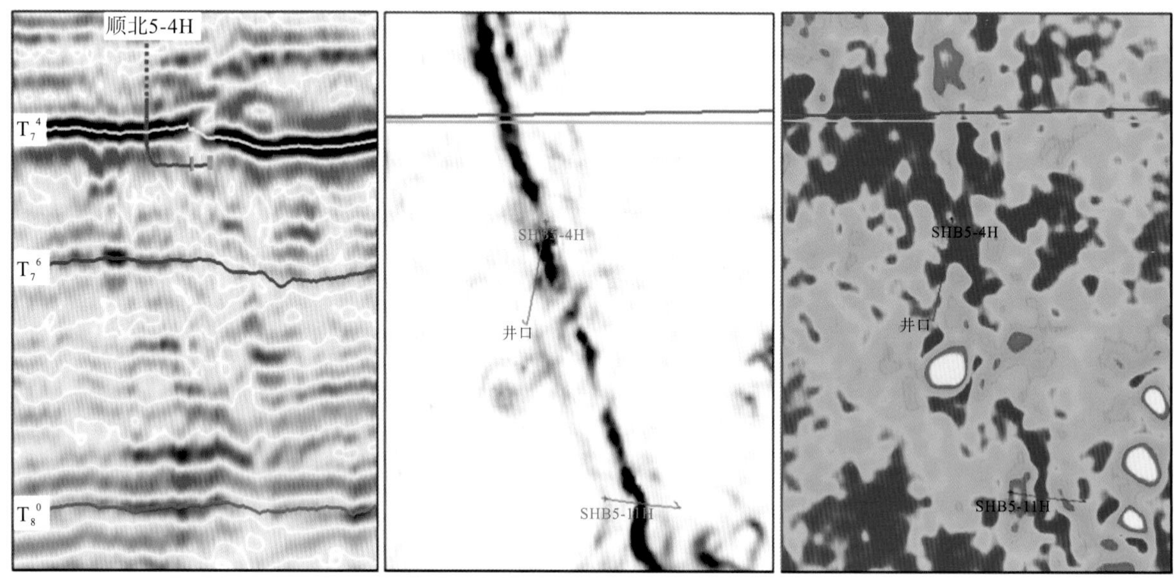

(a)沿顺北5-4H井轨迹地震时间偏移剖面　(b)顺北5-4H井区T_7^4相干属性平面图　(c)顺北5-4H井区T_7^5~T_7^6均方根振幅属性平面图

图 7-48　过顺北 5-4H 井轨迹地震时间偏移剖面与目的层属性平面图

3. 走滑断裂带拉张段缝洞体目标

在顺北 5 号走滑断裂带中段平移段优选顺北 5-4H 井，该井从浅到深断裂成像精度较高，上下贯通性好，通源特征典型，目的层局部放大剖面主断面较清晰，杂乱相中串珠状特征明显[图 7-49(a)]，平面属性表现为明显的线性弱相干[图 7-49(b)]，钻井轨迹设计过清晰断面[图 7-49(b)和图 7-49(c)]。该井在一间房组断面处发生放空、漏失，经酸压测试后获高产工业油气流，自 2018 年 4 月 12 日投产至今(2020 年 6 月)已累计产油超过 5×10^4t。

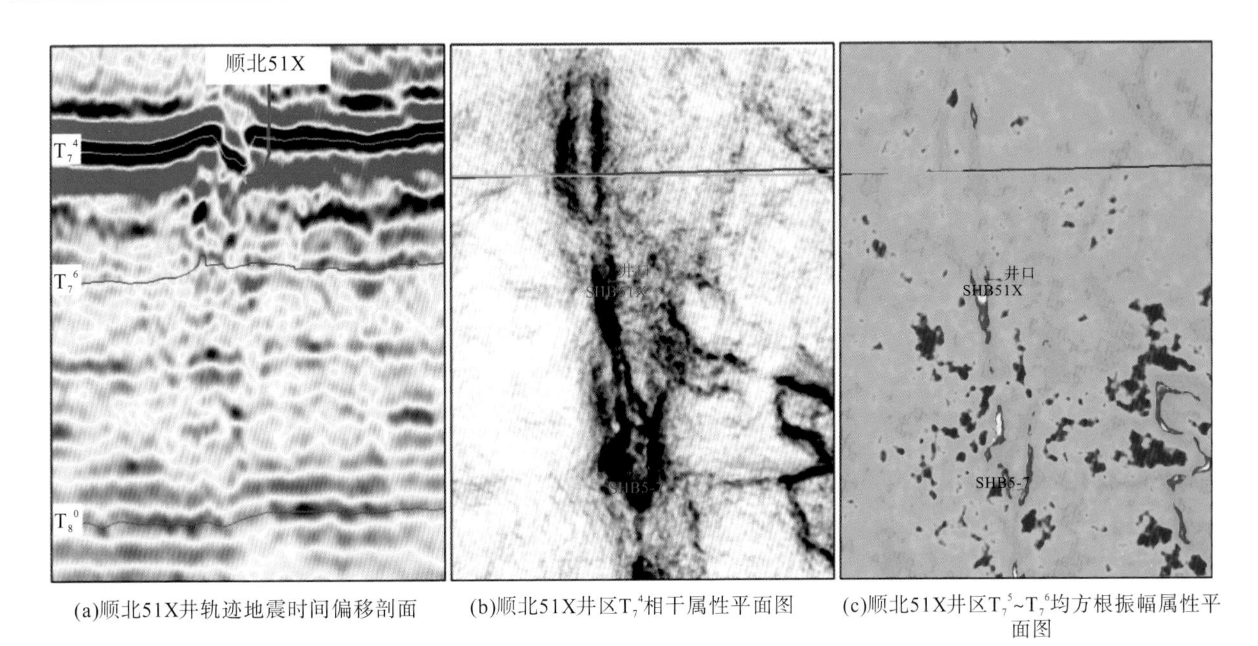

(a)顺北51X井轨迹地震时间偏移剖面　(b)顺北51X井区T_7^4相干属性平面图　(c)顺北51X井区T_7^5~T_7^6均方根振幅属性平面图

图 7-49　过顺北 5-4H 井轨迹地震时间偏移剖面与目的层属性平面图

第八章　顺北油气田发现的重要理论意义和重大实践价值

顺北油气田的发现，是继雅克拉风化壳海相油气勘探突破、塔河油田岩溶缝洞勘探转折之后，塔里木盆地海相碳酸盐岩油气勘探的又一重要里程碑。在勘探目标选择上突破了寻找古地貌风化壳、古岩溶发育区的模式，逐步形成了以逼近烃源岩寻找多种有利储集体的新的勘探思想，创新性地提出断裂“控储、控藏、控富”的认识，确立了盆地内地质历史时期持续低洼部位具有巨大的勘探潜力；通过实践对烃源岩和油区构造解析上有了新的认识，扩展了海相碳酸盐岩储集空间类型，发现了新的圈闭模式，从而完善了盆地含油气系统，丰富了海相碳酸盐岩油气勘探理论，改善了塔里木盆地油气勘探格局。所以，顺北油气田发现具有重要的理论意义和重大的实践价值。

第一节　拓展勘探领域、丰富成藏理论

一、开拓了下古生界碳酸盐岩勘探领域，实现了由古隆起、古斜坡向构造低部位的拓展

塔里木盆地多旋回叠合盆地发展背景下，古生界超深层碳酸盐岩油气成藏条件与富集规律十分复杂，不同地区油气成藏与富集规律差异大。

加里东晚期—海西早期强烈的褶皱变形，形成了大型的隆坳格局，古隆起、古斜坡是过去数十年勘探的重点地区。在沙雅隆起沙参 2 井海相油气突破后，中石化、中石油长期坚持在台盆区下古生界碳酸盐岩勘探，立足古隆起、古斜坡发现了塔河、塔中等以岩溶缝洞型为主的一批油气田，碳酸盐岩岩溶缝洞型油气藏的勘探理论和配套技术趋于成熟。

但是，构造低部位长期未获油气突破，尤其是加里东晚期以来长期处于构造低部位的顺托果勒低隆起区，面积大，构造稳定，目的层长期稳定沉降，埋深大，表生岩溶作用欠发育，储层发育特征不清，油气成藏富集规律不明，制约了勘探评价与突破，长期以来一直被视作勘探的“禁区”。

2013 年以来，围绕构造低部位，立足顺托果勒地区，加快开展构造低部位超深层碳酸盐岩油气成藏研究和勘探关键技术研发，通过多专业融合建立创新团队开展立项攻关，明确了构造低部位岩溶欠发育区具有深大走滑断裂带“控储、控藏、控富”的规律。在创新建立的超深缝洞体油气藏成藏理论指导下，形成了“立足原地烃源岩，沿深大走滑断裂带，寻找晚期原生规模油气藏”的勘探思路，取得了塔里木盆地构造低部位顺托、顺南、顺北等一系列重大油气突破，揭示了碳酸盐岩新类型油气藏——超深缝洞体油气藏(图 8-1)，指导发现了十亿吨级、国内仅有国际少有、世界商业开发最深的油气田——顺北油气田，实现了塔河之外实质性油气突破，为西北油田长远发展奠定了基础。

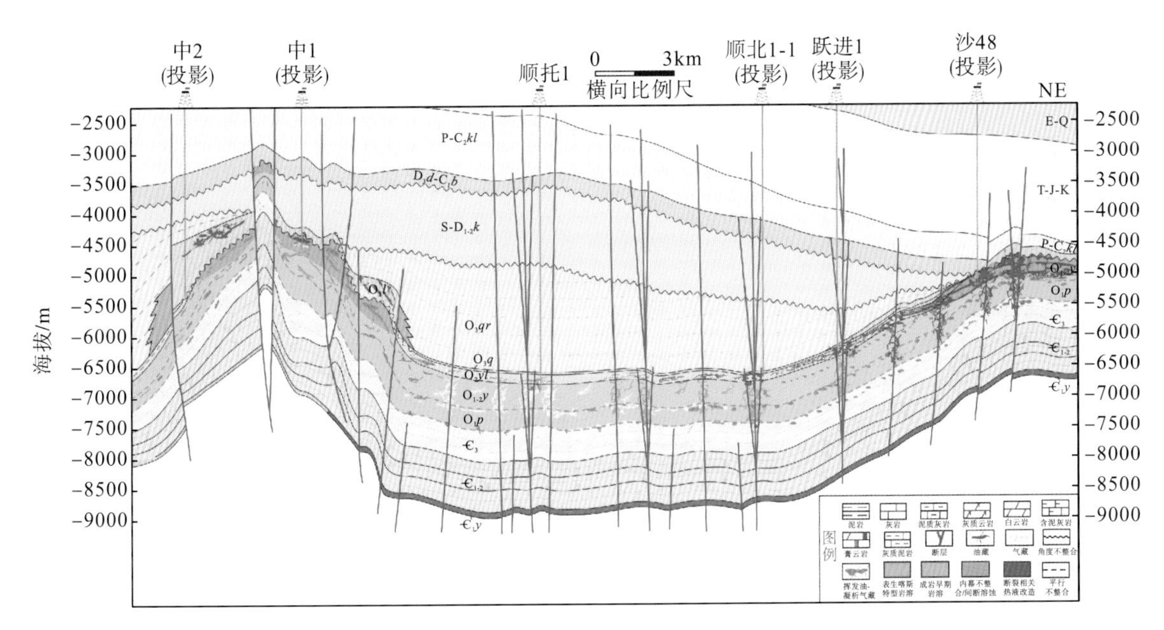

图 8-1 塔中—顺北—塔河地区奥陶系油藏发育模式图

二、提出了新的储集体与油气藏类型，丰富了海相碳酸盐岩成储成藏理论

以构造为主要成因的断控裂缝-洞穴型储集体是顺北超深断控缝洞型油气藏的典型特征，是分布在岩溶欠发育区、沿断裂带发育的一种新类型储集体。它的提出，突破了碳酸盐岩传统四大类型储层（生物礁、颗粒滩、白云岩、风化壳）与断裂带难以形成规模储集体的固有认识。其主要的形成机制以走滑断裂带的构造破裂作用为主，叠加埋藏流体的改造作用，形成了不受构造埋深控制的规模储集体（图 8-2），有效储层埋深延深至 8500m 以下，拓展了超深层的勘探潜力，丰富和完善了海相碳酸盐岩油气成储、成藏理论。

通过实测孔隙度与渗透率也反映出断裂带之外岩性均属于低孔低渗特征，主要依靠构造运动及破裂作用对储集空间进行改善，实钻沿断裂带部署大量钻井中普遍钻遇放空、漏失也揭示了断控缝洞型储层，断控储集体沿断裂带分布，横向宽度窄（小于 2km），纵向发育深度大（大于 510m）、连通性好（大于 2km），岩心观察亦可识别顺北地区奥陶系主要发育四种类型裂缝：成岩缝、沥青充填高角度裂缝、方解石充填高角度裂缝及低角度-近水平缝，除充填外均可形成良好的储集体及油气运移的有效通道。

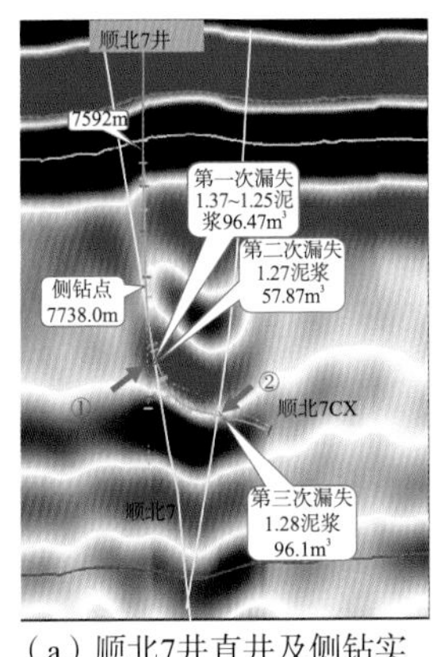

（a）顺北7井直井及侧钻实钻轨迹及标定

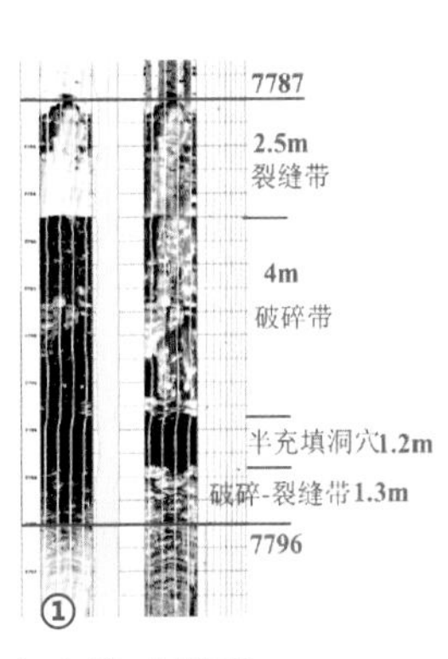

（b）第1个断面成像测井特征

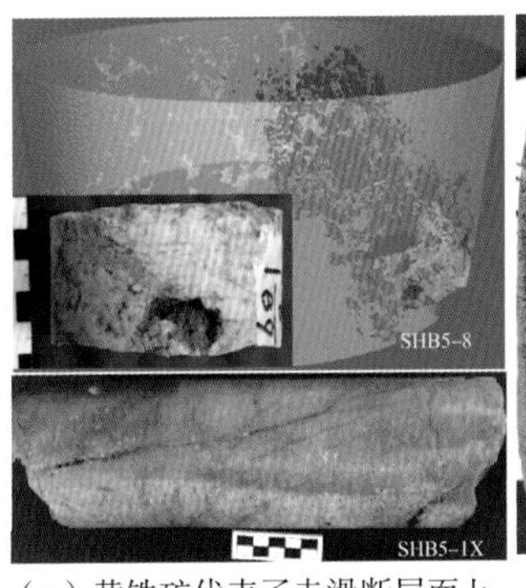

（c）黄铁矿代表了走滑断层面上初始流体-演示相互作用的产物

（d）裂缝破碎严重一侧，流体改造更强烈，孔隙更发育，流体改造呈现典型的非均质性。

图 8-2 顺北地区断控缝洞型储层特征

三、拓展了油藏保存下限深度，深化了超深层海相碳酸盐岩油气藏形成演化认识

顺北地区超深断控缝洞型油气藏勘探实践证实了在埋深接近 8000m，仍获得保存良好的优质轻质原油。顺北地区温度场与烃源岩热演化表明寒武系玉尔吐斯组烃源岩热演化主要受压力和温度控制。

以南北向贯穿顺北地区的顺北 5 号走滑断裂带为例，顺北 5 号走滑断裂带经历了加里东晚期、海西晚期—印支期油气充注，主要成藏期为海西晚期。塔里木盆地晚期属于冷盆，平均温度梯度小于 2℃/100m，顺北 5 号走滑断裂带钻井温度和实测温度表明，深部温度梯度平均为 1.55℃/100m，且埋深增大，温度梯度呈现逐渐降低的趋势。在主成藏期——海西晚期，烃源岩温度由北往南逐渐升高，分布在 150～181℃，在封闭体系(长期稳定构造环境)大埋深、高压力(流体压力大于 60MPa)背景下，烃源岩的演化程度比正常演化低 0.5%，实际对应的热演化程度 R_o 为 1.15%～1.8%，北段处于生油阶段，南段处于生凝析油气阶段(图 8-3)，与北段为轻质油藏、中段为挥发性油藏、南段为凝析气藏的油藏特征完全对应，表明高压与较低低温场控制了油气热演化与现今油藏分布规律。

顺北较低温度场不仅利于寒武系玉尔吐斯组烃源岩晚期生油，还非常利于超深层油气的保存。油气保存主要受温度控制，原油裂解的温度主要为 160～200℃，低于 160℃原油基本不会裂解，而高于 200℃时，原油基本裂解完。顺北地区油藏埋深普遍超过 7400m，断裂带奥陶系地层埋深 7840.3m 处仍见到保存完好的原油，未见到明显裂解的原油。参考 200℃为原油裂解下限，顺北地区超深部的下奥陶统蓬坝组和埋深近万米的寒武系地层仍可能存在液态石油资源。

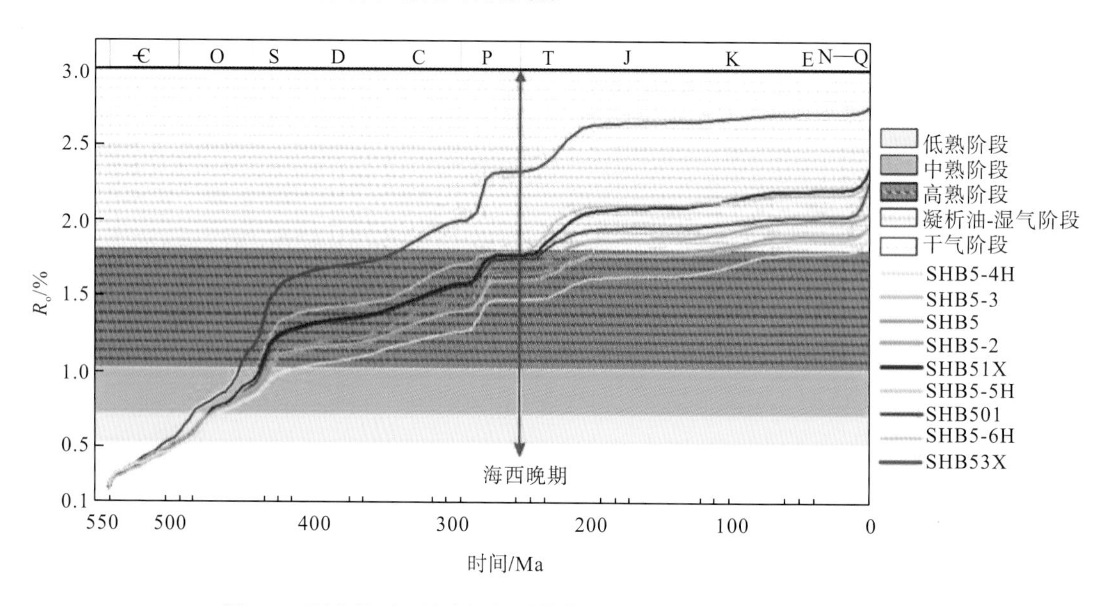

图 8-3　顺北地区 5 号走滑断裂带典型钻井玉尔吐斯组成熟度演化

第二节　对技术进步推动的意义

一、建立了“三分六定”超深走滑断裂带及缝洞型储集体分类识别预测技术

顺北油田缝洞体勘探实践表明，断裂带是控制储层发育的关键因素，断裂带的精细解释与描述至关重要，从钻井揭示情况来看，依据储集空间不同，缝洞体内幕储层具体可分为洞穴型、断裂型、裂缝型 3 类。基于此，建立了“三分六定”超深走滑断裂带及缝洞型储集体分类识别预测技术。

现有地震资料构造研究中，断裂带解释分析是以构造地质学理论为指导，更多地依据地震反射波波组特征变化，强调断距在解释中的作用，但走滑断裂带垂向断距小，错断特征不清晰，解释难度大，断

裂带位置的解释忽视了走滑断裂样式差异明显、内部结构、与岩溶配套的规模储层响应等内容的评价。通过反复实践与总结，形成了超深走滑断裂带“定地质模式、定地震响应、定活动期次、定强度级别、定组合类型、定储集规模”的精细解释描述“六定”技术(图8-4)，为区域断裂带综合评价提供了系统的技术指导。

缝洞体储层的分类特征要求预测需要考虑对储集体边界(断裂带包络面)及内部结构两个方面进行刻画描述。在储层预测敏感参数反复优选与测试中，建立了梯度结构张量刻画缝洞体边界，振幅变化率、相控波阻抗反演技术预测洞穴型储层，不同门槛值约束下的倾角、曲率、AFE 属性识别预测断裂、裂缝型储层的技术组合。

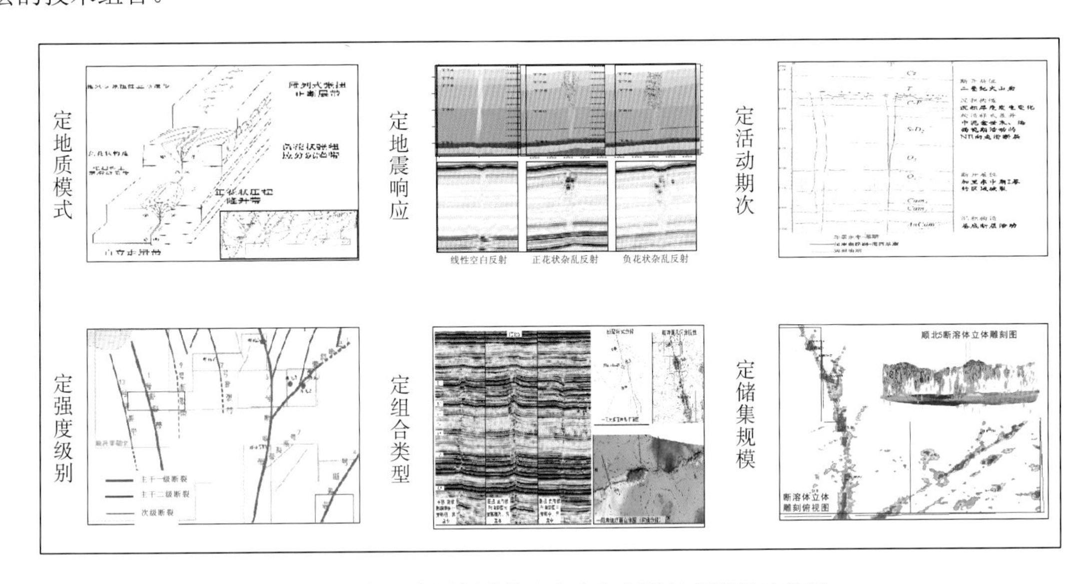

图8-4　超深走滑断裂带“六定”解析技术流程示意图

二、形成了断控缝洞体定量雕刻技术

根据钻井、测井及岩心资料分析，缝洞体主要储集空间类型为洞穴、孔洞及裂缝。通过模型正演和实钻井分析，洞穴型储层主要对应串珠状反射，孔洞型储层主要对应杂乱反射，裂缝型储层主要对应线性弱反射。通过从岩溶缝洞型到断控缝洞型储层量化描述的持续研究，形成了断控缝洞体定量雕刻“五步法”技术(图8-5)。

第一步：井震标定——定响应，通过三维地震资料统计分析，对于目的层储层的地震反射特征主要表现为串珠相、杂乱相、裂缝相。

第二步：属性优选——分类型，应用地震属性及门槛值，完成相应异常反射体雕刻，实现地震相分类空间刻画。

第三步：相控反演——建关系，通过井震联合分形分维相控建模，建立低频信息趋势约束下的岩溶相控模型，加强地震相控因子，突出岩溶缝洞型储层空间不规则强非均质特征。

第四步：量化表征——求孔隙，通过参数反演，搭建地震异常与地质体桥梁，确定孔隙度与波阻抗之间的关系。

第五步：三维雕刻——算体积，基于孔隙度体，利用不同类型储层孔隙度门槛值，分类雕刻洞穴型、孔洞型和裂缝型储层，从而计算出储集体有效体积。

断控缝洞体定量雕刻“五步法”已成功推广到邻区及深层领域，该方法得到了全国矿产储量委员会的认可，并在油田实际应用中形成了一套碳酸盐岩缝洞型油藏储量计算的技术系列及标准规范。

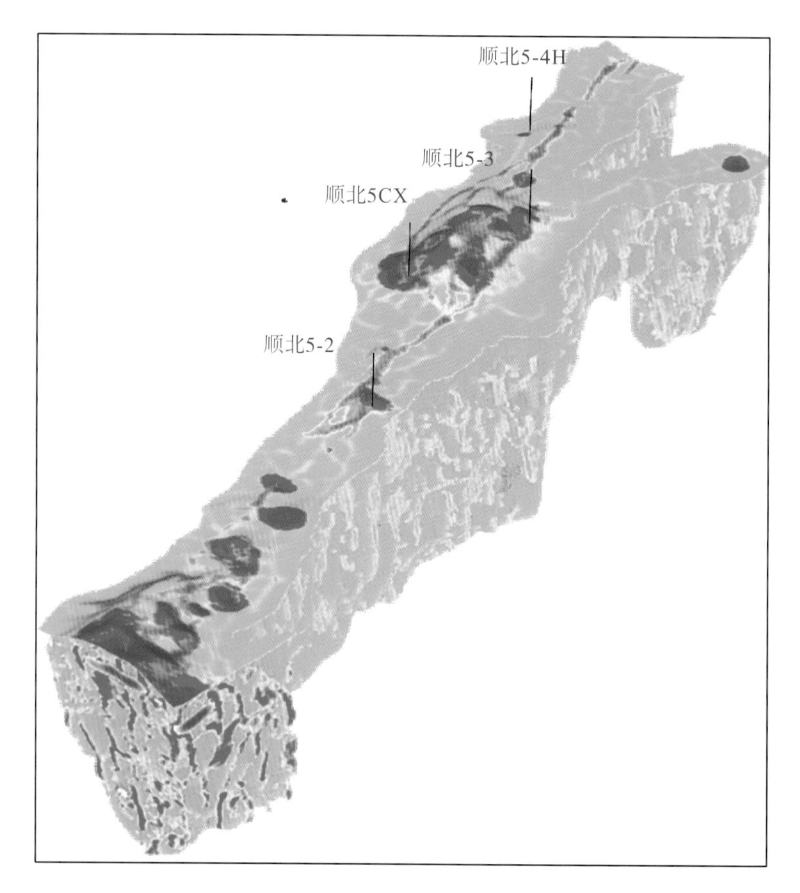

图 8-5　顺北 5 号走滑断裂带缝洞体不同角度储层分类融合三维雕刻立体显示图

三、形成了深井超深井钻完井技术

顺北地区自然环境恶劣，地质结构复杂，存在超深、高压、高温等世界级难题，再加上井漏、井塌等复杂情况时有发生，随时威胁着钻井施工安全。

深井超深井钻井技术突破了钻井提速和安全钻井技术瓶颈，钻井提速提效技术取得重要进展，钻井实践中多次刷新“亚洲第一深井”钻井纪录。一是建立了钻井地质环境因素描述和优化设计方法，形成了复杂地层优快钻井配套技术，具备 8000m 以上超深复杂地层超深水平井轨迹设计及控制技术支持能力；二是攻关形成井身结构优化技术、分层提速技术、易漏地层防漏防塌技术、低承压地层穿漏技术、奥陶系破碎地层防塌技术，钻井周期大幅度下降超过 30%；三是开展了低承压长裸眼固井技术研究，以及抗高温 185℃ MWD 研发与现场试验，在循环温度(175℃)实现了水平井定向钻进。

形成超深水平井、大位移水平井完井关键技术，具备垂深 7500m 超深水平井和位移 5000m 大位移井完井设计与技术支持能力。一是特殊储层改造技术研制了耐高温交联酸体系、多级分段压裂工具及配套工艺，形成了高效酸压技术对策；二是明确了地应力场分布特征及对裂缝扩展的影响，提出了提高主缝+复杂缝压裂参数增强体内连通、分段连通体间、复合酸液构建导流的酸压增产思路，形成针对性高效酸压技术对策；三是研发了形成耐温、缓蚀均达到 160℃交联酸和缓速自生酸的体系，提高缝长与远井导流能力；四是形成了 180℃高黏、可加重、低摩阻压裂液，提高了净压力；五是优选出耐温(160℃)可降解纤维体系，暂堵压力达到 15MPa 以上；六是初步优化形成了主缝+复杂缝酸压工艺，增大了沟通距离，扩大了改造范围。

第三节　促进区域经济发展、确保国家能源安全

顺北地区特深缝洞体油气藏的发现是近年来塔里木盆地油气勘探的重大突破。顺托果勒地区呈现出近 $2.8\times10^4km^2$ 油气勘探前景，极大地拓展了塔里木盆地的资源潜力。对于推动区域经济发展、确保国家能源安全具有重要的现实意义。

据测算，顺托果勒地区 18 条北东向走滑断裂带控制的含油气面积为 $3400km^2$，油气资源量达 17×10^8t 油当量(石油 12×10^8t，天然气 $5000\times10^8m^3$)，将成为塔里木探区“十三五”期间的勘探主战场(焦方正，2018)。

截至 2019 年底，顺北油气田已累计提交保有三级储量石油 3.23×10^8t，天然气 $1556.07\times10^8m^3$(含溶解气)，其中探明石油 9902.77×10^4t，溶解气 $342.79\times10^8m^3$，控制石油 8658.67×10^4t，溶解气 $242.80\times10^8m^3$，预测石油 13727.20×10^4t，天然气 $936.28\times10^8m^3$(含溶解气)，已累产油 156×10^4t，气 $5.75\times10^8m^3$，实现产值 71.61 亿元，实现利润 24.4 亿元，上交税费 8.92 亿元，为新疆的经济发展和长治久安做出了突出贡献。

塔里木盆地顺北超深层碳酸盐岩油气勘探为中国石化油气资源结构调整提供了保障，为新疆经济建设和社会稳定提供了资源基础，为“一带一路”能源布局提供了决策参考，确保了国家能源安全战略的实施。

第四节　顺北油气田勘探成功的重大启示

顺北油气田的发现和勘探成功，不仅在海相碳酸盐岩油气成藏理论方面取得进展和创新，而且在勘探技术方面取得突破，创造了巨大的经济和社会效益。对于进一步推动塔里木盆地超深层海相碳酸盐岩和相关盆地海相碳酸盐岩油气勘探具有重大的启示和借鉴意义。

一、强基础、抓创新是勘探取得重大突破的前提和关键

紧紧抓住塔里木叠合盆地油气成藏关键因素“源-储-盖-成藏动态演化”，强化基础地质研究与区带综合评价是取得油气突破的基础。

通过系统研究明确了玉尔吐斯组是台地区主力烃源岩，陆棚-斜坡相是优质烃源岩发育有利相带。北塔里木烃源岩分布广泛，有利于形成晚期原生油气藏。

阐明了碳酸盐岩储集体特征及发育主控因素：早古生代稳定克拉通碳酸盐岩建造是溶蚀缝洞型储层形成的物质基础，储集体发育受层序界面、断裂、热液等多种因素控制，其中明确了走滑断裂在储层发育中发挥的关键作用，阐明了新的成储类型和机制。

实现了“立足原地烃源岩，沿着深大断裂带，围绕古隆起、古斜坡，寻找晚期原生规模油气藏”的勘探思路转变，有力推动了顺北油气田的发现。为聚焦有利勘探方向，落实优质规模资源接替阵地奠定了理论基础。

二、多学科联合、多技术攻关是实现勘探突破的重要技术保障

中石化西北油田分公司坚持问题和需求导向，紧密结合生产实际，加强制约勘探进程的关键技术攻关，形成适用于沙漠区超深层小规模缝洞体的“采集+处理+解释+目标优选”技术体系，主要包括基于目标的沙漠区超深层地震采集技术、沙漠区超深层地震勘探处理技术、碳酸盐岩内幕缝洞型储层预测技术、碳酸盐岩内幕缝洞型圈闭刻画技术等。多种物探技术的应用保障了顺北油气田的发现。

三、创新形成的钻完井工程工艺技术系列是实现油气发现的重要技术支撑

中石化西北油田分公司根据生产实际，形成了适用于超深、高温裂缝-洞穴型油气藏钻完井技术系列，诸如 PDC+弯螺杆+MWD 控斜钻井技术、超深井优快钻井技术、超深小井眼水平井定向钻井技术、超深高温长水平段暂堵分段酸压改造技术等。

这些创新技术在顺北地区奥陶系油气勘探中的广泛应用有力地支撑了顺北油气田的发现。

四、创新管理体系，实现了高效勘探与效益开发

在顺北油气田勘探、开发过程中，创新管理体系，实行勘探开发一体化，践行高效勘探与效益开发新理念。

创新管理，大力实施勘探开发一体化，加大预探和风险勘探力度，突出商业发现和油气发现。勘探项目化管理，促进了“研究部署、运行管理、生产经营、工程技术”四项工作、“地质、物探、工程、测录井、经济评价”五大专业的一体化融合，提高了项目运行的效率。创新管理，如资料录取一体化、评价研究一体化、井位部署一体化、地质工艺一体化、储量落实与产能建设一体化等，实现了顺北油气田的高效勘探和效益开发。

五、产学研用强强联合是勘探突破的动力

中石化西北油田分公司不断强化与高等院校(中国地质大学、中国石油大学、成都理工大学等)、科研院所(中石化石油勘探开发研究院、石油物探技术研究院、石油工程技术研究院等)、国外知名研究机构的科研合作，在强化基础油气地质研究的前提下，聚焦重点、联合攻关、相互协作、优势互补，加快推动了顺北油气田的发现和高效开发。

多学科交叉融合研究从一定程度上弥补了基础研究的短板。顺北油气田勘探过程中，充分强调了若干个“一体化”的综合考虑，如物探-地质一体化、勘探开发一体化、工程地质一体化、科研生产一体化，通过这一系列管理上的共识，打破学科领域管理界限，在基础资料共同保障与学科认识广泛交流的基础上，充分分解不同领域的责任与目标，突出各自领域特色，部署阶段依据互换，积极讨论又允许求同存异，确保了工作安排具有精确性和针对性，提升了工作效率，实现油气勘探短时间实现突破并快速建成产能基地。

“结构化嵌入”的创新联盟形式促进了“产学研用”一体化推进。顺北油气田地质勘探研究是以西北油田为核心，石油勘探开发研究院、石油物探技术研究院重点支持，并联合国内多所大学、研究机构共同完成的。研究团队经历十余年的磨合，创新联盟组织形式已由模块化拼装的“科技联合体”进化为结构嵌入的“命运共同体”，是实现产学研用一体化推进的重要手段。

总之，顺北奥陶系油气田的发现是塔里木盆地海相碳酸盐岩油气勘探的又一重要里程碑。在理论上进一步丰富和完善了海相碳酸盐岩油气成藏理论；在技术上取得了一系列技术创新；在实践上将创造巨大的经济和社会效益。理论进展和技术创新将对其他类似盆地海相碳酸盐岩的油气深化勘探具有重要的指导和借鉴意义。所创造的经济社会价值对于国家能源安全、国家经济发展具有重要的支撑作用。

参考文献

陈红汉，李纯泉，张希明，等，2003. 运用流体包裹体确定塔河油田油气成藏期次及主成藏期[J]. 地学前缘，10(1)：190.

陈红汉，吴悠，肖秋苟，等，2010. 昌都盆地古油藏的流体包裹体证据[J]. 地质学报，84(10)：1457-1469.

陈强路，杨鑫，储呈林，等，2015. 塔里木盆地寒武系烃源岩沉积环境再认识[J]. 石油与天然气地质，36(6)：880-887.

戴金星，裴锡古，戚厚发，1992. 中国天然气地质学：卷一[M]. 北京：石油工业出版社.

戴金星，倪云燕，胡国艺，等，2014. 中国致密砂岩大气田的稳定碳氢同位素组成特征[J]. 中国科学：地球科学，44(4)：563-578.

邓尚，李慧莉，张仲培，等，2018. 塔里木盆地顺北及领区主干走滑断裂带差异活动特征及其与油气富集的关系[J]. 石油与天然气地质：39(5)：878-888.

付小东，秦建中，姚根顺，等，2017. 两种温压体系下烃源岩生烃演化特征对比及其深层油气地质意义[J]. 地球化学，46(3)：262-275.

何治亮，金晓辉，沃玉进，等，2016. 中国海相超深层碳酸盐岩油气成藏特点及勘探领域[J]. 中国石油勘探，21(1)：3-14.

贾承造，2004. 塔里木盆地板块构造与大陆动力学[M]. 北京：石油工业出版社.

贾承造，姚慧君，魏国齐，1992. 塔里木盆地板块构造演化和主要构造单元地质构造特征[C]//童晓光，梁狄刚. 塔里木盆地油气勘探论文集. 乌鲁木齐：新疆科技卫生出版社：207-225.

蒋干清，史晓颖，张世红，2006. 甲烷渗漏构造、水合物分解释放与新元古代冰后期盖帽碳酸盐岩[J]. 科学通报，51(10)：1121-1138.

焦方正，2018. 塔里木盆地顺北特深碳酸盐岩断溶体油气藏发现意义与前景[J]. 石油与天然气地质，39(2)：207-216.

李相文，冯许魁，刘永雷，等，2018. 塔中地区奥陶系走滑断裂体系解剖及其控储控藏特征分析[J]. 石油物探，57(5)：764-774.

刘德汉，肖贤明，程鹏，等，2016 应用原油和石油包裹体荧光寿命研究石油包裹体的成因演化和对应地面原油的密度[J]. 中国科学：地球科学，46(12)：1626-1632.

卢双舫，黄第藩，程克明，等，1995. 煤成油生成和运移的模拟实验研究 III. 甾、萜标记物特征及其意义[J]. 沉积学报，(4)：93-99.

马庆佑，吕海涛，蒋华山，等，2015. 塔里木盆地台盆区构造单元划分方案[J]. 海相油气地质，20(1)：1-9.

马中良，郑伦举，等，2018，泥质烃源岩德有效排油门限及页岩油地质意义[J]. 中国石油大学学报(自然科学版)，42(1)：32-39.

汤良杰，漆立新，邱海峻，等，2012. 塔里木盆地断裂构造分期差异活动及其变形机理[J]. 岩石学报，28(8)：2569-2583.

唐索寒，朱祥坤，李津，等，2010. 利用锶特效树脂分离富集岩石样品中的锶及测定 $^{87}Sr/^{86}Sr$[J]. 分析化学，38(7)：999-1002.

吴远东，张中宁，吉利明，等，2016. 流体压力对半开放体系有机质模拟生烃产率和镜质体反射率的影响[J]. 天然气地球科学，27(5)：883-891.

熊剑飞，1994. 华南泥盆—石炭系的分界与对比[J]. 石油与天然气地质，4(4)：337-352.

许志琴，李思田，张建新，等，2011. 塔里木地块与古亚洲/特提斯构造体系的对接[J]. 岩石学报，27(1) ：1-22.

闫斌，朱祥坤，唐索寒，等，2010. 三峡地区陡山沱早期水体性质的稀土元素和锶同位素制约[J]. 现代地质，24(5)：832-839

杨福林，王铁冠，李美俊，2016. 塔里木台盆区寒武系烃源岩地球化学特征[J]. 天然气地球科学，27(5)：861-872.

杨宗玉，罗平，刘波，等，2017. 塔里木盆地阿克苏地区下寒武统玉尔吐斯组硅质岩分类及成因[J]. 地学前缘，24(5)：245-264.

叶德胜，周棣康，1991. 塔里木盆地形成大型-巨型油气田德基本地质条件[J]. 石油与天然气地质，12(3)：283-291.

张爱云，伍大茂，郭丽娜，等，1987. 海相黑色页岩建造地球化学与成矿意义[M]. 北京：科学出版社.

张宝民，张水昌，边立曾，等，2007. 浅析中国新元古—下古生界海相烃源岩发育模式[J]. 科学通报，(S1)：58-69.

张光亚，刘伟，张磊，等，2015. 塔里木克拉通寒武纪—奥陶纪原型盆地、岩相古地理与油气[J]. 地学前缘，22(3)：269-276.

郑伦举，秦建中，何生，等，2009. 地层孔隙热压生排烃模拟实验初步研究[J]. 石油实验地质，31(3)：296-302.

周棣康，周天荣，王朴，等，1991. 塔里木盆地东北地区丘里塔格群的时代归属[C]//贾润胥. 中国塔里木盆地北部油气地质研究：第一辑 地层沉积. 武汉：中国地质大学出版社.

周志毅，陈丕基，1990. 塔里木生物地层和地质演化[M]. 北京：科学出版社.

Bau M，Dulski P，1996. Distributions of yttrium and rare-earth elements in the Penge and Kuruman iron-formation，Transvaal Suergroup，South Africa[J].

Precambrian Research，79(1/2)：37-55.

Bau M，Koschinsky A，Dulski P，et al.，1996. Comparison of the partitioning behaviours of yttrium，rare earth elements，and titanium between hydrogenetic marine ferromanganese crusts and seawater[J]. Geochimica et Cosmochimica Acta，60(10)：1709-1725.

Cai C，Zhang C，Worden R H，et al.，2015. Application of sulfur and carbon isotopes to oil-source rock correlation：A case study from the Tazhong area，Tarim Basin，China[J]. Organic Geochemistry，83-84：140-152.

Chen C S，Liu H D，Beardsley R C，2003. An unstructured，finite-volume，three-dimensional，primitive equation ocean model：Application to coastal ocean and estuaries[J]. Journal of Atmospheric and Oceanic Technology，20(1)：159-186.

Chen S Y，Doolen G D，2003. Lattice boltzmann method for fluid flows[J]. Annual Review of Fluid Mechanics，30(1)：329-364.

Claypool G E，Holser W T，Kaplan I R，et al.，1980. The age curves of sulfur and oxygen isotopes in marine sulfate and their mutual interpretation[J]. Chemical Geology，28：199-260.

Davies G R，Smith L B，2006. Structurally controlled hydrothermal dolomite reservoir facies：An overview[J]. AAPG Bulletin，90(11)：1641-1690.

Dooley T，2004. Gas natural[J]. Utility Week，33：43-50.

Dooley T，McClay K，1997. Analogue modeling of pull-apart basins[J]. AAPG Bulletin，81 (11)：1804-1826.

Dunham K C，1962. Rock forming minerals[M]//Deer W A，Howie R A，Zussman J. Ortho- and ring silicates. London：Longmans.

Feng J L，2010. Dark matter candidates from particle physics and methods of detection[J]. Annual Review of Astronomy and Astrophysics，48(1)：495-545.

Guo Z F，Wilson M，Liu J Q，et al.，2007. Post-collisional，potassic and ultrapotassic magmatism of the northern Tibetan Plateau：Constraints on characteristics of the mantle source, geodynamic setting and uplift mechanisms [J]. Journal of Petrology，47(6)：1177-1220.

Haszeldine R S，Samson I M，1984. Cornford Dating diagenesis in a petroleum basin，a new fluid inclusion method[J]. Nature，5949(307)：354-357.

Hatch J R，Leventhal J S，1992. Relationship between inferred redox potential of the depositional environment and geochemistry of the Upper Pennsylvanian (Missourian) Stark Shale Member of the Dennis Limestone，Wabaunsee County，Kansas，U.S.A.[J]. Chemical Geology，99(1/3)：65-82.

Jiang S Y，Zhao H X，Chen Y Q，et al.，2007. Trace and rare earth element geochemistry of phosphate nodules from the lower Cambrian black shale sequence in the Mufu Mountain of Nanjing，Jiangsu province，China[J]. Chemical Geology，244(3/4) ：584-604.

Jones B，Manning D，1994. A comparison and correlation of different geochemical indices used for the interpretation of depositional environments in ancient mudstones[J]. Chemical Geology，111(1/4)：111-129.

Kim-Cohen J，Caspi A，Moffitt T E，et al.，2003. Prior juvenile diagnoses in adults with mental disorder: developmental follow-back of a prospective-longitudinal cohort[J]. Archives of General Psychiatry，60(7)：709-717.

Kim-Cohen J, Caspi A，Moffitt T E，et al.，Prior juvenile diagnoses in adults with mental disorder：Developmental follow-back of a prospective-longitudinal cohort[J]. Archives of General Psychiatry，60(7)：709-717.

Kimura H，Watanaber Y，2001. Oceanic anoxia at the Precambrian-Cambrian boundary[J]. Geology，29(11)：995-998.

Le Bayon R，Adam C，Mählmann R F，2012. Experimentally determined pressure effect on vitrinite reflectance at 450℃[J]. International Journal of Coal Geology，92：69-81.

Mollema P N，Antonellini M，1999. Development of strike-slip faults in the dolimites of the Sella Group，Northern Italy[J]. Journal of Structural Geology，21(3) ：273-292.

Nothdurft L D，Webb G E，Kamber B S，2004. Rare earth element geochemistry of Late Devonian reefal carbonates，Canning Basin，Western Australia：Confirmation of a seawater REE proxy in ancient limestones[J]. Geochimica Et Cosmochimica Acta，68(2)：263-283.

Nothdurft L D，Webb G E，Kamber B S，2004. Rare earth element geochemistry of Late Devonian reefal carbonates，Canning Basin，Western Australia：Confirmation of a seawater REE proxy in ancient limestones[J]. Geochimica et Cosmochimica Acta，68(2)：263-283.

Orr W L，1986. Kerogen/asphaltene/sulfur relationships in sulfur-rich Monterey oils[J]. Organic Geochemistry，10(1/3)：499-516.

Owens J D，2012. Iron isotope and trace metal records of iron cycling in the proto-North Atlantic during the Cenomanian-Turonian oceanic anoxic event (OAE-2) [J/OL]. Paleoceanography and Paleoclimatology，27(3). https://doi.org/10.1029/2012PA002328.

Pattan J N，Pearce N J G，Mislankar P G，2005. Constraints in using Cerium-anomaly of bulk sediments as an indicator of paleo bottom water redox environment：A case study from the Central Indian Ocean Basin[J]. Chemical Geology，221(3)：260-278.

Kim-Cohen J, Capsi A, Moffitt T E, et al., Prior juvenile diagnoses in adults with mental disorder: Developmental follow-back of a prospetfive-longiludinal cohort[J]. Archives of Generel Psychiatry, 60(7): 709-717.

Rimmer S M，2004. Geochemical paleoredox indicators in Devonian-Mississippian black shales，Central Appalachian Basin (USA)[J]. Chemical Geology，206(3/4) ：373-391.

Sheriff R E，1982. Structural interpretation of seismic data[M]. Tulsa：American Association of Petroleum Geologists.

Surdam R C，Crossey L J，1989. Organic-inorganic interactions and sandstone diagenesis[J]. American Association of Petroleum Geologists Bulletin，1(73)：1-23.

Thompson K，1983. Classification and thermal history of petroleum based on light hydrocarbons[J]. Geochimica Et Cosmochimica Acta，47(2)：303-316.

Thompson K，1987. Fractionated aromatic petroleums and the generation of gas-condensates[J]. Organic Geochemistry，11(6)：573-590.

Thompson M E，Baxter S M，Bulls A R，et al.，1987. Sigma.-Bond metathesis for carbon-hydrogen bonds of hydrocarbons and Sc-R（R=H，alkyl，aryl）bonds of permethylscandocene derivatives. Evidence for noninvolvement of the .pi. system in electrophilic activation of aromatic and vinylic C-H bonds[J]. Journal of the American Chemical Society，109(1)：203-219.

Uguna C N，Carr A D，Snape C E，et al.，2012. A laboratory pyrolysis study to investigate the effect of water pressure on hydrocarbon generation and maturation of coals in geological basins[J]. Organic Geochemistry，52：103-113.

Zhang Z N，Liu W H，Zheng J J，et al.，2006. Carbon Isotopic reversed distribution of the soluble organic components for the Cambrian and Ordovician carbonate rocks in Tabei and Tazhong areas，Tarim Basin[J]. Journal of Mineralogy and Petrology，26(4)：69-74.

Zhao Z D，Mo X X，Dilek Y，et al.，2009. Geochemical and Sr-Nd-Pb-O isotopic compositions of the post-collisional ultrapotassic magmatism in SW Tibet：Petrogenesis and implications for India intra-continental subduction beneath southern Tibet[J]. Lithos，113(1/2)：190-212.